防烟排烟技术

论文汇编

刘朝贤 / 著

FANGYAN PAIYAN JISHU
LUNWEN HUIBIAN

四川大学出版社

项目策划：蒋　玙
责任编辑：蒋　玙
责任校对：唐　飞
封面设计：墨创文化
责任印制：王　炜

图书在版编目（CIP）数据

防烟排烟技术论文汇编 / 刘朝贤著．— 成都：四川大学出版社，2019.11
ISBN 978-7-5690-3179-9

Ⅰ．①防… Ⅱ．①刘… Ⅲ．①建筑物－防排烟－文集 Ⅳ．①TU761.1-53

中国版本图书馆 CIP 数据核字（2019）第 246980 号

书名　防烟排烟技术论文汇编

著　者	刘朝贤
出　版	四川大学出版社
地　址	成都市一环路南一段 24 号（610065）
发　行	四川大学出版社
书　号	ISBN 978-7-5690-3179-9
印前制作	四川胜翔数码印务设计有限公司
印　刷	成都新凯江印刷有限公司
成品尺寸	210mm×285mm
印　张	12.75
字　数	147 千字
版　次	2019 年 12 月第 1 版
印　次	2019 年 12 月第 1 次印刷
定　价	80.00 元

◆ 读者邮购本书，请与本社发行科联系。
电话：(028)85408408/(028)85401670/
(028)86408023　邮政编码：610065
◆ 本社图书如有印装质量问题，请寄回出版社调换。
◆ 网址：http://press.scu.edu.cn

四川大学出版社
微信公众号

出版说明

火灾发生时产生的大量有毒烟气是火场中致人死亡的元凶，防烟排烟系统在世界各国的消防规范中具有至关重要的作用，而要达到完全防烟和安全排烟是世界性难题。

刘朝贤教授是防烟排烟领域权威专家，主要从事暖通事业的工程设计，其中包括防烟排烟工程系统技术。1977 年任中国建筑西南设计研究院暖通动力专业技术负责人；1983 年任专业室主任工程师，并晋升为高级工程师；1987 年 1 月晋升为教授级高级工程师，任院副总工程师；1998 年任院顾问总工程师；2001 年后任四川省制冷学会理事长，并在重庆大学、西南交大、西华大学任兼职教授。享受国务院政府特殊津贴。

刘朝贤教授保持着减少火灾生命财产损失的初衷，四十余年来孜孜不倦地致力于防烟排烟研究，撰写了几十篇消防方面的文章，发表在暖通制冷领域杂志上，对消防现存问题、实际消防设计等提出思考和建议。本书由刘朝贤教授发表在《暖通空调》《四川制冷》《制冷与空调》《2013 年第十五届西南地区暖通热能动力及空调制冷学术年会论文集》中的有关消防方面的文章影印而成。为充分呈现刘朝贤教授学术研究的发展历程，保存文献原貌，本书出版时对影印内容不做改动。针对部分文章中的差错，刘朝贤教授在原杂志上做了批注，本次影印时一并保留。

本书影印出版获得了相关单位授权，特此表示衷心感谢。

序

火灾成因异常复杂，防不胜防，后果严重。特别是高层建筑逃生路径越来越长，地下空间逃生通道受限，逃生难度剧增。一旦发生火灾，产生大量有毒烟气，导致巨大的经济损失和大量的人员伤亡，造成无法弥补的生命财产损失。烟气在燃烧反应过程中热分解生成的大量气态、液态和固态物质与空气的毒性混合物，也是火场中致人死亡的元凶。据《中国消防手册》统计，中国火灾中熏呛致死的人数同样占到火灾中总死亡人数四分之三。为创造无烟安全区和低烟浓度的逃生通道，确保安全疏散和创造救灾条件，防排烟系统在世界各国的消防规范中具有至关重要的作用。

美国、日本、英国、法国等的高层建筑起步较早，相关消防规范的研究制定一直走在全球前列；我国在制定和颁布《高层民用建筑设计防火规范》（GB 50045—95）、《建筑设计防火规范》（GB 50016—2014）、《建筑防排烟技术规程》（DGJ 08—88—2006）以及《建筑防烟排烟系统技术规范》（GB 51251—2017）等防排烟设计规范过程中，借鉴或沿用欧美等设计规范的相关条文无可厚非。然而，中国高层建筑无论是发展速度还是数量早已超过了欧美国家，而中国在该领域推动技术进步的贡献却是不相称的。刘朝贤教授注意到，不仅仅是在中国，即使在美国、英国和日本等发达国家，在火灾中被浓烟熏呛致死的人数也分别达到总死亡人数的79%，60%，72%，可见，防排烟系统的完全防烟及安全排烟也是世界性的难题。科学技术无国界，学术研究无禁区，刘老怀着高度的责任感和使命意识，先知先觉，几十年来孜孜不倦致力于高层建筑的防排烟研究，成果丰硕，精神可嘉，观点可鉴。

刘老是享受国务院政府特殊津贴的防排烟领域权威专家，本人作为晚辈为刘老著述作序，实在诚惶诚恐，勉为其难而为之，主要有几个方面的原因：

首先，我深深感染于刘老的人格魅力。青年时代我刚就职于重庆建筑工程学院（现重庆大学）时，带学生到成都参观实习。虽未曾与刘老谋面，但刘老为人和善，古道热肠，从多方面为我提供了无私的帮助和指导。在后来同刘老逾三十年的紧密工作合作及交往中，我更是被刘老的人品和社会责任心打动。

其次，刘老一生都致力于推动社会技术的发展及整个行业的进步，我发自内心地对其学术成果表示敬重。刘老生于湖南省新化县，1962年毕业于重庆建筑工程学院（现重庆大学），后留校任教，再分配于中国建筑西南设计研究院，从事暖通空调制冷设计和研究工作。1977年任中国建筑西南设计研究院暖通动力专业技术负责人；1983年任专业室主任工程师，并晋升为高级工程师；1987年1月晋升为教授级高级工程师，任院副总工程师；1994年获享国务院政府特殊津贴；1998年任西南设计院顾问总工程师；2001年任四川省制冷学会理事长，受聘重庆大学、西南交大、西华大学兼职教授。历任四川省消防协会和标准化委员会委员，成都市消防协会理事，受公安部和四川消防科研所邀请，主持参与了新火灾四大检测装置的技术鉴定和"八五"国家科技攻关计划及之后的多项消防攻关课题的科技成果鉴定。2006年，中华人民共和国公安部还聘请刘老担任了新版《中国消防手册》的编审工作。

再次，最让我感动的是，刘老虽已近84岁高龄，耄耋之年仍孜孜不倦探求真理，常常独自工作至深夜。更不幸的是，其老伴杨老师于2016年夏季不幸被确诊为胃癌，时刻需要刘老的照顾安排。虽然伴侣缠绵病榻，分身乏术，但刘老秉着对消防现存问题的深度思考及内心社会责任感的坚持，决定在杨老师的住院陪护期间，利用有限的时间把自己近四十年来，对国内高层防排烟设计的探索分析并已于期刊出版的部分学术论文，以《防烟排烟技术论文汇编》为名，整理成一个完整的体系，编辑成书，也是对自己的学术积累及从业生涯的回顾和思考。我发自内心的敬重刘老的这一决定，一边拿过初稿进行学习，一边着手安排专人负责协调出版事宜，鼓励学生们从刘老的孜孜不倦探求真理的精神中学习社会责任与家庭担当。

《防烟排烟技术论文汇编》一书，在不断地精简提炼后，主要收录了刘老四十余年里写作的论文24篇，这些文稿都先后在暖通制冷领域的顶尖杂志《暖通空调》《制冷与空调》等出版发表，可对高层实际消防设计起到一定借鉴作用。其中，第1～21篇是对烟气流动等基础理论的讨论与分析；第22～24篇重点解决楼梯间排烟问题的处理方案，从机理到应用不同层次上分析了防烟楼梯间无烟的可行性与具体操作。二者共同构成一个有机整体。

刘老曾经说过："只有走中国人自己的路，理论上不放过，理念上坚持创新，才能使火灾时烟气致死人数由可怕的3/4变为0/4，实现我们的中国梦。"

时光荏苒，刘老四十年磨一剑，以减小火灾生命财产损失为己任，耄耋之年仍不忘学术传承。也许理论与实践还有一定的距离，理论与实践探索永远在路上。我对刘老的敬重，不只因为他的学术精神，也绝不仅仅在于这本书的理论成就，更让人肃然起敬的是他身上那种扎根于心里的社会责任感。

这不仅仅是一本论文集，更是刘老高风亮节的人品、博大精深的学识以及孜孜不倦的钻研精神的具现化，是永远值得晚辈学习的榜样力量。

是为序。

四川大学建筑环境与能源应用学科创始人
四川大学建筑节能与人居环境研究所所长
四川省建设科技协会暖通空调专委会主任
四川大学 建筑与环境学院 教授、博导
龙恩深
2018. 6. 18

前 言

著者主要从事暖通空调事业的工程设计，其中包括防烟排烟工程技术系统设计。除参与中国建筑西南设计研究院在本地区承担的数十项高层建筑工程之外，1977 年受国家基本建设委员会委派，参加唐山大地震的震后重建工作，中国建筑西南设计研究院承担了主要干道新华大道和多个小区的建筑设计，其中，唐山饭店高层建筑工程获中建总公司优秀工程设计二等奖。1980 年受国家基本建设委员会委派，承担深圳特区的建设，新建的罗湖大厦、海丰苑大厦等高层建筑比比皆是。

著者五十年来参与过以下重要防烟排烟专业技术活动：

(1) 受中华人民共和国公安部和四川消防科研所特聘，任四川消防科研所新建的耐火性能、温感性能、气密性能和盐雾腐蚀性能火灾四大检测装置技术鉴定委员会专家组组长。(1991 年 12 月 26—27 日，都江堰市)

(2) 受中华人民共和国公安部聘请，任“八五”国家科技攻关计划消防攻关课题“高层建筑楼梯间正压送风机械排烟的研究”鉴定委员会专家组副组长。(1995 年 8 月 27 日，都江堰市)

(3) 受公安部四川消防科研究所特聘，完成以下六个消防攻关课题：①“地下商业街火灾烟气试验研究”；②“地下商业建筑通风排烟技术参数试验研究”(2000 年 12 月 23 日)；③“高层建筑疏散通道正压送风量计算方法研究”；④“高层建筑楼梯井直灌式送风加压研究”；⑤“地下建筑防烟通廊正压送风技术研究”(2005 年 12 月 8—9 日)；⑥“古建筑消防技术研究”(2010 年 1 月 8 日)。任专家组委员。

(5) 2006 年，担任由中华人民共和国公安部新编写的《中国消防手册（第三卷）》第三篇“建筑防火设计”编审。

据公安部统计，2001—2005 年全国共发生火灾 120 万起，造成 12268 人死亡，所有因火灾死亡人数中，约有 3/4 系吸入有毒、有害烟气后直接导致死亡，这说明所有防烟排烟规范都不能保证火灾时的安全疏散。为此，笔者在消防方面撰写了几十篇论文，现甄选其中 24 篇构建完整的体系，整理成书。毛宁博士对本书的出版付出了辛勤劳动，在此表示感谢。

著者想走出一条新路，是为了圆自己的中国梦——使火灾中直接被烟气熏死的人数由“3/4”变为“0/4”，这也是本书的成书目的。

目　录

加压送风防烟有关问题的探讨

中国建筑西南设计研究院 刘朝贤(邮编 610081)

内容提要 本文为加压送风防烟系列论文之一,文章分析了加压送风防烟中存在的问题。提出了只向着火层前室(包括合用前室)加压送风防烟的方案,对解决加压防烟中存在的问题,提高加压防烟系统的可靠性和经济性具有积极的意义。

关键词 开门概率 同时开启门数量 N_1、N_2 门的当量数 可靠性 经济性 只向着火层前室加压

一、引 言

随着新的《高层民用建筑设计防火规范》GB50045-95(以下简称《高规》)的实施,防烟楼梯间及其前室(包括合用前室)"又送又排"的防、排烟方案,就被新的加压送风防烟方案所代替。方案上的演变,意谓着人们对防烟机理的认识又向前迈进了一步。

到目前为止,建成并投入使用的加压送风防烟工程,已遍布全国,其投入估计也是不言而喻的。

虽然所有防烟工程竣工后,都要经过消防部门验收后才投入营运,但由于防烟工程的复杂性与特殊性,不能像其他工程那样可以通过带负荷试运行,来比较准确地评价其效果。总不能对刚建成的大厦点一把火来试验一下人员疏散时的"开门数"……。即使实体火灾试验,其局限性仍然很大,因此,建成的加压防烟工程,真正的防烟效果如何?除了自我感觉之外,也拿不出多少证据来。作者根据一些工程设计的实践与调查,秉着真理就在问题之中的理解,作出以下的分析与判断,目的在于抛砖引玉。

二、加压送风防烟有关问题的分析

1、加压送风防烟风量计算中同时开启门的数量 N 的问题。

《高规》规定了加压送风量的计算,按"压差法"与"流速法"取其大值,实际上都取自"流速法"。其计算公式如下:

$$L = F \cdot \upsilon \cdot N \times 3600 \quad m^3/h \quad \cdots\cdots\cdots\cdots (1)$$

式中:F——每挡开启门的面积,m^2,前室的两个门 M_1 与 M_2 一般都是双扇门,《高规》在风量计算表中取 $1.6 \times 2.0 = 3.2m^2$ 为基准,得出了表 8.3.2-1~4 的控制加压送风量;

υ——门洞处的断面风速《高规》规定 $\upsilon_{min} = 0.7m/s$,($\upsilon = 0.7 \sim 1.2m/s$);

N——同时开启门的数量,《高规》规定,20 层以下取 N=2,20 层~32 层取 N=3。

F、υ 都可视为定值。同时开启门的数量 N,不但对"流速法"的风量大小起着决定性的作用,也是新规范防烟设计的基础,其取值虽然吸收了国外某些经验,但仍有许多不能令人信服之处。

(1)同时开启门的数量(N)的物理意义不明确。

首先是谁和谁同时,或哪个门和哪个门同时不明确。它们的开启与那些因素有关不明确,开门的机理是什么,不明确。

作者认为,同时开启门的数量 N,对不同的防烟方案其物理意义不同,是以下几种方式的组合:

①各层前室与走道之间的门 M_1,这一个门与相应位置的 M_1 同时开启的层数,以 $N_{1.1}$ 表示;

②各层前室与防烟楼梯间之间的门 M_2,这一个门与相应位置的 M_2 同时开启的层数。以 $N_{1.2}$ 表示;

③各层前室的两个门 M_1 和 M_2 同时开启的层数,以 N_2 表示;

④防烟楼梯间的外门 M_W 同时开启的数

量,以 N_W 表示,一般高层建筑的防烟楼梯间有底层直接通向地坪的外门,和顶层直接通向屋顶的外门。这些外门是二层及以上各层所有疏散人员必经之路,一般都处于常开状态,因此外门是同时开启的,$N_W=2$(或 1);

⑤以上四种同时开启门的数量的不同组合,防烟方案不同,组合的组份也不同。

应该指出的是:四种类型的同时开启门数量统称 N,其中包括 $N_{1.1}$、$N_{1.2}$、N_2、N_W 其开门机理与影响因素是不同的,同样一个 N_2,对不同的防烟方案所起的作用不同,有的构成一个空气通路,,有的构成两个,有的 N_1 不构成通路,但都是火灾时,由于人员疏散引起的开门,因此它与疏散人员数 m,建筑物层数 n′和防火门的特性等都有关(还与允许疏散时间,和保证率有关)。

另外,消防电梯前室的加压防烟方案,(独用前室)其前室只有一个门 M_F 与走道相通,它的开启是由于消防人员扑救的需要而开启的,与上面四种情况的开启机理和规律都不同,大小也不同。因为消防队员主要是对着火层扑救,运送的消防器材,和营救的伤病员,多数是在地面层与着火层这两层之间进行,这两层的开启都不是同时的,一层上人(或上料)一层下人(或下料)。同时开启的门数与建筑物层数 n′,疏散人员数 m,和防火门的性能……等都没有关系,始终 $N_F=1$。

对消防电梯合用前室的情况与前四种是一致的。

(2)四种加压送风防烟方案,(见《高规》表 8.3.2-1~4)用统一的一个同时开启门数量 N 值(2~3)来计算加压送风量,完全失去了针对性。

对于不能的加压送风防烟方案,同时开启门的数量 N,数量是不同的。

①对防烟楼梯间采用自然排烟,前室或合用前室不具备自然排烟条件时的加压送风防烟方案(如《高规》表 8.3.2-4 所示的方案)。

其主要特点:建筑物高度不超过 50m(一般 15 层)防烟楼梯间每 5 层有不小于 $2m^2$ 的排烟外窗(防烟楼梯间没有正压要求),只对前室(或合用前室)加压送风。各层前室之间是互不相通的,前室有 M_1 与 M_2 两个门。

如果各层前室内的加压送风口全部开启,对加压送风量有直接影响的同时开启门的数量,有三种即 $N_{1.1}$、$N_{1.2}$、N_2,同时开启门的数量 N 应是三者的组合,$N=2N_2+(N_{1.1}-N_2)+(N_{12}-N_2)=N_{1.1}+N_{1.2}$。也就是说送入前室的加压空气中的一部分通过 $N_{1.1}$ 层开启的门 M_1 流向走道,另一部分通过 $N_{1.2}$ 层开启的门 M_2 流向防烟楼梯间再经外窗外门流向室外。如果 $N_{1.1}+N_{1.2}>2$,防烟效果或可靠性就存在问题。

如果前室只开启三层风口(着火层及其相邻上、下两层),分三种情况:

其一,开启的三层风口全在 N_2 或 $N_{1.1}$,$N_{1.2}$ 范围内,只要 $N_2\geqslant1$,(因 $N_{1.1}=N_{1.2}>N_2$,且 N_2 那层气流有 2 个通路,一个通向楼梯间,一个通向走道)。或 $N_{1.1}+N_{1.2}\geqslant2$,防烟效果就满足不了 $\upsilon_{min}\geqslant0.7m/s$ 的要求。

其二,开启的三层风口,部分在 N_2,$N_{1.1}$ 或 $N_{1.2}$ 之中。

a、一层开启的风口在内,两层在外部(即两层在 M_1 与 M_2 关闭的前室内)。其最不利情况是在 N_2 内,且为着火层,走道内背压 $P_Z\geqslant10Pa$,就不能满足 $\upsilon_{min}\geqslant0.7m/s$ 的要求;

b、二层开启的风口在内,其最不利情况是,二层均在 N_2 内,和一层在 N_2 内和一层在 N_1 内,均不能满足 $\upsilon_{min}\geqslant0.7m/s$ 的要求。

其三,开启的三启风口,都不在 N_2、$N_{1.1}$、$N_{1.2}$ 之内,即开启的三层风口的前室内 M_1 与 M_2 都是关闭的。前室的压力将增高,直到产生的压差 $\Delta P>60Pa$ 时,将因 ΔP 产生的推力推开 M_2(1~3 层),使闭门器的关门力矩与压力差产生的新的推门力矩达到新的平衡时的开度为止。这时的防烟效果有保障。

开三层风口,从 M_1 门洞处的风速来说,比全开式的保证率稍高。但可靠性是很低的。

有趣的是:如果只开启着火层前室的风

口，就成了只向着火层前室加压。风量就能有效地利用，也完全排除了 $N_{1,1}$、$N_{1,2}$、N_2 对加送风效果的影响。也就是说完全摆脱了这些复杂的因素。这样向前室着火层送风，风口的开启、与着火层是一致的，送入前室的空气，气流只有两条道路始终 $N \leqslant 2$。小于或等于《高规》规定的 N 值、可靠性得到提高。

②消防电梯前室的加压送风防烟方案

前面谈到开门数 N_F 根据需要可取 $N_F = 1 \sim 2$，与 $N_{1,1}$、$N_{1,2}$、N_2、N_W 都不发生关系，与建筑物层数 n′、疏散人员数 m，及防火门特性等都没有必然的联系。

③防烟楼梯间及其前室（即独用前室）只对防烟楼梯间加压送风的防烟方案。

见《高规》表 8.3.2-1 所表示的方案，其主要特点是：将防烟楼梯间与前室作为一个整体来联防，只向防烟楼梯间加压送风，由于防烟楼梯间是个高大空间，上下连通，火灾发生时，对防烟楼梯间这个大空间而言，同时开启门的数量是防烟楼梯间的外门 N_W 与前室两个门 M_1 与 M_2 两个门同时开启层数 N_2 的组合。

即 $N = N_W + N_2$

从宏观上分析只有当 $N \leqslant 2(3)$ 才能满足 υ_{min} 的要求，这只有当疏散人员非常小，建筑物层数少、防火门的性能特别好才有可能，这种几率是很小的，因此可靠性是很难保证的。

④防烟楼梯间及其合用前室分别加压的防烟方案。

见《高规》表 8.3.2-2。对于防烟楼梯间来说，有 $N = N_W + N_2$ 个同时开启的气流通道。对合用前室来说，如果各前室风口全开，$N = 2N_2 + (N_{1,1} - N_2) + (N_{1,2} - N_2) = N_{1,1} + N_{1,2}$ 其中风量的一部分通向防烟楼梯间，另一部分通向走道。与③中只向防烟楼梯间加压送风防烟方案相比，气流更为复杂，如果我们把防烟楼梯间与合用前室当作一个整体，忽略气流内部的流动。防烟楼梯间的外门通道有 N_W 个，通向走道的通路 N_2 个。合用前室通向走道的通路为 $N_{1,1} - N_2$ 个，总计同时开启门数，$N = N_W + N_2 + (N_{1,1} - N_2) = N_W + N_{1,1}$ 因 $N_{1,1} > N_2$，而合用前室的风量在 20 层以下只比独用前室多 13% ~ 16%，20 层以上，多 8.57% ~ 17.5%。

因此合用前室分别加压，比只对防烟楼梯间送风从保证 M_1 处的断面风速来说更为不利。

(3)同时开启门的数量 N 的影响因素及其数值的确定方法问题。

前面已经涉及同时开启门的数量 N，包含多种不同含义的门的同时开启数如 $N_{1,1}$、$N_{1,2}$、N_2、N_W 及 N_F，它们的影响因素各不相同，对于防烟楼梯间的外门 M_W 的同时开启的数量 N_W 和消防电梯独用前室的门 M_F 的同时开启的数量 N_F 都是常数，取 $N_W = 2$（或 1），取 $N_F = 2$（或 1）。

现只对前室或合用前室的两个门，一个是前室与走道之间的门 M_1 同时开启的层数 $N_{1,1}$ 和前室与防烟楼梯间之间的门 M_2 同时开启的层数 $N_{1,2}$，以及 M_1 与 M_2 两个门同时开启的层数 N_2 进行研究。因 M_1 与 M_2 都是相同的防火门，位置是对应的，如果忽略开、关门速度上的差异，$N_{1,1} = N_{1,2}$ 我们称它为 N_1。

火灾时建筑物各层防火分区内的疏散人员都要由房间经走道通过前室的两道防火门 M_1 和 M_2 疏散至防烟楼梯间，高层建筑各层疏散人员数 m 越大，门开启的概率就越高，同时开启门的层数 N_1 与 N_2 就越大，建筑物层数 n′ 越多，同时开启的层数 N_1 与 N_2 也越大，此外还与防火门的疏散特性，如疏散一个人平均所需的时间 τ_P，门的开度、门从推开到自动关闭的时间、以及允许疏散时间……等诸多因素有关。门是人疏散时推开的，有人疏散门才会开启，如果疏散的人很少或者没有疏散的人去推门，建筑物层数再多，门也不会开启。

火灾疏散没有着火层优先，上、下相邻层次之的规定，规定了也是无济于世的。只要火灾疏散信号发出，各层的疏散人员就通过前室门，在规定的疏散时间内（允许疏散时间一般 T = 5 ~ 7 分钟）向防烟楼梯间疏散，M_1 与 M_2 两个门就会不断地处在开与关的动态变化之中。

如果我们假设各层人员的疏散是独立的，互不干扰的，我们把开门事件用离散型随机变量二项分布函数来描述，在给定的保证率下，按下面的表达式可求出 M_1 或 M_2 一个门同时开启的层数 N_1，和 M1 与 M_2 两个门同时开启的层数 N_2。

$$P(X \leqslant N_2)=\sum_{i=0}^{N_2} C_n^i P_2^i (1-P_2)^{n-i} (i=0,1,2,3 \cdots\cdots N_2) \qquad (2)$$

式中：P_2——为 M_1 与 M_2 两个门同时开启的概率，$P_2=P_1^2$，(上式中代入 P_2 值，得 N_2 即两个门同时开启的数量)。

P_1——为单个门 M_1（或 M_2）开启的概率（上式中代入 P_1 值，得 N_1 即 1 个门同时开启的层数）。

P_1 的算法有两种，一种按控制前室出口的通过系数(人/m·s)的方法，反推 τ_P(s/人)，如防火分区面积 $F=1200\sim1500m^2$，防火门宽度 $B=1.6m$，安全系数为 2.0，$\lambda=1.5$ 人/m·s，$T=150s$，则 $\tau_P=0.84s$/人。另一种按宏观控制方法，考虑从着火到爆燃的时间为 10 分钟，着火到报警→前室最近点房间里的疏散人员从房间到走道——→再到门 M_2 所需的时间为允许疏散时间 T，取 5 分钟（5～7 分钟），每个人通过防火门的时间为 τ_P(1.5～3.0s)，代入 P_1 值得 N_1，通过实测分析，后一种算法比较符合实际。

n′——建筑物层数，层；

n——建筑物计算层数，取 $n=n'-1$

按(2)式计算结果，摘抄一部分列表－1。

从表－1 中的数据，用当量门系数修正后，其值仍远远大于《高规》中的数。因此加压送风防烟是不可靠的。

2、火灾疏散时的开门状况是动态的，用静态技术条件不能准确地描述。

《高规》规定的加压防烟技术条件主要有两条：

其一，关门时应保持加压空间的正压值，防烟楼梯间 50Pa，前室或合用前室 25Pa(新修改为 30Pa)。

其二，开门时应保证门洞 M_1 处的断面风速 $\upsilon=0.7\sim1.2m/s$。

这都是静态技术条件，与火灾时的实际情况并不一致，因而很容易给人们一种误解，以为只要满足了以上两条，就是达到了防烟效果，就是可靠的。

实际上在某些情况下，火灾时的关门工况并不存在。

除了消防电梯前室加压防烟方案外，《高规》中其它三种加压防烟方案，在任意瞬间都存在着 N_1、N_2 个自然门同时开启着。火灾一发生，疏散信号一发出，人流就很自然地开始通过 M_1、M_2 防火门向防烟楼梯间疏散，这时的门总是处在一种开与关的交替变化之中，门是动态的，但 N_1、N_2 这个数值是遵循一定的规律的，我们可视为在任意时刻都是 N_1、N_2。对某一个门来说，其开关状况是随机的，这是微观分析，N_1、N_2 是宏观统计取值。对 N_1、N_2 的存在是无需质疑的：其条件①疏散人员数多；②建筑物层数多；③允许疏散的时间短；④防火门开关一次需要一定的时间(见下面的实测数据)。4 个条件决定了它们的存在。

特别是防烟楼梯间与前室(包括合用前室)连成一个整体的加压防烟方案。火灾过程中，防烟楼梯间的外门 M_W 总是有 N_W 个自然门处在常开状态。

曾经不少人提出过这样的疑问：……20 层以下同时开启的层数取 N＝2 层；20 层以上取 N＝3 层，究竟指的是哪 2 层？哪 3 层呢？如果用静态的观点就很难解释，只有用动态的观点才能证实各层开门的概率是相同时，开门事件可能发生在任何一层。消防人员的扑救活动是否增大着火层的开门几率呢？主要是消防人员的人数与疏散人员比是很小的，而且消防人员的扑救活动都是通过消防电梯前室通道进行的，不会产生大的影响。

在下列保证率 $P_{(X \leq N)}$、开门概率 $P_1(P_2)$

及建筑物层数 n′时的同时开启门层数 $N_1(N_2)$ 表 - 1

概率 $P_1(P_2)$	保证率 $P_{(X \leq N)}$% \ 建筑物层数 n′	8	9	10	11	12	13	14	15	16	17	18	19	20	21	22	23	24	25	26	27	28	29	30	31	32
0.09	80	1	1	1	2	2	2	2	2	2	2	2	3	3	3	3	3	3	3	3	4	4	4	4	4	4
	90	2	2	2	2	2	2	3	3	3	3	3	3	3	3	4	4	4	4	4	4	4	5	5	5	5
	99	3	3	3	3	3	4	4	4	4	4	4	5	5	5	5	5	5	6	6	6	6	6	6	7	7
0.160	80	2	2	2	3	3	3	3	3	4	4	4	4	4	5	5	5	5	5	5	6	6	6	6	6	7
	90	2	3	3	3	3	4	4	4	4	4	5	5	5	5	6	6	6	6	6	7	7	7	7	7	8
	99	4	4	4	4	5	5	5	6	6	6	6	7	7	7	7	8	8	8	8	9	9	9	9	10	10
0.250	80	3	3	3	4	4	4	5	5	5	5	6	6	6	7	7	7	7	8	8	8	9	9	9	9	10
	90	3	4	4	4	5	5	5	6	6	6	7	7	7	8	8	8	8	9	9	9	10	10	10	11	11
	99	4	5	5	6	6	6	7	7	8	8	8	9	9	9	10	10	10	11	11	12	12	12	13	13	13
0.300	80	3	3	4	4	5	5	5	6	6	6	7	7	7	8	8	8	9	9	9	10	10	10	11	11	11
	90	4	4	4	5	5	6	6	6	7	7	7	8	8	9	9	9	10	10	10	11	11	11	12	12	13
	99	5	5	6	6	7	7	8	8	8	9	9	10	10	11	11	11	12	12	13	13	13	14	14	15	15
0.360	80	4	4	4	5	5	6	6	7	7	7	8	8	9	9	9	10	10	11	11	11	12	12	13	13	13
	90	4	5	5	6	6	6	7	7	8	8	9	9	10	10	10	11	11	12	12	13	13	13	14	14	15
	99	5	6	6	7	7	8	8	9	9	10	11	11	11	12	12	13	13	14	14	15	15	16	16	17	17
0.400	80	4	4	5	5	6	6	7	7	8	8	8	9	9	10	10	11	11	12	12	12	13	13	14	14	15
	90	4	5	5	6	6	7	7	8	8	9	9	10	10	11	11	12	12	13	13	14	14	15	15	15	16
	99	6	6	7	7	8	8	9	10	10	11	11	12	12	13	13	14	14	15	15	16	16	17	17	17	18
0.500	80	5	5	6	6	7	7	8	9	9	10	10	11	11	12	12	13	13	14	15	15	16	16	17	17	18
	90	5	6	6	7	8	8	9	9	10	11	11	12	12	13	13	14	15	15	16	16	17	17	18	19	19
	99	6	7	8	8	9	10	10	11	12	12	13	13	14	15	15	16	17	17	18	18	19	20	20	21	21
0.600	80	5	6	7	7	8	9	9	10	11	11	12	13	13	14	14	15	16	16	17	18	18	19	20	20	21
	90	6	7	7	8	9	9	10	11	11	12	13	13	14	15	15	16	17	17	18	19	19	20	21	21	22
	99	7	8	8	9	10	11	11	12	13	14	14	15	16	17	17	18	19	19	20	21	21	22	23	24	24

注：*1.上表是在确定的保证率下求出的，表中保证率有三种 80%，90%，99%、按需要取值，我们在防烟工程中取的 99%、但 N 值相差不很大。

*2.上表只是列出计算数据中的小部分以供参考。

*3.表中的 N_1 与 N_2 是同时开启的自然门数。如果考虑防火门的开与关的特性及人体的挡风作用。以当量门系数进行修正，据推算，防烟楼梯间的外门的当量门系数 $\xi_W \doteq 1.0$，前室门的当量门系数 $\xi_n \doteq 0.5$。

只要 N_1，N_2，N_W 常在，关门的工况就是虚的，所以关门时要求保持的正压值，防烟楼梯间 50Pa、前室 30Pa，自然就没有意义了，因为关门工况只能代表火灾发生之前或之后的工况。

开门时要求保持前室门 M_1 门洞处的风速 $\upsilon_{M_1} = 0.7 \sim 1.2m/s$，只有在火灾发生时实际的同时开启门的数量 $N_{实} \leq$《高规》规定的 N(2～3)时，才能达到。

现根据表 - 1 同时开启的自然门数，将《高规》中四种加压防烟方案，按 $P_1 = 0.300$ 和 $P_1 = 0.400$、建筑物高度为 15 层、20 层和 32 层、开门数的保证率为 80%、90% 和 99%、前室送风口全开、取前室内门 M_1 与 M_2 的当量门系数 $\xi_n = 0.5$、取防烟楼梯间的外门的当量门系数 $\xi_w = 1.0$ 计算出四种加压防烟方案同时开启门的总当量门数 N_d，然后与《高规》规定的 N 值对照，其结果列表 - 2。

从表 - 2 中看出。

①除消防电梯前室加压送风防烟方案的同时开启门数量 N_F 是一个常数，与单个防火门 M_1(或 M_2)开启的概率 p_1、建筑物层数 n′、开门数的保证率 $P_{(x \leq N)}$…等因素无关外，其它三种加压防烟方案的同时开启门数量 N_d，都

随诸因素的增大而增大。且不论开门数的保证率取80%、90%、99%,同时开启门的数量N_d,都远比《高规》规定的N值(N=2~3)为大。因此,可靠性是很难保证的。

②四种加压防烟方案的同时开启门数量N,从物理意义和数量上都是不同的,不能取一个N=2~3的数来概括。

表-2

序号	各种加压防烟方案的开门数 N_d																		
	p_1	0.300									0.400								
	n'	15			20			32			15			20			32		
	$p(X\leq N)$	80%	90%	99%	80%	90%	99%	80%	90%	99%	80%	90%	99%	80%	90%	99%	80%	90%	99%
	$\varepsilon_n \cdot N_1$	3	3	4	3.5	4	5	5.5	6.5	7.5	3.5	4	5	4.5	5	6	7.5	8	9
	$\varepsilon_n \cdot N_2$	1	1.5	2	1.5	1.5	2.5	2	2.5	3.5	1.5	2	3	2	2.5	3.5	3.5	4	5
	N_W	2	2	2	2	2	2	2	2	2	2	2	2	2	2	2	2	2	2
1	防烟楼梯间及其前室,只对防烟楼梯间加压 $N_d=N_w+\varepsilon_n\cdot N_2$ (《高规》表8.3.2-1)	3	3.5	4	3.5	3.5	4.5	4.0	4.5	5.5	3.5	4.0	5.0	4.0	4.5	5.5	5.5	6.0	7.0
2	分别加压防烟方案 $N_2=N_w+\varepsilon_n\cdot N_1$ (《高规》表8.3.2-2)	5.0	5.0	6.0	5.5	6.0	7.0	7.5	8.5	9.5	5.5	6.0	7.0	6.5	7.0	8.0	9.5	10.0	11.0
3	消防电梯前室加压防烟方式 N_d (《高规》表8.3.2-3)	1	1	1	1	1	1	1	1	1	1	1	1	1	1	1	1	1	1
4	防烟楼梯间自然排烟前室或合用前室加压防烟方案 $N_d=2\cdot\varepsilon_n N_1$ (《高规》表8.3.2-4)	6.0	6.0	8.0	-	-	-	-	-	-	7.0	8.0	10.0	-	-	-	-	-	-
5	《高规》规定的N	2			3			3			2			3			3		

注:*1.表中p_1、n'、$p(x\leq N)$、N_1、N_2、ε_n、ε_w详式(2)及表1注;

*2.N_w为外门M_w的同时开启门数量(指自然门数);

*3.N_d为折算后的当量门数。

3.着火层的背压问题。

着火层背压的大小,直接影响加压风量的分配。特别是影响着火层通过走道与前室之间的门M_1门洞处的断面风速。现以一19层为独用前室的高层建筑为例,假设火灾层位于M_1与M_2同时开启的这一层,按《高规》规定:①只向防烟楼梯间加压,前室不送风;②M_1与M_2两个门同时开启的门数取N=2;③加压风量按《高规》表8.3.2-1取上限$L=30000m^3/h$。(为了简化假设防烟楼梯间的外门关闭,另一层的M_1与M_2同时开启),现按着火层走道内的背压,$P_z=0$,$P_z=10Pa$和$P_z=20Pa$三种情况,分别算得火灾层门洞M_1处的断面风速υ_{M1}值,列如表-3。

从表-3中看出:

(1)着火层走道内压力$P_z=0$时,着火层和非着火层这两层的风量分配是相等的,两个门M_1、M_2门洞处的断面风速相同;

(2)着火层走道背压越高,开启的着火层门洞M_1处的断面风速υ_{M1}越小,大部分的加压风量分配到了开启的非着火层门洞处,使它的断面风速增大,使着火层抵御烟气入侵的能力降低,例如当 $P_z=10Pa$,门洞 M_1 处的断面风速 $\upsilon_{M1}=0.646m/s<0.7m/s$,当 $P_z=20Pa$ 时,气流反向即由着火层走道流向前室,前室内直接进入烟气。

表-3

建筑物层数(层)	《高规》规定的开门数 N (层)	《高规》中表 8.3.2-1 加压风量 L(m^3/h)	着火层走道内的背压 P_z (Pa)	着火层门洞 M_1 处的断面风速 υ_{M1} (m/s)	非着火层门洞 M_1 处的断面风速 υ_{M1}' (m/s)
19	2	30,000 (取上限)	0	1.302	1.302
			10	0.646	1.959
			20	-0.011	2.615

注:表中数据为不计各层门关闭时门缝的漏风量所算得的数据。如果考虑总漏风量为20%,υ_{M_1} 会更小,如按 $P_z=10Pa$ 时着火层门洞处风速 $\upsilon_{M1}=0.221m/s$。

4. 前室(包括合用前室)防火门的技术条件与疏散特性问题。

前室防火门起防烟阻火的作用,是防烟前室的必要条件之一,防火门的性能直接影响加压防烟的效果。

防火门的技术条件,主要根据有以下三个文件即:《高规》、《钢质防火门通用技术条件》GB12955-91 和《木质防火门技术条件》GB1401-93,三者归纳起来有以下三条。

其一　前室的防火门应为向疏散方向开启的平开乙级防火门,耐火极限不小于 0.9 小时,并应在关闭后能从任何一侧手动开启;

其二　防火门应有自动关闭功能,单扇门:应设闭门器,双扇门:必须有顺序关闭功能,钢质门必须有带盖缝板,木质门必须带有子口,并装设闭门器和顺序器。防火门在不大于 80N 的推力作用下,即可打开;

其三　常开的防火门,当发生火灾时,应具备自行关闭和信号反馈功能。

虽然对防火门有以上几条规定,但仍存在一些问题。

(1)对闭门器和顺序器没有相应的技术标准和技术条件,应进一步完善。门扇推开后从开度 100% 回弹到 0% 的时间没有规定,据调查测定表明,绝大多数防火门回弹的时间过长,很大一部分甚至不回弹,而停留在任意位置。失去关闭功能。双扇防火门虽然装设有顺序器,因延时的时值规范或技术条件中没作规定,过长过短都在使用,绝大多数虽然装有顺序器,但没有顺序关闭功能,有的关闭时在子口部位顶住,上部形成很大的三角形孔洞。这些问题实际上增大了同时开启门的数量严重影响了加压防烟的效果。因此对这些防火门的安装制造技术条件应进一步完善。现将测试的数据绘于图 1~4:

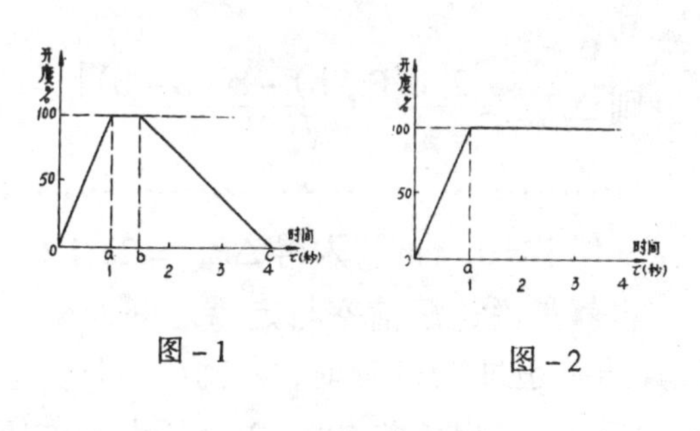

图-1　图-2

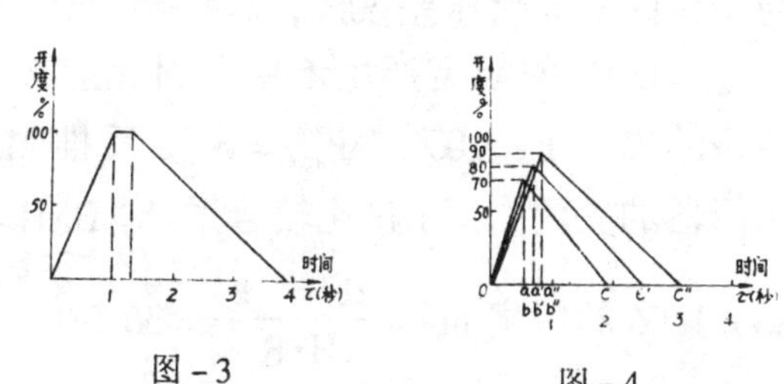

图-3　图-4

图中 oa——人推开门的时间(秒),推力越大,时间越短。成人 1~2 秒。

ab——门到死点停留时间,一般开度 100% 时为 1~2 秒。30%~40% 的门回不去如图-2,当开度只达 90% 以下时,停留的时间几乎没有,如图-4。

bc——门到死点后回弹到开度 0% 的时间,一般 2~4 秒不等,都比 oa 时间长,有的回不去如图-2。

如果按实测的数据,所算得的防火门 M_1 或 M_2 单个门开门的概率 p_1,来计算同时开启门的数量 N_1, N_2,其结果比表-1,表-2中的数据大得很多,因而 M_1 门洞处的断面风速就变得更小,防烟系统的可靠性也更低,这是个比较严重的问题。

(2)闭门器的关门力矩 m_f 问题

防火门制造标准中规定:"防火门在不大于80N的推力作用下即可打开"。的规定,值得商榷。因为它的关门力矩 m_f 直接影响允许最大压差 ΔP_{max} 与安全性。

①因为《高规》中已经规定了两个基本数据,即:a.考虑老弱妇幼疏散的安全,推门力 $F \leqslant 100N$;b.正压间(如前室等)内的最大允许压差,取 $\Delta P_{max}=60Pa$。

如果按防火门在不大于80N的推力作用下即可开启(是无压差时)实际上是指推门力矩,以 $B=0.86m$, $H=1.96m$(双扇门1.72×1.96的一扇,下同)反算其最大允许压差 ΔP_{max}:

$$则\ \Delta P_{max}=\frac{2[F(B-b)-80(B-b)]}{H\cdot B_2}\ \text{Pa} \quad \cdots\cdots(3)$$

一般 $b=0.06m$ 代入得 $\Delta P_{max}=22.1Pa$

也就是说这扇前室与走道之间的防火门 M_1 其压差超过22.1Pa时,人就打不开。这将与余压阀的开启压差60Pa,以及最大允许压差 $\Delta P_{max}=60Pa$ 的规定产生矛盾。因此应按a、b两条的规定 $F\leqslant 100N$, $\Delta P_{max}=60Pa$ 反推 M_1 的闭门器的关门力矩 mf_1 比较合适:对 $BXH=0.86\times 1.96$ 的门扇 $m_{f1}=\frac{2F(B\_b)}{H\cdot B^2}=36.5N-m$

m_f 过大,将使前室门 M_1 打不开,过小将使门的关闭太慢。

②因为前室最大允许压差 $\Delta P_{max}=60Pa$ 时,(防烟楼梯间火灾时一般外门常开,压力 $P\approx 0$)前室的两个门 M_1 与 M_2 的平衡力矩是不同的,M_1 为三个平衡力矩,M_2 只有两个,为了匹配,M_2 的闭门器关门力矩 m_{f2} 应分别计算。

$$m_{f2}=\frac{B^2\cdot H}{2}\Delta P_{max}=43.5N-m$$

安装时进行调整。

5.前室(包括合用前室)加压送风口的开启方式问题。

《高规》对前室加压送风口的开启方式,未作明确规定,通常为两种:一种是采用常开型风口,火灾时,各层前室风口全开(以下简称全开式),另一种是采用的常闭型风口,火灾时只开着火层及其相邻两层,(以下简称三开式)。

应该指出:两种风口开启方式不是等效的。现以两个前室门 M_1 和 M_2 都关闭的工况来说明(仍以防烟楼梯间自然排烟,前室加压送风,建筑高度为15层,加压送风量 $L=27,000m^3/h$,送风口为800×630,风口有效面积0.84,风口关闭时漏风面积推算为0.021,243,$3m^2/m^2$ 为例)有两点不同:

(1)二者构成的串联通路漏风面积A不同

①全开式:

当前室压力 $\Delta P\leqslant 60Pa$ 时

$$A_Q=\frac{A_1\times A_2}{\sqrt{A_1^2\times A_2^2}}=0.059,406,362m^2$$

式中:A_1——风口开启有效面积,$A_1=0.423,36m^2$;

A_2——关闭的两个门缝漏风面积,$A_2=0.06m^2$

当前室压力 $\Delta P>60Pa$ 时,M_2 被 ΔP 产生的力矩推开,漏风面积急剧增大,见表-4。

②三开式

$$A_S=\frac{A_1'\times A_2}{\sqrt{A_1'^2+A_2^2}}=0.010,540,127m^2$$

式中:A_1'——风口关闭时的漏风面积,$A_1'=0.010,706,623m^3$

A_2——同上。

(2)二者在风口前的静压相同时,风口的压降不同,前室内的压力不同,因此漏风量也不同,现将有关计算数据列如表-4。

送风口前静压相同时(竖井内)前室风口全开与开启三层 M_1 与 M_2 关闭的漏风量比较　　表-4

前室风口开启方式 / 前室送风口内侧静压力 P_J(Pa)	前室风口全开					前室风口开启三层			L_Q/L_S
	通过风口压力 ΔP_Q (Pa)	前室内压力 P_Q (Pa)	前室漏风量 L_Q(m^3/h) 通过门 M_1 LM_{1f}	通过门 M_2 LM_{2f}	合计 L_Q $L_Q = LM_{1f} + LM_{2f}$	通过风口压降 ΔP_S (Pa)	前室内压力 P_S (Pa)	前室漏风量 L_S(m^3/h) L_S	
61.206	1.206	60.000	691.893	691.893	1383.786	59.317	1.889	245.500	5.693
100.633	30.633	70.000	747.271	6229.136	6976.407	97.528	3.105	314.792	26.572
183.553	103.553	80.000	798.867	12027.074	12825.941	177.889	5.664	425.143	45.697
301.268	211.268	90.000	847.325	17472.616	18319.941	297.971	9.297	544.666	61.539
448.105	348.105	100.000	893.160	22623.139	23516.299	434.279	13.828	664.269	74.940
619.827	509.827	110.000	936.745	27521.954	28458.699	600.699	19.128	781.248	86.470
813.046	693.046	120.000	978.408	32202.714	33181.122	787.956	25.090	894.770	96.527

注:1.表中数据是按防火门为双扇木质防火门每扇尺寸为 0.86×1.96 计算,关门时的漏风面积 $f = 0.03m^3$

2.按防烟楼梯间为自然排烟前室加压送风,风口尺寸为 0.800×0.630,关闭时漏风面积推算 $f' = 0.021,243,3m^2/m^2$

3.风机全压一般在 600~1000Pa 之间。

由表-4看出:全开式的漏风量比三开式的漏风量大得多,前者与后者之比 L_Q/L_S 随着风口前的静压增大而急剧增加。

6.关于超压问题。

什么叫超压呢?是指当加压空间防火门内外两侧的压差 ΔP 超过最大允许值($\Delta P_{max} = 60Pa$),使疏散方向的门如 M_1 推开门的力 $F > 100N$ 的情况称为超压。

防烟楼梯间与前室能否超压,根据前面的分析,在火灾过程中,由于防楼梯间为上、下相通的高大空间,同时开启门的数量多,且外门处于常开状态,一般不会超压。火灾初期和终期如果防火门闭门器的关门力矩设置不当,仍可能造成超压。

向前室加压送风的防烟系统,因各层前室是互不相通的,当 M_1 与 M_2 同时处于关闭状态时,超压的危险性较大,只开三层前室风口比所有前室风口全开超压的危险性更大。超压与否除了与加压送风机所选择的类型、风量、风压及其匹配关系有关外,还与以下两个条件有关。第一个是两防火门 M_1 和 M_2 的闭门器关门力矩 m_{f1} 和 m_{f2} 的大小有关。且满足不超压的 m_{f1} 和 m_{f2} 的关门力矩的数量是不相等的。(详见表-5)

第二个是防火门门扇的尺寸大小 BXH(双扇门为其中的一扇)有关:

(1)对前室门 M_1 有三个平衡力矩:

$$m_p + m_f = m_T \quad \cdots\cdots (4)$$

式中:m_p——M_1 内外两侧压力差 ΔP 产生的力矩,N-m,$m_p = \frac{H \cdot B^2}{2}\Delta P$;

m_{f1}——M_1 的闭门器关门力矩;N-m;

M_T——人的推门力产生的力矩,N-m,$m_T = F(B-b) = 100(B-b)$。

式(4)可改写为:

$$\frac{H \cdot B^2}{2}\Delta P_{max} + m_{f1} = F(B-b) \quad \cdots\cdots (5)$$

取门把手到门边的距离 $b = 0.06m$,$F = 100N$,$\Delta P_{max} = 60Pa$ 时(取走道 $P_z = 0$)可求得满足不超压的门 M_1 的关门力矩 M_{f1}:

$$m_{f1} = 100(B-0.06) - 30H \cdot B^2 \quad \cdots\cdots (6)$$

从式(6)中看出:为了不致超压,对各种规格尺寸的防火门 M_1 的关门力矩 m_{f1} 应进行计算。现将几种常用防火门的 m_{f1} 的计算结果列于表-5。防火门闭门器的关门力矩应在配套安装时按表-5中数据整定。过大会超压,过小会使关闭速度过慢而影响加压效果。

(2)对于前室门 M_2,有两个平衡力矩:

$$m_{f2} = m_p \quad \cdots\cdots (7)$$

式中:m_{f2}——为 M_2 的闭门器的关门力矩,N-m;

m_p——为 M_2 门内外的压力差 ΔP 产生的力矩

$\Delta P = \Delta P_{max}$(取防烟楼梯间 $P = 0$)

$$m_{f2} = \frac{H \cdot B^2}{2}\Delta P_{max} \quad \cdots\cdots (8)$$

即 $m_{f2} = 30HB^2$ …………………… (9)

从式(6)与式(9),看出防火门规格相同(前室内的 $\Delta P_{max} = 60Pa$)时,两个防火门 M_1 与 M_2 的闭门器要求的关门力矩也不同,同一个防火门 M_1(或 M_2)规格尺寸不同要求闭门器的关门力矩也不同。必须在安装完毕后按下表-5进行整定。

表-5

材质 / 门扇 / 门洞净宽 / 门洞高	钢质防火门					木质防火门				
	单开		双开			单开		双开		
	900 (764)	1000 (864)	1200 (1064)	1500 (1364)	1800 (1664)	900 (820)	1000 (920)	1200 (1120)	1500 (1420)	1800 (1720)
2000	-	-	-	-	-	$m_{f1}=36.5$ $m_{f2}=39.5$ (1960)	$m_{f1}=36.2$ $m_{f2}=49.8$ (1960)	$m_{f1}=31.6$ $m_{f2}=18.4$ (1960)	$m_{f1}=35.4$ $m_{f2}=29.6$ (1960)	$m_{f1}=36.5$ $m_{f2}=43.5$ (1960)
2100	$m_{f1}=40.5$ $m_{f2}=35.3$ (2017)	$m_{f1}=40.6$ $m_{f2}=45.2$ (2017)	$m_{f1}=30.1$ $m_{f2}=17.1$ (2017)	$m_{f1}=34.1$ $m_{f2}=28.1$ (2017)	$m_{f1}=35.3$ $m_{f2}=41.9$ (2017)	$m_{f1}=34.4$ $m_{f2}=41.6$ (2060)	$m_{f1}=33.7$ $m_{f2}=52.3$ (2060)	$m_{f1}=30.6$ $m_{f2}=19.4$ (2060)	$m_{f1}=33.8$ $m_{f2}=31.2$ (2060)	$m_{f1}=40.7$ $m_{f2}=39.3$ (2060)
2400	$m_{f1}=35.2$ $m_{f2}=40.6$ (2317)	$m_{f1}=33.9$ $m_{f2}=51.9$ (2317)	$m_{f1}=27.5$ $m_{f2}=19.7$ (2317)	$m_{f1}=29.9$ $m_{f2}=32.3$ (2317)	$m_{f1}=29.1$ $m_{f2}=48.1$ (2317)	$m_{f1}=28.4$ $m_{f2}=47.6$ (2360)	$m_{f1}=26.1$ $m_{f2}=59.9$ (2360)	$m_{f1}=27.8$ $m_{f2}=22.2$ (2360)	$m_{f1}=29.3$ $m_{f2}=35.7$ (2360)	$m_{f1}=27.6$ $m_{f2}=52.4$ (2360)
2500	-	-	-	-	-	$m_{f1}=26.4$ $m_{f2}=49.6$ (2460)	$m_{f1}=23.5$ $m_{f2}=62.5$ (2460)	$m_{f1}=26.9$ $m_{f2}=23.1$ (2460)	$m_{f1}=27.8$ $m_{f2}=37.2$ (2460)	$m_{f1}=25.4$ $m_{f2}=54.6$ (2460)

如果降低最大允许压差 ΔP_{max},仍保持推门力 F=100N,且门的规格尺寸不变时,m_{f1}↑,m_{nf}↓,使 M_1 关门的速度增加,M_2 关门的速度减小。反之,亦然。因此不能任意取值,要使其整体处于最佳状态为好。

三、结 论

1、防烟系统的可靠性,既包括防烟设备或部件等动作的可靠性,又包括要求满足防烟功能,在工艺上许许多多的条件的可靠性要求。比如,防烟设备部件在火灾时都能及时地动作,如果加压风量不够、仍然保证不了防烟功能。因此还应包括如:

(1)选取的开门数 N 值的可靠性,也就是风量大小是否与实际火灾的需要一致;

(2)计算的系统阻力是否与实际相符的可靠性;

(3)风机的应变能力的可靠性,如距离风机远端或近端发生火灾时,其风量、压头的适应性。近端风机风量增大,形成超压甚至烧坏电机,远端风机量减小等;

(4)超压会降低防烟功能的可靠性,保证不超压的安全措施的可靠性;

(5)防火门的性能的可靠性等等。

在防烟方案可靠性比较一文中,实际上只对前者即加压防烟设备部件动作的可靠性作了比较。结论是,只对防烟楼梯间加压比分别加压的可靠性高,同理,只对前室加压也比分别加压的可靠性高。因为我们假设两种方案后面那部分〔即(1),(2),(3),(4),(5)点〕的可靠性都相同时,这些就成为公约数而抵消。结论和推论仍然是正确的。本文现在已跳出了这个光比设备部件动作可靠性的范畴,向着全面比较其可靠性的方向迈进,但后面还有许多工作要作。

2、从文章对6个问题的分析可以看出《高规》规定的四种防烟方案中,除了消防电梯前室加压防烟方案的开门数 N,大于本文的数值外,其它三种加压防烟方案的 N 值都远远比本文的小,其可靠性是难以保证的。如果消防电梯前室加压防烟方案前室的风口全开,或只开启三层,可靠性会大大降低,如果只开着火层风口情况会大为改观。

3、如果不改变加压送风方案,光从原来基础上增加同时开启门的数量来计算加压送风量的作法是不可取的，因为在许多情况下，风量大到失去可操作性。向防烟楼梯间加压的防烟方案，从分析看出是没出路的。

究竟是分兵把守好，还是集中力量把住关口部位好呢？这涉及一个哲理问题，现代高层建筑的围护结构特别是墙、楼板等按《高规》规定都具有较高的耐火极限和良好的严密性，火灾不可能通过这些部位扩散与蔓延，唯一的途径只能是疏散通道。因此要防止烟气入侵，前室就成为"要塞"，前室的防火门 M_1 就是"关口"。只要把住"关口"就能起到"一夫挡关，万夫莫入"的作用，扩大防守或处处设防只能顾此失彼，错失良机。

因而提出了只对着火层前室加压送风的防烟新方案，这样就可以摆脱许多复杂因素和不定因素的困扰，使加压送风量能得到有效利用，大大提高了防烟系统的可靠性和经济性。且《高规》中原来规定的两条技术条件又可适用。

4、只对着火层前室加压送风防烟方案带来的一个关键问题是超压问题，已作了专门研究，其装置已申请了专利，可大大降低防烟工程的造价。

四、后　记

所谓加压防烟是指以向被加压空间采用机械送风的方式来提高该空间的压力，以抵御火灾时烟气入侵的防烟方式。关键要使前室与着火层走道之间的压差 ΔP，必须大于烟气入侵的临介压差 ΔP_{min}。压差过小，或者以保持"微正压"的方式对于防烟都是徒劳的。因此向封闭避难层(间) $30m^3/m^2 \cdot h$ 的送风，不属于加压防烟。它是源于人防规范(GBJ38-79)人员掩蔽室清洁式通风量 $6 \sim 7m^3$/人·时，每平方米容纳5人计算确定的。

参考文献

1.《高层民用建筑设计防火规范》GB50045-95.计划出版社.1995.

2.陆跃庆主编《实用供热空调设计手册》.中国建筑工业出版社.1993.6.

3.蒋永锟主编《高层建筑消防设计手册》.同济大学出版社 1995.3.

4.陆跃庆主编《暖通空调设计指南》.中国建筑工业出版社.1996.5

5.吴有筹《略谈前室加压送风量及其控制》.通风除尘1995.第4期.

6.潘渊清、[illegible]襄霞《高层民用建筑防烟楼梯间开启门数量的确定及前室送风系统运行方式的分析》.暖通空调.1992年第5期.

7.李[illegible]文、李德全、《正压送风系统风量风压值的实验研究》.1994年全国暖通制冷年会论文集.

8.赖庆林《高层建筑加压送风设计若干问题的探讨》.暖通空调专题研讨.1997年第27卷第3期.

9.杜红《正压送风量的一种计算方法》.暖通空调1996年3期.

10.徐选才《高层民用建筑合用前室防烟系统设计中的几个问题》.1996年暖通制冷年会资料集.

11.夏卓平《消防楼梯间前室设常开百叶风口的可能性分析》.江苏暖通空调制冷1996年第2期.

12.垄德建《高层民用建筑机械加压送风防烟系统设计——楼梯间及前室加压送风量和系统阻力计算》.1994年暖通制冷年会资料集.

13.高建《浅议高层建筑防火设计中防排烟的若干问题》.通风除尘1997年第2期.

14.王作贤《高层民用建筑加压送风防烟设计中几个问题的探讨》.暖通空调1994年第3期.

15.蒋永锟、潘渊清《高层建筑防烟楼梯间机械加压送风问题的探讨》.暖通空调1995年第6期.

16.潘雨顺《论高层建筑通风空调防火与排烟设计》.暖通空调1993年第2期.

17.杨碧琴《金龙饭店机械加压送风系统设计及探讨》.兵工暖通1994年第2期.

18.赵国凌编著《防排烟工程》.天津科技翻译出版社.

19.钱以明编著《高层建筑空调与节能》.同济大学出版社.1990.2.

20.刘朝贤《防烟楼梯间及其前室(包括合用前室)两种加压防烟方案的可靠性比较》《四川制冷》1998年第1期.

21.刘朝贤《防烟楼梯间及其前室加压防烟系统火灾疏散时开启门数量的探讨》《四川制冷》1998年第2期.

22.刘朝贤《防烟楼梯间及其前室(包括合用前室)只对着火层前室加压防烟的探讨》《四川制冷》1998年第3期.

(影印自《四川制冷》1998年第4期1—11页，略有修改)

文章编号：1671-6612（2007）增刊-056-05

对高层建筑房间自然排烟极限高度的探讨

刘朝贤*

（中国建筑西南设计研究院　成都　610081）

【摘　要】 根据所确定的高层建筑房间自然排烟的临界风速和极限高度的数值模型，分析并确定了数值计算的边界条件，然后对全国主要城市不同气象条件下的临界风速和极限高度进行了计算，发现了许多带规律性的问题。可供防烟设计和规范修行时的参考。

【关键词】 临界风速；极限高度；当地风速；排烟温度；一个朝向外窗

中图分类号　TU834　　文献标识码　A

The rearch of utmost height of natural smoke ejecting about High building room.

Liu Chaoxian

（China South-west Architectural Design and Research Institute　ChengDu　610081）

【Abstract】 This paper analyzed and made certain the boundery condition about numerical computation, based on the numerical model of critical wind Speed and utmost height of natural smoke ejecting about high building room. Then make some catulations about the critical wind speed and utmost height of different weather conditions in countrywide main cities, and discovered some disciplinary problems. These can be reference for us.

【Keywords】 critical wind speed; utmost height ; local wind speed ; smoke ejecting temperature; a window with sunny.

0　引言

高层建筑的风速，随其距室外地坪高度的增加而增加，当室内发生火灾时，产生的高温烟气由于浮升力的作用经外窗向外排出，排出的速度随烟气温度的上升而增加，当室内烟气在某一温度时所产生的烟气向外排出的速度，恰好与建筑物迎风面风速相抗衡时，房间自然排烟就失效，使房间自然排烟失效的风速 W_L（m/s）叫临界风速，这时自然排烟窗口上缘距室外地坪的高度 H_L(m)叫极限高度。

极限高度主要取决于当地室外风速 W_o，房间排烟温度 t_p（℃）。此外还与当地室外温度 t_w，排烟窗的位置尺寸高度 h_c 以及风压系数 K 等因素有关。

1　自然排烟失效的室外临界风速 WL 及自然排烟窗口上缘极限高度 HL 的计算。

1.1　自然排烟失效的室外临界风速 W_L 经推导可按下式计算：见图 1。

$$W_L=\sqrt{\frac{2gh_2[\,(T_P/T_W)\,-1]}{K\,(T_P/T_W)}} \qquad (1)$$

式中 h_2——外窗中性层离窗孔上缘距离，m；

$$h_2=\frac{h_c(T_P/T_W)^{1/3}}{(T_P/T_W)^{1/3}+1}$$

T_p——窗口排烟绝对温度，K，T_p=273+t_p；

t_p——窗口排烟温度，℃，着火房间内排烟温度设定为 70℃、250℃、400℃、500℃、800℃五个等级；t_p=70℃为刚起火时的温度。t_p=800℃为爆燃时的温度。

h_c——窗高，m，一般取 h_c=1.60m；

T_w——夏季或冬季室外空气计算绝对温度，K，T_w=273+t_w；

收稿日期：2007-05-18

刘朝贤，男，1934 年 1 月出生，教授级高级工程师，国务院政府津贴专家，电话：13551092700

t_w——取夏季或冬季通风温度℃，各地不同；

K——风压系数，取 K=0.75（最大值）；

g——重力加速度，$g=9.81m/s^2$。

1.2　自然排烟窗口上缘临界高度 H_L 的计算

$$H_L=\left(\frac{W_L}{\varphi W_o}\right)^3 \cdot H_o \qquad (2)$$

式中 W_L——自然排烟失效的极限风速，m/s

W_o——10m 高处实测风速，m/s，由气象台站提供；

φ——风速修正系数，此处取 φ=1.0；

H_o——测量风速的标准高度，10m。

1.3　计算公式中主要参数的取值——边界条件确定

（1）室内计算温度 t_w，取夏季通风温度或冬季通风温度。因为自然排烟靠浮升力，夏季对建筑物来说室外温度高，室内温度低，是反向烟窗效应，冬季是正向烟窗效应，一般情况下，当夏季和冬季室外内速相同时，夏季是最不利条件。个别城市由于冬季室外风速大于夏季，应对冬季进行计算，取冬夏两季中的最小值。

（2）室外风速 W_o 的取值问题，有的提出取最大风速值，现将全国主要城市 30 年一遇最大风速 10 分钟的数据同时列如表 1 中，其范围是 20m/s（昆明最小）至 43.8m/s（台北最大）不能按此风速计算。

一是 30 年中 10 分钟最大风速平均值，其概率是 157 万分之一，其概率太小，不合理。

二是这个风速范围 20m/s~43.8m/s，会使全国所有城市热烟气自然排烟都失效的风速，采用此数据毫无意义。因此，这里取每年夏季和冬季平均风速计算。

（3）风向问题，全国各城市的风向不同，同一城市，各建筑物有不同朝向，以其主导风向为朝向计是安全的、合理的。

（4）风速随高度变化的指数 n，在此统一取市区的粗糙度等级，n=1/3，

即 $\left(\frac{H_L}{H_0}\right)^{1/3}=\left(\frac{W_L}{\varphi W_o}\right)$

（5）风速的修正系数 φ 统一取 φ=1.0。

（6）风压系数 K，按整个城市风向迎风面最大值 K=0.75。

（7）排烟口排出烟气温度 t_p。室内自然排烟的效果与排烟温度 t_p 有关，温度越高排烟效果越好，但排烟温度除与室内火荷载密度有关外，与火灾经历的时间有关，由火灾初期到爆燃之前是人员疏散的时间，将排烟温度 t_p 分成五档：70℃、250℃、400℃、500℃、800℃，其中 70℃是温感器刚报警时的温度，爆燃点一般为 800℃，从着火报警至爆燃约为 10 分钟，安全疏散一般规定为 5~6 分钟，为安全留有一定裕量，房间温度可取为 500℃，总的控制在爆燃以前疏散完毕。t_p 温度取值越低，达到极限高度的城市安全度越高，t_p 温度取值越高，达到极限高度的城市越不安全。

（8）火灾时由于可燃物分解为气体以及温度的上升，体积膨胀，产生的压力的影响，也作为安全因素而不计入。

现将全国各主要城市在不同排烟温度 t_p 下房间排烟外窗上缘的临界风速及极限高度的计算结果按夏季、冬季列于表 1，计算见图 1。

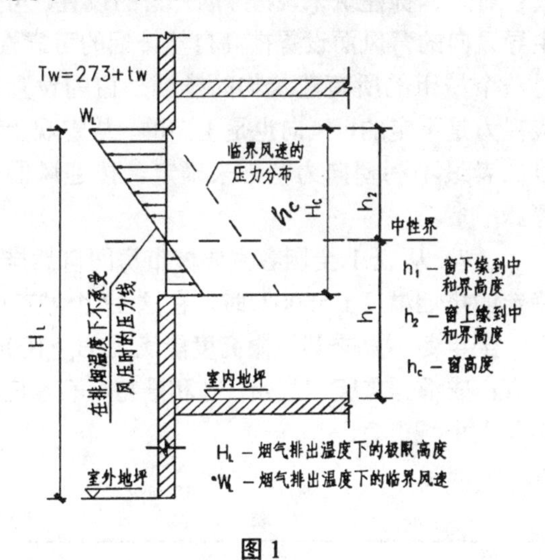

图 1

2　结论

（1）对高层建筑房间自然排烟，其临界风速 W_L 和极限高度 H_L 是存在的，原因在于房间火灾时的高温烟气与室外空气温度差在室内小环境内形成的烟囱效应，不论季节变化与否都能起主导作用，与大环境的中和界无关，但对防烟楼梯间及其前室，其临界风速 W_L 和极限高度 H_L 是不存在的，主要是整幢建筑大环境的烟囱效应，随着季节的变化是反向的，冬季中和界以上排风，夏季中和界以下排风，而火灾发生的部位是随机的。（见另一专题论文）

（2）临界风速和极限高度，主要取决于当地冬、夏季的室外风速大小及随高度的变化规律和房间火灾进程当中的排烟温度 t_p（℃）。

（3）当排烟温度取值相同时，如都取 500℃，由于各地冬、夏季的室外风速各异，全国各地的极限高度不同，不能用统一的一个数值加以规范。

（4）临界风速和极限高度不是指该城市中的整幢建筑物的高度，而是指房间的排烟外窗上缘距室外地坪的高度，不包括这一高度以下的其他房间和系统。

（5）对房间只有一个朝向的排烟外窗而言，不包括二个及二个以上朝向的排烟外窗的房间。

（6）排烟外窗处于背风面时对房间排烟起促推作用，对排烟有利，当排烟外窗处于迎风面时，产生的风压与房间高温烟气浮升力产生的风压（风速）相抗衡。使烟气排不出去。

对某一栋建筑来说，排烟外窗的设置，可以按主导风向的背风面设置提高自然排烟的可靠性。但对一个城市的所有建筑物的排烟外窗的设置方向应视为是不定的，风向也是不定的，从宏观上都应以二者最不利朝向为基础来确定。按迎风面来计算。

（7）从表 1 全国各主要城市房间自然排烟在确定的排烟温度 t_p=500℃时，在这 32 个城市中：

全年冬、夏季其极限高度能满足 $H_L \geq 100m$ 的只有：成都、重庆、兰州、呼和浩特、石家庄、银川共六个城市。

表 2

城市名称	H_L（m）		备注
	冬季 H_{Ld}	夏季 H_{LX}	
成都	845.23	424.87	冬夏两季中取 H_L 最小值
重庆	355.89	202.81	
兰州	5185.55	260.41	
呼和浩特	161.82	169.52	
石家庄	109.50	166.26	
银川	132.92	116.00	

全年冬、夏季其极限高度能满足 $H_L \geq 50m$ 的除上面 6 个城市外增加：拉萨、南宁、西宁、贵阳、杭州、西安 6 个城市，共计 12 个城市。

表 3

城市名称	H_L（m）		备注
	冬季 H_{Ld}	夏季 H_{LX}	
拉萨	59.74	100.78	冬夏两季中取 H_L 最小值
南宁	103.07	84.71	
西宁	132.92	81.49	
贵阳	58.19	70.96	
杭州	51.12	52.29	
西安	108.68	52.70	

全年冬、夏季 $H_L \geq 24m$ 的城市除上面 12 个城市外增加：北京、太原、南京、合肥、长沙、武汉 6 个城市。总计 18 个城市。

表 4

城市名称	H_L（m）		备注
	冬季 H_{Ld}	夏季 H_{LX}	
北京	29.31	82.13	冬夏两季中取 H_L 最小值
太原	36.88	61.30	
南京	35.66	31.80	
合肥	40.11	31.80	
长沙	28.23	31.65	
武汉	31.72	31.68	

可以认定其它 14 个城市的高层建筑的房间只要排烟外窗上缘距地面高度超过 24m，是不能采用自然排烟方式的。

全国各主要城市房间自然排烟在不同排烟温度 t_p（℃）时的临界风速 W_L 及极限高度 H_L（一）

表 1

序号	城市名称	平均风速（m/s）		室外计算温度（℃）		临界风速 W_L（m/s）极限高度 H_L（m）										30年一遇最大风速十分钟平均值(m/s)	无风频率（%）		
						夏季						冬季							
		夏季	冬季	夏季	冬季	t_p=400℃		t_p=500℃		t_p=800℃		t_p=500℃		t_p=800℃			夏	冬	全年
						W_L	H_L	W_L	H_L	W_L	H_L	W_L	H_L	W_L	H_L				
1	成都	1.1	0.9	29	6	3.62	354.94	3.84	424.87	4.26	581.61	3.95	845.23	4.35	1127.16	20.0	41.7	46.0	42
2	兰州	1.3	0.5	26	−7	3.63	218.11	3.85	260.41	4.27	355.11	4.02	5185.55	4.40	6798.47	21.9	44.7	69.0	55
3	呼和浩特	1.5	1.6	26	−13	3.63	141.99	3.85	169.52	4.27	231.17	4.05	161.82	4.42	210.71	28.3	42.3	49.3	43
4	石家庄	1.5	1.8	31	−3	3.60	138.65	3.83	166.26	4.25	228.19	4.00	109.50	4.38	144.22	21.9	35.3	31.7	32
5	银川	1.7	1.7	27	−9	3.63	97.08	3.85	116.00	4.27	158.38	4.03	132.92	4.40	173.87	32.2	31.3	32.3	32
6	昆明	1.8	2.5	23	8	3.65	83.34	3.87	99.24	4.29	134.83	3.92	38.62	4.33	51.78	20.0	29.7	31.7	30
7	拉萨	1.8	2.2	19	−2	3.67	84.92	3.89	100.78	4.30	136.23	3.99	59.74	4.38	78.78	23.7	28.7	24.3	25
8	广州	1.8	2.4	31	13	3.60	80.24	3.83	96.21	4.25	132.06	3.92	43.48	4.32	58.37	28.3	28.0	29.3	29
9	南宁	1.9	1.8	32	13	3.66	71.20	3.87	84.71	4.25	111.98	3.92	103.07	4.32	138.37	23.7	19.7	26.3	25
10	北京	1.9	2.8	30	−5	3.61	68.35	3.83	82.13	4.26	112.57	4.01	29.31	4.39	38.51	23.7	24.0	13.7	20
11	西宁	1.9	1.7	22	−9	3.61	68.74	3.83	81.49	4.29	114.94	4.03	132.92	4.40	173.86	23.7	28.7	44.0	35
12	贵阳	2.0	2.2	28	5	3.62	59.34	3.84	70.96	4.27	97.02	3.96	58.19	4.35	77.37	21.9	30.0	8.0	24
13	太原	2.1	2.6	28	−7	3.62	51.26	3.84	61.30	4.27	83.81	4.02	36.88	4.40	48.35	23.7	26.3	23.7	24
14	杭州	2.2	2.3	33	4	3.59	43.52	3.82	52.29	4.25	71.95	3.96	51.12	4.36	67.89	25.3	19.0	18.7	15
15	西安	2.2	1.8	31	−1	3.60	43.95	3.83	52.70	4.25	72.33	3.99	108.68	4.37	143.47	23.7	24.3	32.7	29
16	南京	2.6	2.6	32	2	3.59	26.50	3.83	31.80	4.25	43.70	3.97	35.66	4.36	47.24	23.7	18.0	25.3	22
17	合肥	2.6	2.5	32	2	3.59	26.50	3.83	31.80	4.25	43.70	3.97	40.11	4.36	53.14	21.9	10.7	20.7	18
18	天津	2.6	3.1	29	−4	3.62	26.88	3.84	32.18	4.26	44.04	4.00	21.51	4.39	28.31	25.3	5.0	5.0	5

全国各主要城市房间自然排烟在不同排烟温度 t_p（℃）时的临界风速 W_L 及极限高度 H_L（二）

续表 1

序号	城市名称	平均风速（m/s）		室外计算温度（℃）		临界风速 W_L（m/s）极限高度 H_L（m）										30 年一遇最大风速十分钟平均值(m/s)	无风频率（%）		
						夏季						冬季							
						t_p=400℃		t_p=500℃		t_p=800℃		t_p=500℃		t_p=800℃					
		夏季	冬季	夏季	冬季	W_L	H_L	W_L	H_L	W_L	H_L	W_L	H_L	W_L	H_L		夏	冬	全年
19	郑州	2.6	3.4	32	0	3.59	26.50	3.84	31.80	4.25	43.70	3.98	16.07	4.37	21.23	25.3	11.7	11.0	15
20	长沙	2.6	2.8	33	5	3.59	26.37	3.82	31.68	4.25	43.59	3.96	28.23	4.35	37.53	23.7	12	0	6
21	武汉	2.6	2.7	33	3	3.59	26.37	3.82	31.68	4.25	43.59	3.97	31.72	4.36	42.07	21.9	8.3	0	—
22	南昌	2.7	3.8	33	−3	3.59	23.54	3.82	28.29	4.25	38.92	4.00	11.64	4.38	15.33	25.3	13.7	0	—
23	济南	2.8	3.2	31	−2	3.60	21.32	3.83	25.56	4.25	35.08	3.99	19.41	4.38	25.60	25.3	12.3	11.0	—
24	台北	2.8	3.7	31	15	3.60	21.32	3.83	25.56	4.25	35.08	3.91	11.78	4.31	40.79	43.8	—	—	—
25	沈阳	2.9	3.1	28	−12	3.62	19.46	3.84	23.24	4.25	31.82	4.04	22.17	4.42	28.90	23.3	—	—	—
26	福州	2.9	2.7	33	10	3.59	19.00	3.82	22.83	4.25	31.41	3.93	30.89	4.33	41.32	31.0	15.7	17.6	19
27	乌鲁木齐	3.1	1.7	29	−15	3.62	15.86	3.84	18.98	4.26	25.99	4.06	135.92	4.43	176.59	31.0	—	29.7	17
28	上海	3.2	3.1	32	3	3.61	14.21	3.84	17.06	4.25	23.44	3.97	20.96	4.36	27.80	29.7	—	—	—
29	哈尔滨	3.5	3.8	27	−20	6.63	11.12	3.85	13.29	4.27	18.15	4.08	12.40	4.45	16.02	26.8	—	—	—
30	长春	3.5	4.2	27	−16	3.63	11.12	3.85	13.29	4.27	18.15	4.06	9.05	4.43	11.74	29.7	—	—	—
31	香港	5.3	6.5	31	16	3.60	0.31	3.83	0.38	4.25	0.52	3.90	2.38	4.31	3.20	—	—	—	0
32	重庆	1.4	1.2	33	7	3.59	168.83	3.82	202.81	4.25	279.20	3.95	355.89	4.34	474.34	21.9	32	36.0	33

（影印自《制冷与空调》增刊 2007 总第 83 期 56—60 页，略有修改）

文章编号：1671-6612（2007）增刊-083-10

高层建筑防烟楼梯间自然排烟的可行性探讨

刘朝贤*

(中国建筑西南设计研究院　成都　610081)

【摘　要】　在解读《高层民用建筑设计防火规范》(以下简称《高规》）第 8.2.1 条时，发现一些疑问：高层建筑防烟楼梯间自然排烟是否可行；50m 或 100m 的极限高度是否存在所进行的探讨。

首先对高层建筑防烟楼梯间内、外空气流动的动力：风压、热压及二者叠加的计算方法和公式进行了整理，对相关计算参数的取值进行了确认。然后应用这些公式对全国各主要城市防烟楼梯间在 50m 及 100m 这一极限高度处，分冬季与夏季的迎风面、背风面，风压、热压、单独作用与同时作用的综合压力值进行了计算，并按冬季、夏季、迎风面与背风面、风压与热压，绝对值的大小不同，分为风压<热压，风压＝热压，风压>热压，(由于风向的变化使其与外窗法线方向的夹角不同,而引起风压系数的大小和方向的变化)共计 12 种工况，绘制了风压与热压同时作用下的综合压力分布图。未包括过渡季节无热压作用只有风压的迎风面处于负值,背风面处于正压的两种情况，以及无风压时，冬、复季的两种工况总共 16 种工况。

最后，对计算数据和绘制的图形，按高层建筑防烟楼梯间自然排烟的极限高度 50m 或 100m 是否存在的判定依据进行了分析。

结论表明：高层建筑防烟楼梯间自然排烟是不可行的，50m 或 100m 的极限高度是不存在的。得出了与现行《高规》的规定相反的结论。可作为该课题今后深入研究和《高规》管理部门的参考。

【关键词】　防烟楼梯间自然排烟；风压；热压；迎风面；背风面；极限高度

中图分类号　TU834　　文献标识码　A

The feasibility of natural smoke evacuation of high civil building smoke-preventing stair half

Liu Chaoxian

（China South-west Architectural Design and Research Institute　ChengDu　610081）

【Abstract】 In order to study the feasibility of natural smoke evacuation of the smoke-preventing stair half and the existence of the utmost height of 50m or 100m, this work summarize the formula of the flow of the wind pressure, thermal pressure of the air in and out the smoke-preventing stair half, and then work out the pressure under the action of the wind pressure and thermal pressure at the height of 50, 100m of the stair half in the main cities. 12 kinds of cases have been calculated, and figures of pressure distribution under the wind pressure and thermal pressure have been drawn. The results show that Natural smoke evacuation of the smoke-preventing stair half is not feasible, and the utmost height of 50m or 100m don't exist.

【Keywords】 natural smoke evacuation of the smoke-preventing stair half, wind pressure, thermal pressure, windward surface, leeward surface, utmost height

0　引言

作者在解读《高规》8.2.1 条条文时，以条文不解之处和值得商榷之处作为探讨对象，立了课题，叫高层建筑自然排烟的探讨，其中包括三个子

收稿日期：2007-05-18

*刘朝贤，男，1934 年 1 月出生，教授级高级工程师，国务院政府津贴专家，电话：13551092700

课题：本文高层建筑防烟楼梯间自然排烟的可行性探讨是其中之一。

《高规》8.2.1 条规定："除建筑高度超过 50m 的一类公共建筑和建筑高度超过 100m 的居住建筑外，靠外墙的防烟楼梯间及其前室和合用前室，宜采用自然排烟方式。"

1　问题的提出

1.1 条文解读

（1）条文从正面明确规定："建筑高度不超过 50m 的一类公共建筑和建筑高建高度不超过 100m 的居住建筑靠外墙的防烟楼梯间及其前室，消防电梯前室和合用前室，宜采用自然排烟方式。"并明确地将公共建筑不超过 50m 和居住建筑不超过 100m 作为高层建筑设置自然排烟的必要条件，并推荐在这一部位采用自然排烟方式，将靠外墙设置规定面积的排烟外窗作为其充分条件。这样，很自然地给人们警示：一类公共建筑高度 50m，居住建筑高度 100m，是防烟楼梯间设置自然排烟的极限高度。

（2）条文不明确的是：房间、内走道等的自然排烟，有无极限高度的限制呢？规范条文中没有提及，成为悬念。

（3）条文让人费解的是：

①根据现有气象资料，全国各地的风速千差万别，以冬季为例，兰州标准高度处的室外平均风速只有 0.5/s，而香港却达 6.5m/s，相差 12 倍，而且高层建筑上部的风速随高度的增大而增加。可是规范条文中只用了一个统一的极限高度 50m 或 100m。

②前室、合用前室，各层都有防火门隔断，是个封闭式小室，火灾时是不允许进烟的，也没有可燃物。即使室内外有温差存在，其空间高度小，热压差与风压相比是微不足道的。而高层建筑的楼梯间，是上、下连通的，在室内、外温差不大时，由于空间高度大，热压就起很重要的作用，特别是防烟楼梯间热压作用中不可忽视的中和界位置是前室所没有的，为何把二者相提并论。

③一类公共建筑的极限高度取值为 50m，而居住建筑的极限高度取值却是 100m，二者相差一倍，有何根据？不得而知。

（4）建筑物自然排烟的极限高度，按推理是指当需要自然排烟的空间，由于热压作用从上部排烟窗口上缘向外排出的烟气流速，与排烟外窗室外迎风面风速相抗衡时，自然排烟就会失效，这时的室外风速 W_L（m/s）叫临界风速，自然排烟窗口上缘距室外地坪的高度 H_L（m）叫极限高度。许多城市都有无风的时候，这时只有热压单独作用，这种情况下防烟楼梯间在冬季只有中和界以上各层为正压，才能自然排烟，以下各度都是负压，不能自然排烟，夏季则相反。这是众所周知的，因此，高层建筑防烟楼梯间自然排烟的可行性和极限高度是否存在，是值得商榷的。

1.2　火灾的特性及高层建筑防烟楼梯间自然排烟极限高度 50m 或 100m 是否存在的判定

1.2.1　建筑物火灾发生具有随机性

①火灾发生的部位：层次高度是随机的，任一层都有可能发生；

②火灾发生的时间：是随机的，在一年中的冬季、夏季、过渡季都有可能发生；

③自然条件的变化：是随机的，如风向、迎风面、背风面，都不是固定不变的；

④防烟楼梯间排烟外窗的方向是随机的。对某幢建筑可能是确定的，但对于全国某个城市从整体上而言却是不确定的。

1.2.2　判定依据的确定

任何城市采用自然排烟是否可行，既要受时间的检验也要受空间的检验，如果从时间上一年当中不论冬季夏季或过渡季，从空间上在防烟楼梯间 50m 或 100m 这一高度范围内的任何高度上其风压、热压单独作用或共同作用的压力值，会出现负值就可判定高层建筑防烟楼梯间自然排烟是不可行的，或《高规》8.2.1 条防烟楼梯间自然排烟极限高度是不存在的。

2　防烟楼梯间自然排烟的计算

2.1　假设

（1）建筑物防烟楼梯间上、下开口和缝隙面积是均匀的。

（2）只有一个朝向有外窗。

（3）房间火灾时烟气不允许进入防烟楼梯间。即使烟气进入防烟楼梯间，也是极少量的，烟气由着火房间经走道、前室或合用前室进入防烟楼梯间，由于与顶板及壁面的换热和与常温空气的掺混，温度已经下降，对防烟楼梯间的温度影响，可以忽略。

（4）防烟楼梯间排烟外窗的朝向是任意的，其面积应符合《高规》规定。

（5）防烟楼梯间混合少量烟气仍视为理想气体，忽略其密度差异。

2.2 计算

2.2.1 单独热压作用引起的压力差$\triangle P_R$

$$\triangle P_R=C_r\cdot(h-h_m)(\rho_w-\rho_s)g \quad (1)$$

式中：C_r——热压系数；

h_m——中和界高度，m；

h——计算高度，m；

$\rho_w\rho_s$——分别为室外和楼梯间内空气密度，kg/m³；

$$\rho_w=\frac{353.2}{T_W}\times\frac{B}{p_b},\rho_s=\frac{353.2}{Ts}\times\frac{B}{p_b}$$

p_b——标准大气压力，取101325pa；

B——当地大气压力，取实际数值，Pa；

$T_W=t_W+273.2$，$T_S=t_s+273.2$

t_W、t_s——分别为室外和楼梯间内空气温度℃；

g——重力加速度，取9.81m/s²。

代入上式得：

$$\triangle P_R=C_r\cdot(h-h_m)\cdot 353.2\cdot\frac{B}{p_b}\cdot\left(\frac{1}{T_W}-\frac{1}{T_s}\right)\cdot g$$

$$=3465\frac{B}{p_b}C_r(h-h_m)\left(\frac{1}{T_W}-\frac{1}{T_s}\right) \quad (2)$$

2.2.2 单独风压作用引起的压力差$\triangle P_f$

$$\triangle P_f=C_f\frac{\rho_W}{2}\cdot V^2; \quad (3)$$

式中：C_f——风压系数；

ρ_W——室外空气密度kg/m³；

ρ_W、T_W、p_b——同上；

V——不同高度h处的风速m/s，$V=V_o\left(\frac{h}{h_o}\right)^{1/3}$；

V_0——为基准高度处的风速m/s；

h_0——基准高度为10m；

代入上式后得：

$$\triangle P_f=C_f\frac{\rho_W}{2}\cdot V^2=C_f\cdot\frac{1}{2}\cdot\frac{353.2}{T_W}\cdot\frac{B}{p_b}\cdot V_o^2\cdot\left(\frac{h}{10}\right)^{2/3}$$

$$=38.0473\cdot\frac{B}{p_b}\cdot C_f\frac{V_O^2}{T_W}\cdot h^{2/3} \quad (4)$$

2.2.3 风压和热压同时作用引起的压力差$\triangle P$

$$\triangle P=\triangle P_f+\triangle P_R$$

$$=\frac{B}{p_b}\left[38.0473\cdot C_f\frac{V_O^2}{T_W}\cdot h^{2/3}+3465\,C_r(h-h_m)\left(\frac{1}{T_W}-\frac{1}{T_s}\right)\right]\ \text{Pa} \quad (5)$$

参数的取值

（1）C_f——风压系数，因以冬季建筑物中和界以上室内空气向外排出为正，故迎风面的风压系数与热压方向相对，取$C_f=-0.75$，背风面的风压系数取$C_f=+0.4$与热压方向相同，冬、夏季符号不变。

（2）C_r——热压系数，冬夏季均取$C_r=0.5$。

（3）T_{Wd}、T_{Wx}——分别为冬季及夏季室外空气温度，分别取各地冬季及夏季通风温度。

（4）t_{sd}、t_{sx}——分别为防烟楼梯间内，冬季和夏季的平均温度，不应考虑火灾时的影响，因为火灾时的烟气是不允许漏入楼梯间的，即使瞬间有微量烟气窜入，对楼梯间的温度的影响可以忽略不计。

t_{sd}考虑到冬季高层建筑在北方地区各房间设置有采暖、南方地区有的即使无采暖，温度都比较高，取$t_{sd}=t_n-5℃=20℃-5℃=15℃$。

t_{sx}考虑到高层建筑南方地区夏季有空调，北方地区虽没有空调但与室外通风温度比较接近，有空调时取$t_{sx}=t_n+$（1~2℃），无空调时，取$t_{sx}=t_{wx}-$（0~1℃）。

（5）h_m——中和界高度，m，近似取建筑高度的$\frac{1}{2}$。

3 防烟楼梯间自然排烟的可行性分析

自然排烟靠的是风压和热压的作用，有三种组合方式，一是只有风压的单独作用。二是只有热压的单独作用。三是风压与热压的共同作用。

3.1 热压的单独作用

主要是指无风时。热压的计算见2.2.1，分冬季和夏季两种工况其图形见图1，冬季中和界以上排风，以下进风，夏季反之。

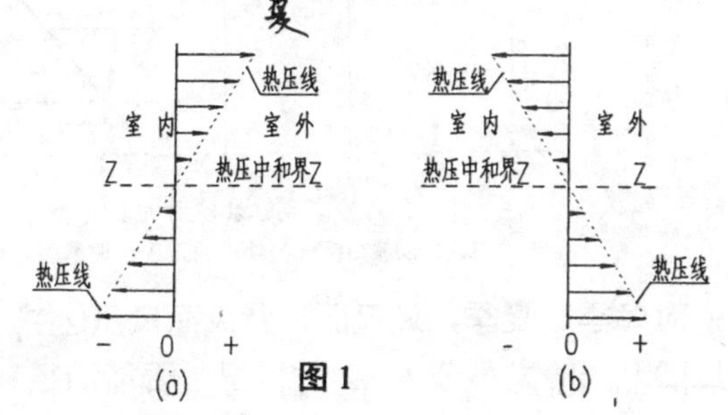

图1

3.2 风压的单独作用

主要指室内外温差为 0 或很小的过渡季，风压的计算式详 2.2.2 节，分迎风面和背风面两种工况。见下图（a）、(b)迎风面为正压对自然排烟不利，背风面为负压对自然排烟有利。

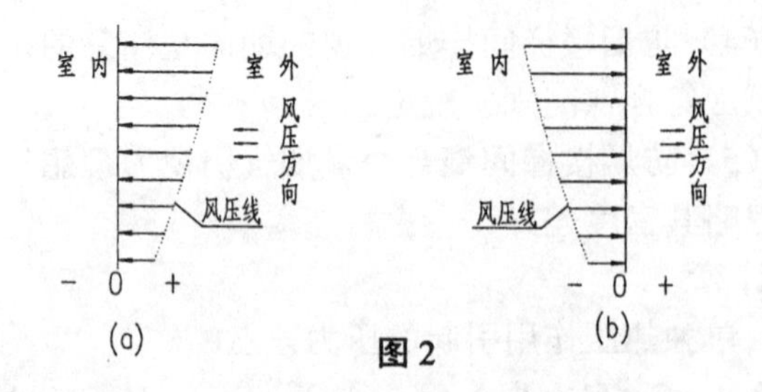

图 2

表 1

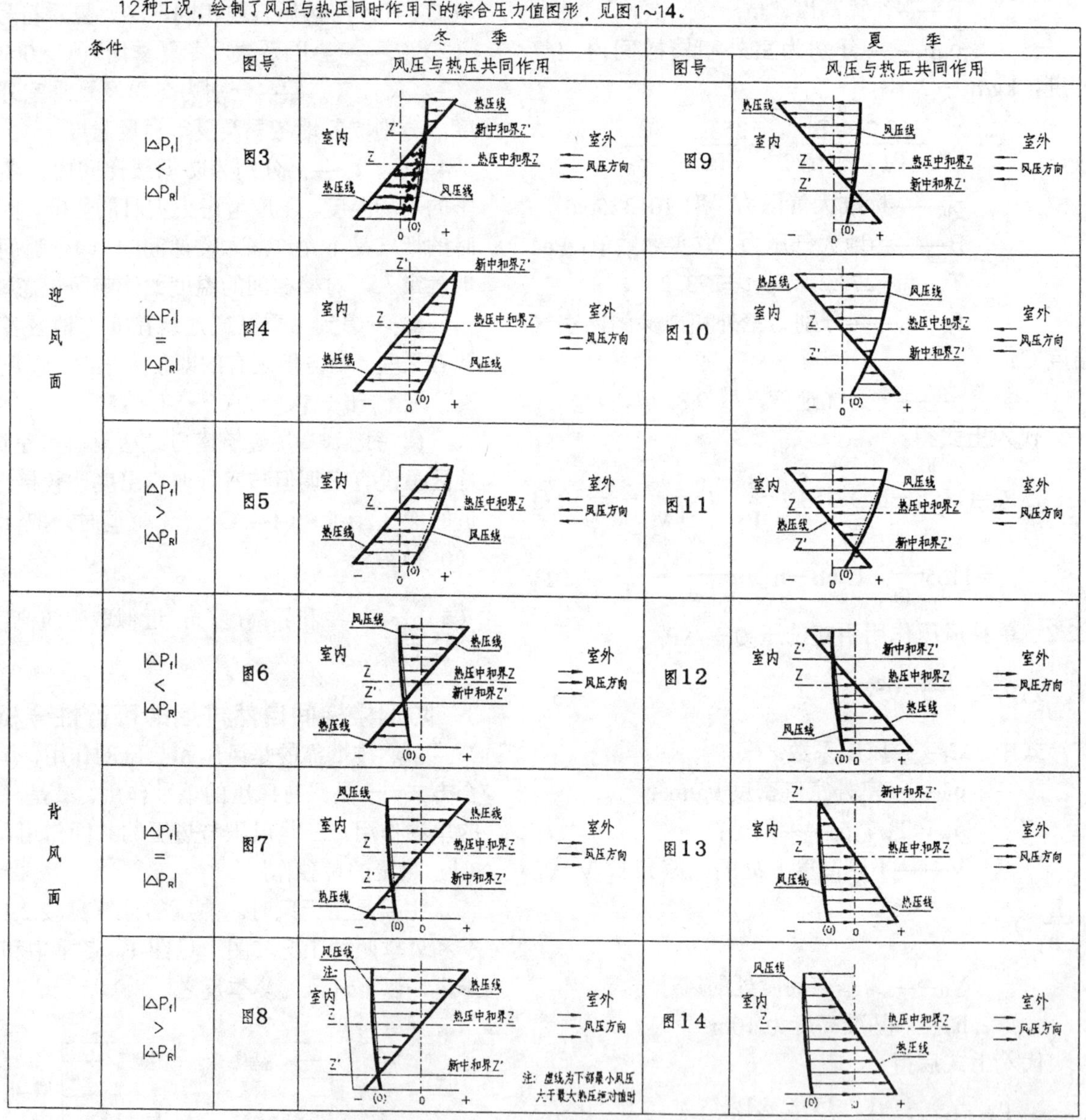

图形按冬季、夏季、迎风面、背风面及风压与热压绝对值 $|\triangle P_f|$、$|\triangle P_R|$，风压＞热压，共计12种工况，绘制了风压与热压同时作用下的综合压力值图形，见图1～14。

条件		冬季 图号	冬季 风压与热压共同作用	夏季 图号	夏季 风压与热压共同作用
迎风面	$|\triangle P_f| < |\triangle P_R|$	图3	室内 室外 热压线 新中和界Z' 热压中和界Z 风压线 风压方向	图9	室内 室外 热压线 风压线 热压中和界Z 新中和界Z' 风压方向
	$|\triangle P_f| = |\triangle P_R|$	图4	室内 室外 新中和界Z' 热压中和界Z 热压线 风压线 风压方向	图10	室内 室外 热压线 风压线 热压中和界Z 新中和界Z' 风压方向
	$|\triangle P_f| > |\triangle P_R|$	图5	室内 室外 热压中和界Z 热压线 风压线 风压方向	图11	室内 室外 风压线 热压中和界Z 热压线 新中和界Z' 风压方向
背风面	$|\triangle P_f| < |\triangle P_R|$	图6	室内 室外 风压线 热压线 热压中和界Z 新中和界Z' 热压线 风压方向	图12	室内 室外 新中和界Z' 热压中和界Z 热压线 风压线 风压方向
	$|\triangle P_f| = |\triangle P_R|$	图7	室内 室外 风压线 热压线 热压中和界Z 新中和界Z' 热压线 风压方向	图13	室内 室外 新中和界Z' 热压中和界Z 风压线 热压线 风压方向
	$|\triangle P_f| > |\triangle P_R|$	图8	室内 室外 风压线 注: 热压线 热压中和界Z 新中和界Z' 风压方向 注：虚线为下部最小风压大于最大热压绝对值时	图14	室内 室外 风压线 热压中和界Z 热压线 风压方向

注：1、(O)为零点O漂移后的新零点；

2、以室内空气向外排为正压，迎风面为负，背风面为正。

对冬季、夏季，迎风面、背风面风压$|\triangle P_f|$，热压$|\triangle P_R|$的大小分为 12 种情况是否能满足自然排烟条件的分析见下表：

表 2

条件		冬季		夏季	
		图号	风压与热压共同作用	图号	风压与热压共同作用
迎风面	$\lvert\triangle P_f\rvert < \lvert\triangle P_R\rvert$	图 3	原中和界上升，迎风面新中和界以上可自然排烟的层数减少，下部不能自然排烟的层数增多，对自然排烟不利。	图 9	原中和界下降，迎风面自然排烟的层数减少，对自然排烟不利。新中和界以上各层都不能自然排烟且层数增多。
	$\lvert\triangle P_f\rvert = \lvert\triangle P_R\rvert$	图 4	原中和界上升至屋顶层，整个迎风面各层都不能自然排烟。	图 10	原中和界下降，迎风面自然排烟的层数减少，对自然排烟不利。新中和界以上不能自然排烟且层数增多。
	$\lvert\triangle P_f\rvert > \lvert\triangle P_R\rvert$	图 5	原中和界上升，新中和界高于屋顶层，整个迎风面都不能自然排烟。	图 11	原中和界下降，迎风面自然排烟的层数减少，对自然排烟不利。新中和界以上不能自然排烟且层数增多。
背风面	$\lvert\triangle P_f\rvert < \lvert\triangle P_R\rvert$	图 6	原中和界下降，背风面新中和界以上自然排烟的层数增多，对自然排烟有利。但新中和界以下各层都不能自然排烟。	图 12	原中和界上升，背风面新中和界下部自然排烟的层数增加，对自然排烟有利，但新中和界以上各层不能自然排烟。
	$\lvert\triangle P_f\rvert = \lvert\triangle P_R\rvert$	图 7	原中和界下降，背风面新中和界以上自然排烟的层数增多，对自然排烟有利。但新中和国以下各层都不能自然排烟。	图 13	原中和界上升，新中和界上升至屋顶层，背风面整个高度都可自然排烟，但全年风向是变化的。
	$\lvert\triangle P_f\rvert > \lvert\triangle P_R\rvert$	图 8	原中和界下降，背风面新中和界以上自然排烟的层数增多，对自然排烟有利，但新中和界以下各层都不能自然排烟。	图 14	原中和界上升，新中和界上升至屋顶层以上，背风面整个高度都可自然排烟，但全年风向是变化的。

以上共计 12 种工况中就有 10 种工况都不能自然排烟，只有图 13、14 两种情况，属处于夏季的背风面，而且风速较大，即风压大于或等于热压，对自然排烟是最为有利的情况下。整个背风面能自然排烟，然而这两种情况都是最有利的三个条件，夏季、背风面、风压大于或等于热压，集中到了一起才出现的，这种几率是极少的。从全年的角度，只要其中一个条件如风向改变，或地点不同，风速较小，自然排烟都是没有保证的。此外，还有 1）无热压作用时如过渡季，只有风压作用的两种工况一种是处于迎风面：整个处于正压状况，不能自然排烟。另一种是处于背风面：可自然排烟。2）无风压作用，只有热压作用的冬季和夏季两种工况，这两种工况中，冬季中和界以下不能自然排烟，夏季中和界以上不能自然排烟。总计全年分为 16 种工况其中有 13 种工况不能自然排烟，而且其余 3 种工况也是不稳定的，由于火灾在时间上和空间上的随机性，判定高层建筑防烟楼梯间采用自然排烟方式是不可行的。

4 风压、热压的数值计算

现将全国各主要城市防烟楼梯间在 50m 及 100m 这一极限高度处，按冬、夏季迎风面与背风面的风压、热压单独作用与同时作用的综合压力值的计算数据结果列于表 3、4，以便判定自然排烟是否可行。

如果所有城市冬季、夏季、迎风面、背风压的风压单独作用时的压力$\triangle P_f$、$\triangle P_f^B$，热压单独作用时的压力$\triangle P_R$，以及迎风面及背风面风压与热压同时作用时的综合压力值$\triangle P_f+\triangle P_R$，$\triangle P_f^B+\triangle P_R$ 这五组数据同时都大于 0 时，防烟楼梯间自然排烟才有保证。从计算数据结果表明，没有一个城市能满足这一原则的。说明这个极限高度是不存在的。

全国各主要城市楼梯间在 50m 及 100m 高度处夏季迎风面、背风面风压、热压单独作用与同时作用下的综合压力值

表 3

序号	城市名称	夏季平均风速(m/s)	夏季计算温度				风压单独作用时				热压单独作用时 ΔP_R（Pa）		风压与热压同时作用时				备注
			室外		楼梯间		迎风面风压 ΔP_f（Pa）		背风面风压 ΔP_f^B（Pa）				迎风面		背风面		
			t_{wx}℃	T_{wx}K	t_{sx}℃	T_{sx}K	ΔP_{f50m}	ΔP_{f100m}	$\Delta P^B_{f\ 50m}$	$\Delta P^B_{f\ 100m}$	ΔP_{R50m}	ΔP_{R100m}	$\Delta P_{f50}+\Delta P_{R50}$	$\Delta P_{f100}+\Delta P_{R100}$	$\Delta P^B_{f\ 50}+\Delta P_{R50}$	$\Delta P^B_{f\ 100}+\Delta P_{R100}$	
1	成都	1.1	29	302.2	28	301.2	-1.450	-2.302	0.773	1.228	-0.445	-0.843	-1.895	-3.192	0.328	0.338	
2	兰州	1.3	26	299.2	26	299.2	-1.820	-2.889	0.991	1.541	0	0	-1.820	-2.889	0.971	1.541	
3	呼和浩特	1.5	26	299.2	26	299.2	-2.556	-4.058	1.364	2.164	0	0	-2.556	-4.058	1.164	2.164	
4	石家庄	1.5	31	304.2	28	301.2	-2.815	-4.468	1.501	2.383	-1.399	-2.787	-4.208	-7.255	0.108	0.404	
5	银川	1.7	27	300.2	27	300.2	-3.251	-5.160	1.734	2.752	0	0	-3.251	-5.160	1.734	2.752	
6	昆明	1.8	23	296.2	23	296.2	-3.378	-5.363	1.802	2.860	0	0	-3.378	-5.363	1.802	2.860	
7	拉萨	1.8	19	292.2	19	292.2	-2.765	-4.388	1.474	2.340	0	0	-2.765	-4.388	1.474	2.340	
8	广州	1.8	31	304.2	28	301.2	-3.089	-6.491	2.181	3.402	-1.406	-2.812	-5.495	-9.303	0.775	0.650	
9	南宁	1.6	32	305.2	28	301.2	-3.193	-5.068	1.703	2.703	-1.853	-3. 705	-5.046	-8.774	-0.150	-1.002	
10	北京	1.9	30	303.2	28	301.2	-4.544	-7.214	2.424	3.848	-0.935	-1.870	-5.479	-9.083	1.490	1.980	
11	西宁	1.9	22	295.2	22	295.2	-3.543	-5.625	1.890	3.000	0	0	-3.543	-5.625	1.890	3.000	
12	贵阳	2.0	28	301.2	28	301.2	-4.507	--7.154	2.404	3.816	0	0	-4.507	-7.154	2.404	3.816	
13	太原	2.1	28	301.2	28	301.2	-5.144	-8.166	2.744	4.355	0	0	-5.144	-8.166	2.744	4.355	
14	杭州	2.2	33	306.2	28	301.2	-6.054	-9.595	3.224	5.117	-2.319	-4.637	-8.363	-14.232	0.905	0.480	
15	西安	2.2	31	304.2	28	301.2	-5.833	-9.260	3.111	4.906	-1.342	–2.685	-7.176	-11.945	1.769	2.221	
16	南京	2.6	32	305.2	28	301.2	-8.500	-13.492	4.533	7.196	-1.867	-3.735	-10.367	-17.227	2.666	3.461	
17	合肥	2.6	32	305.2	28	301.2	-8.474	-13.450	4.519	7.174	-1.862	-3.723	-10.335	-17.174	2.658	3.451	

全国各主要城市楼梯间在 50m 及 100m 高度处夏季迎风面、背风面风压、热压单独作用与同时作用下的综合压力值表

续表 3

序号	城市名称	夏季平均风速(m/s)	夏季计算温度				风压单独作用时				热压单独作用时		风压与热压同时作用时				备注
			室外		楼梯间		迎风面风压 ΔP_f（Pa）		背风面风压 ΔP_f^B（Pa）		ΔP_R（Pa）		迎风面		背风面		
			t_{wx}℃	T_{wx}K	t_{sx}℃	T_{sx}K	ΔP_{f50m}	ΔP_{f100m}	$\Delta P^B_{f\,50m}$	$\Delta P^B_{f\,100m}$	ΔP_{R50m}	ΔP_{R100m}	$\Delta P_{f50}+\Delta P_{R50}$	$\Delta P_{f100}+\Delta P_{R100}$	$\Delta P^B_{f\,50}+\Delta P_{R50}$	$\Delta P^B_{f\,100}+\Delta P_{R100}$	
18	天津	2.6	29	302.2	28	301.2	-8.591	-13.638	4.582	7.273	-0.472	-0.944	-9.063	-14.582	4.110	6.330	
19	郑州	2.6	32	305.2	28	301.2	-8.396	-13.327	4.478	7.108	-1.845	-3.689	-10.240	-17.017	2.633	3.419	
20	长沙	2.6	33	306.2	28	301.2	-8.433	-12.387	4.498	7.140	-2.316	-4.583	-10.749	-17.970	2.182	2.557	
21	武汉	2.6	33	306.2	28	301.2	-8.453	-13.418	4.508	7.156	-2.321	-4.643	-10.774	-18.011	2.187	2.563	
22	南昌	2.7	33	306.2	28	301.2	-9.092	-14.432	4.849	7.697	-2.315	-4.631	-11.407	-19.063	2.534	3.067	
23	济南	2.8	31	304.2	28	301.2	-9.836	-15.614	5.246	8.327	-1.397	-2.795	-11.233	-18.409	3.848	5.532	
24	台北	2.8	31	304.2	28	301.2	-9.903	-15.720	5.282	8.384	-1.407	-2.814	-11.310	-18.534	3.875	5.570	
25	沈阳	2.9	28	301.2	28	301.2	-10.681	-17.953	5.696	9.042	0	0	-10.681	-17.953	5.696	9.042	
26	福州	2.9	33	306.2	28	301.2	-10.460	-16.605	5.579	8.856	-3.292	-4.618	-13.753	-21.616	2.286	4.238	
27	乌鲁木齐	3.1	29	302.2	28	301.2	-11.021	-13.915	5.878	9.330	-0.426	-0.852	-11.446	-14.766	5.452	8.479	
28	上海	3.2	32	305.2	28	301.2	-12.892	-20.446	6.876	10.915	-1.870	-3.740	-14.762	-24.185	5.006	7.175	
29	哈尔滨	3.5	27	300.2	27	300.2	-15.365	-24.390	8.195	13.008	0	0	-15.365	-24.390	8.195	13.008	
30	长春	3.5	27	300.2	27	300.2	-15.238	-24.189	8.127	12.901	0	0	-15.238	-24.189	8.127	12.901	
31	香港	5.3	31	304.2	28	301.2	-35.492	-56.340	18.929	30.048	-1.407	-2.815	-36.900	-59.155	17.522	27.233	
32	重庆	1.4	33	306.2	28	301.2	-2.381	-3.780	1.270	2.016	-2.255	-4.511	-4.636	-8.291	-0.985	-2.495	

全国各主要城市楼梯间在 50m 及 100m 高度处冬季迎风面、背风面风压、热压单独作用与同时作用下的综合压力值表

表 4

序号	城市名称	冬季平均风速 (m/s)	冬季计算温度				风压单独作用时				热压单独作用时 ΔP_R (Pa)		风压与热压同时作用时				备注
			室外		楼梯间		迎风面风压 ΔP_f (Pa)		背风面风压 ΔP_f^B (Pa)				迎风面		背风面		
			t_{wd}℃	T_{wd}K	t_{sd}℃	T_{sd}K	ΔP_{f50m}	ΔP_{f100m}	$\Delta P_{f\ 50m}^B$	$\Delta P_{f\ 100m}^B$	ΔP_{R50m}	ΔP_{R100m}	$\Delta P_{f50}+\Delta P_{R50}$	$\Delta P_{f100}+\Delta P_{R100}$	$\Delta P_{f\ 50}^B+\Delta P_{R50}$	$\Delta P_{f\ 100}^B+\Delta P_{R100}$	
1	成都	0.9	6	279.2	15	288.2	-1.068	-1.695	0.570	0.904	4.605	9.210	3.539	7.515	5.175	10.115	
2	兰州	0.5	-7	266.2	15	288.2	-0.306	-0.485	0.163	0.259	10.436	20.873	10.131	20.388	10.599	21.132	
3	呼和浩特	1.6	-13	260.2	15	288.2	-3.388	-5.377	1.807	2.868	14.379	28.758	10.991	23.380	16.186	31.626	
4	石家庄	1.8	-3	270.2	15	288.2	-4.661	-7.398	2.486	3.946	10.048	20.095	5.387	12.697	12.533	24.041	
5	银川	1.7	-9	264.2	15	288.2	-3.745	-5.503	1.997	3.171	12.068	24.136	8.326	18.192	14.066	27.307	
6	昆明	2.5	8	285.2	15	288.2	-6.850	-10.790	3.625	5.755	1.266	2.532	-5.584	-8.258	4.891	8.287	
7	拉萨	2.2	-2	271.2	15	288.2	-4.434	-7.038	2.365	3.754	6.043	12.087	1.609	5.048	8.408	15.840	
8	广州	2.4	13	286.2	15	288.2	-7.842	-12.449	4.183	6.637	1.057	2.113	-6.786	-10.306	5.239	8.753	
9	南宁	1.8	13	286.2	15	288.2	-4.376	-6.947	2.334	3.705	1.048	2.097	-3.328	-4.850	3.382	5.802	
10	北京	2.8	-5	268.2	15	288.2	-11.401	-18.098	6.081	9.652	11.286	22.571	-0.115	4.525	17.367	32.204	
11	西宁	1.7	-9	264.2	15	288.2	-3.241	-5.144	1.728	2.744	10.443	20.887	7.203	15.742	12.172	23.630	
12	贵阳	2.2	5	278.2	15	288.2	-5.968	-9.474	3.183	5.053	4.785	9.570	-1.183	0.046	7.968	9.308	
13	太原	2.6	-7	266.2	15	288.2	-9.055	-14.374	4.829	7.666	11.435	22.871	2.380	8.497	16.265	30.537	
14	杭州	2.3	4	277.2	15	288.2	-7.447	-11.821	3.972	6.304	6.009	12.018	-1.438	0.197	9.980	18.251	
15	西安	1.8	-1	272.2	15	288.2	-4.453	-7.068	2.375	3.770	8.533	17.065	4.080	9.997	10.907	20.835	
16	南京	2.6	2	275.2	15	288.2	-9.625	-15.280	5.134	8.149	7.183	14.366	-2.442	-0.913	12.317	22.515	
17	合肥	2.5	2	275.2	15	288.2	-8.874	-14.087	4.733	7.513	7.163	14.325	-1.717	0.239	11.896	21.838	

全国各主要城市楼梯间在 50m 及 100m 高度处冬季迎风面、背风面风压、热压单独作用与同时作用下的综合压力值表

续表 4

序号	城市名称	冬季平均风速 (m/s)	冬季计算温度				风压单独作用时				热压单独作用时		风压与热压同时作用时				备注
			室外		楼梯间		迎风面风压 ΔP_f (Pa)		背风面风压 ΔP_f^B (Pa)		ΔP_R (Pa)		迎风面		背风面		
			t_{wx} ℃	T_{wx} K	t_{sx} ℃	T_{sx} K	ΔP_{f50m}	ΔP_{f100m}	$\Delta P_{f\ 50m}^B$	$\Delta P_{f\ 100m}^B$	ΔP_{R50m}	ΔP_{R100m}	$\Delta P_{f50}+\Delta P_{R50}$	$\Delta P_{f100}+\Delta P_{R100}$	$\Delta P_{f\ 50}^B+\Delta P_{R50}$	$\Delta P_{f\ 100}^B+\Delta P_{R100}$	
18	天津	3.1	-4	269.2	15	288.2	-14.008	-22.236	7.471	11.859	10.747	21.494	-3.261	-0.742	18.218	33.353	
19	郑州	3.4	0	273.2	15	288.2	-16.380	-26.002	8.736	13.868	8.248	16.496	-8.132	-9.506	16.984	30.363	
20	长沙	2.8	5	278.2	15	288.2	-10.986	-17.439	5.859	9.301	5.438	10.875	-5.548	-6.564	11.297	20.176	
21	武汉	2.7	3	276.2	15	288.2	-10.323	-16.387	5.506	8.740	6.594	13.188	-3.729	-3.199	12.100	21.928	
22	南昌	3.8	5	278.2	15	288.2	-20.212	-32.085	10.780	17.112	5.432	10.863	-14.780	-21.222	16.212	27.975	
23	济南	3.2	-2	271.2	15	288.2	-14.724	-23.372	7.853	12.465	9.485	18.970	-5.238	-4.402	17.338	31.436	
24	台北	3.7	+15	288.2	15	288.2	-18.514	-29.389	9.874	15.674	0	0	-18.514	-29.389	9.874	15.674	
25	沈阳	3.1	-12	261.2	15	288.2	-14.355	-22.787	7.656	12.153	15.651	31.301	1.296	8.514	23.307	52.522	
26	福州	2.7	10	283.2	15	288.2	-9.963	-15.815	5.314	8.435	2.652	5.303	-7.311	-10.512	7.965	13.738	
27	乌鲁木齐	1.7	-15	258.2	15	288.2	-3.935	-6.247	2.099	3.332	15.853	31.706	11.917	25.459	17.952	35.038	
28	上海	3.1	3	276.2	15	288.2	-13.633	-21.641	7.271	11.542	6.606	13.212	-7.027	-8.429	13.877	24.753	
29	哈尔滨	3.8	-20	253.2	15	288.2	-21.841	-34.654	11.643	18.482	20.533	41.066	-1.037	6.412	32.176	59.549	
30	长春	4.2	-16	257.2	15	288.2	-26.057	-41.363	13.897	22.061	17.770	35.539	-8.288	-5.824	31.667	57.600	
31	香港	6.5	16	289.2	16	289.2	-57.110	-90.369	30.362	48.197	0	0	-57.110	-90.369	30.362	48.197	
32	重庆	1.2	7	280.2	15	288.2	-1.947	-3.091	1.038	1.648	4.197	8.395	2.250	5.304	5.235	10.043	

注：本文采用的气象数据室外通风温度、风速、大气压力等均为采暖通风与空气调节规范中的数据虽与“中国建筑热环境分析专用气象数据集”不完全一致但不影响其分析结果，故仍采用该数据。

5 结论

（1）按 1.2 节高层建筑防烟楼梯自然排烟极限高 50m 或 100m 是否存在的判定依据。

结合本文第 3 节图 3-图 14 的压力分布图形共计 16 种工况及对压力分布图能否满足自然排烟条件的分析，第 4 节表 3、表 4 全国各主要城市防烟楼梯间在 50m 及 100m 这一极限高度处按冬、夏季迎风面与背风面的风压、热压单独作用与同时作用的综合压力值的计算结果和判定原则，表明高层建筑防烟楼梯间自然排烟是不可行的，其极限高度是不存在的，自然也没有必要区分一类公共建筑的 50m 和居住建筑的 100m。

（2）防烟楼梯间自然排烟的极限高度之所以不存在是因为：

防烟楼梯间的上、下都是连通的，高度高、内部无可燃物，不允许进烟，内部温度是比较稳定的，只是室外气温变化可分三种类型：一是冬季室内温度高于室外，二是夏季室内温度低于室外，这两种类型由于防烟楼梯间的高度较高，以及室内外温差产生的热压差从其压力分布图中可以看出：都存在一个室内外压差等于 0 的中和界，此中和界将防烟楼梯间分隔成上、下两部分，冬季上部为正压可自然排烟，下部为负压不能自然排烟，夏季则反之。三是过渡季，室内、外温度相等或相近，即无热压作用时，只有风压作。防烟楼梯间排烟外窗处于迎风面的压力为正值不能自然排烟，这就是防烟楼梯间自然排烟不可逾越的门槛。

（3）房间极限高度之所以存在是因为：

房间内有可燃物，火灾时直接燃烧的烟气温度很高，达 500℃产生的热压，当室外无风时一年中的任何季节在排烟窗口上缘都会有流速为 WL（m/s）的烟气向室外排出，有风时，各城市都能在建筑物某一高度找到与这一烟气排出速度能抗衡的风速，而使自然排烟失效，这一高度 HL（m/s）就是自然排烟的极限高度，因此任何一个城市的高层建筑房间自然排烟极限高度是存在的。只是由于各地风速不同，极限高度的大小不同而已。

（4）关于前室、合用前室及内走道的自然排烟问题

1）前室或合用前室：与房间相比，前室合用前室均无可燃物，不会发生火灾，与防烟楼梯间比，本身高度很小。既无房间的特点又无防烟楼梯间的特点，自然排烟的极限高度也是不存在的。要设置一个方向的外窗排除由走道混入的烟气，可靠性是比较低的。

2）内走道：虽然无可燃物，但有因房间发生火灾时排出的高温烟气，没有设置排烟设施的内走道，压力可达 10Pa 会影响逃生人员的安全疏散，设置一个朝向的排烟外窗排除这些烟气时，应考虑自然排烟的可靠性问题。（参见房间可开启外窗朝向数量对自然排烟可靠情的影响一文）

（影印自《制冷与空调》增刊 2007 总第 83 期 83－92 页，略有修改）

文章编号：1671-6612（2007）增刊-110-04

对《高层民用建筑设计防火规范》第 8.2.3 条的解析与商榷

刘朝贤*

(中国建筑西南设计研究院　成都　610081)

【摘　要】　该文章是高层建筑自然排烟的系列论文之一，对现行《高层民用建筑防火设计规范》（以下简称）《高规》第 8.2.3 条进行了解析并提出了商榷意见，分析认为“防烟楼梯间前室或合用前室，利用敞开的阳台、凹廊或室内有不同朝向的可开启外窗自然排烟时，该楼梯间可不设防烟设施”的条文在安全上是不可靠的，建议不宜提倡。

【关键词】　合用前室；防烟楼梯间；不同朝向；阳台；凹廊；自然排烟

中图分类号　TU834　　文献标识码　A

Analysis and discussion of the item 8.2.3 of high civil building fireproofing design criterion

Liu Chaoxian

（China South-west Architectural Design and Research Institute　ChengDu　610081）

【Abstract】 Analysis and discussion on the item 8.2.3 of present criterion *high civil building fireproofing design criterion*, the result shows that item that the stair half need not install smoke-preventing devices when smoke-preventing stair half, atria, common atria, open balcony, concave corridor, windows towards different direction can induce natural smoke evacuation, is not reliable in the term of safety, and shouldn't be adopted.

【Keywords】 common atria, smoke-preventing, stair half, different, balcony, concave corridor, natural smoke evacuation

1　对条文的解析与商榷

1.1　对条文的评析

《高规》第 8.2.3 条规定：“防烟楼梯间前室或合用前室，利用敞开的阳台、凹廊或室内有不同朝向的可开启外窗自然排烟时，该楼梯间可不设防烟设施”。

这里有两个内容：一是防烟楼梯间的前室或合用前室只要有方向不同的两个朝向的外窗自然排烟，该防烟楼梯间就可不设防烟设施。并在条文说明 P194 中绘有图 18（a）、(b)两个图形示例。二是防烟楼梯间的前室或合用前室利用敞开的阳台，凹廊自然排烟，该防烟楼梯间也同样可不设防烟设施。这点在《高规》现行条文说明中没有图示。但可查源于蒋永琨主编《高层建筑消防设计手册》同济大学出版社 1995 年 3 月出版的 P791 图 4-4-4，利用室外、阳台或凹廊排烟（a）、（b）、（c）三个图，或蒋永琨主编《高层建筑防火设计手册》中国建筑工业出版社，2000 年 12 月出版的 P526 图 13-3，图名与上书相同也是（a）、（b）、（c）三个图。

1.2　条文中值得商榷之处

（1）“具有不同朝向可开启外窗自然排烟……。”说法不准确。因“具有不同朝向”，只要有两个朝向，就可称具有不同朝向，与多于二个的朝向的外窗相比，可靠性有何不同，没有明确。

收稿日期：2007-05-18

*刘朝贤，男，1934 年 1 月出生，教授级高级工程师，国务院政府津贴专家，电话：13551092700

（2）在都是两个不同朝向的外窗中，所处位置不同，如矩形前室的相邻两个朝向，与不相邻的两个朝向自然排烟的效果是否相同，区别在哪，没有明确。如下图1所示：

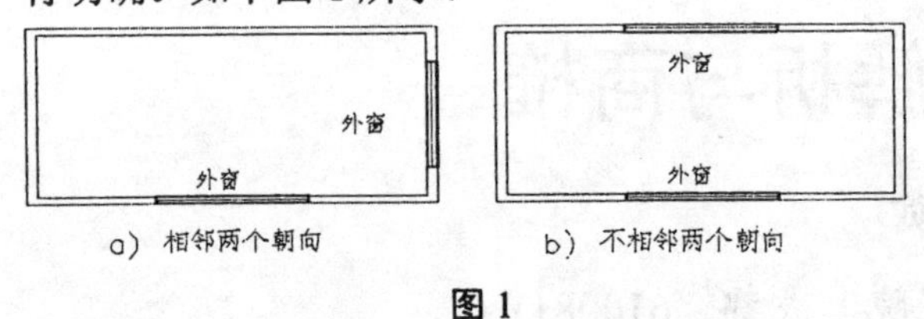

图1

（3）不同形状的前室，朝向个数相同，如正三角形的前室的两个朝向（或三个朝向……）与正六边形的两个朝向（或三个朝向……）的外窗相比其自然排烟的效果，可靠性是否相同没有明确。如下图2所示：

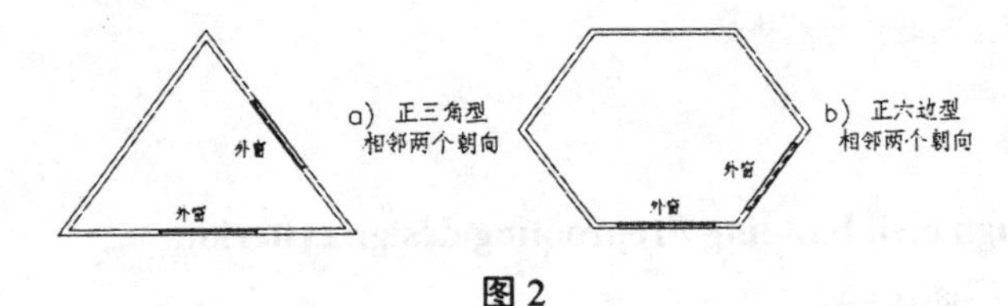

图2

（4）不同形状的前室，正三角形、矩形、正五边形、正六边形……等，是朝向个数越多越好，还是有最大值、最佳值，没有明确；

（5）《高规》8.2.3条的条文说明P194中的标准示例图图 18（a）、（b）两个图形的前室，都是矩形，（b）图是矩形的两对边的两个朝向有外窗，而（a）图是矩形的四个对边的四个朝向都有外窗。如果矩形的两对边的两个朝向都能保证自然排烟的要求的话，为什么要多此一举，把矩形的四个对边的四个朝向都开外窗呢？（如果不是自然排烟的需要不在此限）；

（6）既使具有不同朝向可开启自然排烟的外窗，该楼梯间可不设防烟设施。理由是什么，有无可靠的依据，未作分析。

（7）可开启外窗的面积如何计算，没有规定，如：

① 新《建规》提出净面积或者有效面积的问题，但《高规》未提及；

② 各种类型窗户如：平开窗是否两扇全算？是要按窗户规格的洞口面积、框口面积还是每扇开启有效面积？推拉窗是算一半，还要不要分洞口面积、框口面积和有效面积，还有上悬式、中悬式、下悬式等如何计算没有明确；

③ 据《高规》P192 第 8.2.2 条条文说明中所提到的：考虑到在火灾时“……打碎玻璃的办法进行排烟是可以的……”，如果是认可这样作的话，面积计算方法又不同了。

（8）作者认为：“打碎玻璃的办法进行排烟……”存在以下问题：

①在火灾逃生的慌乱之中谁去打碎？

②用什么工具去打碎，又厚又硬的钢化玻璃一般工具是无法打碎的，工具又放在何处？

③打碎时掉下来的玻璃，对人身可能造成伤害怎么办？

因此这种方法看来是不可取的，规范不宜提倡。

2 对防烟楼梯间前室或合用前室虽具有不同朝向的可开启外窗，能否自然排烟的分析

现以《高规》8.2.3 条条文说明 P194 图 18（a）、（b）两图作为分析例子，见下图：

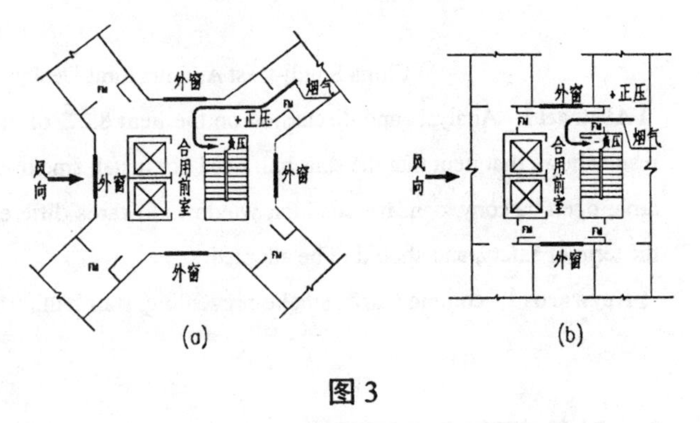

图3

2.1 假设

（1）风向为西风；

（2）建筑物地上为30层；

（3）火灾发生在冬季，火灾位于第8层。

2.2 分析

烟气来自西北方向的着火房间，从被疏散人员推开的防火门窜入合用前室，因防烟楼梯间内冬季的烟囱效应，使中和界以下的第8层即着火层处于负压状态，窜入合用前室的烟气在防烟楼梯间入口处被疏散人员推开的防火门内的负压吸入。夏季的危险来自中和界以上，如果中和界以上各层发生火灾也是如此，烟气同样会被负压吸入防烟楼梯间。因此在这种布局中，防烟楼梯间自然排烟是不可靠的。

原因在于：虽有不同朝向可开启外窗的合用前室，但并没有能力阻挡烟气从着火房间通过走道由疏散的防火门进入合用前室。因为烟气在着火房间内的压力一般平均高出正常值 10~15Pa，短时可达 35~40Pa，烟气到达内走道之后也有 10Pa 左右。

如果是具有机械加压道风系统的前室或合用前室，当关门时前室或合用前室内具有 25~30Pa 的正压力，开门时在门洞处具有 0.7~1.2m/s 的风速，因此在任何时候都能抵御烟气的入侵。

而只有不同朝向外窗的前室或合用前室，当室外有风时，前室或合用前室内的正压力极微，无风时其室内压力为 0（有许多城市的年平均无风频率是很高的，如成都是 42%，北京是 20%，兰州是 55%）从着火房间窜入前室或合用前室的烟气，经过较长距离流动后，温度被冷却而下降，给了烟气在无压或微压的前室或合前室内停留和蔓延的机会，又没有动力向外排出。

因火灾发生的时间与地点、层次都是随机的，而防烟楼梯间在冬季的中和界以下或夏季的中和界以上都是处于负压，只要疏散人员将防烟楼梯入口处的防火门推开，大量的合用前室内的烟气就被吸入处于负压状态下的防烟楼梯间。烟气使垂直疏散通道的可见度降低，加上烟气的毒性将危害逃生人员的生命安全。

因此《高规》第 8.2.3 条规定的该防烟楼梯间可不设防烟设施是不可靠的。

3 对具有阳台、凹廊的前室，其防烟楼梯间可不设防烟设施的解析

3.1 按资料来源中的（a）图的分析

当阳台处于迎风面时，对于极限高度以下的情况，（a）图中室内火灾时产生的高温烟气，因室外风速小于临界风速，高温烟气会由疏散人员推开的防火门窜入阳台，如果火灾发生在冬季且火灾层位于建筑物二分之一高度以下时，由于防烟楼梯间中和界以下为负压，从着火房间窜出的烟气经阳台被吸入防烟楼梯间，夏季发生火灾且火灾层位于建筑物的二分之一高度以上时，由于防烟楼梯间中和界以上为负压，从着火房间窜出的烟气同样经阳台被吸入防烟楼梯间，都使防烟楼梯间的自然排烟无法实现。

当阳台处于背风面时，不论是在房间自然排烟的极限高度以上或以下，房间火灾时产生的高温烟气都更容易从被疏散人员推开的防火门窜入阳台，夏季：防烟楼梯间中和界以上各层发生火灾，冬季时中和界以下各层发生火灾，都可能使烟气经阳台进入防烟楼梯间，无法实现自然排烟。

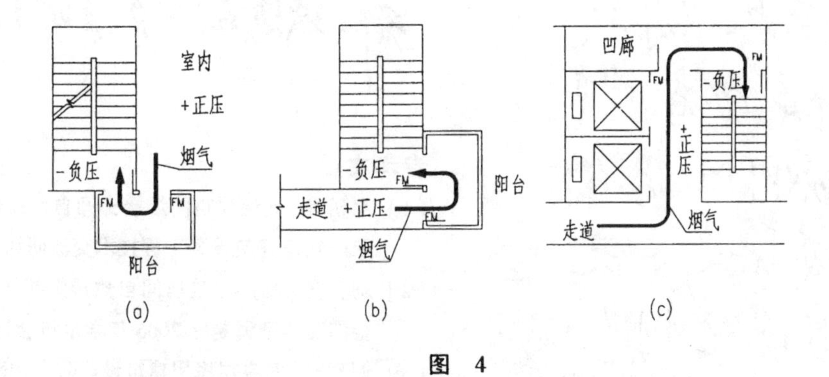

图 4

3.2 对（b）图的解析：假设内走道和着火房间均无排烟设施（内走道长度＜20m）

由于房间发生火灾时的高温烟气会进入走道，烟气温度在流动过程中逐惭下降，烟气经过走道的防火门进入阳台，假设阳台处于背风面时，冬季：发生火灾的楼层位于中和界以下，且防烟楼梯间中和界以下为负压。夏季：发生火灾的楼层在中和界以上，防烟楼梯间的中和界以上为负压，窜入阳台的烟气都会因楼梯间的负压将烟气吸入。

当阳台处在迎风面，且迎风面风速较小时：走道内的烟气通过防火门进入阳台，冬季，火灾发生在建筑物的二分之一高度以下各层；夏季，火灾发生在建筑物的二分之一高度以上各层，位于火灾层高度的防烟楼梯间都处于负压，烟气被吸入防烟楼

梯间。

因此（b）图布置形式的自然排烟也是不可靠的。

3.3 对（c）图的分析，情况与（b）图相似，不再重述。

4 对于内走道的自然排烟问题的解析

《高规》在第 8.2.2.3 条中规定：“长度不超过 60m 的内走道可开启外窗面积，不应小于走道面积的 2%”。

此规定是不妥当的，

4.1 因为进入内走道的烟气是经过冷却掺混后温度≯180°C的低温烟气，无力与外窗迎面风力相抗衡，烟气是排不出去的。

4.2. 烟气进入内走道会产生背压，而且烟气压力、烟气量和成份等都是动态的变化的，会使通过防火门M1抵御烟气入侵的风速不稳定和无法计算，只能采取谋略构建一个内走道压力$P_{走}=0$的机械排烟系统才能解决。

5 结论

5.1 《高规》第 8.2.3 条中规定的两个主要内容是值得商榷的：

（1）“防烟楼梯前室或合用前室有不同朝向可开启外窗自然排烟，该防烟楼梯间可不设防烟设施”的规定，不能实现自然排烟。因为防烟楼梯间是高大空间其烟囱效应存在压力为 0 的中和界，上、下压力随着季节而变化，冬季中和界以上为正压，以下为负压，夏季相反，上、下各层不能形成稳定的正压值向外排烟，且火灾的发生时间和位置都是随机的，这种规定是不可靠的；

（2）防烟楼梯间是否可利用阳台，凹廊自然排烟的问题，根据对（a）（b）（c）三种情况下的前室或合用前室，利用阳台、凹廊自然排烟的机理分析，这种自然排烟方式都是不可靠的。

5.2 自然排烟条件中的第 8.2.2 条关于内走道自然排烟的问题

内走道利用可开启外窗自然排烟是不可行的。但由于内走道属有限空间，烟气窜入内走道会产生背压，而且是变化的动态的，既阻碍防火门M1处抵御烟气入侵的加压气流通过，又使其成变化和动态的量，使所有加压送风量的计算方法都无法进行，只能采用4.2节的方案。

参考文献

[1] 刘朝贤. 高层建筑防烟楼梯间自然排烟的可行性探讨[R]. 川港建筑设备工程技术交流研讨会，2006.

[2] 刘朝贤. 高层建筑房间自然排烟极限高度的探讨[C]. 全国暖道空调制冷 2006 年学术年会论文集.

[3] 刘朝贤. 对高层民用建筑设计防火规范第 8、2、3 条的解析与商榷.

[4] 刘朝贤. 地上、地下、共用防烟楼梯间加压道风防烟系统设计的探讨[C]. 2006 川港建筑设备工程技术交流研讨会论文集.

[5] GB50045—95，高层民用建筑设计防火规范[S]. 北京：中国计划出版社，2005.

[6] GB50016—2006，建筑设计防火规范[S]. 北京:中国计划出版社，2006.

（影印自《制冷与空调》增刊 2007 总第 83 期 110－113 页，略有修改）

文章编号：1671-6612（2007）增刊-001-04

高层建筑房间可开启外窗朝向数量对自然排烟可靠性的影响

刘朝贤*

(中国建筑西南设计研究院　成都　610081)

【摘　要】 全国各主要城市中风速较大的城市不少，因此房间自然排烟极限高度较小的城市很多，因而使有些城市高层建筑的房间，不能采用自然排烟方案，有些城市虽然当地风速比较小极限高度比较高，但超过这一极限高度修建的建筑物也不少，超出这一极限高度的房间更不能采用自然排烟方案。这是个大的问题。设想将“不同朝向可开启外窗”的概念引伸和移值到高层建筑房间的自然排烟中来，这条思路也许成为解决高层建筑房间自然排烟极限高很小或自然排烟极限高度以上不能自然排烟这个难题的良方。为了研究不同朝向数量对房间自然排烟可靠性的影响，有效迎风面和有效背风面的包络角的概念，对不同房间形状、不同朝向外窗数量和不同外窗相对位置对房间自然排烟可靠性的影响进行了数值计算，为房间自然排烟的方案优化提供了依据。

【关键词】 自然排烟极限高度；着火房间；有效迎风面；有效背风面；不同外窗朝向数量；可靠度

中图分类号　TU834　　文献标识码　A

Influence of the number of the windows of building on the performance of natural smoke evacuation

Liu Chaoxian

（China South-west Architectural Design and Research Institute　ChengDu　610081）

【Abstract】 The natural smoke evacuation utmost height of many cities wind speed are relatively small for the wind speed are relatively big, and therefore high building of some cities can't adopt the natural smoke evacuation project, and on the other hand, the building of some cities also can't adopt the natural smoke evacuation project although the local wind speed are small, the height of the building themselves are bigger than the utmost height. In order to study the influence of the number of the windows of building on the performance of the natural smoke evacuation project, numerical investigation has been carried out to study the influence of shape of the room, the number of the window towards the outdoor and the locations of the windows on the performance of natural smoke evacuation project.

【Keywords】 natural smoke evacuation utmost height, room in fire, effective windward surface, effective leeward surface, number of window towards outdoor, credibility

0　引言

《高层民用建筑设计防火规范》(以下简称《高规》）第 8.2 节是专门针对自然排烟设计提出的要求，在第 8.2.1 条中，对高层建筑自然排烟的部位、极限高度作了明确规定。

本文是在高层建筑的自然排烟系列论文之一、之二[1, 2]的基础上，和对《高规》第 8.2.3 条的解析与商榷一文完成后（实际是四篇文章），发现高层建筑房间的自然排烟，受各地自然条件的限制，使许多情况下都不能采用自然排烟。

收稿日期：2007-05-18

*刘朝贤，男，1934 年 1 月出生，教授级高级工程师，国务院政府津贴专家，电话：13551092700

如从论文之一所算得的房间自然排烟极限高度 H_L(m)的表 1 及论文的结论中看出：全国 32 个主要城市中，房间自然排烟极限高度 H_L＜24m 的城市就有 14 个，说明在这些城市中所建高层建筑的房间，在这一高度上是不能采用自然排烟方式的。

有些城市因为当地风速小，房间自然排烟的极限高度 H_L(m)虽然比较高，有的可达 50m，少数城市基至可达 100m 或 100m 以上，但是如果在这些城市修建更高的建筑物，其高出该地区极限高度的那部分房间，仍然是不能采用自然排烟方式的，看来这是个带普遍性的量大面广的大问题，有无办法解决呢？我们在解读《高规》第 8、2、3 条的同时，设想将"……不同朝向可开启外窗"的概念，引伸到房间的自然排烟。也许是解决房间自然排烟极限高度很小，或超过自然排烟极限高度 H_L(m)而不能自然排烟的那些城市的有效方案，这就是本文的目的和愿望。

1 房间自然排烟机理

房间能自然排烟，是由于房间火灾时烟气温度与室外空气温度差很大，起了决定性作用。

极限高度的大小取决于当地的风速，且极限高度是假设只有一个朝向可开启外窗而求得的。

防烟楼梯间不能自然排烟，是由于防烟楼梯间上、下进、排风口高度差起了决定性作用，由于高度差很大，无风时中和界将其分割成上、下压力为正、负反向的两个区域。冬季中和界以上为正压，以下为负压，夏季则反之，（热压中和界的存在是防烟楼梯间自然排烟的障碍之一）有风时，只是将冬季背风面的中和界下移对排烟有利，将迎风面的中和界上移，对自然排烟不利。夏季以此类推。

由于建筑物发生火灾的时间和层数都是随机的，因此防烟楼梯间自然排烟是不可靠的。

1.1 风向对自然排烟的作用

当不考虑温差或无热压作用时，自然排烟的效果取决于风向与风速，背风面有利于自然排烟，迎风面只能进风，不能排烟，是众所周知的道理：从这个层面上认为 360°的平面角内，用一根通过圆点的直线代表外墙的话，如果垂直且迎着风的那 180°的区域就是迎风面，反面的那 180°区域就是背风面。

如果从自然排烟的角度来给迎风面与背风面下一个定义，那就是：

使外墙室内产生正压（或风压系数 K 为负值）的那个区域叫背风面，这里称其为有效背风面，因为背风面上产生的负压，能促使火灾时的室内烟气容易从墙上可开启的外窗排出。迎风面则恰恰相反。

1.2 有效迎风面与有效背风面及其包络角的大小

（1）根据前人研究的结果[7]和有关单位的实测数据摘录于图 1 及表 1

表 1

风向夹角（°）	风压系数 K 值	
	迎风面	背风面
0	0.75	-0.40
15	0.75	-0.50
30	0.72	-0.48
45	0.45	-0.50
60	0.28	-0.48
75	0	-0.50
90	-0.4	-0.40

（2）有效迎风面，有效背风面及其包络角在直角坐标系的区域位置与风压系数 K 值的大小。

本文为便于计算，按直角坐标系，以 X 轴为起始边，令其角度为 0°，绕原点 O 逆时针方向旋转所形成的平面角计算。X 轴为墙面，Y 轴自上向下为风的方向，将上面图 1 中有关数据反映到图 2 上。

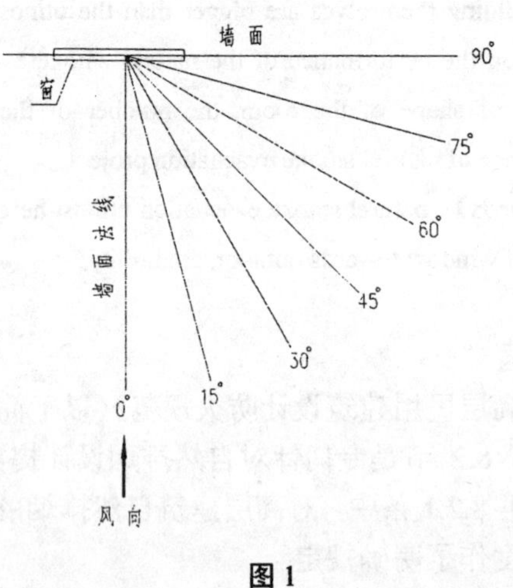

图 1

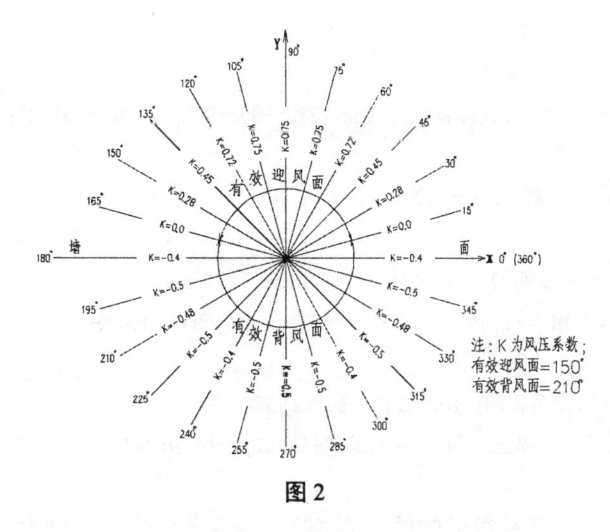

图 2

开区间（15°～165°）为有效迎风面，包络角为 150°，所谓开区间即不包括两端点 15°和 165°。开区间（165°～375°）或（165°～360°+15°）为有效背风面，包络角为 210°此开区间同样不包括两端点 165°～375°。

2 高层建筑房间可开启外窗朝向数量对自然排烟可靠性的影响

2.1 假设

（1）高层建筑房间自然排烟的极限高度 H_L(m)，且不论房间形状如何假设房间只设置一个朝向可开启外窗而算得的。虽然只有一个朝向可开启外窗，只要在极限高度 H_L 以下，自然排烟方式仍然是可靠的。

（2）当房间位于极限高度以上时，一个朝向的自然排烟的可靠性是很低的，如果按有效背风面的包络角来计算其可靠度 Rm=210°/360°=58.3%。

因此位于极限高度以上的房间自然排烟，可开启外窗必须多于一个朝向，并假设房间具备可设置多个朝向的外窗的条件。

（3）假设各地的风频在 360°的平面角范围内是均匀分布的，因对某既定的建筑物来说，可认为外窗的方向、方位是固定的，但对于一个城市的所有建筑物，和全国的建筑物来说可开启外窗的方向、方位是千变万化的，我们从宏观的角度，把方位作为摸糊概念加以简化，按风频在 360°的平面角范围内是均布的假设，是无奈的但是实用的。

2.2 影响房间自然排烟可靠性的因素

（1）房间的形状；

（2）可开启外窗朝向数量；

（3）可开启外窗之间的相对位置。

2.3 不同影响因素下房间自然排烟可靠度的计算

现将几种不同形状、不同朝向数量和不同朝向相对位置的房间外窗自然排烟的可靠度计算结果列于表 2。

表 2

序号	房间形状	朝间个数	朝向位置	多个朝向背风面总包络角	可靠度 Rm（%）
1	矩形	1	——	210°	58.3%
		2	相邻	300°	83.3%
			两对边	360°	100%
2	正三角形	1	——	210°	58.3%
		2	相邻	330°	91.6%
		3	相邻	360°	100%
3	正五边形	1	——	210°	58.3%
		2	相邻	282°	78.3%
			不相邻	354°	98.3%
		3	相邻	354°	98.3%
		4	相邻	360°	100%
4	正六边形	1	——	210°	58.3%
		2	相邻	270°	75%
			不相邻	330°	91.6%
			相对	360°	100%
		3	相邻	330°	91.6%
		4	相邻	360°	100%
		5	相邻	360°	100%

注：1、图中O′A∥OA′，O′B∥OB′，O″ C∥OC′，O″ D∥OD′，O″E∥OE′，O″F∥OF′；

2、图中∠AO′B=∠A′OB′=∠CO″ D=∠C′OD′=∠EO″D=∠E′OD′=150°；

3、矩形：1）相邻两朝向：Rm=(210°+90°)/360°=83.3%；2）不相邻两对边：Rm=(210°+90°+90°-30°)/360°=100%；

4、正三角形：

1）相邻两朝向：Rm=(210°+120°)/360°=91.6%；2）三个朝向：Rm=(210°+120°×2-90°)/360°=100%；

5、正五边形：

1）相邻两朝向：Rm=(210°+72°)/360°=78.3%；2）相邻三朝向：Rm=(210°+72°×2)/360°=98.3%；

3)不相邻两朝向：Rm=(210°+72°×2)/360°=98.3%；4）相邻四朝向：Rm=(210°+72°×3-66°)/360°=100%；

6、正六边形：

1）相邻两朝向：Rm=(210°+60°)/360°=75%；2）不相邻两朝向：Rm=(210°+60°×2)/360°=91.6%；

3)相对两朝向：Rm=(210°+60°×3-30°)/360°=100%；4）相邻三朝向：Rm=(210°+60°×2)/360°=91.6%；

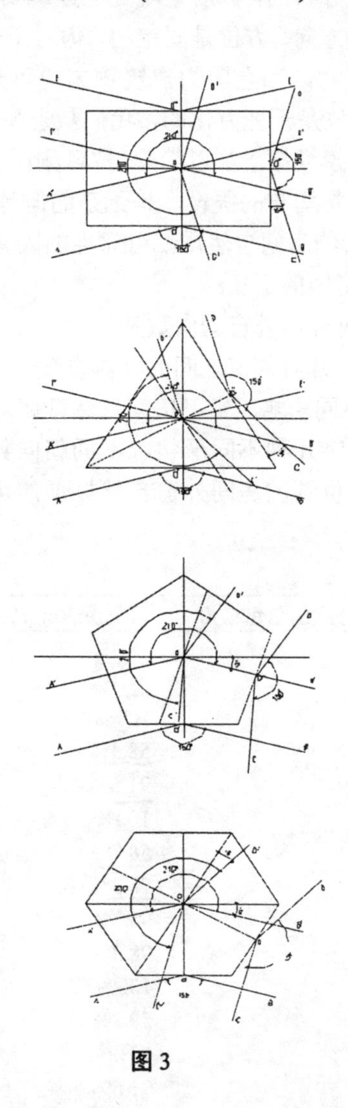

图3

3 结论

（1）不同朝向可开启外窗数量是解决高层建筑位于极限高度以上的房间自然排烟的有效方法，任何形状的房间如果只有一个朝向的外窗，其可靠度是很低的约只有58%，在有条件的场所增大可开启外窗朝向数量，房间自然排烟的可靠性可得到提高，最大可达到100%，无论是该地区室外风速的大小如何，都是如此。

（2）不同形状的房间都有合适的朝向数量和最佳相对位置的问题，这时自然排烟的可靠度能达到100%。比如，矩形（包括正方形）不相邻的两对边两个朝向，正六边形的两相对边的两个朝向的可靠度都可达到100%。

（3）有多个不同朝向可开启外窗时，每个外窗的面积，可以适当减少，但总面积不应小于该房间面积的2%。

参考文献

[1] 刘朝贤.高层建筑防烟楼梯间自然排烟的可行性探讨[R].川港建筑设备工程技术交流研讨会,2006.

[2] 刘朝贤.高层建筑房间自然排烟极限高度的探讨[C].全国暖道空调制冷2006年学术年会论文集.

[3] 刘朝贤.对高层民用建筑设计防火规范第8、2、3条的解析与商榷.

[4] 刘朝贤.地上、地下、共用防烟楼梯间加压道风防烟系统设计的探讨[C]. 川港建筑设备工程技术交流研讨会论文集，2006.

[5] GB50045—95,高层民用建筑设计防火规范[S].北京:中国计划出版社,2005.

[6] GB50016—2006,建筑设计防火规范[S].北京:中国计划出版社,2006.

[7] 赵国凌.防排烟工程[M].天津:天津科技翻译出版公司,1991:93.

（影印自《制冷与空调》增刊2007总第83期1—4页）

对加压送风防烟中同时开启门数量的理解与分析

中国建筑西南设计研究院 刘朝贤☆

摘要 根据理论研究和工作实践，以及近年来对已建成防烟工程的调查，从同时开启门数量 n 的形成机理、影响因素、准确定义、性质、数学模型和物理模型以及取值方法等几个方面，提出了对参数 n 的理解与分析。

关键词 同时开启门数量 防烟 静态 动态

Comprehension and analysis of simultaneous opening door number in pressurized air supply and smoke control systems

By Liu Chaoxian★

Abstract Based on the theoretical study and engineering experiences, and recent investigation on existed smoke control projects, presents the author's understanding and analysis from the perspectives of its forming mechanism, influencing factors, precise definition, mathematical and physical models, and method of detailed value selection.

Keywords simultaneous opening door number, smoke control, static state, dynamic state

★ China Southwest Architectural Design and Research Institute, Chengdu, China

1 概述

《高层民用建筑设计防火规范》(GB 50045—95)(以下简称《高规》)[1]第 8.3.2 条和《建筑设计防火规范》(GB 50016—2006)[2](以下简称《建规》)第 9.3.2 条中关于加压送风量都有相同的规定，且两个规范都在相应的条文说明中除推荐了两个基本计算公式外，还规定了应取两种计算结果中的较大值。《建规》条文说明中还指出："按风速法计算出的送风量，一般比按压差法计算出的送风量大"。因此实际的加压送风量大都取自流速法。

《高规》的流速法风量计算式为 $L_v = fvn$；而《建规》的风速法风量计算式为 $L_v = \frac{fvn(1+b)}{a}$，两种规范的计算公式虽然有些不同，后者考虑了漏风量附加率 b 和背压系数 a(暂不在此讨论)，为便于分析，假设两种规范中的门洞面积 f 和门洞处风速 v 都是相同的，且两个风量修正系数都是相等的，对加压送风量起决定作用的参数就是防火门同时开启数量 n。

有文献指出[3]，目前主要争议的问题在于应该如何确定同时开启门数量 n。各国关于 n 的取值法见表 1。

我国现行规范吸取了国外的经验，并对 n 的取值有所调整，增加了"裕量"。但从理论上和实际效果上，仍有许多不能令人信服之处。

笔者认为，同时开启门数量 n 的问题，不单在于其取值大小，还在于火灾时 n 的形成机理、n 的准确定义、谁与谁同时、n 的性质、n 的大小与哪些因素有关、n 的数学模型与物理模型如何确定，以及 n 在加压送风量的计算中如何派用的问题。这些问题在现行规范中都找不到答案，因而出现了许多方案上、计算上、措施上、概念上的误区，这是笔者撰写本文的目的。

☆ 刘朝贤，男，1934 年 1 月生，大学，教授级高级工程师，教授，硕士研究生导师，享受国务院政府特殊津贴
610081 成都市星辉西路 8 号中国建筑西南设计研究院
(028) 83223943 (0) 13551092700
E-mail：wz20030716@vip.sina.com
收稿日期：2007-12-17

表1　各国关于 n 值的取法

	对同时开启门数量 n 的取值	备注[1]
英国	建筑物层数 N 为 20 以下时，取 1；N 为 20 以上时，取 2	建筑物层数 N 的提法不确切，应为系统负担层数 N
澳大利亚	取2，或按楼层数 N 的 10%计算，但 n 不小于 2	楼层数也应指系统负担层数
新加坡	取 3(不考虑建筑物楼层数 N)	楼层数也应指系统负担层数
美国	建筑物层数 N=1～15 时，取 1；N=16～30 时，取 2；N=31～50 时，取 3	建筑物层数应指系统负担层数
加拿大	加压送风量 L 按(对 0.9 m×2.1 m 的防火门) L=25 488+339.6N 计算，式中 N 为建筑物层数，风量单位为 m³/h	防烟楼梯间不设前室，保证门洞处风速 v=3.75 m/s，楼梯间正压 25 Pa。N 应为系统负担层数
中国	《高规》对建筑物层数 N<20 时，取 2，N≥20 时，取 3；《建规》对多层建筑和高层工业建筑，取 2	建筑物层数不确切，应为系统负担层数

1) 笔者的注解。

2　对同时开启门数量 n 的理解与分析

2.1　同时开启门数量 n 的形成机理

同时开启门数量 n 是在研究火灾时防烟楼梯间及其前室(或合用前室)加压送风防烟风量时提出的。也就是说，规范研究的对象源于《高规》表 8.3.2-1，8.3.2-2 两种防烟方案，其条件是必须要有向防烟楼梯间的加压送风，目的在于求得防烟楼梯间加压空气经前室(或合用前室)通向走道的直流空气通路数，并不涉及《高规》表8.3.2-4 及 8.3.2-3 即防烟楼梯间采用自然排烟只对前室或合用前室加压送风，和没有防烟楼梯间的消防电梯独用前室的加压送风。为便于分析，现以《高规》第 8.3.2 条表 8.3.2-1 只对防烟楼梯间加压(前室不送风)的防烟方案作为典型范例，将平面布置示意绘于图 1。

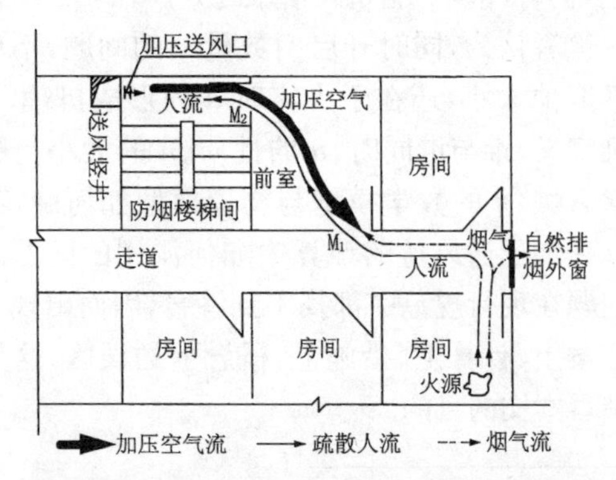

图 1　防烟楼梯间及其前室加压送风防烟方案平面布置示意图

从图 1 可以看出，其中有三种流动：烟气流、疏散人流和加压空气流。前两种流动是同向的，加压空气流作为抵御烟气入侵的气流，与前两种流动方向相反。只有当开门时加压空气流的速度 v_k 不小于烟气流的速度 v_y 时，才能抵御或阻挡烟气的入侵。规范中泛指门洞处的临界风速 v_{min} 是不确切的，应该特指图 1 中 M_1 处的风速，因为在许多情况下 M_1 与 M_2 处的风速并不相等。只有在 M_1 处堵住了烟气的入侵，防烟楼梯间才不会有烟气进入。房间一旦发生火灾时，疏散人员由房间出来到达走道，推开走道与前室之间的防火门 M_1 到达前室，再推开前室与防烟楼梯间之间的防火门 M_2 便到达防烟楼梯间，再由防烟楼梯经底层的外门 $M_{w底}$ 或顶层的外门 $M_{w顶}$ 分别疏散到室外。

防烟楼梯间担负该疏散区人群的疏散，在疏散过程中各层的防火门 M_1 与 M_2 不断被疏散的人员推开，使这些防火门处在忽开忽关的动态变化之中，就出现了 M_1，M_2 同时开启的问题。防火门开启的唯一动力是该区域内防烟楼梯间各层的疏散人员。只有对防烟楼梯间加压送风，才直接与同时开启防火门数量有关。

人员疏散使防火门同时开启才形成了气流通路，M_1 与 M_2 同时开启的条件有 3 个：M_1 与 M_2 都处于正常的关闭状态；推开后具有自动关闭功能；有疏散人员去推门(这里假设前室或合用前室只有 M_1，M_2 两个防火门，具有两个以上防火门的只是极少数)。

2.2　同时开启门数量 n 的定义——谁与谁同时

笔者根据逻辑推理分析认为：人员疏散时，被推开的防火门同时开启的状态存在三种情况：按水平方向，该层的防火门 M_1 与 M_2 同时处于开启状态的层数，与现行规范中的 n 类似，为区别起见，称其为 N_2；垂直方向上防火门与 M_1 处于同一相对位置的且同时开启的层数，称为 $N_{1,1}$；垂直方向上防火门与 M_2 处于同一相对位置的且同时开启的层数，称为 $N_{1,2}$。同理也可用数学方法验证：视 M_1 与 M_2 为两个元素，上、下各层有两个相对位置，其横向的行数与竖向的列数之和必然是 3。

因此，防火门同时开启层数的确切定义就是：水平方向 M_1 与 M_2 同时开启的层数 N_2；M_1 与 M_1 垂直方向防火门同时开启的层数 $N_{1,1}$；以及 M_2 与 M_2 垂直方向防火门同时开启的层数 $N_{1,2}$。三者就是与防烟楼梯间相连的前室的两个防火门 M_1 与 M_2 同时开启层数的定义与内涵。

现行规范中对 n 并没有切确的定义，不仅谁与谁同时不明确，其提法也存在一定的矛盾。对只负担 1 层的加压送风系统，取 $n=2$，可理解为同时开启两个门；而对负担许多层的系统，如 20 层以上时，取 $n=3$，这时指同时开启门的层数为 3，实际开启的门的数量为 $3\times2=6$ 个，两种情况下 n 的单位存在矛盾，这涉及同时开启门数量 n 这个名词本身的问题。

2.3 同时开启门数量的影响因素和数学模型

《高规》、《建规》只考虑与建筑物层数（确切地说应为系统负担层数）有关，而且只认可 M_1 与 M_2 的同时开启的层数，这与火灾时的疏散实际不相符。笔者理解的同时开启门层数的内涵包括三个，即 N_2，$N_{1,1}$，$N_{1,2}$。

2.3.1 同时开启门数量的影响因素

防火门是被人推开的，同时开启数量与该防烟楼梯间负担每层的疏散人员的数量有关，如果一个防烟系统没有人疏散，层数再多，防火门一个也不会开启，人越多，推开门的次数越多，防火门同时开启的层数 N_2，$N_{1,1}$，$N_{1,2}$ 也越大；系统负担的层数 N 越多，N_2，$N_{1,1}$，$N_{1,2}$ 也越大；防火门推开后，都是自动关闭的，自动关闭的速度即疏散一人所耗的时间 τ_P（有几种取法，有的取开度由 0 到 100% 以及再回到 0 的时间，有的分 3 段取开度与时间的乘积对开度的加权平均，有的取开度为 100% 的时间）与防火门的尺寸、质量，闭门器（调整后）的开门、关门力矩等有关。开门力矩越小、关门力矩越大，关闭一次的时间越短，即 τ_P 越小，N_2，$N_{1,1}$，$N_{1,2}$ 也越小，反之越大；允许疏散的时间 T 越短，要求人员在较短时间内完成疏散，N_2，$N_{1,1}$，$N_{1,2}$ 也就增大。此外，还与安全保证率有关，要求越高，N_2，$N_{1,1}$，$N_{1,2}$ 越大，消防方面，一般取安全保证率不低于 99%。因此，防火门同时开启的层数与以上 5 个因素有关。

2.3.2 数学模型

如果假设各层人员的数量相等且疏散是独立的，互不干扰的，把开门事件用离散型随机变量二项分布函数来描述，在给定的保证率下，就可建立防火门同时开启层数的数学模型。

对 $N_{1,1}$，$N_{1,2}$ 的数学模型

$$p_{(x\leqslant N_1)}=\sum_{i=1}^{N_1}C_N^iP_1^i(1-P_1)^{N-i}\quad(i=0,1,2,3,\cdots,N_1)\tag{1}$$

$$N_{1,1}=N_{1,2}=N_1\tag{2}$$

对 N_2 的数学模型

$$p_{(x\leqslant N_2)}=\sum_{i=1}^{N_2}C_N^iP_2^i(1-P_2)^{N-i}\quad(i=0,1,2,3,\cdots,N_2)\tag{3}$$

式(1)～(3)中 N_1 为 M_1 或 M_2 垂直方向同一相对位置防火门同时开启的层数；P_1，P_2 分别为一个防火门（M_1 或 M_2）开启及两个防火门（M_1 和 M_2）同时开启的概率，%，$P_1=\frac{m\tau_P}{T}$，$P_2=P_1^2$，m 为每层的疏散人数，T 取 300～420 s，这里不考虑人体对气流的阻挡，只作为安全裕量；N' 为系统负担层数；N 为系统计算层数，$N=N'-1$（去掉底层，因底层疏散一般不进防烟楼梯间）。

代入相应的参数，就可求解出 $N_{1,1}$，$N_{1,2}$，N_2，（$N_{1,1}=N_{1,2}>N_2$），应该指出的是，这里是防火门同时开启的层数而不是防火门同时开启数量 n。（因 N_2，$N_{1,1}$，$N_{1,2}$ 的实际数值已不重要，故计算实例从略。）

2.4 防火门同时开启层数的物理模型

按数学模型可求解得到 N_2，$N_{1,1}$，$N_{1,2}$，据此可绘出火灾疏散时防烟楼梯间及其前室防火门同时开启层数的物理模型，见图 2，这对如何优化加压送风防烟方案和采取何种技术措施都具有指导意义。

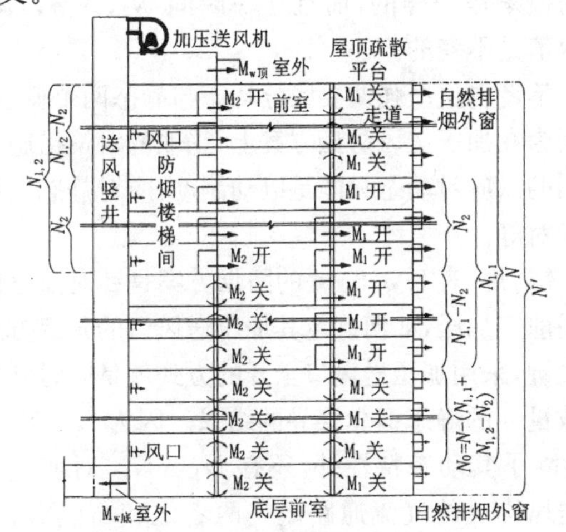

⌒ 关闭门时通过门缝的漏风

→ → — 依次表示 3 种情况下通过防火门和窗户的气流：防火门 M_1 和 M_2 均开启，窗户开启；防火门 M_1 或者 M_2 开启，窗户开启；防火门 M_1 和 M_2 均关闭，窗户开启。

注：图中 N_2，$N_{1,1}$，$N_{1,2}$ 的数值及其相对位置不表示实际层数与位置，只是为了绘图的方便而定的。箭头的长、短、粗细分别表示气流的强弱。

图 2 防火门同时开启层数 N_2，$N_{1,1}$，$N_{1,2}$ 的物理模型

从图 2 中看出：$N_{1,1}=N_{1,2}=N_1$；$N_1>N_2$；此外，$N_{1,1}$与 $N_{1,2}$ 中包络 N_2；系统负担层数 N'的计算层数 N 中还存在 M_1 与 M_2 同时关闭的层数 $N_0=N-(N_{1,1}+N_{1,2}-N_2)$。

2.5 防火门同时开启层数 N_2，$N_{1,1}$，$N_{1,2}$的性质

N_2，$N_{1,1}$，$N_{1,2}$是动态的，其特性来源于数学模型和物理模型。

现行规范虽然没有提及同时开启门数量 n 的性质，但从条文说明中介绍的加压送风量的计算公式、采取的措施、规范条文的全局以及两条防烟技术条件(即关门时与开门时的条件)可以得出，对同时开启门数量 n 定位于静态的概念。

《高规》提及同时开启门的数量，《建规》提及同时开启门的计算数量，二者都认同同一层的防火门 M_1 与 M_2 存在同时开启数量 n。因此，从逻辑推理上就会联想到，与 M_1 相应位置的各层中同时开启的层数 $N_{1,1}$和与 M_2 相应位置的各层中同时开启的层数 $N_{1,2}$存在的必然性，而且从概率计算上可判定，$N_{1,1}=N_{1,2}>N_2$。

静态的概念难以解释防烟楼梯间及其前室(或合用前室)火灾疏散时防火门的开关状态(如，同时开启的 n 层是哪几层？有人认为着火层及其上、下层同时开启的概率最大，这是不确切的)，而动态的概念很明确，N_2，$N_{1,1}$，$N_{1,2}$可能出现在任何一层，因为概率是一样的，而且任一瞬间 N_2，$N_{1,1}$，$N_{1,2}$ 的数值是不变的。

笔者在这里强调要区分动态与静态两个概念，是因为在加压送风防烟方案上，采取的对策措施是不同的。应对动态只能是以动制动，应对静态则可以静对静。

《高规》表 8.3.2-4 的防烟方案是针对前室或合用前室加压，如何确定其加压送风口的开启方式是关键，采用加压送风口全开的方式就是同时开启门数量 n 的静态概念误导的结果。因为 N_2，$N_{1,1}$，$N_{1,2}$除了其动态特性外，还有 $N_{1,1}$，$N_{1,2}$ 对前室加压送风构成的气流通路数是两者之和，且 $N_{1,1}>N_2$是静态概念无法考虑到的。此外，现行规范提出的两条技术条件：关门时应保持正压空间的正压值；开门时应保证门洞处的风速值。其数值是实验数据，是正确无误的，但条件是静态的。以此作为施工验收防烟工程效果的评价标准是不真实的，因为施工验收时，没有也不可能形成同时开启门层数 N_2，$N_{1,1}$，$N_{1,2}$的动态条件。

2.6 同时开启门数量 n 不能直接用来计算防烟楼梯间加压送风量的原因

1) 现行规范中对防烟楼梯间加压送风量的计算只是考虑疏散人员从走道进入防烟楼梯间，将 M_1 与 M_2 两个防火门同时开启的问题，由于它构成了 n 个气流通路(即使 n 的数值是正确的)，但并没有考虑进入防烟楼梯间的人，还要从这里通过底层的防火门 $M_{w底}$和顶层的防火门 $M_{w顶}$疏散到室外的问题。

防火门 $M_{w底}$和 $M_{w顶}$要负担 2 层及 2 层以上各层进入防烟楼梯间的所有人员的疏散，疏散过程中，这两个防火门将处于常开状态，因此对防烟楼梯间加压时的气流通路数不单是同时开启门数量 n，还有 $M_{w底}$与 $M_{W顶}$这两个直通室外的气流通路。

2) 实际总的气流通路数按规范应为 $n_z=n+2$，按笔者的概念应为 $N_z=N_2+2$。

从物理模型中可以看出，除 N_2 之外，还有 $(N_{1,1}-N_2)$层的 M_2 关闭、M_1 开启所组成的串联漏风通路和$(N_{1,2}-N_2)$层的 M_1 关闭、M_2 开启所组成的串联漏风通路，以及 N_0 层 M_1 与 M_2 两个防火门都关闭的串联漏风通路，这是现行规范没有涉及的问题。因此，仅用同时开启门数量 n 来计算防烟楼梯间的加压送风量是有问题的。

2.7 同时开启门数量 n 的假设条件与工程实际之间的矛盾

规范中的同时开启门数量 n 和笔者的防火门同时开启的层数 N_2，$N_{1,1}$，$N_{1,2}$都是假设所有防火门及其附件(包括闭门器、顺序器等)在生产质量、维修管理、用户使用、后勤保障等都处于理想情况下，即 100%完善的前提下得出的。

而在实际工程中，上述的假设条件一有闪失，同时开启门的数量 n 与防火门同时开启的层数 N_2，$N_{1,1}$，$N_{1,2}$就是虚拟的，笔者对全国一些防烟工程的调查就证明了这点。

因此，不管理论研究多么成功，工程实际中，它都是建立在诸多不定因素前提下的边缘参数。

2.8 同时开启门数量 n 的派用

同时开启门数量 n 是针对防烟楼梯间加压送风量计算而提出的，现行规范将其扩展至 4 种防烟方案，引伸到《高规》表 8.3.2-3，表 8.3.2-4 及《建规》表 9.3.2 中的消防电梯独用前室和防烟楼梯间

采用自然排烟前室或合用前室加压送风两种方案，只要系统负担层数相同，都采用同一个同时开启门数量 n 值来计算加压送风量。这是值得质疑的。因为《高规》表 8.3.2－3 是针对消防电梯独用前室，消防电梯只是火灾时供消防人员使用的专用电梯，作为运送消防器材和营救伤病员用的，一般只在着火层与地面层（或屋面层）之间运行，消防电梯独用前室不是疏散通道，也只有一个防火门 M_F，而且上、下各层都是不连通的，与针对防烟楼梯间加压送风量计算中提出的同时开启门数量 n 无关，没有疏散人员去推这个门，自然也就没有同时开启门数量 n 的问题。《高规》表 8.3.2－4 是防烟楼梯间采用自然排烟向前室或合用前室加压送风的风量。由于前室或合用前室之间相互隔断，是相互独立的，只要是前室或合用前室各层的加压送风口不全开，或采用的是常闭型加压送风口只向着火层加压，所构成的气流通路数就与同时开启门数量 n 无关。因此将 n 任意扩大适用范围是没有依据的。

3 结论

3.1 同时开启门数量是由于火灾时，有疏散人群推开防火门逃生，且防火门有自动关闭功能这两个必要条件形成的，其大小与 5 个因素有关，现行规范中只考虑建筑物层数是不符合火灾实际情况的。

3.2 同时开启门数量 n 的定义为防火门 M_1 与 M_2 同时开启的层数，包括水平方向的行数和垂直方向的列数三个内容，即 N_2，$N_{1,1}$，$N_{1,2}$。现行规范的定义不明确，不仅谁与谁同时不明确，名称的本身也存在一定矛盾。

3.3 同时开启门数量 n 并非气流通路数的全部，只用它来计算加压送风量是不确切的。这可从同时开启门层数 N_2，$N_{1,1}$，$N_{1,2}$ 及其动态的数学模型和物理模型中得到解释。

3.4 同时开启门层数的性质是动态的，N_2，$N_{1,1}$，$N_{1,2}$ 可出现在任一层，且对不同防烟方案的影响是不同的。现行规范只能理解为静态的，容易产生误导。

3.5 由于同时开启门层数 n 如何派用的问题是从防烟楼梯间演绎来的，因此它只能用于防烟楼梯间的加压送风。引申到《高规》表 8.3.2－3 及表 8.3.2－4，是不合适的。

3.6 以两个静态防烟的技术条件作为验收动态的防烟工程效果的标准，是不能反应实际情况的。

后记

防烟楼梯间加压送风量计算时需要的是气流通路数，更重要的是：同时开启门数量 n 或者笔者理解的防火门 M_1 与 M_2 同时开启的层数 N_2，$N_{1,1}$，$N_{1,2}$，都是在理想的假设条件下得到的。而实际的工程应用不可能是理想的，因此关键还要寄托于对系统的优化。

参考文献：

[1] 中华人民共和国公安部. GB 50045—95 高层民用建筑设计防火规范[S]. 北京：中国计划出版社，2005

[2] 中华人民共和国公安部. GB 50016—2006 建筑设计防火规范[S]. 北京：中国计划出版社，2006

[3] 赵国凌. 防排烟工程[M]. 天津：天津科技翻译出版公司，1991

[4] 刘朝贤. 高层建筑加压送风防烟系统软、硬件部分可靠性分析[J]. 暖通空调，2007，37(11)：74－80

[5] 陆亚俊，马最良，邹平华. 暖通空调[M]. 北京：中国建筑工业出版社，2002

[6] 钱以明. 高层建筑空调与节能[M]. 上海：同济大学出版社，1990

[7] 中华人民共和国公安部消防局. 中国消防手册 第 3 卷第 3 篇 建筑防火设计[M]. 上海：上海科学技术出版社，2006

（影印自《暖通空调》2008 年 2 月第 38 卷第 2 期 70—74 页）

对自然排烟防烟“自然条件”的可靠性分析

中国建筑西南设计研究院有限公司　刘朝贤☆

摘要　从自然排烟防烟的“自然条件”——热压、风压的对称性与随机事件等可能性的关系入手，应用概率理论对火灾发生时热压、风压随机现象对自然排烟的可靠度进行了分析和计算，找出了事件的规律性，最后将自然排烟防烟的自然条件的可靠度定格为50%。认为自然排烟防烟设施系统的总可靠度应为“天”、“物”、“人”三元素组成的可靠性串联系统的可靠度，而自然条件的可靠度即“天”的可靠度，只是三元素中之一，总可靠度比自然条件的可靠度要低，并就此进行了分析，得出了结论。

关键词　随机事件　概率　中和界　迎风面　背风面　对称性

Analysis of natural condition dependability of natural smoke control and exhaust

By Liu Chaoxian★

Abstract　Starting from the natural condition ie. the relationship between symmetry of the thermal buoyancy and the wind pressure and the equal probability of the random events, based on the probability theory, analyses and calculates the possibility of impacts of thermal buoyancy and wind pressure as random events on natural smoke control and exhaust while fire occurs. Works out the regularity and determines the natural condition dependability of natural smoke control and exhaust is 50 percent. Considers that the total dependability including nature, substance and man, that the dependability of natural condition is merely one of the three factors and that the total dependability is lower than the natural condition dependability. Analyses it and elicits some conclusions.

Keywords　random event, probability, neural level, windward side, leeward side, symmetry

★ China Southwest Architectural Design and Research Institute, Chengdu, China

1　问题的提出

对于防烟设施，《高层民用建筑设计防火规范》(GB 50045—95(2005 版))(以下简称《高规》)8.1.1条将机械加压送风防烟与可开启外窗的自然排烟的防烟设施并列，且在8.1.1条条文说明中建议根据国情宜优先采用后者；8.2.1条指出在“防烟楼梯间及其前室、消防电梯间前室和合用前室，宜采用自然排烟方式。”然而在《高规》第8.2.1条条文说明中警告：“一旦采用的自然排烟方式其效果受到影响时，对整个建筑的人员将受到严重威胁。”

☆ 刘朝贤，男，1934年1月生，大学，教授级高级工程师，教授，硕士生导师，享受国务院政府特殊津贴
610081　成都市星辉西路8号中国建筑西南设计研究院有限公司
(028) 83223943
E-mail: wydeiliu@163.com

对于自然排烟方式，在《高规》正文中推荐，却在条文说明中警示，给设计人员选择带来了困难。人命关天的责任暂且不谈，人们对规范条文的可信度产生质疑也是很自然的。条文说明中指的受到严重威胁者是：“……整个建筑物内的人员。”《高规》第8.2.1条条文说明中还提到：“当今世界经济发达国家中，在高层建筑的防烟楼梯间仍保留着采用自然排烟的方式。”很显然规范是以此作为推荐自然排烟方式的理由之一提出的。不论依据是否充分，但也能说明，这是个世界性问题。作为规范的真实执行者，期盼解除这个“警告”是心切的。但《高规》1995年改版至今已过去13年，经三次修订，对防排烟章节的内容来说，除了2005年版的正文对8.4.2.3条的语法和对8.3.7条条文中的余压值有所改动外，其余包括条文说明在内基本未变，“警告”依旧。推荐自然排烟防烟与警告并存，这与规范的协调统一原则是不相符的，矛盾的焦点在于对关键部位——防烟楼梯间自然排烟防烟的可靠性研究无人涉足，没有科学依据去判定。笔者从探索的角度撰写此文，抛砖引玉，期待在这方面的研究更加深入。

2 自然条件——风压与热压的特点及其研究方法

《高规》第8.2.1条条文说明中所指的自然排烟防烟的自然条件为风压与热压。自然排烟条件可靠性研究是比较复杂的，首先必须假设、简化和在方法上加以策划。

2.1 假设与策划

1）将全国所有城市以年为周期划分为过渡季、冬季和夏季，其定义如下：

① 过渡季。室内空气温度 t_{Bg} 等于室外温度 t_{wg}，此时无热压作用，只有风压。

② 冬季。室内空气温度 t_{Bd} 高于室外空气温度 t_{wd}，会产生正向热压作用。

③ 夏季。室内空气温度 t_{Bx} 低于室外空气温度 t_{wx}，会产生反向热压作用，与冬季相反。

2）热压作用的中和界位置。热压作用导致在建筑物内存在一个压力为0的中和界，假设中和界位于建筑物或防烟楼梯间高度的1/2处。冬季中和界以上的室内为正压，对排烟有利，中和界以下室内为负压，对排烟不利，夏季则相反。热压在平面角范围内无方向性。

3）各类建筑的密闭性都符合有关规定，其热压系数相等，且为一常数 K_R。

4）火灾发生的季节、层次都是随机的。

5）前室或合用前室和防烟楼梯间都只设置一个朝向可开启自然排烟外窗。

6）各风向风频是均匀的。迎风面风压系数[1]的算术平均值 $K_{yp}=[(0.75+0.72+0.45+0.28)\times 2+0.75]\div 11=0.468$，背风面风压系数的算术平均值 $K_{Bp}=[(0.5+0.48+0.5+0.48+0.5+0.4)\times 2+0.4]\div 15=0.408$，迎风面与背风面风压系数的绝对值差异很小，取平均值为0.438，假设某一时刻只能出现一个方向的风，迎面风或背面风的方向相反，大小相等，可认为是互斥事件。

7）烟气速度与无风频率的关系。

烟气在走道内水平方向正常流动的速度为0.3～0.8 m/s，经过长距离（20～30 m）的流动，被壁面冷却，温度下降，其速度已接近0.3 m/s，流动的压差不到0.2 Pa。我国气象台站参数标准中规定的无风（静风）风速为0.3 m/s[9]以下，可认为与烟气流动速度基本处于平衡状态。因此即使静风时，烟气也是排不出去的，故烟气本身的压力可以忽略。因此，这里规定室内处于正压时，认定其为能够自然排烟，为可靠，室内处于负压时为不可靠（与房间自然排烟不同[2]）。

2.2 自然条件——风压与热压的特性

热压与风压除在假设中已经提到的外，与随机事件有关的是对称性，这对概率理论中等可能性分析具有重要意义。

1）热压分布为竖直面上以中和界为分界线，上、下、左、右对称的一条线段。

2）风压分布为水平面上以迎风面和背风面为分界的一条曲线，迎风与背风的正和负（或左、右）是对称的。但在竖直方向上其压力值为上大下小的曲线。

2.3 概率理论的应用

火灾发生的时间、空间都是随机的，风压、热压的出现也是随机的。研究随机事件，离不开概率理论。从古典概型的定义出发，随机事件的概率，就是指基本事件空间U是有限集，且每一基本事件出现的概率相同的一种概型。随机事件 A 的概率用 $P(A)$ 表示，$P(A)=A$ 中所含基本事件数÷所有基本事件数（这里以概率表达自然排烟的可靠度)。

3 可靠度计算

为便于分析计算,现将风压、热压的随机现象分为两类。

3.1 事先可以确知其结果的确定性随机现象

指的是热压与风压单独作用下的自然排烟。

1) 过渡季(无热压时即 $\Delta p_R=0$)只有风压作用下的自然排烟称为随机事件 A。由于建筑物防烟楼梯间只有一个方向的外窗,风压分为迎风面与背风面,且是对称的、等可能性的,火灾时只有背风面对室内形成相对正压才能自然排烟,迎风面不能自然排烟,只能进风。在风压作用下,能否自然排烟有两种结果,能自然排烟是其中一种结果,二者必居其一,且是具有互斥性质的。根据古典概型,随机事件 A(见表1中图号1)的概率为 $P(A)=1/2=50\%$。

表1 风压、热压单独作用时的图形

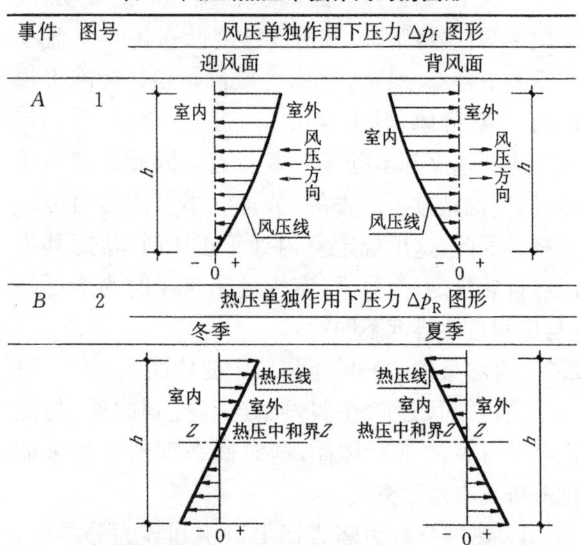

2) 热压单独作用下的自然排烟随机事件称为 B,如冬季或夏季无风压时($\Delta p_f=0$)。许多城市冬季、夏季的无风频率是比较高的,在热压作用下,建筑物防烟楼梯间不论冬季或夏季,都是以压力为0的中和界分界的,以冬季为例,火灾时中和界以上室内形成正压,能自然排烟,中和界以下形成负压,不能自然排烟,中和界本身是对称的,即等可能性的,火灾在同一时间内只能发生在一个位置,结果是两种,二者必居其一,而且是互斥的。夏季与冬季相反,只是中和界以下室内为正压,能自然排烟。

根据古典概型,随机事件 B(见表1中图号2)的概率为 $P(B)=1/2=50\%$。

3.2 事先不能确切预言其结果的随机现象

即冬季或夏季既有热压 Δp_R,又有风压 Δp_f 时。分析步骤如下,结果见表2。

3.2.1 随机事件对称特性推理分析

3.2.1.1 冬季

只有热压 Δp_R 作用时,以中和界为界,以上为正压,能自然排烟;以下为负压,不能自然排烟。由于风压的同时作用,将使中和界位置发生变化。

1) 冬季热压 Δp_{Rd} 与迎风面风压 Δp_{fy} 同时作用时,由于迎风面 Δp_{fy} 均为负值,中和界以上 Δp_{Rd} 为正,以下为负,叠加后,会使原热压作用下的中和界位置上升,发生变化,这里分3种情况(3种不可能同时发生),即:

① $|\Delta p_{fy}|<|\Delta p_{Rd}|$,称为随机事件 C,见表2中图号3,中和界位置上升 h_1(h_1 由相应联立方程求解得出,其他同),自然排烟层数减少,对排烟不利。

② $|\Delta p_{fy}|=|\Delta p_{Rd}|$,称为随机事件 G,见表2中图号7,中和界位置上升,到达顶层外窗上缘,建筑物全高程不能自然排烟。

③ $|\Delta p_{fy}|>|\Delta p_{Rd}|$,称为随机事件 K,见表2中图号11,中和界位置上升,到达高于顶层外窗上缘,建筑物全高程不能自然排烟。

2) 冬季热压 Δp_{Rd} 与背风面风压 Δp_{fB} 同时作用时,由于背风面 Δp_{fB} 均为正值,中和界以上 Δp_{Rd} 为正,以下为负,叠加后,会使原热压作用下的中和界位置下降。分3种情况(3种不可能同时发生),即:

① $|\Delta p_{fB}|<|\Delta p_{Rd}|$,称为随机事件 D,见表2中图号4,中和界位置下降 h_1',使自然排烟层数增多,对排烟有利。

② $|\Delta p_{fB}|=|\Delta p_{Rd}|$,称为随机事件 H,见表2中图号8,中和界位置下降 h_2,使自然排烟层数增加,对自然排烟有利。

③ $|\Delta p_{fB}|>|\Delta p_{Rd}|$,称为随机事件 L,见表2中图号12,中和界下降 h_3,使自然排烟层数增加更多,对自然排烟有利。

3.2.1.2 夏季

夏季与冬季不同之处只是中和界以上热压 Δp_{Rx} 为负压,以下为正压。同理可得出与冬季类同的结论与图形。

1) 夏季热压 Δp_{Rx} 与迎风面风压 Δp_{fy} 同时作

表 2　风压、热压共同作用时的图形

条件		冬季			夏季		
		事件	图号	风压与热压共同作用	事件	图号	风压与热压共同作用
迎风面	1) $\lvert\Delta p_f\rvert<\lvert\Delta p_R\rvert$	C	3	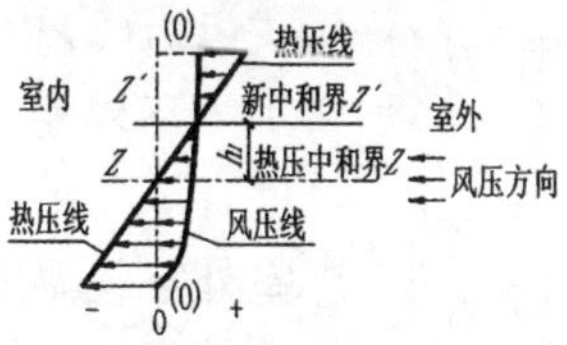	E	5	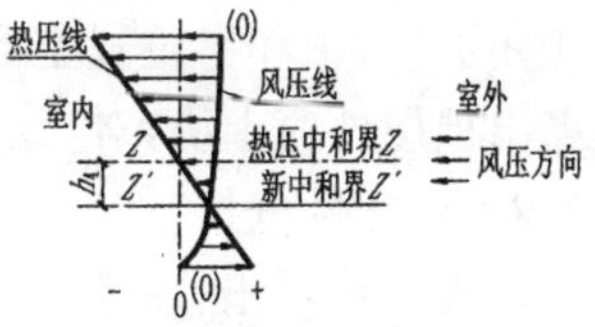
	2) $\lvert\Delta p_f\rvert=\lvert\Delta p_R\rvert$	G	7	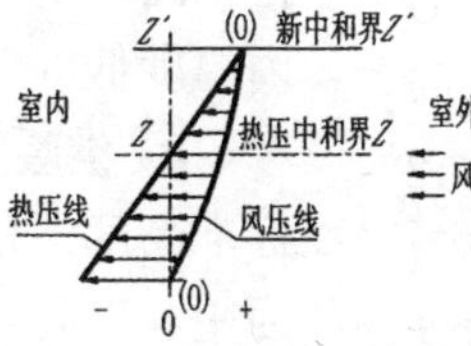	I	9	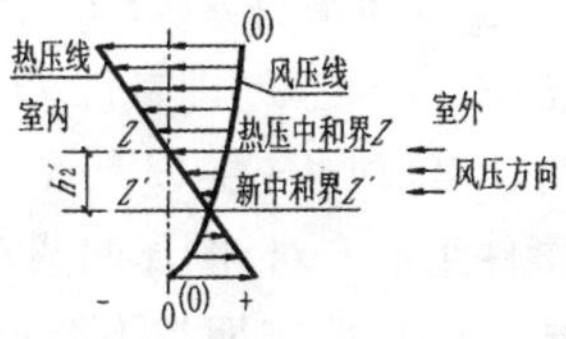
	3) $\lvert\Delta p_f\rvert>\lvert\Delta p_R\rvert$	K	11	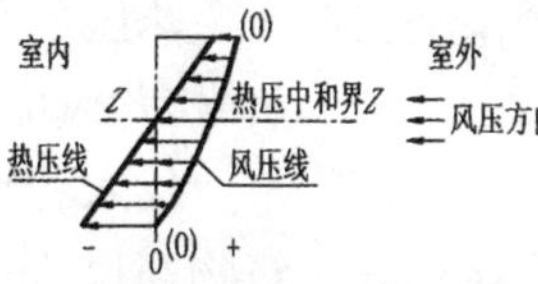	M	13	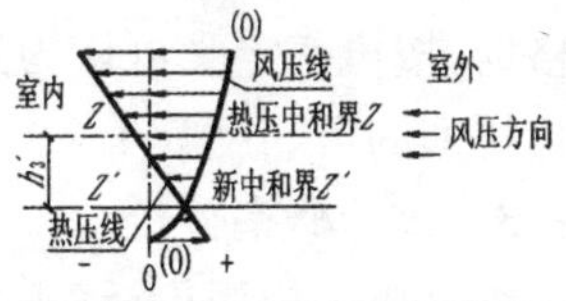
背风面	1) $\lvert\Delta p_f\rvert<\lvert\Delta p_R\rvert$	D	4	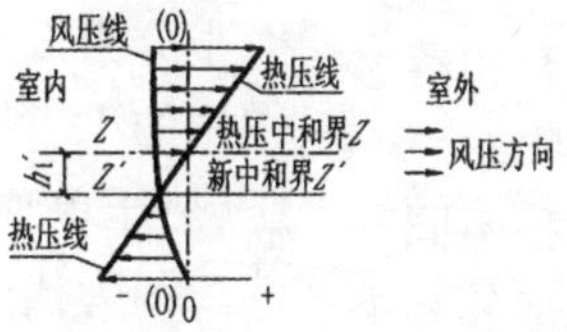	F	6	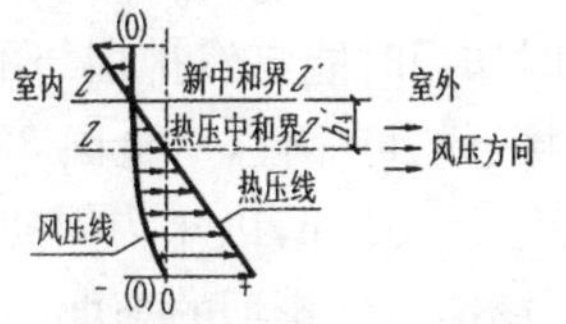
	2) $\lvert\Delta p_f\rvert=\lvert\Delta p_R\rvert$	H	8	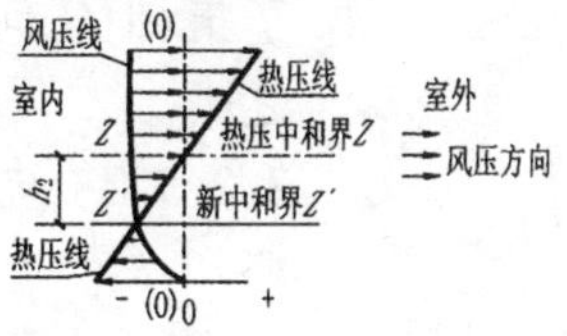	J	10	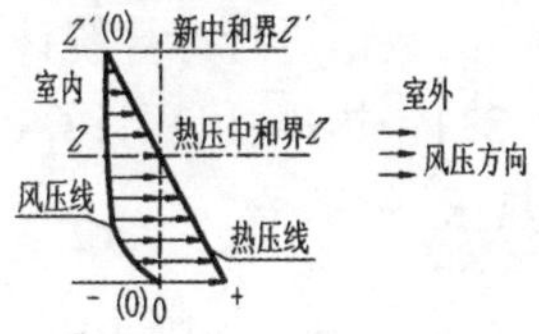
	3) $\lvert\Delta p_f\rvert>\lvert\Delta p_R\rvert$	L	12	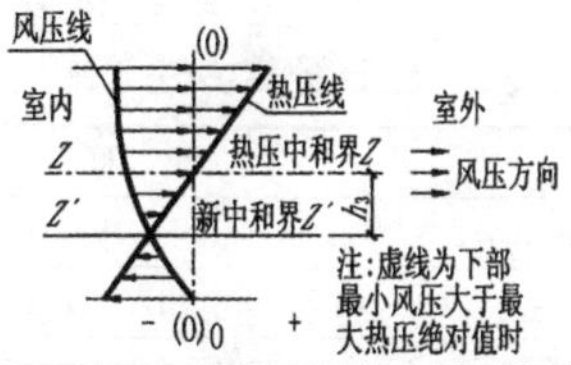 注:虚线为下部最小风压大于最大热压绝对值时	N	14	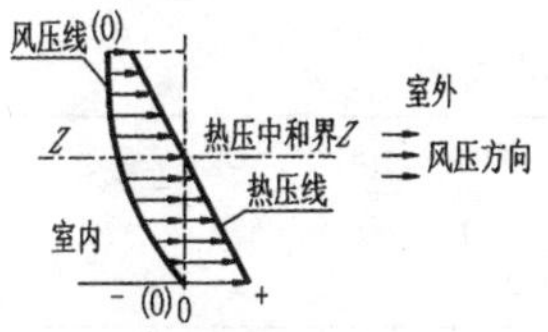

注:表 2 中风压与热压是用直角坐标系绘制的,为便于叠加、直观,将风压在直角坐标上的图形反其号绘制,使其与热压异号相当,同号相加,这样,使原有直角坐标系产生变异,纵坐标轴变为一根曲线(即风压曲线)(0)—(0),叠加后的压力,位于(0)—(0)轴右边的为正,左边的为负,其大小为距离热压线的水平距离,非常直观。

用时,由于热压中和界以上为负,以下为正,迎风面风压均为负值。叠加后,会使原热压作用下的中和界位置下降。这里分 3 种情况(3 种不可能同时发生),即:

① $\lvert\Delta p_{fy}\rvert<\lvert\Delta p_{Rx}\rvert$,称为随机事件 E,见表 2 中图号 5,中和界位置下降 h_4,使自然排烟层数减少,对排烟不利。

② $\lvert\Delta p_{fy}\rvert=\lvert\Delta p_{Rx}\rvert$,称为随机事件 I,见表 2 中图号 9,中和界位置下降 h_2',使自然排烟层数减少,对自然排烟不利。

③ $\lvert\Delta p_{fy}\rvert>\lvert\Delta p_{Rx}\rvert$,称为随机事件 M,见表 2 中图号 13,中和界位置下降 h_3',使自然排烟层数减少,对自然排烟不利。

2) 夏季热压 Δp_{Rx} 与背风面风压 Δp_{fB} 同时作用时,由于背风面 Δp_{fB} 均为正值,Δp_{Rx} 中和界以上为负,以下为正,叠加后,会使原热压作用下的中和界位置上升。这里也分 3 种情况(3 种不可能同时发生),即:

① $\lvert\Delta p_{fB}\rvert<\lvert\Delta p_{Rx}\rvert$,称为随机事件 F,见表 2 中图号 6,中和界位置上升 h_4',使下部自然排烟层数增多,对自然排烟有利。

② $\lvert\Delta p_{fB}\rvert=\lvert\Delta p_{Rx}\rvert$,称为随机事件 J,见表 2

中图号 10，中和界位置上升，使下部自然排烟层数升至顶层外窗上缘，对自然排烟有利。

③ $|\Delta p_{fB}| > |\Delta p_{Rx}|$，称为随机事件 N，见表 2 中图号 14，中和界位置上升，使下部自然排烟层数高出顶层外窗上缘，对自然排烟有利。

3.2.2 可靠性分析

从表 2 可看出：图号 3 与 6，即事件 C 与 F；图号 4 与 5，即事件 D 与 E；图号 7 与 10，即事件 G 与 J；图号 8 与 9，即事件 H 与 I；图号 11 与 14，即事件 K 与 N；图号 12 与 13，即事件 L 与 M，这 12 种事件组成 6 对，图形两两对称，且具有互斥性质。构成对能自然排烟与不能自然排烟均为等可能性的格局，按概率定义可认为风压、热压共同作用下自然排烟的可靠度为 1/2。

3.2.3 统计概率分析

统计概率应用广泛，本文为了验证风压、热压同时作用时能自然排烟与不能自然排烟具有相等或接近的可靠性，对全国 32 个城市按建筑物的总高度 $h=50$ m，以年为周期的冬季、夏季各种不同事件，能自然排烟的高度 h_L 与不能自然排烟的高度 h_B 的数据进行计算统计。

3.2.3.1 热压、风压计算数学模型[3]

1）热压

$$\Delta p_R = \pm 0.017\,10 B\left(\frac{1}{T_w}-\frac{1}{T_s}\right)(h-h_m) \quad (1)$$

2）风压

$$\Delta p_f = \pm 1.644\,68 \times 10^{-4} B \frac{v_0^2}{T_w} h^{\frac{2}{3}} \quad (2)$$

式(1)，(2)中 B 为当地大气压力，Pa；T_w，T_s 分别为室外空气和室内或楼梯间内空气热力学温度，K；$T_w=t_w+273.2$，$T_s=t_s+273.2$，其中 t_w 为室外空气温度，℃，取冬、夏季相应通风温度，t_s 为楼梯间内空气温度，℃，一般冬季供暖时比供暖室内温度低 3 ℃，夏季有空调时，比空调室内温度高 2 ℃，无供暖、空调时，与室外空气温度相同；v_0 为标准高度下的风速，m/s；h 为建筑物高度，m；h_m 为中和界高度，m，$h_m=h/2$。

热压冬季取正号，夏季取负号；风压迎风面取负号，背风面取正号。组成 4 种类型。

代入各地冬、夏季相应的 B，T_w，T_s，v_0 和建筑物高度 h 等参数，可算得 Δp_f，Δp_R 的数值，按大小分为 3 种形式，构成冬夏季热压、风压同时作用的 12 种不同的基本随机事件类型。连同风压、热压单独作用的 2 种，共计 14 种基本随机事件。因为代入不同的 h 值，能构成无限个不同的子集，但任何变化都包络在 14 种基本随机事件之中。

3.2.3.2 统计计算方法及最终结果（中间结果从略）

1）统计计算方法（见表 3）

表 3 统计计算方法

风压方向	风压热压关系	计算方法							
		冬季				夏季			
		事件号	图号	h_L/m	h_B/m	事件号	图号	h_L/m	h_B/m
迎风	$\|\Delta p_f\|<\|\Delta p_R\|$	C	3	$h/2-h_1$	$h/2+h_1$	E	5	$h/2-h_4$	$h/2+h_4$
背风		D	4	$h/2+h_1'$	$h/2-h_1'$	F	6	$h/2+h_4'$	$h/2-h_4'$
迎风	$\|\Delta p_f\|=\|\Delta p_R\|$	G	7	0	h	I	9	$h/2-h_2'$	$h/2+h_2'$
背风		H	8	$h/2+h_2$	$h/2-h_2$	J	10	h	0
迎风	$\|\Delta p_f\|>\|\Delta p_R\|$	K	11	0	h	M	13	$h/2-h_3'$	$h/2+h_3'$
背风		L	12	$h/2+h_3$	$h/2-h_3$	N	14	h	0

根据已划分的 12 种随机事件，当建筑高度为 h 时，可由图号 3～14 算得能自然排烟的高度 h_L 与不能自然排烟的高度 h_B。按表 3 方法进行统计计算。

2）计算结果统计（见表 4）

首先按式(1)，(2)计算得到的组合后的事件，分别令 $|\Delta p_f|=|\Delta p_R|$，求解一元三次方程，解得 C 事件的 h_1，D 事件的 h_1'，H 事件的 h_2，L 事件的 h_3，E 事件的 h_4，F 事件的 h_4'，I 事件的 h_2' 及 M 事件的 h_3'（也可用作图法求得相应的近似值）。按表 3 中方法进行统计，结果列于表 4。

$$\sum h_L = 1\,329.235\text{ m} + 1\,196.85\text{ m} = 2\,526.085\text{ m},$$

$$\sum h_B = 1\,667.975\text{ m} + 903.05\text{ m} = 2\,571.025\text{ m},$$

$\sum h_L - \sum h_B = 2\,526.085\text{ m} - 2\,571.025\text{ m} = -44.94\text{ m}$，平均误差 $\Delta L = -44.94\text{m} \div (102\times$

表 4　计算结果统计

序号	城市	计算结果									
		冬季					夏季				
		事件	图号	与中和界距离/m	h_L/m	h_B/m	事件	图号	与中和界距离/m	h_L/m	h_B/m
1	成都	C	3	$h_1=2.25$	22.75	27.25	M	13	$h_3'=15.5$	9.5	40.5
		D	4	$h_1'=2.00$	27.00	23.00	N	14		50.0	0
2	兰州	C	3	$h_1=0.25$	24.75	25.25	A	1			
		D	4	$h_1'=0.25$	25.25	24.75	A	1			
3	呼和浩特	C	3	$h_1=2.30$	22.70	27.30	A	1			
		D	4	$h_1'=2.10$	27.10	22.90	A	1			
4	石家庄	C	3	$h_1=4.60$	20.40	29.60	M	13	$h_3'=12.0$	13.0	37.0
		D	4	$h_1'=3.80$	28.80	21.20	N	14		50.0	0
5	银川	C	3	$h_1=3.00$	22.00	28.00	A	1			
		D	4	$h_1'=2.60$	27.60	22.40	A	1			
6	昆明	K	11		0	50.00	A	1			
		L	12	$h_3=19.00$	44.00	6.00	A	1			
7	拉萨	C	3	$h_1=8.20$	16.80	33.20	A	1			
		D	4	$h_1'=5.60$	30.60	19.40	A	1			
8	广州	K	11		0	50.00	M	13	$h_3'=14.8$	10.2	39.8
		L	12	$h_3=20.80$	45.80	4.20	N	14		50.0	0
9	南宁	K	11		0	50.00	M	13	$h_3'=10.8$	14.2	35.8
		L	12	$h_3=17.40$	42.40	7.60	N	14		50.0	0
10	北京	C	3	$h_1=12.10$	12.90	37.10	M	13	$h_3'=18.4$	6.6	43.4
		D	4	$h_1'=7.40$	32.40	17.60	N	14		50.0	0
11	西宁	C	3	$h_1=3.10$	21.90	28.10	A	1			
		D	4	$h_1'=2.60$	27.60	22.40	A	1			
12	贵阳	C	3	$h_1=16.00$	9.00	41.00	A	1			
		D	4	$h_1'=8.60$	33.60	16.40	A	1			
13	太原	C	3	$h_1=8.90$	16.10	33.90	A	1			
		D	4	$h_1'=6.10$	31.10	18.90	A	1			
14	杭州	C	3	$h_1=15.80$	9.20	40.80	M	13	$h_3'=13.9$	11.1	38.9
		D	4	$h_1'=8.60$	33.60	16.40	N	14		50.0	0
15	西安	C	3	$h_1=5.50$	19.50	30.50	M	13	$h_3'=17.7$	7.3	42.7
		D	4	$h_1'=4.20$	29.20	20.80	N	14		50.0	0
16	南京	C	3	$h_1=17.60$	7.40	42.60	M	13	$h_3'=18.0$	7.0	43.0
		D	4	$h_1'=9.20$	34.20	15.80	N	14		50.0	0
17	合肥	C	3	$h_1=15.80$	9.20	40.80	M	13	$h_3'=18.0$	7.0	43.0
		D	4	$h_1'=8.60$	33.60	16.40	N	14		50.0	0
18	天津	C	3	$h_1=16.90$	8.10	41.90	M	13	$h_3'=23.7$	1.3	48.7
		D	4	$h_1'=8.90$	33.90	16.10	N	14		50.0	0
19	郑州	K	11		0	50.00	M	13	$h_3'=18.0$	7.0	43.0
		L	12	$h_3=11.90$	36.90	13.10	N	14		50.0	0
20	长沙	K	11		0	50.00	M	13	$h_3'=16.4$	8.6	41.4
		L	12	$h_3=12.00$	37.00	13.00	N	14		50.0	0
21	武汉	C	3	$h_1=21.90$	3.10	46.90	M	13	$h_3'=16.4$	8.6	41.4
		D	4	$h_1'=10.20$	35.20	14.80	N	14		50.0	0
22	南昌	K	11		0	50.00	M	13	$h_3=17.0$	8.0	42.0
		L	12	$h_3=16.50$	41.50	8.50	N	14		50.0	0

续表

序号	城市	计算结果									
		冬季					夏季				
		事件	图号	与中和界距离/m	h_L/m	h_B/m	事件	图号	与中和界距离/m	h_L/m	h_B/m
23	济南	C	3	$h_1=20.25$	4.75	45.25	M	13	$h_3'=20.5$	4.5	45.5
		D	4	$h_1'=9.80$	34.80	15.20	N	14		50.0	0
24	台北	A	1				M	13	$h_3'=20.5$	4.5	45.5
		A	1				N	14		50.0	0
25	沈阳	C	3	$h_1=10.35$	14.65	35.35	A	1			
		D	4	$h_1'=6.675$	31.675	18.325	A	1			
26	福州	K	11		0	50.00	M	13	$h_3'=17.9$	7.1	42.9
		L	12	$h_3=16.65$	41.65	8.35	N	14		50.0	0
27	乌鲁木齐	C	3	$h_1=2.45$	22.55	27.45	M	13	$h_3'=24.2$	0.8	49.2
		D	4	$h_1'=2.15$	27.15	22.85	N	14		50.0	0
28	上海	K	11		0	50.00	M	13	$h_3'=20.4$	4.6	45.4
		L	12	$h_3=12.15$	37.15	12.85	N	14		50.0	0
29	哈尔滨	C	3	$h_1=12.90$	12.10	37.90	A	1			
		D	4	$h_1'=7.65$	32.65	17.35	A	1			
30	长春	C	3	$h_1=19.95$	5.05	44.95	A	1			
		D	4	$h_1'=9.70$	34.70	15.30	A	1			
31	香港	A	1				M	13	$h_3'=24.15$	0.75	49.15
		A	1				N	14		50.0	0
32	重庆	C	3	$h_1=4.80$	20.20	29.80	E	5	$h_4=7.6$	17.4	32.6
		D	4	$h_1'=3.80$	28.80	21.20	F	6	$h_4'=12.8$	37.8	12.2
合计		冬季 $\sum h_L=1\,329.235$，$\sum h_B=1\,667.975$；夏季 $\sum h_L=1\,196.85$，$\sum h_B=903.05$									

注：1) 事件 A 属风压单独作用，不属本表统计范围，不计入。
2) 事件 K，L 都是分别处于不能自然排烟和能自然排烟的极值状态。本例中能排烟与不能排烟高度各为 50 m。
3) 事件 G，H，I，J 在本表中未出现，属数集中的子集，总是存在的，但从图形看，图号 7 与 10 及 9 与 8 都是两两对称的，基本上是等可能性的（由于其出现的时间短，不考虑也不影响总的结论）。

50 m)×100%＝－0.9%。

意即能自然排烟的高度比不能自然排烟的高度平均少 0.9%，但基本接近。

当考虑热压、风压单独作用，A 与 B 两种事件在内时，特别是冬、夏季许多城市都有无风频率，即只有热压单独作用的事件。比如：北京冬季无风频率为 19%，夏季无风频率为 24%，因此能自然排烟的高度与平均值之差不到 0.9%（因受篇幅限制，分析从略）。

因此，算得的自然排烟时自然条件的可靠度与 50%是很接近的。

3.3 小结

1) 风压与热压单独作用下的可靠度

由于风压线、热压线本身的对称性，按古典概型很容易判定风压的概率 $P(A)=1/2$，以此表征其可靠度；热压的概率 $P(B)=1/2$，以此表征其可靠度。

2) 风压与热压同时作用的可靠度

以全国 32 个城市的气象参数为代表，用统计概率计算方法对自然排烟条件的可靠度作了计算，结果表明其可靠度略小于 50%（误差不到 1.3%）。

经综合考虑，将风压与热压自然排烟条件的可靠度定格为 50%。

3) 计算结果说明

32 个城市数值计算结果中，没有出现 $|\Delta p_f|=|\Delta p_R|$ 的数据。因为这里是按冬、夏气象参数计算的数据，当 $|\Delta p_f|$ 从小变大，即从 $|\Delta p_f|<|\Delta p_R|$ 变到 $|\Delta p_f|>|\Delta p_R|$ 时必然经过 $|\Delta p_f|=|\Delta p_R|$，但二者相等是不稳定的，时间是很短的，因此考虑和不考虑它，都不影响可靠度的结论。而且在图形可靠性分析 3.2.2 节中包括了这些内容。

应该特别指出的是，对于可开启外窗的朝向，从微观角度，对一栋建筑物来说是确定的；从宏观角度，对一个城市来说，因为布局多属棋盘形的，朝向是不定的。对某个事件来说，风压、热压的大小，从微观角度看是确定性的，但风压、热压的大小是以年为周期、周而复始地变化的，以年为周期进行概率统计计算，正是为了适应这种需要而提出的。全国各地的气候特点是不同的，《建筑气象参数标准》(JGJ 35)中规定的四季是以室外气温 t_w 来划分的，$t_w<10$ ℃为冬季，$t_w>22$ ℃为夏季；10 ℃$<t_w<22$ ℃为春、秋季。

本文根据室内外温差，把一年分为 3 季，因为温差的存在，而决定了热压及冬、夏季的存在和热压的性质(正与负)，冬、夏季出现无风频率时就又出现单独的热压作用，当室内外温差等于 0 时，才有过渡季的存在和风压独立存在的条件。《高规》是针对全国的，自然条件对全国各地的影响是有差异的，以 32 个城市的气象参数为代表来计算其可靠度，综合后使凸显部分抵消，以此来评价其可靠度是合适的，对《规范》的检测也是比较公正的。

4 自然排烟防烟设施系统的可靠性

前面研究的是自然排烟防烟"自然条件"的可靠性，即热压、风压对可靠性的影响，而自然排烟防烟设施系统的可靠性，是对整个系统而言的，是指为达到防烟目的总的可靠性。应包括自然条件、系统设备，也包括使用操作等因素在内。由于外窗平时都处于关闭状态，火灾时，要有开启装置，《高规》第 8.2.2 条条文说明中指出，当开窗面积不够时，采用打碎玻璃的方法，开窗和打碎玻璃就必须有人去执行。因此，实际的自然排烟防烟总的可靠度是由"天"、"物"、"人"三个条件所决定的，三者必须同时具备，缺一不可，只有这样，自然排烟防烟的功能才能实现，从可靠度框图上看，三者属串联系统，总可靠度为

$$R_Z=\sum_{i=1}^{3}R_i=R_1R_2R_3 \tag{3}$$

4.1 "天"——指自然条件，即风压、热压，其可靠度为 R_1，在第 3 节中已经定格为 $R_1=50\%$。

4.2 "物"——指可开启外窗，其可靠度为 R_2。

《高规》第 8.2.2 条对自然排烟可开启外窗面积的规定，属于应该达到的要求，是自然排烟的必要条件。

由于目前可开启外窗一般都是由人工才能开启的推拉窗、上悬窗等，涉及实际能开启的"有效排烟面积"的问题，以及面积的计算方法问题。从可开启外窗面积的定义来说，推拉窗只能计算窗扇总面积的一半；上悬窗较复杂，仅从开窗面积来衡量它，与开启的角度有关，开启角度不同，开启的面积也不同，开启的面积即使相同，该面积平面法线的方向也不同，烟气流动方向不同，其阻力系数也是不同的。阻力系数不同，对烟气流量有很大的影响，例如上悬窗开启 60°与开启 90°的可开启面积是一样的，可是排烟效果却不同，因此对于上悬窗只提可开启外窗面积是不全面的。对于前室或合用前室的外窗，由于外墙面积受限，完全达到"有效排烟面积"的要求，对于推拉窗，其窗框面积就需要扩大 1 倍，达到 4 m^2(6 m^2 合用前室)以上，这在层高较低的居住建筑上实施是有困难的。《高规》第 8.2.2 条条文说明认为："……火灾时采取开窗或打碎玻璃的办法进行排烟是可以的"，但打碎玻璃的工具是什么，放在何处，没有明确。使"物"的可靠性受到了这些不确定因素的制约。其可靠性分为两种情况：

1) 两个极端。完全能达到必要条件的要求，一切条件都有备无患的情况，其可靠度 $R_2=100\%$；另一个是最不利情况，$R_2=0$。

2) 受许多不确定因素的制约，其可靠度和不可靠度各一半，$R_2=50\%$

4.3 "人"——指执行者，其可靠度为 R_3。

开启外窗、启动开启装置、打碎玻璃等，都是要由人去执行的。平时外窗都处于关闭状态，火灾时要能迅速开启。规范中没有说明要由谁去开启，《全国消防监督检查规定》中也没有提及。人人有责的事，完全依靠火灾时疏散人员的消防意识、素质等条件来实现，是很悬乎的。这些都属不确定因素，从宏观角度来分析，有两种情况。

1) 两个极端。最佳情况下可靠度 $R_3=100\%$，最不利情况下 $R_3=0$。

2) 按不确定条件，可靠度和不可靠度各占一半，可靠度 $R_3=50\%$。

4.4 自然排烟防烟设施系统的总可靠度。

因为自然排烟防烟自然条件的可靠度定格 $R_1=50\%$，对自然排烟设施总可靠度可得出 3 种可能的结果。

1）最佳状态。当“物”、“人”的可靠度都处于最佳，即 $R_2 = R_3 = 100\%$ 时，总可靠度 $R_Z = R_1R_2R_3 = 50\% \times 100\% \times 100\% = 50\%$。

2）最大可能的状态。因为“物”、“人”受很多不定性因素的制约，都有可能出现 $R_2 = R_3 = 50\%$，这时总可靠度 $R_Z = 50\% \times 50\% \times 50\% = 12.5\%$。

3）最不利状态。“物”、“人”的可靠度 R_2，R_3 中有一个为 0%，这时总可靠度 $R_Z = 0\%$。

总可靠度比自然条件的可靠度更低。

5 结论

5.1 自然排烟防烟自然条件的可靠度定格为50%

大量计算数据表明，在风压、热压的共同作用下，对某个城市来说，其可靠度存在一定差异，但总的趋势不变。将全国作为一个整体和以 1 年为周期（3 个季节）其平均可靠度定格为 50% 是成立的。因为规范是针对全国的，也包括了不同季节在内（这样把多维随机问题变成了一维，使问题得到简化）。

5.2 自然排烟防烟设施系统的总可靠度

自然排烟防烟自然条件的可靠度研究是从《高规》第 8.2.1条条文说明中的“警告”引发的，实际表明总可靠度 R_Z 更低，更值得关注。

5.3 两个值得商榷的问题

1）《高规》推荐自然排烟防烟方案的问题

因为自然排烟防烟的可靠度最大可能只是 50%，推荐它，犹如把火灾疏散推向一场赌博，投掷硬币正、反两面的概率都是 50%，之所以总有如此多的人去冒险，因为赌的是钱，而防烟工程赌的是人的命！

2）《高规》第 8.1.1 条将机械加压送风防烟设施与自然排烟防烟设施并列的问题

并列的实质在于优先。方法不同的并列犹如八仙过海各显神通（各有绝招），且都能到达海的彼岸。连防烟目的都不能达到的自然排烟防烟设施，不具备并列的条件，也就没有优先的资格。

参考文献：

[1] 刘朝贤. 高层建筑房间可开启外窗朝向数量对自然排烟可靠性的影响[J]. 制冷与空调，2007（增刊）

[2] 刘朝贤. 对高层建筑房间自然排烟极限高度的探讨[J]. 制冷与空调，2007（增刊）

[3] 刘朝贤. 高层建筑防烟楼梯间自然排烟的可行性探讨[J]. 制冷与空调，2007 年（增刊）

[4] 刘朝贤. 对《高层民事建筑设计防火规范》第 8.2.3 条的解析与商榷[J]. 制冷与空调，2007（增刊）

[5] 刘朝贤. 高层建筑加压送风防烟系统软、硬件部份可靠性分析[J]. 暖通空调，2007，37(11)：74-80

[6] 刘朝贤. 对加压送风防烟中同时开启门数量的理解与分析[J]. 暖通空调，2008，38(2)：70-74

[7] 刘朝贤. 对加压送风防烟方案的优化分析与探讨[C]//全国暖通空调制冷 2008 年学术年会论文集，2008

[8] 中华人民共和国公安部. GB 50045—95 高层民用建筑设计防火规范[S]. 北京：中国计划出版社，2005

[9] 中华人民共和国城乡建设环境保护部. JGJ 35—87（试行）建筑气象参数标准[S]. 北京：中国建筑工业出版社，1987

[10] 中国气象局信息中心气象资料室，清华大学建筑技术科学系. 中国建筑热环境分析专用气象数据集[M]. 北京：中国建筑工业出版社，2005

（影印自《暖通空调》2008 年 10 月第 38 卷第 10 期 63－61 页）

文章编号：1671-6612（2008）06-001-06

对《高层民用建筑设计防火规范》中自然排烟条文规定的理解与分析

刘朝贤

（中国建筑西南设计研究院　成都　610081）

【摘　要】《高层民用建筑设计防火规范》（以下简称《高规》）条文说明中，已揭示出了自然排烟方案潜在的“危机”。而《高规》正文（即条文）就是对这些潜在危机加以展开、归纳、演绎提出来应对这些危机的谋略举措。然而执行这些举措后，自然排烟的“危机”是否可以完全消除，火灾时逃生人员的安全是否得以保证？仍无可靠依据可查。通过分别对这些部位自然排烟（包括防烟）机理及风险性分析认为，由于对这些潜在“危机”的隐蔽性及其内涵认知不够，基础研究不多。因此，应对谋略及举措的有效性受限，多数只能起到头痛医头，脚痛医脚的作用，未能从根本上得到解决，有的甚至不但不起作用，反而增加了新的危险。因此潜在的“危机”依然存在。加之我们面对的是强大的自然力量，只能因势力导有限利用，无法抗拒。通过分析，最后得出几点结论。

【关键词】生命；危害；经济；国情；以人为本

中图分类号　TU834　　文献标识码　B

The item of natural smoke exhausting in *Code for fire protection design of high-rise builldings*

Liu Zhaoxian

(China Southwest Architectural Design & Research Institute 610081)

【Abstract】 Code for fire protection design of high-rise buildings has revealed the potential crisis of natural smoke exhausting,and the Code is just the strategy after analyze these potential crisis. But even we carry it out,we can't say whether the crisis of natural smoke exhausting could be eliminated and whether the safety of people could be protected.Based on the analysis of mechanism and risky of natural smoke exhausting,this paper suggest as the result of imperceptibility of the potential crisis and lack of awareness,we don't have enough research on it .So the effectiveness of the stategy is limited,most measures can't fundamentally solute it,some even increase new risk.The potential crisis exist still.In addition,what we are facing is formidable natural power,we can only make use of it limitedly instead of dispute it.From the analyze,we can reach some conclusion.

【Keywords】 life;damage;economy;people foremost,national conditions

1　问题的提出

1.1　《高规》对自然排烟方案提出的警示应对措施

《高规》第 8.2 节自然排烟条文正文共计 9 条约 500 字。其相应的条文说明约 2800 字，约为正文的五倍有余。

条文说明对自然排烟存在的问题中指出：“自然排烟受自然条件……等因素的影响较大，有时使得自然排烟不但达不到排烟的目的，相反由于自然排烟系统会助长烟气的扩散，给建筑和居住人员带来更大的危害……。”

特别是对防烟楼梯间及其前室……等的自然

作者简介：刘朝贤（1934-），男，教授级高级工程师，国务院政府津贴专家。

收稿日期：2008-10-13

排烟防烟方案的条文说明中指出："……建筑着火时，这是最重要的疏散通道，一旦采用自然排烟方式，其效果受到影响时，对整个建筑人员将受到严重威胁……。""警示"令人毛骨悚然。

很显然，条文说明是对自然排烟存在的安全隐患给防、排烟设计者敲起的警钟，也是给规范条文的来龙去脉所作的交代。证明规范条文本身就是有的放矢地针对这些安全隐患采取的应对措施。

1.1.1 防烟楼梯间及其前室

条文说明中指出："其效果受自然条件风压、热压……的影响，"因而在《高规》第 8.2.1 条规定中，从建筑高度上作了限制。只允许 50m 以下的一类公共建筑和 100m 以下的居住建筑采用自然排烟。

1.1.2 中庭的自然排烟

条文说明中指出：当"中庭高度超过 12m 时，由于烟气'层化'现象的原因……上升到一定高度，随着烟气温度的降低而下沉，使得烟气无法从高窗排出室外"，影响人员的安全疏通，因而在《高规》第 8.2.2.5 条中规定：净高小于 12m 的中庭，才允许采用可开启的天窗或高侧窗自然排烟……。在高度上作了限制。

1.1.3 内走道的自然排烟

《高规》虽然未在条文说明中指出内走道最远点距自然排烟口的距离，但在《高规》8.4.5 条条文说明中指出："机械排烟口至该防烟分区内最远点的水平距离不应超过 30m。并指明是烟气流动路线的水平长度。"这对自然排烟仍具有一定的参考价值。特别是《建规》(06 年版）第 9.2.4 条、建设部编写的全国民用建筑工程设计技术措施暖通、动力中第 4.1.6 条，及北京市建筑设计技术细则（设备专业）中的第 18.2.4 条第 2 项，都规定了："……自然排烟口距该防烟分区最远点的水平距离不应超过 30m。"主要考虑了烟气在内走道内流动时会受冷却和流动过程中冷空气的掺混使温度下降而下沉，影响安全疏散，距离越长越严重。

因而《高规》在 8.2.2.3 条规定：限定长度不超过 60m 的内走道可利用可开启外窗自然排烟。（注：指两端或中间有外窗的长度不超过 60m，一端有外窗的长度不超过 30m）[8]。

1.1.4 房间的自然排烟

《高规》条文说明中除面积要求外，没有提出其他限定条件。

1.1.5 前室、合用前室的自然排烟

《高规》条文说明是将防烟楼梯间与前室或合用前室组合后的自然排烟防烟连在一起的，在《高规》第 8.2.1 条中提出了同样的高度限制。

1.2 应对措施的效果问题

假如防排烟设计中完全执行《高规》规定的这些应对措施，影响自然排烟效果的因素是否就能消除、相应条文说明中的警示就可取消、疏散人员的安全就可以得到保证，这就是本文所要探讨的问题。

2 对《高规》各部位应对措施的理解与分析

《高规》在有关条文说明中，对自然排烟提出警示之后，在正文中对五个部位都提出了应对措施。

由于这五个部位影响自然排烟效果的因素不同，到达各个部位的烟气自身的条件也不同。有的烟气温度高，靠自身的浮升力，足以能排出窗外，有的本身温度下降失去了浮升力，不靠外力是无法排出窗外的。虽然都号称自然排烟，但效果却两样。现分别说明如下：

2.1 防烟楼梯间的自然排烟

2.1.1 烟气自身的条件及影响自然排烟效果的主要因素

2.1.1.1 烟气到达防烟楼梯间的自身条件

研究表明：从着火房间扩散到内走道的烟气量，分为四种情况：(1）门关、窗关；(2）门关、窗开（最有利)；(3）门开、窗关（最不利)；(4）门开、窗开；

分析表明：如按最不利情况计算，烟气流量大、温度高，保证内走道内人群安全疏散（按层高 3m 计)，要满足烟层厚度 $h_y \leqslant 3-1.8=1.2m$，人体特征高度 1.8m 以上的烟气平均温度 $t_y \leq 180℃$ 是难于办到的。(说明内走道自然排烟是危险的)，按其他三种情况流入内走道的烟气流量较小。烟气由着火房间窜出，经过内走道到达前室，经过前室再进入防烟楼梯间时，烟气的温度下降，基本失去了浮升力，已难于靠自身的力量排去窗外。(与着火房间自然排烟的烟气温度高达 500℃的情况完全不同)。

2.1.1.2 影响防烟楼梯间自然排烟效果的主要因素

（1）热压的单独作用（如冬、夏季无风时）

由于防烟楼梯间热压的特性，在高度的中部存在一个压力为 0 的中和界，冬季只有上部能自然排烟，下部只能进风。夏季相反。

热压$\triangle P_R$用下式表述[1]：

$$\triangle P_R=0.01710\,B\times\left(\frac{1}{Tw}-\frac{1}{Ts}\right)\times(h-h_m)\ (Pa) \quad (1)$$

式中：B—当地大气压力（Pa）；

T_w—室外空气绝对温度，（k），

$T_w=273.2+t_W$（t_W为室外空气温度℃）；

T_s—室内空气绝对温度，

$T_s=273.2+t_s$（t_s为室内空气温度℃）；

h—计算高度，（m）；

h_m—中和界高度，（m），假设$h_m=\frac{h}{2}$。

单独热压作用下的可靠性按古典概型自然条件的可靠性约为 50%[1]。应该指出的是其可靠性大小与热压大小或建筑物高度 h 大小无直接关系。

（2）风压的单独作用（过渡季没有热压，只有风压时）

由于风压的特性，迎风面与背风面的压力的方向是不同的，迎风面与背风面以其交界线分界，分为两部分，只有背风面能自然排烟，迎风面只能进风。为了简化，假设风频风向都是均匀的，风压$\triangle P_f$用下列表述[1]：

$$\triangle P_f=1.64468\times10^{-4}B\,\frac{V_0^{\,2}}{Tw}\times h^{2/3}\ (Pa) \quad (2)$$

式中 V_o—标准高度 10m 处的风速，（m/s）；其他符号同（1）式。

根据古典概型，自然条件的可靠性约为 50%[1]，同样其可靠性大小与风压大小或建筑物高度 h 没有直接关系。

（3）风压、热压的共同作用（冬、夏季又有风时）

按统计概率其可靠性接近 50%[1]，其可靠性大小与风压、热压大小或建筑物高度 h 无直接关系。

2.1.2 《高规》对防烟楼梯间自然排烟应对措施的效果及风险分析

2.1.2.1 《高规》对建筑物高度 h 的限制条件的效果，限制 h 只能减少风压、热压的大小

然而，风压$\triangle P_R$的大小，并非只是建筑物高度 h 的单值函数，其影响因素是不少的，从上述式（1）、（2），一目了然。

由式（1）可知热压$\triangle P_R$除与当地大气压力有关外，还与室内外空气密度差$\triangle\rho$（kg/m^3）及建筑高度 h 的一次方成正比。特别是冬季室内、外空气密度差$\triangle\rho$的差别大，可相差数倍，因此密度差$\triangle\rho$的影响比高度 h 的影响要大得多。

由式（2）可知风压$\triangle P_f$除与当地大气压力、室外空气温度有关外，还与室外风速 V_o的平方式成正比，只与建筑高度 h 的 2/3 次方成正比。风速 V_o的影响比高度 h 的影响大得多。

因此，同一高度处，不同地区由于气象条件不同，风压、热压大小相差是很悬殊的，即使同一地区，冬、夏季差异也是很大的。

现将哈尔滨、北京、广州三城市冬、夏季 50m 及 100m 高度的风压$\triangle P_f$热压$\triangle P_R$的计算结果列于表 1 以资佐证。（气象参数来源于文献[6]）

表 1　三城市冬、夏季风压$\triangle P_f$、热压$\triangle P_R$

城市名称	冬季				夏季			
	热压$\triangle P_R$（Pa）		风压$\triangle P_f$（Pa）		热压$\triangle P_R$（Pa）		风压$\triangle P_f$（Pa）	
	$\triangle P_{R50}$	$\triangle P_{R100}$	$\triangle P_{f50}$	$\triangle P_{f100}$	$\triangle P_{R50}$	$\triangle P_{R100}$	$\triangle P_{f50}$	$\triangle P_{f100}$
哈尔滨	23.9756	47.5912	9.2363	14.6617	—	—	5.7963	9.1376
北京	12.9466	25.8932	6.2844	9.9759	0.8896	1.7792	3.5640	5.6575
广州	2.5101	5.0202	4.6293	7.3486	1.8195	3.6390	1.6509	6.6206

从表 1 数据看出，《高规》8. 2. 1 条建筑高度 h 的限制条件，不仅对不同地区同一季节，即使对同一地区的不同季节的风压、热压大小都不具备唯一性，限制高度 h 限制不了风压、热压的大小。

2.1.2.2 对建筑物高度 h 的限制并不能提高防烟楼梯间自然排烟防烟的可靠性

因为采用自然排烟防烟存在的致命弱点是因其受自然条件等因素的影响，其可靠性低，保证不了疏散人员的安全。

对建筑高度 h 提出的限制，只是改变了风压、

热压的数值大小，这种改变，对全国各个城市起的作用是不同的，关键并非是风压、热压大了，烟气就排不出去。

（1）当风压单独作用时，只要外窗处于迎风面，整个该面烟气都是排不出去的。

（2）热压单独作用时，着火层发生在中和界的负压区，烟气也是排不出去的。

（3）风压热压共同作用时，根据风压热压的大小关系，及风压、热压和中和界的分界和风压的迎风面、背风面的组合形式，会使热压作用的中和界位置发生上升或下降，研究表明其可靠性仍然只能接近 50%，因此《高规》8.2.1 条的限制并不能提高其可靠性。

2.1.2.3 防烟楼梯间不存在一个“50m 或 100m”以下的“安全区”

防烟楼梯间采用自然排烟防烟方式限制在“50m 或 100m”以下这个安全界线是不存在的，理论上找不出存在的依据。

对防烟楼梯间部位推荐采用自然排烟防烟方案将逃生者引入“人”、“烟”合流的危险境地。

此防烟方案，意即允许烟气进入防烟楼梯间后，又由防烟楼梯间的外窗排出。

因为到达此处的烟气已基本失去浮升力，防烟楼梯间每五层设置一个 2.0m^2 的外窗，火灾不可能刚好在开设有外窗的这一层发生，即使在这一层，疏散的“人”与“烟”气流必然都要产生交叉。火灾发生在其他层时，“人”、“烟”共流的距离和时间更长，更危险。

防烟楼梯间是唯一的垂直疏散通道，是疏散人群的生命线，保证这里无烟，就保护了疏散人员的安全，允许这里进烟是反其道而行之，违背了防烟的常理。

总之，《高规》8.2.1 条的高度限制条件，对具有一个朝向外窗的防烟楼梯间来说，并没有因此而消除自然排烟防烟条文说明中提出的安全隐患，也没有提高防烟楼梯间自然排烟防烟的可靠性。警示并没解除。

2.2 中庭的自然排烟

2.2.1 影响自然排烟的因素及烟气的特性

2.2.1.1 中庭自然排烟的影响因素

（1）“层化”效应是烟气热压作用下失去浮升力所致，前面已述及。

（2）室外风压的作用。

当只有一个朝向的外窗时，只有背风面能自然排烟，特别是室外风速大的地区。

2.2.1.2 烟气的特性

中庭的烟气随着中庭形式的不同而不同，由于篇幅所限，这里主要指集中式，中庭设置有高窗的自然排烟。《高规》提出了 12m 高度的限制条件。

2.2.2 对《高规》8.2.5 条限定条件效果分析

由于中庭净高小于 12m 才允许采用自然排烟，影响因素的第 2.2.1 条第 1 款中的“层化”效应，得到处置。但外窗处于迎风面烟气排不出去的危险依然存在。上述 2.2.1 中的两个影响因素从可靠性角度分析属串联系统 ，当只有一个朝向的高窗或高侧窗时，可靠性仍然是很低的。

2.3 内走道的自然排烟

2.3.1 影响内走道自然排烟效果的因素及烟气的特性

2.3.1.1 影响因素

（1）内走道的长度：前面已述及。

①两端或中间有外窗不超过 60m；

②一端有外窗不超过 30m。

（2）室外风压的影响，对一个朝向的外窗只有背风面才能自然排烟，迎风面排不出去，对两个及两个以上朝向外窗虽然可靠性可以提高，《高规》未提及且受工程的制约[2]。此外关于内走道的排烟面积存在以下两个影响因素：①外窗排烟面积大小的问题，《高规》规定按内走道面积的 2%计算，值得商榷，因为内走道没有可燃物，主要来自着火房间窜出的来的烟气量，研究表明，烟气量与着火房间门、窗的开启状况（四种）及门的尺寸有关，而不是与走道面积有关。②开窗面积的分配问题，《高规》没有明确。当两端有外窗时应等分各占一半[8]

2.3.1.2 烟气的特性

这里所说的烟气的特性，主要指烟气的温度下降及烟层下沉的情况，实质就是指烟气刚从着火房间窜出后随着流动距离的增加，烟气浮升力的逐渐丧失，温度逐渐下降，烟层底部逐渐下沉的特性，规定 30m 是个限值。如果烟气流动路线的水平距离＞30m 时，就存在危险。

2.3.2 《高规》8.2.2.3 条限定条件效果分析

由于《高规》8.2.2.3 条规定，实质上是要求保证自然排烟口距走道内最远点的水平距不超过

30m。自然也就保证了走道内人的特征高度以内无烟，逃生人员得以安全脱险。

但室外风压作用的影响并没有消除，特别是对只有一个朝向外窗的内走道。其可靠性是很低的，有两个或两个以上朝向外窗的内走道虽然可以提高内走道自然排烟可靠性，这是《高规》中没有提及需要补充之处，但两个或两个以上朝向的外窗，对建筑专业是一种制约，要办到还要根据工程实际才能确定的。

此外当着火房间处于窗关、门开的最不利情况时，大量烟气涌入内走道，即使外窗不是处于迎风面，靠自然排烟也是保证不了安全疏散的。因此《高规》8.2.2.3条对内走道长度自然排烟的限定条件只是就事论事，并没有消除影响自然排烟效果的外扰因素。

2.4 房间自然排烟

《高规》对房间自然排烟，除了面积要求外没有提出其他限定条件

2.4.1 影响房间自然排烟效果的因素及烟气的特性

2.4.1.1 影响因素

（1）对只有一个朝向外窗的房间。

①与当地冬、夏季室外气象条件温度、风速等因素有关；

②与外窗高度有关；

③与火灾时排烟温度有关；

④与当地环境即风速随高度的变化规律有关。

2.4.1.2 着火房间烟气温度及其特性

着火初期烟气温度较低约 70℃，爆燃时达800℃以上。高温烟气由于浮升力的作用而经外窗向外排出，温度越高排出速度越大，室外风速随其距室外地坪高度的增加而增加。研究表明[3]：对只有一个朝向排烟外窗的房间自然排烟存在一个烟气向外排出的速度，恰好与迎风面抗衡，使自然排烟失效的临界风速 W_L（m/s），叫自然排烟极限高度（m）H_L。指窗口上缘距地坪高度

$$W_L=\sqrt{\frac{2gh_2[(T_P/T_W)-1]}{K(T_P/T_W)}}$$

$$h_2=\frac{h_c(T_P/T_W)^{1/3}}{(T_P/T_W)^{1/3}+1}$$

$$H_L=\left(\frac{W_L}{\varphi\cdot W_o}\right)^3\times H_o$$

式中：h_c—窗高，m

h_2—外窗中和界离窗孔上缘距离 m；

T_P—排烟绝对温度，K；T_P=273+t_p，按 t_p=500℃；

T_w—冬、夏季室外计算绝对温度，K；T_w=273+t_w

t_w—取夏季或冬季通风温度，℃；

K—风压系数，取 K=0.75；

g—重力加速度 g=9.81m/s^2；

W_o—10m 高处室外风速，m/s；

φ—风速修正系数，取 φ=1.0；

H_o—测量风速标准高度,m;取 H_o=10m。

篇幅所限详见论文[3]，现将其结论摘要于下：

（1）房间自然排烟的临界风速 W_L 和极限高度 H_L 是存在的。

（2）W_L 和 H_L 与四大因素有关，各地 H_L 的大小不同。

现将我国部分城市的 H_L 值的计算结果列于下表 2。

表 2 我国部分城市的 H_L 值

城市名称	H_L（m）		备注	城市名称	H_L（m）		备注
	冬季 H_{Ld}	夏季 H_{Ld}			冬季 H_{Ld}	夏季 H_{Ld}	
成都	845.23	424.87	应取冬夏两季中 H_L 的最小值	贵阳	58.19	70.96	应取冬夏两季中 H_L 的最小值
重庆	355.89	202.87		杭州	51.12	52.29	
兰州	5185.55	260.41		西安	108.68	52.70	
呼和浩特	161.82	169.52		北京	29.31	82.13	
石家庄	109.50	166.26		太原	36.88	61.30	
银川	132.92	116.00		南京	35.66	31.80	
拉萨	59.74	100.78		合肥	40.11	31.80	
南宁	103.07	84.71		长沙	28.23	31.65	
西宁	132.92	81.49		武汉	31.72	31.68	

2.4.2 房间自然排烟的效果分析

从表 2 中看出，在其他条件相同时，由于全国各地的气象条件的不同，全国各地的极限高度 H_L 不同。在这一高度 H_L 以上采用自然排烟时，不但

烟气排不出去，更助长了烟气的扩散。

《高规》没有提出条件，建议补充。应该指出的是，全国许多城市自然排烟的极限高度是很低的，如北京市为 29.31m，长沙为 28.23m，对这高度以上的房间就不能采用自然排烟方式。

研究表明，对有条件设置多个朝向可开启外窗的房间，自然排烟仍然是有效的，详见论文[3]。

2.5　前室（包括合用前室下同）的自然排烟。

2.5.1　进入前室的烟气特性

当内走道长度接近 30m 时，通过走道进入前室的烟气要从窗口排出，总长度已超过 30m，烟气已基本失去浮升力。很难靠自身的力量排出窗外，烟层下部已降到危及安全的临界状态 ，甚至以下。

2.5.2　影响其自然排烟效果的因素

（1）室外风压的影响，只有外窗处于背风面时，才能自然排烟。可靠性约为 50%[1]。

（2）防烟楼梯间热压作用的影响。只有当火灾发生在其正压区时烟气才不会被吸入，这种机遇约只有 50%[1]。

研究表明，防烟楼梯间有利于自然排烟的概率约占 50%[1]，也就是说，从防烟楼梯间的风压，热压对前室的影响，其几率约占 50%。前室与防烟楼梯间组成串联系统，因此，前室自然排烟的可靠性更低。其可靠性与《高规》8.2.1 条高度 h 无直接关系。

此外关于《高规》8.2.3 条规定的防烟楼梯间前室或合前室，利用敞开的阳台、凹廊或前室内有不同朝向的可开启外窗自然排烟时，该楼梯间可不设防烟设施的问题，因为，在这里烟气流动要受室外风压（风向）和防烟楼梯间热压的双重制约，只对付风压，还是不可靠的，详见[4]。

3　结论

（1）防烟楼梯间及其前室（包括合用前室）的自然排烟防烟，其极限高度是不存在的，对其“50m、100m”的高度限制是没有意义的，因为它即不表示风压、热压的大小，又不能体现这个高度对自然排烟的有利和不利。推荐这里采用自然热排烟，不但不能提高系统的可靠性还在垂直疏散通道上将逃生者引向“人”、“烟”合流的危险境地。

（2）无论火灾发生在那一层，从着火房间到达防烟楼梯间及其前室时的烟气，温度下降，已基本失去了浮升力，而无法靠自身的力量排出窗外。不存在建筑高度“50m、100m”以下烟气可以自然排出和风压、热压大了烟气排不出去的问题。因为，对于风压：是以迎风与背风的交线分界，凡是处于迎风面这个方向的外窗不分高、低，烟气都是排不出去的（以全国作为一个整体的宏观分析），而且风向是随机的，不受控的。

对于热压，是以中和界分界，只要火灾发生在负压区，即冬季的中和界以下，夏季的中和界以上，烟气都是排不出去的，而且火灾发生的时空是随机的，是不受控的。

研究表明[1]风压热压共同作用时，自然条件的可靠性只能达 50%，因此，“50m、100m”以下可以自然排烟的“安全区”是不存在的，也是没有科学根据的。

（3）对防烟楼梯间及其前室，风压、热压及火灾发生的时间与空间都是随机的，都不受控于人。

对房间的自然排烟，其极限高度是存在的，只是由于各地的气象条件的差异，极限高度的大小不同。除了极限高度以下的房间，由于烟气自身有与室外风压抗衡的能力外，中庭、内走道、前室等部位的烟气，是无力与迎风面的风压相抗衡的。

因此，对待自然力量，我们只能因势力导，分别对待，仅可能加以利用，而不是制服，如在某些条件允许的工程上，对极限高度较低的地区或极限高度以上房间的自然排烟，采用两个或两个以上朝向的外窗，提高其可靠性是有效的[2]，包括内走道和中庭等都是如此。

（4）分析表明，执行《高规》规定的这些应对措施后，对影响核心部位防烟楼梯间自然排烟防烟效果的因素没有改善，疏散人员的安全隐患依然存在。对其他部位自然排烟效果的因素并未完全消除。因此警示不可能取消。总之，自然排烟（防烟）的可靠性低，是关键所在。因此《高规》8.1.1-8.1.2 条将自然排烟防烟设施与机械加压送风防烟设施以及自然排烟设施与机械排烟设施并列，条文说明中还要求优先采用，显然是值得商榷的。

（下转第 20 页）

（上接第 6 页）

参考文献：

[1] 刘朝贤.对自然排烟防烟“自然条件”的可靠性分析[J].暖通空调,2008,38,(10):53~61.

[2] 刘朝贤.高层建筑房间可开启外窗朝向数量对自然排烟可靠性的影响[J].制冷与空调,2006.

[3] 刘朝贤.高层建筑房间自然排烟极限高度的探讨[J].制冷与空调,2007,21(增刊).

[4] 刘朝贤.对《高层民用建筑设计防火规范》第 8.2.3 条的解析与商榷[J]. 制冷与空调,2007,21(增刊).

[5] 刘朝贤.高层建筑防烟楼梯间自然排烟的可靠性探讨[J]. 制冷与空调,2007,21,(增刊).

[6] 清华大学建筑技术科学学院.中国建筑热环境分析专用气象数据集中国气象局气象信息中心气象资料[M].北京:中国建筑工业出版社,2005.

[7] 刘朝贤.对加压送风防烟方案的优化分析与探讨[J].全国暖通空调制冷 2008 年学术年会论文集.

[8] 陆跃庆.实用供暖空调设计手册[M].北京:中国建筑工业出版社,2008.

（影印自《制冷与空调》2008 年第 22 卷第 6 期总第 90 期 1—6，20 页）

"当量流通面积"流量分配法在加压送风量计算中的应用

中国建筑西南设计研究院 刘朝贤☆

摘要 并联、串联气流的流动规律为：串联气流不论流经多少道门洞或缝隙，其阻力可用当量流通面积来表示；并联气流通路上的压降相等，各通路流量之比与其当量流通面积成正比，即，送入正压间的总流量是按并联气流当量流通面积来分配的。因此，只要得出某一并联通路的流量，防烟系统其他各通路的流量（包括总流量）就可求得。根据防烟技术条件的规定，为抵御烟气入侵，通过内走道与前室（或合用前室）之间的防火门门洞处所必须保证的风速为0.7～1.2 m/s，防火门开启面积是确定的，因此便可得出该并联通路的流量，从而可建立各子项的数学模型，为优化防烟方案提供新的手段。

关键词 并联 串联 当量流通面积 流量分配 风量有效利用率

Application of flow distribution method of equivalent circulation area to calculation of pressurized air supply

By Liu Chaoxian★

Abstract The flow pattern of parallel and series airstream is described as follows: regardless of the number of openings and gaps passing by series airstream, the resistance can be represented by the equivalent circulation area; the pressure drop of parallel airstreams is equal, the flow ratio of paths is proportional to the ratio of equivalent circulation area, i. e. the total flow into the positive pressure space is distributed by the equivalent circulation area of parallel airstreams. Therefore if the flow rate of any path in parallel airstream is known, the flow of other paths (including the total flow) in a smoke control system can be calculated. According to the technical provisions of smoke control system, the velocity of the airstream passing the fire door which between the hallway and its antechamber (or common antechamber) must not less than 0.7 to 1.2 m/s to resist invasion of the smoke, the open area of the fire door is determined according to the design value, so smoke flow of the parallel airstream can be calculated. Then, the mathematical model of sub-items can be developed, providing new approaches for optimization of smoke control scheme.

Keywords parallel connection, series connection, equivalent circulation area, flow distribution, effective utilization ratio of air flow

★ China Southwest Architectural Design & Research Institute, Chengdu, China

1 概述

1.1 对现行加压送风量"流速法"计算模型有关问题的分析

现行规范推出和常用的计算模型可分为两类，共三种。第一类是受"n"制约的，有两种，第一种是《高层民用建筑设计防火规范》(2005年版)(GB 50045—95)(以下简称《高规》)[1]推出的计算式

$$L_v = nFv \tag{1}$$

第二种是《建筑设计防火规范》(GB 50016—2006)[2]推出的计算式，在不考虑漏风附加率b时，为

$$L_v = \frac{nFv}{a} \tag{2}$$

第二类模型可削弱"n"的制约作用，也符合并联通路的定义，其计算式为

$$L_v = (\sum A_d)v \tag{3}$$

☆ 刘朝贤，男，1934年1月生，大学，教授级高级工程师，教授，硕士研究生导师，享受国务院政府特殊津贴
610081 成都市星辉西路8号中国建筑西南设计研究院
(028) 83223943 (0) 13551092700
E-mail: wybeiliu@163.com
收稿日期：2009-06-19

式(1)～(3)中 L_v 为加压送风量,m^3/s;n 为同时开启门层数;F 为每樘开启门的断面积,m^2;v 为门洞处风速,m/s;a 为背压系数,根据加压间的密封程度取值,范围为 0.6～1.0;$\sum A_d$ 为所有门洞的面积之和,m^2。

1.1.1 第一类模型

1) 两个计算模型都是从宏观角度采用撒网式的万能通用式,既没有区分考虑各种防烟方案和条件、加压部位、加压送风口开启方式等对气流通路所产生的影响,也未考虑气流是如何流动的,关键气流通路是否通畅,能否保证前室与内走道之间的防火门 M_1 开启时的气流速度 v,总风量用于抵御烟气入侵的有效利用率等。

2) 同时开启门数量"n",成为四种加压送风防烟方案的关键性参数。《高规》表 8.3.2-3 是向消防电梯独用前室的加压送风,而消防电梯及其前室并非疏散通道,是消防队员运送消防器材和伤病员用的专用通道,一般是在着火层与地面层之间运行和停靠。没有疏散人员去推消防电梯前室的防火门,且只有一道防火门,也就不存在 M_1,M_2 同时开启的层数"n"。[3-4]

3) 模型中 nFv 可以理解为"n"条面积为 F,流速为 v 的气流通路。实际上四个防烟方案中,不存在这种并联气流。首先是"n"路气流,流通面积都是 F 的并联气流且流速是 v,只能是防火门面积为 F 直接通向室外的气流,但前室或合用前室的两个防火门 M_1 与 M_2 不可能直接对外。其次是"n",它是指 M_1 与 M_2 同时开启的层数,以《高规》表8.3.2-1 防烟方案为例,气流通过这两个门,就说明这气流是通过面积为 F 的两个门,是串联通路,其当量流通面积不应是 F,而是$A=\left(\frac{1}{F^2}+\frac{1}{F^2}\right)^{-\frac{1}{2}}=\frac{F}{\sqrt{2}}$,而且通路只计算到了内走道,并未到达室外(气流未达汇合点就不构成并联气流)。

4) 不计漏风附加率,在其他条件相同时,第一类模型中的两种计算模型的风量 L_v 值,后者约为前者的 1.67 倍。从空气流动理论分析,向任何有限空间加压送风,不论被加压空间的出口是门洞还是缝隙,其面积是有限的,只要风量大于 0,出口流速 v 就会大于 0,门洞或缝隙两侧自然就存在压差 $\Delta p\left[=\frac{\rho}{2\mu^2}v^2=1.42\left(\frac{L}{f}\right)^2\right]$,即所谓的背压。因此向有限空间加压送风的背压是客观存在的,这是人们接受式(2)的主要原因之一。但是,背压系数的本质是什么?影响因素有哪些?取值范围0.6～1.0 是怎样算得的?如何去控制它?拿不出有力的科学依据来,是难以让人信服的[4]。第一类模型的第一种模型的"n"已是个动态的难以确定的制约可靠性的包袱,第二种模型又在"n"之后出现个尚不为人认知的 a,使问题更为复杂。

1.1.2 第二类模型

计算中以下几点值得商榷。

1) 送入正压间的加压空气并非只能向走廊方向排泄,而是能向两个方向流动的。仍以《高规》表 8.3.2-1 只向防烟楼梯间加压为例,一个是向防烟楼梯间的疏散外门方向流动,通过并联的 $M_{w底}$,$M_{w顶}$ 直接流到室外;另一个是向内走道方向流动,通过房间门(或缝)及与之串联的窗缝流到室外。从该模型的范例图形和计算过程可以看出,此种方法从未提及过 $M_{w底}$,$M_{w顶}$ 这两个外门。根据《高规》第 6.1.1 条、第 6.2.2.3 条、第 6.2.3 条、第 6.2.6条及第 6.2.7 条规定:防烟楼梯间在底层和顶层有直通室外的疏散外门,但计算中都未体现,没有执行规范的规定。而且使这部分直通室外的(无效)气流没计算在总加压送风量之内,降低了防烟系统的可靠性。气流未到达实际的汇合点,也没构成真正的并联气流通路。

2) 将走道比拟为室外,认为"内走道无背压,流入内走道相当于流到室外",显然是与实际不符的。《公共建筑节能设计标准》(GB 50189—2005)第 4.2.10 条及《夏热冬冷地区居住建筑节能设计标准》(JGJ 134—2001,J 116—2001)第 4.0.7 条中都明确规定:外窗应不低于《建筑外窗气密性能分级及其检测方法》(GB/T 7107)规定的第 4 级。使外窗气密性标准大大提高,成为目前气流产生"瓶颈效应"的关键部位。忽略了它,可能会带来极大的安全隐患。加上计算模型中,假定建筑物发生火灾时的房间门和外窗都是开启的,完全从最有利条件考虑,显然是不可靠的。北方冬季供暖房间和南方空调房间,为了节能,运行时门、窗都是关闭的,特别是北方供暖地区的许多房间外窗都是双层窗,更难以开启,火灾的发生从时空上都是随机的。怎样开启、谁去开启?都是无法落实的。

3) 认为"高层建筑都有自然排烟和机械排烟,

排烟设施启动，内走道就是室外。”

无限空间和有限空间是两个概念，即便设有自然排烟和机械排烟设施，内走道并不等于室外。因为没有创造一个与室外无限空间相同的条件，内走道的压力不等于0，其次因为流经内走道的空气要经过其门、窗缝隙才能排出，自然排烟外窗的排烟面积按2%的内走道面积计算，30 m长，仅1.0 m^{2}左右，房间外窗缝隙每个仅0.000 45 m^2，并联10个房间外窗缝隙也只有0.00 45 m^2，当着火层防火门开启门洞面积$A_{m1k}=3.2$ m^{2}时，为抵御烟气入侵，必须通过的最小风量为2.24 m^3/s，从内走道的出口排到室外，其背压为$1.42\times\left(\frac{2.24\ \text{m}^3/\text{s}}{1.004\ 5\ \text{m}^2}\right)^2=7.1$ Pa>0，说明内走道并非室外。即使设有机械排烟，要使内走道内压力$p_Z=0$，排烟量应包括有效加压送风量(2.24 m^3/s)和着火房间窜出的烟气量。没有相应的措施是保证不了的。此外，当内走道长度≤20 m时，规范允许不设排烟设施，这时内走道的背压会使防烟系统失效。如果加压气流向两个方向流动，都没有到达汇合点——无限空间，就不符合并联气流的定义，自然也就不能套用并联气流的原则，此外，$(\sum A_d)v$模型中的$\sum A_d$表示总面积，包括哪些内容？v表示平均流速？这二者之间有矛盾。根据以上问题，现行流速法计算模型还有许多不完善之处，因而本文提出“当量流通面积”流量分配法，以求抛砖引玉，供同仁探讨。

1.2 流量分配法的范围和本文的目的与任务

1）本法的适用条件及范例的选择

本法只适用于串联及并联(包括串了又并，并了又串的)气流流路。

由于防烟楼梯间必须按现行规范规定设置直接通向室外的疏散外门、防烟楼梯间与合用前室必须采用分别加压，导致气流支路中流向的不确定，属流体网络范畴，因此《高规》表8.3.2-2防烟方案不适用于本法。

《高规》表8.3.2-1与表8.3.2-4两种防烟方案因改变工况条件后，计算数学模型及数值计算结果的变化具有较好的代表性而入选。

2）本文的目的与任务

本文的目的是为现行防烟方案的优化提供一种手段，可以利用本法建立典型范例和典型工况的各项计算数学模型，按典型工况边界条件参数计算出相应的数值结果。来回答该范例该工况下本文1.1.1节第1)款中所提出的问题。

2 当量流通面积流量分配法计算模型

选择《高规》表8.3.2-1和表8.3.2-4防烟方案作为范例进行推导。

2.1 范例条件

1）范例1，见《高规》表8.3.2-1，即防烟楼梯间及其前室只向防烟楼梯间加压，前室不送风。

建筑物：防烟系统负担层数$N=19$，平均层高为3.3 m，总高度为62.7 m的一类公共建筑，防烟楼梯间内有底层和顶层直通室外的疏散防火门$M_{w底}$和$M_{w顶}$，均为1.6 m×2.0 m的双扇门，前室有通向防烟楼梯间的防火门M_2和通向内走道的防火门M_1(内走道总长46.8 m，东西两端对称，按《高规》要求防火分区内应有两个垂直疏散通道，另一端为防烟楼梯间及其合用前室，见图1～3)。此端按内走道长23.4 m，宽2.1 m计，内走道有一个2.0 m×1.0 m的自然排烟铝合金推拉外窗，火灾时按可开启自然排烟外窗面积$A_{ZCK}=1.0$ m^{2}计。加压送风口为常开型。

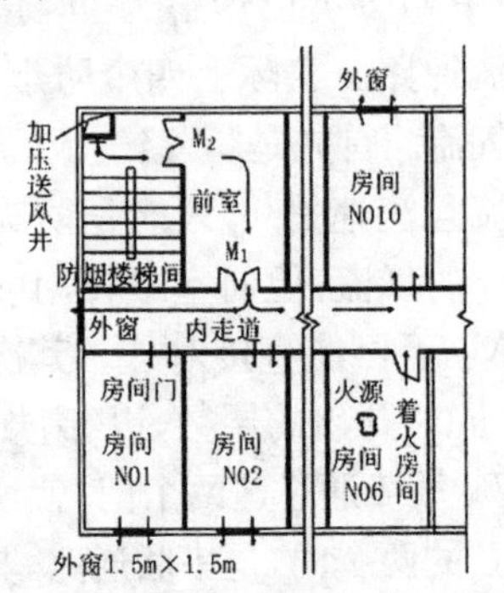

图1 范例1平面图(右端为消防电梯合用前室)

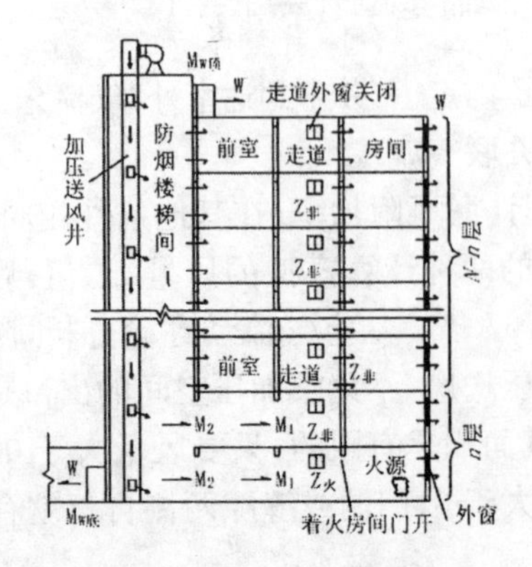

图2 范例1空气流动模型

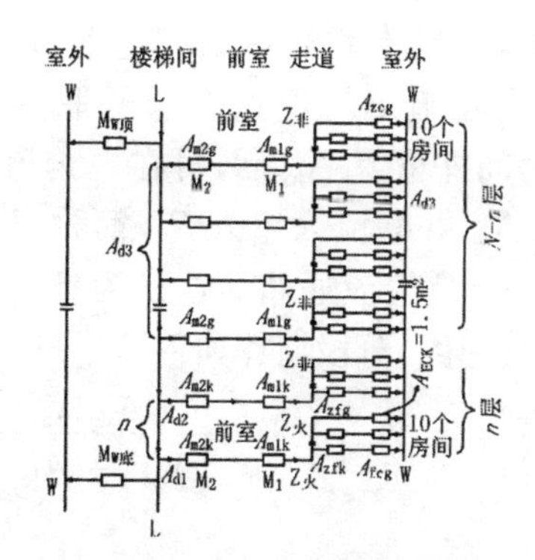

图3　范例1空气流动网络图

2）范例2，见《高规》表8.3.2-4，即防烟楼梯间采用自然排烟，对前室加压送风。

建筑物：防烟系统负担层数$N=15$，平均层高3.3 m，总高度为49.5 m的公共建筑，符合《高规》第8.2.1条防烟楼梯采用自然排烟的规定。按第8.2.2条要求，每5层内可开启外窗面积不小于2.0 m^2（为简化，折算成0.4 m^2/层）。自然排烟外窗总面积$F_{cz}=0.4\ m^2/层\times15\ 层=6.0\ m^2$，其他条件与范例1相同。平面布置图、空气流动模型及网络图分别见图4～6。加压送风口为常闭型。

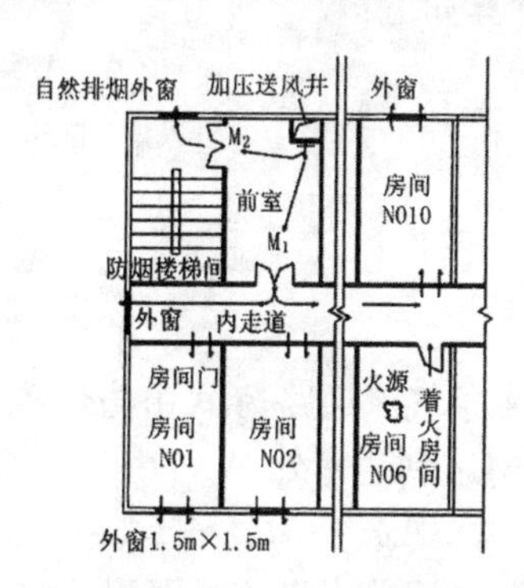

图4　范例2平面布置图（右端为消防电梯合用前室）

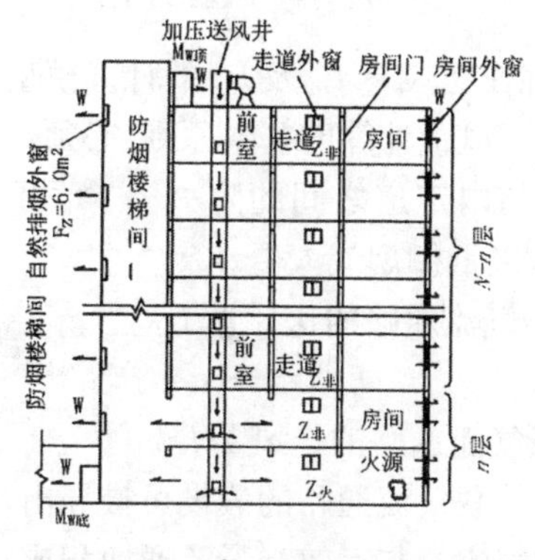

图5　范例2空气流动模型

3）两范例中已知数据及符号。

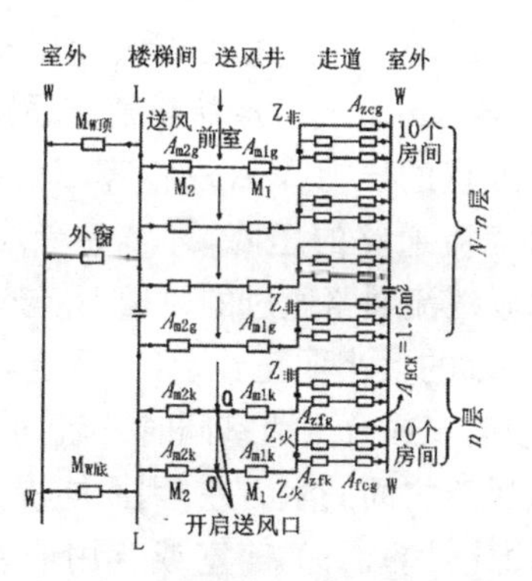

图6　范例2空气流动网络图

① 内走道自然排烟外窗面积，开启时：$A_{zck}=1.0\ m^2$，关闭时：$A_{zcg}=0.000\,6\ m^2$（详见第2.2节假设10））。② 内走道各房间门面积，开启时：$A_{zfk}=2.0\ m^2$，关闭时：$A_{zfg}=0.018\ m^2$。房间外窗关闭时：$A_{fcg}=0.000\,45\ m^2$（详见第2.2节假设10））。③ 前室与内走道防火门M_1，开启时：$A_{m1k}=3.2\ m^2$，关闭时：$A_{m1g}=0.027\,6\ m^2$。前室与防烟楼梯间之间防火门M_2与M_1相同（均为双扇）。④ 防烟楼梯间疏散外门面积$M_{w底}=M_{w顶}=3.2\ m^2$，自然排烟外窗开启时，$F_{CE}=6.0\ m^2$。⑤ 房间门缝与窗缝串联气流通路面积$A_{M_f\sim C_f}=\dfrac{A_{zfg}A_{fcg}}{[A_{zfg}{}^2+A_{fcg}{}^2]^{\frac{1}{2}}}$。⑥ 串、并联气流通路：$A_{Z_火\sim W}=A_{zck}+9A_{M_f\sim C_f}$；$A_{Z_非\sim W}=A_{zck}+10A_{M_f\sim C_f}$；$A_{Z'_非\sim W}=A_{zcg}+10A_{M_f\sim C_f}$；内走道无外窗$A_{(Z_非\sim W)'}=0+10A_{M_f\sim C_f}$。

2.2　假设条件

实际问题比较复杂，为了简化作如下假设：

1）防烟楼梯间上、下压力相等。不计风压与热压（因为楼梯间体积有限，加压送风量大，风机一启动，防烟楼梯间室内、外温度基本相同，热压可忽略。而室外风压无法与机械加压送风机抗衡而忽略）。2）气流进、出口通向无限空间——室外的大气压力$p_w=0$。3）所有门、洞及门、窗缝隙的流量系数μ相等。4）空气进、出口不论位置高低，忽略其势能Z。5）加压空气在不同气流通路中流动，忽略其沿程阻力（流速小），只考虑流经门、洞及门、窗缝隙的局部阻力（$\zeta=1/\mu^2$）。6）各气流通路从同一起点经多道不同孔洞、缝隙串联流至室外大气时，室外大气为无限空间，可视为同一终点。每流经一道串联的孔洞或缝隙，都会增加压降Δp_i，压

降 $\Delta p_i=1.420v^2$（前已述及），该气流通路的压降 $\Delta p_{di}=\Delta p_1+\Delta p_2+\cdots$。各并联气流通路从同一起点到同一终点的压力降 Δp_{di} 相等，总压降 Δp_Z 等于各并联气流通路的压降，即 $\Delta p_Z=\Delta p_{di}$。7）并联的各串联气流通路通过的风量 L_{di} 与该通路当量流量面积 A_{di} 的大小成正比。8）适当降低送风竖井风速，使前室或合用前室同时开启"n"层风口时，降低两层风口之间的阻力差，因而能视为从同一起点送出，简化计算。9）前室或合用前室加压送风口开启层数，由于 n 的动态特性，全开风口的可靠性低[5-6]，不能满足两条防烟技术原则要求，不考虑。10）高层建筑内走道和房间外窗气密性，按《公共建筑节能设计标准》(GB 50189—2005) 第4.2.10条及《夏热冬冷地区居住建筑节能设计标准》(JGJ 134—2001，J 116—2001) 第 4.0.7 条规定：应不低于《建筑外窗气密性能分级及其检测方法》(GB/T 7107) 规定的 4 级。即：单位面积分级标准值 q_2 应满足 $4.5\ m^3/(m^2\cdot h)\geqslant q_2\geqslant 1.5\ m^3/(m^2\cdot h)$，本文房间外窗取平均值 $q_{2p}=3.0\ m^3/(m^2\cdot h)$，走道外窗取 $4.0\ m^3/(m^2\cdot h)$。以上为压差 10 Pa 时的数据，为便于计算，笔者将上述标准 q_{2p} 折算成了房间外窗单位面积的漏风面积率 ϕ（计算可得 $\phi=0.0002\ m^2/m^2$）。内走道外窗漏风面积率为 $0.0003\ m^2/m^2$。据此，对本文中内走道和房间中的每个外窗关闭时的漏风面积的计算结果为：每个内走道外窗关闭时的漏风面积 $A_{zcg}=2.0\ m^2\times 0.0003\ m^2/m^2=0.0006\ m^2$；每个房间外窗关闭时的漏风面积 $A_{fcg}=1.5\ m\times 1.5\ m\times 0.0002\ m^2/m^2=0.00045\ m^2$。11）不计建筑构件墙壁、井道壁及地板等的漏风。12）加压送风压力小，按不可压缩气体计。

2.3 模型内容分项

模型内容包括各并联气流通路数的确定、当量流通面积的计算、各并联通路的流量计算、加压送风量有效利用率的计算和正压间背压值的计算等。

图 1～6 中同时开启的防火门层数 n，从概率的角度可发生在任意层，为分析方便，在图中示意在下部，但不影响分析。

送入防烟楼梯间的加压空气分为多条气流通路流到室外。

2.3.1 气流通路数及其当量流通面积 A_{di}

1）第 1 条气流通路 A_{d1}：气流通路为防烟楼梯间 L 流向着火层串联经 A_{m2k} 到达前室，再经 A_{m1k} 到着火层内走道 $Z_{火}$，经过 9 个并联的房间门缝 A_{zfg} 串联房间外窗缝 A_{fcg} 后，再在内走道与其自然排烟外窗 A_{zck} 并联流入室外 W，简称（$L\sim A_{m2k}\sim A_{m1k}\sim Z_{火}\sim W$）气流通路。这是为抵御烟气入侵的加压空气通路，分段计算如下

$$A_{Z_{火}\sim W}=A_{zck}+9\times\frac{A_{zfg}A_{fcg}}{[A_{zfg}{}^2+A_{fcg}{}^2]^{\frac{1}{2}}} \tag{4}$$

$$A_{d1}=\left[\frac{1}{A_{m2k}{}^2}+\frac{1}{A_{m1k}{}^2}+\frac{1}{A_{Z_{火}\sim W}{}^2}\right]^{-\frac{1}{2}} \tag{5}$$

2）第 2 条气流通路 A_{d2}（$L\sim A_{m2k}\sim A_{m1k}\sim Z_{非}\sim W$），分段计算如下：

$$A_{Z_{非}\sim W}=A_{zck}+10\times\frac{A_{zfg}A_{fcg}}{[A_{zfg}{}^2+A_{fcg}{}^2]^{\frac{1}{2}}} \tag{6}$$

$$A_{d2}=[\frac{1}{A_{m2k}{}^2}+\frac{1}{A_{m1k}{}^2}+\frac{1}{A_{Z_{非}\sim W}{}^2}]^{-\frac{1}{2}} \tag{7}$$

3）第 3 条气流通路 A_{d3}：由防烟楼梯间经 $(N-n)$ 条并联的（$A_{m2g}\sim A_{m1g}\sim Z'_{非}\sim W$）串联气流通路。

分段计算如下：

$$A_{Z'_{非}\sim W}=A_{zcg}+10\times\frac{A_{zfg}A_{fcg}}{[A_{zfg}{}^2+A_{fcg}{}^2]^{\frac{1}{2}}} \tag{8}$$

$$A_{d3}=(N-n)\left[\frac{1}{A_{m2g}{}^2}+\frac{1}{A_{m1g}{}^2}+\frac{1}{A_{Z'_{非}\sim W}{}^2}\right]^{-\frac{1}{2}} \tag{9}$$

4）第 4 条气流通路 A_{d4}：由防烟楼梯间经并联的 $M_{w底}$ 及 $M_{w顶}$ 到达室外 W

$$A_{d4}=M_{w底}+M_{w顶} \tag{10}$$

5）并联气流总当量流通面积 A_z

$$A_z=\sum_{i=1}^{n}A_{di} \tag{11}$$

2.3.2 加压送风量 L_{di} 及 L_z 的计算模型

加压送风量计算的基本原则：必须保证通过着火层前室与内走道之间的防火门 M_1 开启时的最低风速 v，以抵御烟气入侵。

1）第 1 条气流通路的送风量 L_{d1}

$$L_{d1}=A_{m1k}v \tag{12}$$

2）第 i 条气流通路的送风量 L_{di}

根据并联气流通路的假设可推导出，各气流通路通过的气流量与有效当量流通面积成正比。

$$L_{di}=\frac{L_{d1}}{A_{d1}}A_{di} \tag{13}$$

3）总风量 L_z

$$L_z = \sum_{i=1}^{n} L_{di} \tag{14}$$

将式(12),(13)代入式(14)得

$$L_z = \frac{L_{d1}}{A_{d1}} A_z = \frac{A_{m1k} v}{A_{d1}} A_z \tag{15}$$

2.3.3　范例 1 中加压送风量的有效利用率 e

$$e = \frac{L_{d1}}{L_z} = \frac{A_{d1}}{A_z} \tag{16}$$

2.3.4　背压 Δp

$$\Delta p = 1.42\left(\frac{L_{d1}}{A_{d1}}\right)^2 \tag{17}$$

同理可对范例 1 条件分类号 2 和范例 2 条件分类号 3,4 根据图 1 整理推导得出其模型,受篇幅所限从略。

2.4　数值计算

将第 2.1 节中已知数据代入各计算模型中,结果汇总于表 1。

3　结论

表 1　数值计算结果汇总摘录

范例编号	条件分类号	设施及条件内容		并联通路当量流通面积 A_{di}/m²					加压送风量/(m³/s)		背压/Pa	有效利用率		A_{m1k}/m²
				A_{d1}	A_{d2}	A_{d3}	A_{d4}	A_z	L_{d1}	L_z	$\Delta p(p_Q)$	e/%	$1/e$	
范例 1(《高规》表 8.3.2-1) N=19	1	内走道设自然排烟外窗 A_{zck}=1.0 m²	1) 开启"n"层内走道外窗A_{zck}=1.0 m²/个×2个=2.0 m²	0.917 8	0.918 1	0.083 9	6.4	8.319 8	2.24	20.305 5	8.458 4	11.03	9.066 3	3.2
				0.818 9	0.818 9	0.080 5	4.0	5.718 3	1.40	9.776 1	4.150 3	14.32	6.982 9	2.0
				0.751 1	0.751 2	0.079 7	3.2	4.782 0	1.12	7.130 6	3.157 4	15.71	6.366 6	1.6
	2	内走道设自然排烟外窗 A_{zck}=1.0 m²	2) 只开启着火层内走道外窗 A_{zck}=1.0 m²	0.917 8	0.005 1	0.083 9	6.4	7.406 8	2.24	18.077 2	8.458 4	12.39	8.070 2	3.2
				0.818 9	0.005 1	0.080 5	4.0	4.904 5	1.4	8.384 8	4.150 3	16.70	5.989 1	2.0
				0.751 1	0.005 1	0.079 7	3.2	4.035 9	1.12	6.018 1	3.157 4	18.61	5.373 3	1.6
范例 2 表 8.3.2-4 N=15	3	内走道设自然排烟外窗A_{zck}=1.0 m²,且防烟楼梯间有自然排烟外窗 F_{cz}=6.0 m²	火灾时开启着火层及上一层前室风口,开着火层走道外窗 A_{zck}=1.0 m²	0.958 0	0.005 1	5.693 3		6.656 4	2.24	15.564 0	7.763 4	14.39	6.948 2	3.2
				0.897 6	0.005 1	3.717 0		4.619 7	1.40	7.205 4	3.454 4	19.43	5.146 7	2.0
				0.850 7	0.005 1	3.024 5		3.880 3	1.12	5.108 7	2.461 3	21.92	4.561 3	1.6
	4		火灾时开启着火层前室风口及走道 A_{zck} 1个	0.958 0	3.099 6			4.057 6	2.24	9.487 6	7.763 4	23.61	4.235 5	3.2
				0.897 4	1.961 7			2.859 1	1.4	4.460 4	3.456 0	31.39	3.186 0	2.0
				0.850 5	1.576 7			2.427 2	1.12	3.196 3	2.462 5	35.04	2.853 9	1.6

注:1) $M_{w底}$,$M_{w顶}$与 A_{m1k}规格相同;

2) 开启两层前室风口时,忽略层与层之间阻力。

3.1　本方法基本原则有二,一是并联气流和串联气流都应符合其定义,并联气流要有同一起点和同一汇合点,起点就是正压间,汇合点就是室外大气。串联气流,从起点到终点,不论串联多少道门洞或缝隙,必须首尾相接,才能应用相应的气流流动规律。二是保证开门时门洞 M_1 处的风速。

3.2　本方法从宏观上按气流并联的实际通路数,从微观上跟踪每条气流通路所串联的门洞或缝隙面积大小,只对同类项加以合并,能反映任何防烟方案和不同条件下的实际情况。

3.3　本方法的计算数学模型有五项,包括气流通路数、各路气流的当量流通面积(也包括总流通面积)、各气流通路的流量(也包括总流量)、正压间背压大小以及加压送风量的有效利用率(也包括无效风量的比例),为判定优选防烟方案提供了依据。

3.4　从模型本身和部分数值计算结果汇总表中可以看出,防烟方案优劣评价标准包括三项:1) 加压送风量有效利用率 e;2) 总加压送风量 L_z;3) 被加压空间背压 Δp。三者是相互关联的。具体地说,好的方案体现在:e 值要大,L_z,Δp 要小,此法为防烟方案的优化提供了新的手段。

3.5　表 1 中的数据只是摘录数值计算结果的一部分,可按不同防烟方案和不同的条件(分类号可任意增加)计算出任一组数据。从各路气流通路当量流通面积和流量的大小,能一目了然地看出加压送风量的分配规律,知道气流流到何处,加压送风量的有效利用率和无效风量所占比例,以及这些关键数据的变化规律和趋势,为应该采取的对策措施指出了方向。

3.6　从数据中看出:1) 对同一个范例(同一防烟方案)和同一分类号,当减小防火门的规格尺寸时,e 值提高,L_z 与 Δp 下降;2) 对同一个范例的不同条件分类号,如 1 与 2(或 3 与 4),同时开启两层内走道自然排烟外窗比只开启着火层内走道外窗的 e 下降,L_z 与 Δp 上升,即效果要差。3)向前室加压的范例2比向防烟楼梯间加压的范例1的效果好，即 e 大，L_z 与 Δp 下降。

后记：本次系列论文除本文外，笔者还将撰文介绍对防烟方案优化"论据链"的分析与探讨、对现行加压送风防烟方案泄压问题的分析与探讨以及优化防烟方案的系统设计等。

参考文献：

[1] 中华人民共和国公安部. GB 50045—95 高层民用建筑设计防火规范(2005版)[S]. 北京：中国计划出版社，2005

[2] 中华人民共和国公安部. GB 50016—2006 建筑设计防火规范[S]. 北京：中国计划出版社，2006

[3] 刘朝贤. 对加压送风防烟中同时开启门数量的理解与分析[J]. 暖通空调，2008，38(2)：70-74

[4] 刘朝贤. 对加压送风"流速法"中背压系数"a"的分析与探讨[C]//2009年西地三省一区一市学术年会论文集，2009

[5] 刘朝贤. 对加压送风防烟方案的优化分析与探讨[J]. 暖通空调，2008，38(增刊)：71-75

[6] 刘朝贤. 高层建筑加压送风防烟系统软、硬件部分可靠性分析[J]. 暖通空调，2007，37(11)：74-80

[7] 刘朝贤. 对自然排烟防烟"自然条件"的可靠性分析[J]. 暖通空调，2008，38(10)：53-61

[8] 刘朝贤. 高层建筑房间开启外窗朝向数量对自然排烟可靠性的影响[J]. 制冷与空调，2007，21(增刊)：1-4

[9] 刘朝贤. 对高层建筑房间自然排烟极限高度的探讨[J]. 制冷与空调，2007，21(增刊)：56-60

[10] 刘朝贤. 对高层建筑防烟楼梯间自然排烟的可行性探讨[J]. 制冷与空调，2007，21(增刊)：83-92

[11] 刘朝贤. 对《高层民用建筑设计防火规范》第8.3.2条的解析与商榷[J]. 制冷与空调，2007，21(增刊)：110-113

[12] 刘朝贤. 对《高层民用建筑设计防火规范》中自然排烟条文规定的理解与分析[J]. 制冷与空调，2008，22(12)：1-6

（影印自《暖通空调》2009年第39卷第8期102—108页）

对《高层民用建筑设计防火规范》第6,8两章矛盾性质及解决方案的探讨

中国建筑西南设计研究院有限公司　刘朝贤☆

摘要　根据多年来对现行加压送风防烟方案气流模型的探索，通过对防火规范历次版本第6章与第8章相关条文的对比分析，证实了规范第8章加压送风量的计算数学模型和相应的对策措施，都是基于防烟楼梯间没有设置直接对外的疏散出口而提出的。这违反了规范第6章安全疏散章节中关于防烟楼梯间应设直接对外的安全出口的规定，使模型和措施失去了法规上的依据和理论上的支持。根据4种防烟方案加压送风气流的流动特性，提出了当量流通面积流量分配法和流体网络分析法两种新的方法。

关键词　安全疏散　防烟楼梯间　直接对外出口　气流排泄途径　矛盾性质

Discussion on antinomy property of chapter 6 and 8 in the *Code for fire protection design of tall building* and its solution

By Liu Chaoxian★

Abstract　Based on the studies of air flow model of pressurization air supply and smoke control scheme for years and the analysis on the interrelated items in chapter 6 and 8 in the code, discovers that the mathematical models and countermeasures of pressure air volume in chapter 8 are proposed under the condition of the smoke prevention staircase without evacuation exit to outside, which goes against the relevant regulation about safe evacuation in chapter 6 and lacks of the basis and theoretical support. Puts forward the flow distribution method of equivalent flow area and the fluid-network analysis method according to the characteristics of pressurization airflow in the four smoke control schemes.

Keywords　safe evacuation, smoke prevention staircase, exit to outside, flow escape track, antinomy property

★ China Southwest Architectural Design and Research Institute, Chengdu, China

1　概述

由于建筑设计与防排烟等专业设计都是相关人员按各专业相关规范要求设计的，施工图审查也不例外，即使建筑物发生火灾后的问责制也并不到位，目前建筑设计从整体上缺乏一套能反馈存在问题信息的机制，致使矛盾长时间隐匿，难于发现。

1.1　从现行GB 50045—95《高层民用建筑设计防火规范》(2005年版)(以下简称《高规》)加压送风防烟方案气流流动模型中发现的矛盾

笔者是在探讨加压送风气流的模型和加压送风计算式中同时开启门数量n等问题而发现的，并在以下论文中提出异议：

1) 1998年，笔者发现加压送风防烟方案气流流动模型与实际不符，于是撰写了《加压送风防烟

☆ 刘朝贤，男，1934年1月生，大学，教授级高级工程师，教授，硕士生导师，享受国务院政府特殊津贴
610081　成都市星辉西路8号中国建筑西南设计研究院有限公司
(028) 83223943
收稿日期：2009-10-23

有关技术问题的探讨》一文，刊发在《四川制冷》1998年第4期，笔者在该文中提出："防烟楼梯间的外门 M_W 同时开启的以 N_W 表示，一般高层建筑防烟楼梯间有底层直接通向地坪的外门，和顶层直接通向屋顶的外门，这些外门是二层及以上各层所有疏散人员必经之路，火灾疏散过程中，一般都处于常开状态，因此外门是同时开启的，$N_W=2$（或1）"。

2）1999年，笔者撰写了《四种加压送风防烟方案气流通路数与防火门门洞处气流速度》一文，刊登在《四川制冷》1999年第3期上，在该文中提出了"防烟楼梯间及其前室和防烟楼梯间及其合用前室比较完整的加压空气的流动模型。两个模型中包括了前室或合用前室两个防火门 M_2、M_1 同时开启的层数 N_2、$N_{1.1}$、$N_{1.2}$，比较完整的内涵。"并明确提出了："在防烟楼梯间有直接对外的疏散外门 $M_{W底}$、$M_{W顶}$……。"

该文中还给出了气流通路数 X 的计算公式，"$X_{1.0}=N_2$（或 N_1）$+R$，式中 R 为防烟楼梯间外门樘数……。"

3）笔者在《暖通空调》2007年第11期《高层建筑加压送风防烟系统软、硬件部分可靠性分析》一文中提出同时开启门数量 m 的计算公式：

"实际同时开启门数量 m 的确定

$$m=N_2+2 \tag{19}$$

式中 2——指防烟楼梯间底层通向室外的防火门 $M_{W底}$ 和通向屋顶疏散平台的防火门 $M_{W顶}$……。"

4）笔者在《暖通空调》2008年第2期《对加压送风防烟中同时开启门数量的理解与分析》一文中提到："……由防烟楼梯经底层的外门 $M_{W底}$ 或顶层的外门 $M_{W顶}$ 分别疏散到室外，"并在该文图2中给出了"防火门同时开启层数 N_2，$N_{1.1}$，$N_{1.2}$ 的物理模型"，图中包括了防烟楼梯间直接对外的疏散外门 $M_{W底}$ 和 $M_{W顶}$。

5）笔者在《云南建筑》2009年第4期增刊上发表的《对加压送风"流速法"中背压系数"a"的分析与探讨》一文中建立的图1b范例1空气流动模型和图1e范例2空气流动模型，都比较完整地表述了："通常理解的同时开启门数量'n'和防烟楼梯间直接对外的疏散外门 $M_{W底}$ 与 $M_{W顶}$。"

笔者在以上论文中发表的观点旨在唤起同行对问题的重视和争取更多同仁的参与。可《高规》已经过2001年、2005年两次修订，这方面并未见改动。

1.2 从《高规》安全疏散章节与防、排烟章节条文之间对比分析中发现的矛盾

1.2.1 《高规》各版本对安全疏散的规定

1）第一部《高规》

我国第一部 GBJ 45—82《高层民用建筑设计防火规范》（试行）于1982年12月8日公布，1983年6月1日实施。在第5章安全疏散和消防电梯中的第5.2.6条规定："疏散楼梯间……且底层应有直通室外的出口。"第5.2.7条规定："建筑物通向屋面的疏散楼梯不宜少于两座……通向屋面的门应向屋面方向开启。"

2）《高规》历次修订版本

13年后于1995年对 GBJ 45—82《高规》（试行）进行了比较全面的修订，并改为 GB 50045—95，在第6章安全疏散与消防电梯中作了更加明确的规定：

第6.1.1条第6.1.1.2款："十八层及十八层以下每个单元设有一座通向屋顶的疏散楼梯，单元之间的楼梯通过屋顶连通……超过十八层，每个单元设有一座通向屋顶的疏散楼梯，十八层以上部分每层相邻单元楼梯通过阳台或凹廊连通……。"

第6.2.2.3条："楼梯间的首层紧接主要出口……。"

第6.2.3条："单元式住宅每个单元的疏散楼梯均应通至屋顶……。"

第6.2.6条："……疏散楼梯间……首层应有直通室外的出口……。"

第6.2.7条："除本规范第6.1.1条第6.1.1.1款的规定以及顶层为外通廊式住宅外的高层建筑，通向屋顶的疏散楼梯不宜少于两座，且不应穿越其它房间，通向屋顶的门应向屋顶方向开启。"

以后修订的1997年版本、2001年版本和现行2005年版本都在相同的章节、相同编号的条文和款项中，保留了这些内容，而且一字不差。

1.2.2 《高规》各版本对防烟、排烟的有关重点规定

1）第一部《高规》

由于我国高层建筑的发展起步较晚，规范中对防、排烟没有比较完整的规定。

2)《高规》历次修订版本

1995年、1997年、2001年和2005年4个《高规》修订版本中，防烟、排烟章节的条文内容除了在第8.3节的机械防烟中，从2001年版本开始，对第8.3.7条机械加压送风机的全压范围作了调整：在第8.3.7.1款防烟楼梯间余压50 Pa调整为40～50 Pa；在第8.3.7.2款将前室、合用前室、消防电梯前室、封闭避难层(间)余压25 Pa调整为25～30 Pa，除在第8.3.7条的条文说明作了诠释之外，其他均无变动。

4个版本都是在《高规》第8.3.2条将加压送风防烟方案分为4种。特别是在第8.3.1条条文说明中，对典型的加压送风防烟方案表8.3.2-1所作的诠释中指出：……本条规定对不具备自然排烟条件的防烟楼梯间进行加压送风时，其前室不送风的理由是：

“从防烟楼梯间加压送风后的排泄途径来分析，防烟楼梯间与前室除中间隔开一道门外，其加压送风的防烟楼梯间的风量只能通过前室与走廊的门排泄，因此对防烟楼梯间加压送风的同时，也可以说对其前室进行间接的加压送风。两者可视为同一密封体，其不同之处是前室受到一道门的阻力影响，使其压力、风量受节流……。”

笔者认为，从上面的诠释中，完全暴露了第6章与第8章之间的矛盾，首先可以断定：《高规》是基于防烟楼梯间没有设置直接对外的疏散外门$M_{W底}$，$M_{W顶}$而提出的防烟方案和对策措施。否则，防烟楼梯间的风量怎么能说：“只能通过前室与走廊的门排泄”呢？第一，应该是向两个方向排泄，而且更主要的是向防烟楼梯间直接对外的疏散出口(门)排泄，因为这个气流通道的路程最近、阻力最小；第二，防烟楼梯间直接对外出口的存在，防烟楼梯间与前室“两者可视为同密封体”是不成立的；第三，向防烟楼梯间加压的空气，大部分已从防烟楼梯间的外门流失，更不能认为“对防烟楼梯间加压送风的同时，也可以说对其前室进行间接的加压送风”。

因此，《高规》第6章安全疏散与第8章防烟、排烟章节条文之间的矛盾是很明显的。

2 章节之间矛盾的性质及影响

2.1 矛盾的性质

因为防烟楼梯间是高层建筑火灾时疏散人员唯一能逃离火场的通道，是逃生人员求生之路，如果防烟楼梯间不设直接对外的疏散外门(出口)，防烟楼梯间就失去了其功能，疏散人员就无法逃生，生命安全就失去了保障。

因此《高规》第6章安全疏散章节5条条文中规定了“防烟楼梯间应有直接对外的安全出口”，是极为重要、事关消防工程全局的安保措施，是必须严格遵守的。

《高规》第8章防排烟章节中第8.3.1条条文说明的内容是按防烟楼梯间无直接对外的出口提出的。1995年、1997年、2001年及2005年4个版本规范对此一字未改，这不能算是偶然的笔误，可以判定第8章防排烟章节的条文违反了第6章安全疏散章节的5条规定。是《高规》第6章和第8章编制和修订过程中协调统一环节中出现的矛盾所致。

2.2 第8章防烟楼梯间未考虑设置直接对外疏散外门对加压送风量的计算及对策措施的影响，没有考虑在防烟楼梯间设置直接对外的疏散外门，致使现行《高规》第8.3.2条加压送风量的计算数学模型和相应的对策措施不仅失去法规上的依据(违规)，也失去了理论上的支持。

以《高规》表8.3.2-1加压送风防烟方案为例，分析如下。

1) 流速法

用流速法计算加压送风量的计算式为

$$L_v = nFV \qquad (1)$$

式中 L_v为加压送风量；n为同时开启门数量；F为开启门的断面积；V为门洞断面风速。

关于同时开启门数量n的问题不在此讨论。若系统负担层数$N<20$层时，取$n=2$，而防烟楼梯间已有$M_{W底}$，$M_{W顶}$两个直接对外的疏散外门，因此防烟楼梯间总的气流通路不是$n=2$个，而是4个。

而且$M_{W底}$，$M_{W顶}$的面积是两个防火门开启时并联的面积，而M_1与M_2两个门同时开启时气流通路是串联的，气流还需要通过串联的内走道才能到达室外。且气流通路是否通畅，还受许多不定因素的制约，首先是内走道可开启自然排烟外窗的面积A_{ZCK}[3]比$M_{W底}$小，其次是火灾时开启的外窗方向是否处于迎风面。特别是当内走道长度小于等于20 m时，规范允许内走道不设排烟设施，气流通路只能通过与内走道相连通的各个房间的门缝

A_{zcg}[3]和串联的更小的窗缝 A_{zfg}[3]才能流到室外，气流在这里产生的“瓶颈效应”使气流受阻，难以保证着火层前室与内走道之间门洞 M_1 处的最低风速，抵御不了烟气的人侵。因此流速法的这个计算式是不适用的。

2) 压差法

压差法计算加压送风量的计算式为

$$L_y = 0.827A\Delta p^{\frac{1}{2}} \tag{2}$$

式中　A 为门缝面积；Δp 为压差。

因为防烟楼梯间 $M_{W底}$，$M_{W顶}$在火灾疏散过程中要担负 2 层及 2 层以上各层人员的疏散，这两个门基本处于常开状态，因此，关门工况在疏散过程中是不会出现的，只有刚开始疏散时，这两个门才是关闭的，但是，只要加压送风系统启动，防烟楼梯间的压差 Δp_L 就会增大，因为 $M_{W底}$，$M_{W顶}$都是往疏散方向开启的，当正压差 Δp_L 产生的推门力矩（$M_P = \Delta p_L HB^2/2$，其中 H，B 分别为门的高与宽）大于防火门闭门器的开启力矩 M_f 时，两个防火门就会被正压力产生的推门力矩推开，自动泄压，当压力达到新的平衡状态时门会停止开启，这时的门缝面积A'和压差$\Delta p_L'$并非压差法计算式中防火门关闭时的门缝面积 A 和压差 Δp，式中 A 与 Δp 都是虚假的，因此式(2)也是不适用的。

3) 对策措施中加压部位的确定问题

由于防烟楼梯间设有直接对外的疏散出口（$M_{W底}$，$M_{W顶}$），如果仍选择向防烟楼梯间加压，送进去的风会从两个外门流失，因此，向这里送风的做法显然是不妥当的。这将涉及《高规》表 8.3.2-1 及表 8.3.2-2 两个防烟方案，也间接地影响表 8.3.2-4 防烟方案。

3 解决矛盾方案的探讨

3.1 矛盾的协调统一

本文第 2.1 节中已谈到，《高规》第 6 章安全疏散的 5 条规定必须严格遵守。事实上所有防烟楼梯间直接对外的疏散出口是客观存在的，确认它，只是统一了认识。由于加压送风量的计算方法和对策措施已不再适用，需要建立新的方法。

3.2 新方法的建立

根据气流流动特性，笔者将《高规》4 种加压送风防烟方案分为两类，对其分别采用不同的方法进行计算和分析。分类方法见表 1。

表 1　现行 4 种防烟方案适用方法分类

适用方法	现行《高规》防烟方案			备注
	方案编号	组合形式及加压部位	气流流路特性	
方法 1 当量流通面积流量分配法	方案 1(《高规》表 8.3.2-1)	防烟楼梯间及其合用前室组合，只向防烟楼梯间加压	1) 气流从正压间流向室外，按简化原则简化后的气流流路，单体上符合串联定义，总体上符合并联定义； 2) 各管段气流流向易于确定； 3) 各并联气流通路流量分配与其当量流通面积大小成正比	只需确定抵御烟气入侵的风量就可完成其他各项的计算
	方案 2(《高规》表 8.3.2-3)	消防电梯独用前室加压		
	方案 3(《高规》表 8.3.2-4)	防烟楼梯间采用自然排烟，对前室加压，对合用前室加压		
方法 2 流体网络分析法	方案 4(《高规》表 8.3.2-2)	防烟楼梯间及其合用前室组合，分别加压	1) 气流从正压间流向室外，简化后的流路仍非常复杂，既不符合并联，又不符合串联定义，不能采用相应的原则； 2) 各管段的实际流向和流量较难确定	只能用逐渐逼近的方法求近似解

注：当量流通面积流量分配法和流体网络分析法为笔者提出的新方法。

4 结语

4.1 现行《高规》第 8 章防烟部分的主要内容违反了本规范第 6 章安全疏散中有关防烟楼梯间应有直接对外的出口的规定，致使《高规》第 8 章加压送风量的计算数学模型及加压部位的确定失去了理论支持和适用价值。

4.2 本文提出了当量流通面积流量分配法与流体网络分析法两种新的方法，可作为探讨和揭示原有防烟方案气流流动模型存在的问题，评判改进和优化后新的防烟方案的手段。

4.3 两种方法对按各自范例和工况条件所进行的数值计算成果均构成了《对优化防烟方案“论据链”的分析与探讨》一文中“论据链”的组成部分，为最终“加压送风优化防烟方案”的确定，提供科学依据。这就是本文的目的。

编者注： 作者撰写了系列论文：之一《“当量流通面积”流量分配法在加压送风量计算中的应用》(已在本刊 2009 年第 8 期刊登)，之二《对〈高层民用建筑设计防火规范〉第 6,8 两章矛盾性质及解决方案的探讨》，之三《对防烟楼梯间及其合用前室分别加压送风防烟方案的“流体网络分析”》，之四

(下转第 48 页)

(上接第52页)

《对优化防烟方案论据链的分析与探讨》，之五《对现行加压送风防烟方案泄压问题的分析与探讨》，之六《优化防烟方案的系统设计》，将陆续在本刊刊载。

参考文献：

[1] 刘朝贤. 高层建筑加压送风防烟系统软硬件部分可靠性分析[J]. 暖通空调，2007，37(11)：74-80

[2] 刘朝贤. 对加压送风防烟中同时开启门数量的理解与分析[J] 暖通空调，2008，38(2)：70-74

[3] 刘朝贤."当量流通面积"流量分配法在加压送风中的应用[J]. 暖通空调，2009，39(8)：102-108

[4] 中华人民共和国公安部. GB 50045—95 高层民用建筑设计防火规范[S]. 北京：中国计划出版社，1995

[5] 中华人民共和国公安部. GB 50045—95 (1997年版) 高层民用建筑设计防火规范[S]. 北京：中国计划出版社，1997

[6] 中华人民共和国公安部. GB 50045—95(2001年版) 高层民用建筑设计防火规范[S]. 北京：中国计划出版社，2001

[7] 中华人民共和国公安部. GB 50045—95(2005年版) 高层民用建筑设计防火规范[S]. 北京：中国计划出版社，2005

(影印自《暖通空调》2009年第39卷第12期48—52页)

对优化防烟方案“论据链”的分析与探讨

中国建筑西南设计研究院有限公司 刘朝贤☆

摘要 针对现行防火规范第8章第8.3.2条规定的四种加压送风防烟方案，根据气流流动特性分为两类，对表8.3.2-1,8.3.2-3以及表8.3.2-4三种防烟方案，选择了有代表性的范例，应用“当量流通面积流量分配法”对10种不同的工况进行讨论，针对每个工况的4个子项分别建立数学模型，并进行数值计算；对表8.3.2-2,8.3.2-4防烟方案中的风量，按流体网络方法进行校验性计算，获得大量数据；通过以上分析计算，得到类似矩阵的数据集，形成了一个完整的优化防烟方案“论据链”。

关键词 防排烟 优化 论据链 人工室外条件

Analysis and discussion on argument chain of optimizing smoke control scheme

By Liu Chaoxian★

Abstract Based on the characteristics of air flow, divides four pressurization air supply and smoke control schemes in the item 8.3.2, Chapter 8 in the code into two kinds. Aiming at three kinds of smoke control schemes in the table 8.3.2-1,8.3.2-3 and 8.3.2-4 thereof, chooses representative examples, analyses ten different conditions by the method of flow distribution on equivalent flow area, establishes and calculates mathematic models of four subitems of each condition. Aiming at the smoke control schemes in the table 8.3.2-2 and 8.3.2-4, calculates and checks air volume parameters by hydro-network analysis method, obtains large amounts of data and a similar matrix data set, and forms a complete argument chain for optimizing smoke control scheme.

Keywords smoke control, optimization, argument chain, artificial outdoor condition

★ China Southwest Architectural Design and Research Institute Co., Ltd., Chengdu, China

1 概述

1.1 “论据链”的组成

由于现行GB 50045—95《高层民用建筑设计防火规范》(2005年版)(以下简称《高规》)第8章防烟部分条文与第6章安全疏散条文中防烟楼梯间应设直接对外的安全出口的规定矛盾，致使加压送风量的计算数学模型和相应的对策措施失去了应用的价值。为此，笔者提出了“当量流通面积流量分配法”[1]和“流体网络分析法”两种方法。根据两种方法的适用范围，笔者分别选择了有代表性的范例进行了数值计算。“论据链”就是由“当量法”的10种工况，“网络法”的5种工况(见另文)计算得到的数据集组成的。由于只涉及《高规》第8.3节机械防烟部分，故称其为“狭义的论据链”。

由于优化防烟方案涉及《高规》第8.1.1条关于防烟设施的分类，包括了自然排烟防烟设施，因此，本文的内容也应扩展到自然排烟防烟，这就是“广义的论据链”。受篇幅所限，对此仅作简单的概括性的说明。

☆ 刘朝贤，男，1934年1月生，大学，教授级高级工程师，教授，硕士生导师，享受国务院政府特殊津贴
610081 成都市星辉西路8号中国建筑西南设计研究院有限公司
(028) 83223943
E-mail: WyBeiLiu@163.com
收稿日期：2010-01-04

1）关于防烟楼梯间自然排烟防烟设施，《高规》第8.1.1条条文说明中指出，必须确保防烟楼梯间无烟，而在《高规》正文中将自然排烟防烟设施与机械加压送风防烟设施并列，条文说明中则建议优先采用自然排烟防烟。意即允许防烟楼梯间进烟，然后让其“自行”排出，制造了人、烟“共处”的矛盾。

2）文献[2-8]的研究表明，防烟楼梯间自然排烟防烟“50 m和100 m”的极限高度或安全界线是不存在的。

3）自然排烟防烟设施的功能不是在火灾时保证外窗开启面积就能实现的，真正防烟功能的实现取决于两个环节，一是可控环节——操之在人，指的是自然排烟防烟外窗面积的大小和火灾时能及时开启（问责有主）。二是不可控环节——操之在“天”，指的是风力、风向、热压以及火灾发生时空的随机性等（问责无门）。

4）将自然排烟防烟与机械加压送风防烟两类设施并列和优先，是放大了可控环节、低估了自然力量的作用，违背了客观实际。连并列条件都没有，更无优先的资格[2]。因此，本文在“广义论据链”的基础上进行讨论，在结论中只推荐机械加压送风防烟设施，不再提及自然排烟防烟设施。

1.2 提出新方法的依据

在规范中使用流速法、压差法计算加压送风量时还有以下问题：

1）流速法是受同时开启门数量 n 制约的，且国内外对此的争议并未结束，就在规范中引用，且扩展了使用范围，是不够慎重的。

2）即使 n 层防火门 M_1，M_2 同时开启，并不等于就有 n 路气流能流动，因为只有通过 M_2 流向防烟楼梯间有底层防火门 $M_{W底}$ 和顶层防火门 $M_{W顶}$ 的气流是通畅的，而通过 M_1 流向内走道的气流是否通畅受许多条件制约。如果内走道设有自然排烟外窗，火灾时，一般只开启着火层外窗，但因开窗面积一般小于防火门 M_1 的面积，这只能说着火层内走道的气流是通的，但并不能说通畅（只有流速能达到流速法计算式中的 v 时才能叫通畅），当火灾时自然排烟外窗处于迎风面，气流就流不出去。特别是走道长度≤20 m、规范允许不设排烟设施时，气流流到内走道就会发生阻塞，送风量（风速）就不可能抵御烟气的入侵。防烟系统也就会失效。因此 n 路气流实际上是找不到的。

3）计算模型中背压系数的依据不足[9]。

两种新的方法计算模型都能描述气流的真实流动状况，如气流的分配，各路气流的流量；能计算有效加压送风量与无效加压送风量的大小和比例，正压间背压的大小；能分析潜在的危险性及部位，提示应采取的措施。这就是提出新法取代旧法的依据。

1.3 本文的目的与任务

笔者构筑的“论据链”是根据两种方法在各自不同工况下的数学模型算得的数值，并可据此提出防烟方案的评价标准，目的在于提出优化防烟方案。

2 不同工况下典型范例数学模型的建立

2.1 影响防烟方案优劣的因素及工况划分的原则

影响防烟方案优劣的因素归纳起来主要有以下几项。

1）内走道有、无自然排烟外窗及外窗的开、关状态；

2）加压送风部位；

3）前室或合用前室加压送风口开启方式；

4）加压送风形式：单室（点）加压送风（《高规》表8.3.2-1、表8.3.2-3、表8.3.2-4）或多室（点）加压送风（《高规》表8.3.2-2）；

5）防火门的规格，包括防火门 M_1，M_2，$M_{W底}$，$M_{W顶}$ 开启时及关闭时的面积；

6）与内走道相连的房间数量及其门缝、外窗缝隙面积；

7）内走道机械排烟系统的设置。

以上各种条件的组合成为工况划分的原则。

2.2 具有代表性的典型防烟方案范例的选择

选择《高规》表8.3.2-1、表8.3.2-4对前室加压两个防烟方案作为典型范例1，2，根据不同条件，按气流流动特性划分为10种工况，根据本文的目的与任务，建立每种工况各并联气流通路当量流通面积 A_{di}、空气流量 L_{di}、加压送风量有效利用率 e 及正压间背压 p 4个子项的模型，组成计算模型群。

2.3 范例条件、假设及气流流动图形

因条件、假设及图形均与文献[1]中内容相同，故不在此重复。

2.4 两个范例10种工况及4个子项的计算数学模型（见表1）

表1中 N 为系统负担的楼层数，n 为同时开

启门数量；“开启 n 层内走道外窗”表示同时开启的外窗层数与同时开启门的数量匹配，$n=2$ 表示开启着火层及其上一层外窗；$n=3$ 表示开启着火层及其上、下层外窗。Z 表示内走道空间，W 表示室外无限空间，A_{zck}表示内走道外窗开启面积，p 表示正压间背压，A 表示防火门的面积，F 表示防烟楼梯间自然排烟外窗面积，下标 m 表示防火门，k 表示开启，g 表示关闭，z 表示走道，zck 表示自然排烟外窗，L 表示楼梯间；底表示底层，顶表示顶层，火表示着火层，非表示非着火层，Q 表示前室。

表 1　范例 1,2 在 10 种工况下 4 个子项数学模型(包括《高规》标准防火门(1.6 m×2.0 m)示范计算值)

范例	工况	设施及条件			数学模型及计算结果示范计算值			备注
范例 1($N=19,n=2$) 《高规》表 8.3.2-1)	1	内走道设自然排烟外窗，$A_{zck}=1.0\ m^2$	开启 n 层内走道外窗，$A_{zck}=1.0\ m^2\times2$	1 各并联通路当量流通面积 A_{di}/m^2	1) A_{d1}	① $A_{Z_{火}}\sim_W=A_{zck}+9\times\frac{A_{zfg}A_{fcg}}{(A_{zfg}{}^2+A_{fcg}{}^2)^{1/2}}=1.004\ 1$	(1-1)	着火层
						② $A_{d1}=\left(\frac{1}{A_{m1k}{}^2}+\frac{1}{A_{m2k}{}^2}+\frac{1}{A^2_{Z_{火}\sim W}}\right)^{-1/2}=0.917\ 8$	(1-2)	着火层
					2) A_{d2}	① $A_{Z_{非}}\sim_W=A_{zck}+10\times\frac{A_{zfg}A_{fcg}}{(A_{zfg}{}^2+A_{fcg}{}^2)^{1/2}}=1.004\ 5$	(1-3)	
						② $A_{d2}=\left(\frac{1}{A_{m1k}{}^2}+\frac{1}{A_{m2k}{}^2}+\frac{1}{A^2_{Z_{非}\sim W}}\right)^{-1/2}=0.918\ 1$	(1-4)	
					3) A_{d3}	① $A_{Z'_{非}}\sim_W=A_{zcg}+10\times\frac{A_{zfg}A_{fcg}}{(A_{zfg}{}^2+A_{fcg}{}^2)^{1/2}}=0.005\ 1$	(1-5)	
						② $A_{d3}=(N-n)\left(\frac{1}{A_{m1g}{}^2}+\frac{1}{A_{m2g}{}^2}+\frac{1}{A^2_{Z'_{非}\sim W}}\right)^{-1/2}=0.083\ 9$	(1-6)	
					4) A_{d4}	$A_{d4}=M_{W底}+M_{W顶}=6.4$	(1-7)	
					5) A_Z	$A_Z=\sum_{i=1}^{4}A_{di}=0.917\ 8+0.918\ 1+0.083\ 9+6.4=8.319\ 8$	(1-8)	
				2 加压送风量/(m^3/s)	L_{d1}	$L_{d1}=A_{m1k}v=3.2\times0.7=2.24$	(1-9)	
					L_Z	$L_Z=\frac{A_{m1k}v}{A_{d1}}A_Z=\frac{2.24}{0.917\ 8}\times8.319\ 8=20.305\ 5$	(1-10)	
				3 有效利用率	e/%	$e=\frac{A_{d1}}{A_Z}=11.03$　($1/e=9.066\ 3$)	(1-11)	
				4 背压/Pa	p_L	$p_L=1.42\left(\frac{L_{d1}}{A_{d1}}\right)^2=1.42\times\left(\frac{2.24}{0.917\ 8}\right)^2=8.458\ 4$	(1-12)	
	2	内走道设自然排烟外窗，$A_{zck}=1.0\ m^2$	只开启着火层内走道外窗，$A_{zck}=1.0\ m^2$	1 各并联通路当量流通面积 A_{di}/m^2	1) A_{d1}	① $A_{Z_{火}}\sim_W=A_{zck}+9\times\frac{A_{zfg}A_{fcg}}{(A_{zfg}{}^2+A_{fcg}{}^2)^{1/2}}=1.004\ 1$	(2-1)	着火层
						② $A_{d1}=\left(\frac{1}{A^2}+\frac{1}{A^2}+\frac{1}{A^2_{Z_{火}\sim W}}\right)^{-1/2}=0.917\ 8$	(2-2)	着火层
					2) A_{d2}	① $A_{Z'_{非}}\sim_W=A_{zcg}+10\times\frac{A_{zfg}A_{fcg}}{(A_{zfg}{}^2+A_{fcg}{}^2)^{1/2}}=0.005\ 1$	(2-3)	
						② $A_{d2}=\left(\frac{1}{A_{m1k}{}^2}+\frac{1}{A_{m2k}{}^2}+\frac{1}{A^2_{Z'_{火}\sim W}}\right)^{-1/2}=0.005\ 1$	(2-4)	
					3) A_{d3}	① $A_{Z'_{非}}\sim_W=A_{zcg}+10\times\frac{A_{zfg}A_{fcg}}{(A_{zfg}{}^2+A_{fcg}{}^2)^{1/2}}=0.005\ 1$	(2-5)	
						② $A_{d3}=(N-n)\left(\frac{1}{A_{m1k}{}^2}+\frac{1}{A_{m2k}{}^2}+\frac{1}{A^2_{Z'_{非}\sim W}}\right)^{-1/2}=0.083\ 9$	(2-6)	
					4) A_{d4}	$A_{d4}=M_{W底}+M_{W顶}=6.4$	(2-7)	
					5) A_Z	$A_Z=\sum_{i=1}^{4}A_{di}=7.406\ 8$	(2-8)	
				2 加压送风量/(m^3/s)	L_{d1}	$L_{d1}=A_{m1k}v=2.24$	(2-9)	
					L_Z	$L_Z=\frac{L_{d1}}{A_{d1}}A_Z=18.077\ 2$	(2-10)	
				3 有效利用率	e/%	$e=\frac{A_{d1}}{A_Z}=12.39$　($1/e=8.0702$)	(2-11)	
				4 背压/Pa	p_L	$p_L=1.42\left(\frac{L_{d1}}{A_{d1}}\right)^2=1.42\times\left(\frac{2.24}{0.9178}\right)^2=8.458\ 4$	(2-12)	
	3	无内走道自然排烟外窗	$n=2,A_{zck}=0$	1 各并联通路当量流通面积 A_{di}/m^2	1) A_{d1}	① $A_{Z_{火}}\sim_W=0+9\times\frac{A_{zfg}A_{fcg}}{(A_{zfg}{}^2+A_{fcg}{}^2)^{1/2}}=0.004\ 1$	(3-1)	着火层
						② $A_{d1}=\left(\frac{1}{A_{m1k}{}^2}+\frac{1}{A_{m2k}{}^2}+\frac{1}{A^2_{Z_{火}\sim W}}\right)^{-1/2}=0.004\ 1$	(3-2)	着火层
					2) A_{d2}	① $A_{Z_{非}}\sim_{W'}=0+10\times\frac{A_{zfg}A_{fcg}}{(A_{zfg}{}^2+A_{fcg}{}^2)^{1/2}}=0.004\ 5$	(3-3)	着火层上一层
						② $A_{d2}=\left(\frac{1}{A_{m1k}{}^2}+\frac{1}{A_{m2k}{}^2}+\frac{1}{A^2_{Z_{非}\sim W'}}\right)^{-1/2}=0.004\ 5$	(3-4)	着火层上一层

续表

范例	工况		设施及条件			数学模型及计算结果示范计算值		备注
范例 1(N=19,n=2)(《高规》表 8.3.2-1)					3) A_{d3}	① $A_{Z'_{非}\sim W'}=0+10\times\frac{A_{zfg}A_{fcg}}{(A_{zfg}{}^2+A_{fcg}{}^2)^{1/2}}=0.004\ 5$	(3-5)	
						② $A_{d3}=(N-n)\left(\frac{1}{A_{m1g}{}^2}+\frac{1}{A_{m2g}{}^2}+\frac{1}{A^2_{Z_{非}\sim W'}}\right)^{-1/2}=0.074\ 5$	(3-6)	
					4) A_{d4}	$A_{d4}=M_{W底}+M_{W顶}=6.4$	(3-7)	
					5) A_Z	$A_Z=A_{d1}+A_{d2}+A_{d3}+A_{d4}=6.483\ 1$	(3-8)	
				2 加压送风量/(m³/s)	L_{d1}	$L_{d1}=A_{m1k}v=3.2\times0.7=2.24$	(3-9)	
					L_Z	$L_Z=\frac{L_{d1}}{A_{d1}}A_Z=\frac{2.24}{0.004\ 1}\times6.483\ 1=3\ 542$(不可行)	(3-10)	
				3 有效利用率	e/%	$e=\frac{0.004\ 1}{6.483\ 1}=0.063\ 2$ (1/e=1 581)(不可行)	(3-11)	
				4 背压/Pa	p_L	$p_L=1.42\left(\frac{L_{d1}}{A_Z}\right)^2=423\ 854.37$ (不可行)	(3-12)	
	4	内走道设机械排烟系统	n=2;火灾时开启内走道机械排烟系统,使内走道压力 $p_Z\leqslant0$;$A_{zck}=0$,$A_{zcg}=0$	1 各并联通路当量流通面积 A_{di}/m²	1) A_{d1}	① 因 $p_Z\leqslant0$,可视内走道为室外(无限空间)		着火层
						② $A_{d1}=A_{L\sim A_{m2k}\sim A_{m1k}\sim Z}=\frac{A_{m2k}A_{m1k}}{(A^2_{m2k}+A^2_{m1k})^{1/2}}=2.262\ 7$	(4-1)	
					2) A_{d2}	① $A_{Z_{非}\sim W'}=0+10\times\frac{A_{zfg}A_{fcg}}{(A^2_{zfg}+A^2_{fcg})^{1/2}}=0.004\ 5$	(4-2)	着火层上一层
						② $A_{L\sim A_{m2k}\sim A_{m1k}\sim Z}=A_{d1}$		
						A_{d2}为①与②串联,$A_{d2}=\left(\frac{1}{A^2_{Z_{非}\sim W'}}+\frac{1}{A^2_{d1}}\right)^{-1/2}=0.004\ 5$	(4-3)	着火层上一层
					3) A_{d3}	① $A_{d3}=(N-n)\left(\frac{1}{A^2_{m1g}}+\frac{1}{A^2_{m2g}}+\frac{1}{A^2_{Z_{非}\sim W'}}\right)^{-1/2}=0.074\ 5$	(4-4)	
					4) A_{d4}	$A_{d4}=M_{W底}+M_{W顶}=6.4$	(4-5)	
					5) A_Z	$A_Z=A_{d1}+A_{d2}+A_{d3}+A_{d4}=8.741\ 7$	(4-6)	
				2 加压送风量/(m³/s)	L_{d1}	$L_{d1}=A_{m1k}v=3.2\times0.7=2.24$	(4-7)	
					L_Z	$L_Z=\frac{L_{d1}}{A_{d1}}A_Z=\frac{2.24}{2.262\ 7}\times8.741\ 7=8.6540$	(4-8)	
				3 有效利用率	e/%	$e=\frac{A_{d1}}{A_Z}=25.88$ (1/e=3.863 4)	(4-9)	
				4 背压/Pa	p_L	$p_L=1.42\times\left(\frac{2.24}{2.262\ 7}\right)^2=1.391\ 7$	(4-10)	
	5	内走道设机械排烟系统	n=2;火灾时开启内走道排烟系统,使内走道压力 $p_Z\leqslant0$;$A_{zck}=0$,$A_{zcg}=0$;将加压送风部位由防烟楼梯间改为前室	1 各并联通路当量流通面积 A_{di}/m²	1) A_{d1}	① 因 $p_Z\leqslant0$,可视内走道为室外(无限空间)		着火层
					2) A_{d2}(为①,②,③路气流并联后与 A_{m2k} 串联)	② $A_{d1}=A_{m1k\sim Z}=A_{m1k}=3.2\ m^2$	(5-1)	
						① $A_{[L\sim A_{m2k}\sim A_{m1k}\sim(Z_{非}\sim W)']}=\left(\frac{1}{A_{m2k}{}^2}+\frac{1}{A_{m1k}{}^2}+\frac{1}{A^2_{Z_{非}\sim W'}}\right)^{-\frac{1}{2}}=\left(\frac{1}{3.2^2}+\frac{1}{3.2^2}+\frac{1}{0.004\ 5^2}\right)^{-\frac{1}{2}}=0.004\ 5$	(5-2)	着火层上一层
						② $(N-n)[A_{L\sim A_{m2g}\sim A_{m1g}\sim(Z_{非}\sim W)'}]=(19-2)\left(\frac{1}{A_{m2g}}\times2+\frac{1}{A^2_{Z_{非}\sim W'}}\right)^{-\frac{1}{2}}$	(5-3)	
						③ $A_{L\sim M_W\sim W}=M_{W底}+M_{W顶}=3.2+3.2=6.4$	(5-4)	
						④ $A_{d2}=\left[\frac{1}{(①+②+③)^2}+\frac{1}{A_{m2k}{}^2}\right]=\left(\frac{1}{6.479\ 0^2}+\frac{1}{3.2^2}\right)^{-\frac{1}{2}}=2.869\ 1$	(5-5)	
					3) A_Z	$A_Z=A_{d1}+A_{d2}=6.069\ 1$	(5-6)	
				2 加压送风量/(m³/s)	L_{d1}	$L_{d1}=A_{m1k}v=3.2\times0.7=2.24$	(5-7)	
					L_Z	$L_Z=\left(\frac{L_{d1}}{A_{d1}}\right)A_Z=4.248\ 4$	(5-8)	
				3 有效利用率	e/%	$e=\frac{A_{d1}}{A_{d2}}=3.2/6.069\ 1=52.73$ (1/e=1.896)	(5-9)	
				4 背压/Pa	p_Q	$p_Q=1.42\left(\frac{L_{d1}}{A_{d1}}\right)^2=0.695\ 8$	(5-10)	
范例 2(N=15,n=2)(《高规》表 8.3.2-4)向前室加压	6	内走道设自然排烟外窗 $A_{zck}=1.0\ m^2$	火灾时开启着火层及上一层前室风口,n=2;只开启着火层内走道自然排烟外窗,$A_{zck}=1.0\ m^2$	1 各并联通路当量流通面积 A_{di}/m²	1) A_{d1}	① $A_{Z_{火}\sim W}=A_{zck}+9\times\frac{A_{zfg}A_{fcg}}{(A_{zfg}{}^2+A_{fcg}{}^2)^{1/2}}=1.004\ 1$	(6-1)	着火层
						② $A_{d1}=\frac{A_{m1k}A_{Z_{火}\sim W}}{(A_{m1k}{}^2+A^2_{Z_{火}\sim W})^{1/2}}=0.958\ 0$	(6-2)	着火层

续表

范例	工况		设施及条件			数学模型及计算结果示范计算值		备注
范例 2(N=15,n=2)(《高规》表 8.3.2-4)向前室加压					2) A_{d2}	① $A_{Z'_{\text{非}}\sim W}=A_{zcg}+10\times\frac{A_{zfg}A_{fcg}}{(A_{zfg}^2+A_{fcg}^2)^{1/2}}=0.005\,1$	(6-3)	
						② $A_{d2}=\frac{A_{m1k}A_{Z'_{\text{非}}\sim W}}{(A_{m1k}^2+A^2_{Z'_{\text{非}}\sim W})^{1/2}}=0.005\,1$	(6-4)	
					3) A_{d3}(为①-5③串联)	① $A_{QQ'\sim L}=A_{m2k}+A_{m2k}=3.2+3.2=6.4$	(6-5)	
						② $A_{L\sim Z'_{\text{非}}\sim W}=(N-n)\left(\frac{1}{A_{m1g}^2}+\frac{1}{A_{m2g}^2}+\frac{1}{A^2_{Z'_{\text{非}}\sim W}}\right)^{-1/2}=0.064\,1$	(6-6)	
						③ $A_{L\sim W}=M_{W\text{底}}+M_{W\text{顶}}+F_{CZ}+A_{L\sim Z'_{\text{非}}\sim W}=12.464\,1$	(6-7)	
						④ $A_{d3}=\left(\frac{1}{A^2_{QQ'\sim L}}+\frac{1}{A^2_{L\sim W}}\right)^{-1/2}=5.693\,3$	(6-8)	
					4) A_Z	$A_Z=A_{d1}+A_{d2}+A_{d3}=6.656\,4$	(6-9)	
				2 加压送风量/(m³/s)	L_{d1}	$L_{d1}=A_{d1}v=2.24$	(6-10)	
					L_Z	$L_Z=\frac{L_{d1}}{A_{d1}}A_Z=15.564\,0$	(6-11)	
				3 有效利用率	e/%	$e=\frac{A_{d1}}{A_Z}=14.39$ ($1/e=6.948\,2$)	(6-12)	
				4 背压/Pa	p_Q	$p_Q=1.42\left(\frac{L_{d1}}{A_{d1}}\right)^2=7.763\,4$	(6-13)	
	7	无内走道自然排烟外窗 A_{zck}=0	火灾时只开启着火层前室风口和内走道自然排烟外窗,A_{zck}=1.0 m²	1 各并联通路当量流通面积 A_{di}/m²	1) A_{d1}	① $A_{Z_{\text{火}}\sim W}=A_{zck}+9\times\frac{A_{zfg}A_{fcg}}{(A_{zfg}^2+A_{fcg}^2)^{1/2}}=1.004\,1$	(7-1)	着火层
						② $A_{d1}=\frac{A_{m1k}A_{Z_{\text{火}}\sim W}}{(A_{m1k}^2+A^2_{Z_{\text{火}}\sim W})^{1/2}}=0.958\,0$	(7-2)	
					2) A_{d2}(A_{d2} 为②,③④并联后与⑤串联)	① $A_{Z'_{\text{非}}\sim W}=0.005\,1$	(7-3)	
						② $A_{L\sim A_{m2k}\sim A_{m1k}\sim Z'_{\text{非}}\sim W}=0.005\,1$	(7-4)	
						③ $A_{L\sim Z'_{\text{非}}\sim W}=(N-n)\left(\frac{1}{A_{m1g}^2}+\frac{1}{A_{m1g}^2}+\frac{1}{A^2_{Z'_{\text{非}}\sim W}}\right)^{-1/2}=$ 0.064 1	(7-5)	
						④ $A_{L\sim W}=M_{W\text{底}}+M_{W\text{顶}}+F_{CZ}=12.4$	(7-6)	
						⑤ $A_{Q\sim L}=A_{m2k}=3.2$	(7-7)	
						⑥ $A_{d2}=\left(\frac{1}{A_{Q\sim L}^2}+\frac{1}{(②+③+④)^2}\right)^{-1/2}=3.099\,6$	(7-8)	
					3) A_Z	$A_Z=A_{d1}+A_{d2}=4.057\,6$	(7-9)	
				2) 加压送风量/(m³/s)	L_{d1}	$L_{d1}=A_{m1k}v=3.2\times0.7=2.24$	(7-10)	
					L_Z	$L_Z=\frac{L_{d1}}{A_{d1}}A_Z=9.487\,6$	(7-11)	
				3) 有效利用率	e/%	$e=\frac{A_{d1}}{A_Z}=23.61$ ($1/e=4.235\,5$)	(7-12)	
				4) 背压/Pa	p_Q	$p_Q=1.42\left(\frac{L_{d1}}{A_{d1}}\right)^2=7.763\,4$	(7-13)	
	8	防烟楼梯间采用自然排烟 F_{CZ}=6.0 m²	火灾时开启着火层风口;A_{zck}=0;F_{CZ}=6.0 m²	1 各并联通路当量流通面积 A_{di}/m²	1) A_{d1}	① $A_{Z_{\text{火}}\sim W}=0+9\times\frac{A_{zfg}A_{fcg}}{(A_{zfg}^2+A_{fcg}^2)^{1/2}}=0.004\,1$	(8-1)	着火层
						② $A_{d1}=\left(\frac{1}{A_{m1k}^2}+\frac{1}{A^2_{Z_{\text{火}}\sim W}}\right)=0.004\,1$	(8-2)	
					2) A_{d2}(为②,③,④并联后再与 A_{m2k} 串联)	① $A_{Z_{\text{非}}\sim W}{}'=0+10\times\frac{A_{zfg}A_{fcg}}{(A_{zfg}^2+A_{fcg}^2)^{1/2}}=0.004\,5$	(8-3)	
						② $A_{[L\sim A_{m2k}\sim A_{m1k}\sim(Z_{\text{非}}\sim W)']}=\left(\frac{1}{A_{m1k}^2}+\frac{1}{A_{m2k}^2}+\frac{1}{A^2_{Z_{\text{非}}\sim W}{}'}\right)^{-1/2}=0.004\,5$	(8-4)	
						③ $A_{[L\sim A_{m2g}\sim A_{m1g}\sim(Z_{\text{非}}\sim W)']}=(N-n)\left(\frac{1}{A_{m1g}^2}+\frac{1}{A_{m2g}^2}+\frac{1}{A^2_{Z_{\text{非}}\sim W}{}'}\right)^{-1/2}=0.057\,0$	(8-5)	
						④ $A_{L\sim W}=M_{W\text{底}}+M_{W\text{顶}}+F_{CZ}=12.4$	(8-6)	
						$A_{d2}=\frac{(②+③+④)A_{m2k}}{[(②+③+④)^2+A_{m2k}^2]^{1/2}}=3.099\,4$	(8-7)	

续表

范例	工况	设施及条件				数学模型及计算结果示范计算值		备注
范例 2(N=15,n=2)(《高规》表 8.3.2-4)向前室加压					3) A_Z	$A_Z=A_{d1}+A_{d2}=3.103\ 5$	(8-8)	
				2 加压送风量/(m^3/s)	L_{d1}	$A_{m1k}v=3.2\times0.7=2.24$	(8-9)	
					L_Z	$L_Z=\frac{L_{d1}}{A_{d1}}A_Z=\frac{2.24}{0.004\ 1}\times3.103\ 5=1\ 695$(不可行)	(8-10)	
				3 有效利用率	e/%	$e=\frac{0.004\ 1}{3.103\ 5}=0.132$ ($1/e=757.0$)(不可行)	(8-11)	
				4 背压/Pa	p_Q	$p_Q=1.42\times\left(\frac{2.24}{0.004\ 1}\right)^2=423.854$(不可行)	(8-12)	
	9	内走道设机械排烟系统,使内走道压力 $p_Z\leqslant0$	火灾时只开启着火层前室风口;$F_{CZ}=6.0\ m^2$;$p_Z\leqslant0$;$A_{zcg}=0$	1 各并联通路当量流通面积 A_{di}/m^2	1) A_{d1}	$A_{d1}=A_{m1k}=3.2$(因 $p_Z\leqslant0$ 可视内走道为室外)	(9-1)	着火层
						① $A_{Z_{排}\sim W'}=0+10\times\frac{A_{zfg}A_{fcg}}{(A_{zfg}{}^2+A_{fcg}{}^2)^{1/2}}=0.004\ 5$	(9-2)	
					2) A_{d2}(为②,③,④并联后,再与 A_{m2k} 串联)	② $A_{L\sim A_{m2k}\sim A_{m1k}\sim(Z_{排}\sim W)'}=\left(\frac{1}{A_{m1k}{}^2}+\frac{1}{A_{m2k}{}^2}+\frac{1}{A^2_{Z_{排}\sim W'}}\right)^{-1/2}=0.004\ 5$	(9-3)	
						③ $A_{L\sim(Z_{排}\sim W)'}=(N-n)\left(\frac{1}{A_{m1g}{}^2}+\frac{1}{A_{m2g}{}^2}+\frac{1}{A^2_{Z_{排}\sim W'}}\right)^{-1/2}=0.058\ 5$	(9-4)	
						④ $A_{L\sim W}=M_{W底}+M_{W顶}+F_{CZ}=12.4$	(9-5)	
						⑤ $A_{Q\sim L}=A_{m2k}=3.2$	(9-6)	
						⑥ $A_{d2}=\left[\frac{1}{A_{m2k}{}^2}+\frac{1}{(②+③+④)^2}\right]^{-1/2}=3.099\ 5$	(9-7)	
					3) A_Z	$A_Z=A_{d1}+A_{d2}=3.2+3.099\ 5=6.299\ 5$	(9-8)	
				2 加压送风量/(m^3/s)	L_{d1}	$L_{d1}=A_{m1k}v=3.2\times0.7=2.24$	(9-9)	
					L_Z	$L_Z=\frac{L_{d1}}{A_{d1}}A_Z=4.409\ 7$	(9-10)	
				3 有效利用率	e/%	$e=\frac{A_{d1}}{A_Z}=50.80$ ($1/e=1.968\ 6$)	(9-11)	
				4 背压/Pa	p_Q	$p_Q=1.42v^2=0.696\ 0$	(9-12)	
	10	内走道设机械排烟系统,使内走道压力 $p_Z\leqslant0$	火灾时开启着火层前室风口;取消楼梯间自然排烟外窗,即 $F_{CZ}=0$;$p_Z\leqslant0$	1 各并联通路当量流通面积 A_{di}/m^2	1) A_{d1}	$A_{d1}=A_{m1k}=3.2$(因 $p_Z\leqslant0$ 可视内走道为室外)	(10-1)	着火层
					2) A_{d2}(为②,③,④并联后与⑤串联)	① $A_{Z_{排}\sim W'}=0+10\times\frac{A_{zfg}A_{fcg}}{(A_{zfg}{}^2+A_{fcg}{}^2)^{1/2}}=0.004\ 5$	(10-2)	
						② $A_{L\sim A_{m2k}\sim A_{m1k}\sim(Z'_{排}\sim W)}=\left(\frac{1}{A_{m1k}{}^2}+\frac{1}{A_{m2k}{}^2}+\frac{1}{A^2_{Z_{排}\sim W'}}\right)^{-1/2}=0.004\ 5$	(10-3)	
						③ $A_{L\sim(Z_{排}\sim W)'}=(N-n)\left(\frac{1}{A_{m1g}{}^2}+\frac{1}{A_{m2g}{}^2}+\frac{1}{A^2_{Z_{排}\sim W}}\right)^{-1/2}=0.058\ 5$	(10-4)	
						④ $A_{L\sim W}=M_{W底}+M_{W顶}=6.4$	(10-5)	
						⑤ $A_{Q\sim L}=A_{m2k}=3.2$	(10-6)	
						$A_{d2}=\left[\frac{1}{A_{m2k}{}^2}+\frac{1}{(②+③+④)^2}\right]^{-1/2}=2.867\ 7$	(10-7)	
					3) A_Z	$A_Z=A_{d1}+A_{d2}=3.2+2.867\ 7=6.067\ 7$	(10-8)	
				2 加压送风量/(m^3/s)	L_{d1}	$L_{d1}=A_{m1k}v=3.2\times0.7=2.24$	(10-9)	
					L_Z	$L_Z=\frac{L_{d1}}{A_{d1}}A_Z=4.247\ 4$	(10-10)	
				3 有效利用率	e/%	$e=\frac{A_{d1}}{A_Z}=52.74$ ($1/e=1.896\ 2$)	(10-11)	
				4 背压/Pa	p_Q	$p_Q=1.42v^2=1.42\times0.7^2=0.696\ 0$	(10-12)	

3 数值计算

除了表 1 中的 10 种基本工况及每种工况的 4 个子项的计算数学模型外，笔者还对其中 7 种工况按 3 种防火门规格(除 $A_{m1k}=A_{m2k}=3.2\ m^2$ 外)增加了 $A_{m1k}=A_{m2k}=2.0\ m^2$ 和 $1.6\ m^2$ 两种，总计 24 种工况，进行了相应的数值计算，构成了计算数值集，其结果汇总于表 2。

4 对“论据链”的分析

4.1 数据分析

4.1.1 范例 1

1）从范例 1 的工况 1 的数据中看出，防烟楼梯间加压前室不送风会出现以下情况：

表 2　数值计算结果汇总

范例编号	工况	设施及条件		防火门面积	并联通路当量流通面积 A_{di}/m^2					加压送风量/(m^3/s)		背压 p_L	加压送风
				A_{m1k}/m^2	A_{d1}	A_{d2}	A_{d3}	A_{d4}	A_Z	L_{d1}	L_Z	(p_O)/Pa	有效利用率 e/%
范例 1《高规》表 8.3.2-1(N=19,n=2)	1	内走道设自然排烟外窗,A_{zck}=1.0 m²	1) 开启 n 层内走道外窗	3.2	0.917 8	0.918 1	0.083 9	6.4	8.319 8	2.24	20.305 5	8.458 4	11.03
				2.0	0.818 9	0.818 9	0.080 5	4.0	5.718 3	1.40	9.776 1	4.150 3	14.32
				1.6	0.751 1	0.751 2	0.079 7	3.2	4.782 0	1.12	7.130 6	3.157 4	15.71
	2	内走道设自然排烟外窗,A_{zck}=1.0 m²	2) 只开启着火层内走道外窗	3.2	0.917 8	0.005 1	0.083 9	6.4	7.406 8	2.24	18.077 2	8.498 4	12.39
				2.0	0.818 9	0.005 1	0.080 5	4.0	4.904 5	1.40	8.384 8	4.150 3	12.70
				1.6	0.751 1	0.005 1	0.079 7	3.2	4.035 9	1.12	6.018 1	3.157 4	18.61
	3	无内走道自然排烟外窗	A_{zck}=0	3.2	0.004 1	0.004 5	0.074 5	6.4	6.483 1	2.24	3 542(不可行)	(不可行)(过大)	0.063 2(不可行)
	4	内走道设机械排烟系统,火灾时开启排烟系统使 $p_Z≤0$	加压部位不变	3.2	2.262 7	0.004 5	0.074 5	6.4	8.741 7	2.24	8.654 0	1.391 7	25.88
	5	内走道设机械排烟系统,火灾时开启排烟系统使 $p_Z≤0$	加压部位改为向前室加压	3.2	3.2	2.869 1			6.069 1	2.24	4.248 4	0.695 8	52.73
				2.0	2.0	1.795 5			3.795 5	1.40	2.656 9	0.695 8	52.69
				1.6	1.6	1.437 7			3.037 7	1.12	2.126 4	0.695 8	52.67
范例 2《高规》表 8.3.2-4 向前室加压(N=15,n=2)	6	内走道设自然排烟外窗 A_{zck}=1.0 m²,F_{CZ}=6.0 m²	火灾时开启着火层及上一层前室风口,只开启着火层走道外窗,A_{zck}=1.0 m²	3.2	0.958 0	0.005 1	5.693 3		6.656 4	2.24	15.564 0	7.763 4	14.39
				2.0	0.897 6	0.005 1	3.717 0		4.619 7	1.40	7.205 4	3.454 4	19.43
				1.6	0.850 7	0.005 1	3.024 5		3.880 3	1.12	5.108 7	2.461 3	21.92
	7	内走道设自然排烟外窗 A_{zck}=1.0 m²,F_{CZ}=6.0 m²	火灾时开启着火层前室风口及走道排烟外窗 A_{zck}	3.2	0.958 0	3.099 6			4.057 6	2.24	9.487 6	7.763 7	23.61
				2.0	0.897 4	1.961 7			2.859 1	1.40	4.460 4	3.456 0	31.39
				1.6	0.850 5	1.576 7			2.427 2	1.12	3.196 3	2.462 5	35.04
	8	内走道无自然排烟外窗,A_{zck}=0,F_{CZ}=6.0 m²	火灾时开启着火层风口,A_{zck}=0	3.2	0.004 1	3.099 4			3.103 5	2.24	1695(不可行)	(p_Q 不可行)过大	0.132(不可行)
	9	内走道设机械排烟,使 $p_Z≤0$	火灾时只开启着火层前室风口,且 F_{CZ}=6.0 m²	3.2	3.2	3.099 5			6.299 5	2.24	4.409 7	0.696 0(p_Q)	50.80
				2.0	2.0	1.961 6			3.961 6	1.40	2.773 1	0.695 8(p_Q)	50.48
				1.6	1.6	1.576 6			3.176 6	1.12	2.223 6	0.695 8	50.37
	10	内走道设机械排烟,使 $p_Z≤0$	同上,但取消楼梯间外窗即 F_{CZ}=0	3.2	3.2	2.867 7			6.067 7	2.24	4.247 4	0.696 0(p_Q)	52.74
				2.0	2.0	1.794 1			3.794 1	1.40	2.655 9	0.695 8(p_Q)	52.71
				1.6	1.6	1.436 3			3.036 3	1.12	2.125 4	0.695 8(p_Q)	52.70

① 加压送风量的有效利用率很低,最高 18.61%,最低 11.03%,81.39%~88.97%的加压送风量是无效的,其中从防烟楼梯间白白跑掉了 79.29%~76.92%的送风量,这是由于防烟楼梯间有直接对外的疏散外门所致。因此,向这个部位加压是不可取的。

② 对同一个工况,防火门面积越小,损失的风量越小,这是与经济性相关的数据,说明减小风机型号节能的潜力是很大的。

③ 对于同一个工况,背压随防火门面积的减小而减小。

2) 比较工况 1,2,A_{m1k}=3.2 m² 时,只开启着火层内走道外窗的工况 2,比开启内走道 n 层自然排烟外窗工况 1 的总风量下降,由原来的 20.305 5 m³/s 下降到 18.077 2 m³/s,加压送风量有效利用率由原来的 11.03%提高到 12.39%,A_{m1k}越小越明显;当 A_{m1k}相同时,背压基本相同。

3) 对于工况 3,当内走道无自然排烟外窗时,内走道上的房间外窗缝隙面积太小,产生的“瓶颈效应”使防烟系统失效(这是因为抵御烟气入侵的风量无法通过,必须采取补救措施),这与 A_{m1k}的大小无关。

4) 对于工况 4,内走道设机械排烟系统,使内走道压力 $p_Z≤0$,其目的一是打通气流通路上的“瓶颈”,二是增大着火层从 M_1 通向内走道的当量流通面积 A_{d1}(满足并联通路的定义)。

工况 2 与工况 4 相比(按 A_{m1k}均为 3.2 m² 计)加压送风量由 18.077 2 m³/s 下降到 8.654 0 m³/s;加压送风量有效利用率由 12.39% 提高到

25.88%；背压由8.4984 Pa下降到1.3917 Pa。

5）工况4与工况5相比，二者都是内走道设机械排烟系统，工况5将加压送风部位从防烟楼梯间移至前室。在防火门规格相同的条件下，加压送风量减小，正压间背压降低，加压送风量有效利用率提高。

6）当防火门面积$A_{m1k}=3.2\ m^2$时，工况5与工况1相比，风量由$20.3055\ m^3/s$下降到$4.2484\ m^3/s$，背压由8.4584 Pa下降到0.6958 Pa，加压送风量有效利用率由11.03%上升到52.73%。在相同防火门规格条件下工况5是范例1的5个工况中防火性能最好的。代表范例1的优化方向。

4.1.2 范例2

1）范例2与范例1相比，虽然防烟楼梯间都有直通室外的门（面积$6.4\ m^2$），但范例2工况6的防烟楼梯间还有$6.0\ m^2$的自然排烟外窗。由于加压部位是前室，正压间的气流从防烟楼梯间流至室外要经过M_2→防烟楼梯间再经并联的门洞与窗洞（$6.4\ m^2+6.0\ m^2=12.4\ m^2$），两级串联后才能到达室外，其当量流通面积$A=\{(1/A_{m2k}^2)+[1/(6.4+6.0)^2]\}^{-1/2}=[(1/3.2^2)+(1/12.4^2)]^{-1/2}=3.0985\ m^2$。

而范例1的工况1，正压间防烟楼梯间的气流从防烟楼梯间到达室外，只经过$M_{W底}+M_{W顶}$，其当量流通面积$A=6.4\ m^2$，范例2的工况6的A只有$3.0985\ m^2$，范例1工况1的A为$6.4\ m^2$，相差一倍多。

2）工况7与工况6，火灾时只开启着火层前室风口与开启n层风口相比，以$A_{m1k}=3.2\ m^2$为例，风量由$15.5640\ m^3/s$下降到$9.4876\ m^3/s$，有效利用率由14.39%上升到23.61%，背压基本不变。说明加压部位由防烟楼梯间移到前室后效果好得多。

3）工况8内走道无自然排烟外窗，由于通过着火层M_1的气流不通畅（产生瓶颈效应）而使防烟系统失效，必须采取补救措施。

4）工况9和10都是在内走道设机械排烟系统，不仅L_Z, e, p都得到改善，也避免了瓶颈效应的产生。

工况10是取消楼梯间的自然排烟外窗使$F_{CZ}=0$，这时的L_Z, e, p是范例2工况6～9中效果最好的。

比较范例1的工况5与范例2的工况10，可以看出已演变为同一个方案，说明条件再变最终都是会变成内走道设机械排烟系统，只向前室或合用前室加压送风的方式。

4.1.3 “流体网络法”

对《高规》表8.3.2-2分别加压防烟方案分析的结论，简要概括有以下三点。

1）与《高规》表8.3.2-1一样，向防烟楼梯间这个部位加压是不妥当的。只能向合用前室加压。

2）《高规》表8.3.2-2分别加压的做法，笔者在文献[10]中证明其可靠性不及单独加压。本文用数据分析表明，5个工况中按最小门洞处风速0.7 m/s要求判定，3/5达不到要求，加压送风量有效利用率5个工况中最高只有15.857%。

4.2 防烟方案优化要解决的几个问题

1）正视《高规》防烟章节矛盾的问题。严格执行《高规》第6章安全疏散的条文规定，并采用新的计算方法和相应的对策措施。

2）区分假想、理想与工程实际和管理实际之间的矛盾。尽可能减少同时开启防火门层数n的制约。

3）开启前室或合用前室加压送风口可以摆脱n的制约。只开启着火层前室或合用前室的加压送风口即可。全开风口，不仅激活了n的动态特性，同时还强化了n不完整的内涵潜在的作用[11]。同时开启n层风口，会把n的动态看作静态，步入着火层及其上、下层与n重合的误区。

4）要防止着火层气流通道产生“瓶颈效应”导致防烟系统失效。在内走道设置机械排烟系统不仅是最有效的对策措施，也是防烟、排烟系统联合运行的一种战略。

5 结论

5.1 优化防烟方案标准的确定

加压送风防烟方案与许多复杂的工程条件有关，有些条件不是连续性的，有的条件有，有的条件没有，有的条件参数是阶跃式的，因此，优化方案不可能用一个计算公式来描述。但可以通过对矩阵式数值汇总表的分析，综合出判定标准，确定为以下三项：1）总加压送风量L_Z；2）加压送风量有效利用率e；3）正压间背压p。

e越大越好，L_Z与p越小越好，且三者是相互关联的。因为这三项标准都是在保证抵御着火层烟气入侵即可靠性的前提下求得的。三项标准的结合，体现了方案的安全可靠性和经济合理性。

5.2 优化防烟方案的确定

1）加压送风部位。防烟楼梯间及其前室或合用前室和消防电梯独用前室，只需在前室或合用前室设置加压送风系统，在内走道设置机械排烟系统。

2）前室或合用前室设常闭型加压送风口，火灾时，只开启着火层前室或合用前室的风口。

3）加压送风量的计算，应保证前室或合用前室与内走道之间防火门 M_1 开启时门洞处的风速 v_{m1} 为 0.7～1.2 m/s，笔者建议取 $v_{m1} \nless 1.0$ m/s，关门时正压间的压力取 25～30 Pa，以抵御烟气的入侵。

4）内走道排烟量应包括加压送风量 L_v 与着火房间窜入内走道的烟气量之和，保证内走道的压力 $p_Z \leqslant 0$。

5）防烟楼梯间及其前室或合用前室和消防电梯独用前室不应设置自然排烟防烟设施（建筑采光通风的外窗不受此限，但平时通风的外窗，火灾时应能自动关闭，并应计算其漏风量）。

参考文献：

[1] 刘朝贤."当量流通面积流量分配法"在加压送风量计算中的应用[J]. 暖通空调，2009,39(8):102-108

[2] 刘朝贤. 对自然排烟"自然条件"的可靠性分析[J]. 暖通空调，2008,38(10):53-61

[3] 刘朝贤. 对加压送风防烟方案的优化分析与探讨[J]. 暖通空调，2008,38(增刊):71-75

[4] 刘朝贤. 高层建筑房间开启窗朝向数量对自然排烟可靠性的影响[J]. 制冷与空调，2007,21(增刊):1-4

[5] 刘朝贤. 对高层建筑房间自然排烟极限高度的探讨[J]. 制冷与空调，2007,21(增刊):56-60

[6] 刘朝贤. 对高层建筑防烟楼梯间自然排烟的可行性探讨[J]. 制冷与空调，2007,21(增刊):83-92

[7] 刘朝贤. 对《高层民用建筑设计防火规范》第 8.3.2 条的解析与商榷[J]. 制冷与空调，2007,21(增刊):110-113

[8] 刘朝贤. 对《高层民用建筑设计防火规范》中自然排烟条文规定的理解与分析[J]. 制冷与空调，2008,22(6):1-6

[9] 刘朝贤. 对加压送风"流速法"中背压系数"a"的分析与探讨[G]// 2009 年西南地区三省一区一市学术年会论文集，2009

[10] 刘朝贤. 高层建筑加压送风防烟系统软、硬件部分可靠性分析[J]. 暖通空调，2007,37(11):74-80

[11] 刘朝贤. 对加压送风防烟中同时开启门数量的理解与分析[J]. 暖通空调，2008,38(2):70-74

（影印自《暖通空调》2010 年第 40 卷第 4 期 40—48 页）

对现行加压送风防烟方案泄压问题的分析与探讨

中国建筑西南设计研究院有限公司 刘朝贤☆

摘要 对现行泄压法以开门时和关门时的风量差(L_v-L_y)作为泄压与选择泄压装置的依据存在的问题作了分析，提出了以推门力作为判定依据；以关门时疏散人员能安全进入正压间为目标，对四种加压送风防烟方案按不同情况分别采取了综合性对策措施，并对综合性对策措施进行了计算和论证，并得出了结论。

关键词 推门力 开启力矩 正压力推门力矩 自平衡能力 防火门左右扇反向

Discussion on pressure release in existing smoke control scheme with pressurised air supply

By Liu Chaoxian★

Abstract Analyses the problem in existing pressure release method in which pressure release and release valve choosing depend on the air flow volume difference between opening and closing the door. Puts forward that the force of pushing door shall be used as the determining criterion. With a target of ensuring people to go into the positive pressure room safely when the door is closed, takes integral measures in different conditions for four kinds of smoke prevention schemes of pressurised air supply, calculates and demonstrates the integral measures, and obtains the conclusion.

Keywords door pushing force, open moment, positive pressure moment of pushing door, self-balancing ability, opposite direction of left and right fire door

★ China Southwest Architectural Design and Research Institute Co., Ltd., Chengdu, China

1 存在的问题

现行相关规范对加压送风防烟方案的泄压问题没有明文规定，但 GB 50045—95《高层民用建筑设计防火规范(2005 年版)》[1]（以下简称《高规》）第 8.3.7 条条文说明提及“……如果压力过高，可能会带来开门的困难，甚至使门不能开启。”这对泄压问题有一定引导作用。出于安全考虑，一些有关手册、措施和文献对泄压措施作了比较详细的介绍，为工程设计提供了依据。现行防烟工程设计中，许多采取了泄压措施，其中使用余压阀的占多数，压差控制的旁路系统等其他型式也有，不论哪种型式，资金投入都是可观的。

设计人员一般认为按流速法计算的计算风量 L_v 比按压差法计算的风量 L_y 大，防火门关闭时，剩余风量无法排泄造成超压，因而泄压。泄压风量 L_x 的计算公式主要有两个：

$$L_x = L_v - L_y \tag{1}$$

$$L_x = L_v - 1.5L_y \tag{2}$$

☆ 刘朝贤，男，1934 年 1 月生，大学，教授级高级工程师，教授，硕士生导师，享受国务院政府特殊津贴
610081 成都市星辉西路 8 号中国建筑西南设计研究院有限公司
(028) 83223943
E-mail：WyBeiLiu@163.com
收稿日期：2010-01-04

笔者认为以下几个问题值得商榷。

1.1 泄压的依据与风量差(L_v-L_y)的代表性问题

1)《高规》第 8.3.2 条规定,确定风量时取以下两种方法中的大值:一是比较按流速法计算的风量 L_v 与按压差法计算的风量 L_y,二者中取其大值;二是计算值与《高规》表 8.3.2 中的控制风量,二者中取其大值。如果取的是后者,则与 L_v-L_y 不对应。

2)应按双参数选择风机。风量、压头同等重要,现行规范中强调的是风机风量,因而设计人往往对压头重视不够,加上认为压头高更安全,风量是硬指标,对风机压头选择的随意性较大。调查发现,最大压头有取 1 400 Pa 的,最小的也有 350 Pa,当实际系统阻力小于所选风机最小压头时,实际风量将远远大于设计计算风量,这时泄压的设计依据风量差(L_v-L_y)就失去意义了。

3)流速法的计算式有两个,一个是《高规》提出的 $L_v=fvn$(式中 f 为每樘开启门的断面积;v 为门洞断面风速;n 为同时开启门的层数),另一个是 GB 50016—2006《建筑设计防火规范》[2](以下简称《建规》)提出的 $L_v=fvn\ (1+b)/a$(式中 b 为漏风量附加率,a 为背压系数)。两式都是法定的,两个公式计算的 L_v 不同,差值 L_v-L_y 也不同,取哪一个合适?

4)用加压送风量流速法计算风量 L_v,同时开启门层数 n 和背压系数 a[3]很难确定;用压差法计算风量 L_y 要确定总漏风面积 A 和压差 Δp,很困难,其中一个门被正压力推开后,A 与 Δp 都是在空气状态达到平衡后才稳定。因此,以风量差作为泄压的依据潜在的问题很多。

1.2 4 种加压送风防烟方案采用同一模式泄压的问题

4 种加压送风防烟方案(即方案 1,《高规》表 8.3.2-1,防烟楼梯间及其前室组合,只向防烟楼梯间加压送风;方案 2,《高规》表 8.3.2-2,防烟楼梯间及其合用前室组合,分别加压送风防烟;方案 3,《高规》表 8.3.2-4,防烟楼梯间采用自然排烟,前室或合用前室加压送风;方案 4,《高规》表 8.3.2-3,消防电梯独用前室加压送风)条件各异,采用的却是同一种模式,失去针对性。

1)消防电梯独用前室只有一道进入前室的防火门 M_F,关门时超压造成的安全问题是显而易见、也是最严重的。但消防电梯独用前室只是火灾时消防队员专用,消防电梯一般在着火层与地面层运行和停靠,不是疏散通道,不存在同时开启的防火门层数 n 的问题。而泄压风量 L_v-L_y 是按$N<20$ 层取$n=2$,$N\geqslant20$ 层取 $n=3$ 计算的风量,对于这种方案,泄压风量计算任意扩大了 n 的应用范围。

2)4 种加压送风防烟方案其余三种中,所有出正压间的防火门方向与正压力产生的推门力矩方向相同,关门时,正压间压力升高,当正压力产生的推门力矩 M_p 大于该防火门闭门器的开启力矩 M_f 时,该防火门就会被推开而自动泄压,这就是所有出正压间那道防火门具有的自平衡能力,这是风量差泄压法未曾考虑到的关键问题。这时防火门的缝隙面积并非开始关门时的缝隙面积,其大小与推开门的开度有关,开度又与风量有关,风量大,开度就大。将关门时的缝隙面积 A 和正压间压力 Δp 都视为不变值,所算得的 L_y 显然是与实际不符的。

针对上述问题,笔者提出了以推门力为泄压判定依据,以保证疏散人员能安全进入正压间为目标,最大限度利用防火门自身的平衡能力,对四种加压送风防烟方案,因地制宜地采取综合性对策措施的解决办法。这一思路既简化了防烟系统,又提高了系统的可靠性和经济性。

2 基础数据及条件

2.1 最大推门力标准的确定及同时开启门层数 n 的引用

1)对防火门最大推门力 F_{max}的确定

火灾时为保证老、弱、妇、幼的安全疏散,满足推门力 $F\leqslant F_{max}$是最基本的条件,也是本文采取对策措施的重要判定依据。

目前,我国现行规范中对 F_{max}没有规定。美国及欧洲的一些国家取 F_{max}为 133 N;日本规定妇女推门力为 98 N(10 kgf);国内一些设计手册、措施等有提出用 100 N 的,上海地方规范用 110 N。由于国内、外人员体质的差异,本文取平均值 110 N(这是可以调整的,应以国家规定的值为准)。所需推门力的大小,与加压送风量的大小和部位、疏散人员所处的位置、正压间自动泄压后自平衡压力的大小、需要推开的门扇的尺寸(高(H)×宽(B)),特别是闭门器的开启力矩 M_f 等诸多因素有关。

人进入正压间时，由于正压力作用于门扇上的力与推门力的方向是相反的，人的推门力 F 产生的推门力矩 $F(B-b)$（其中 b 为把手至门边的距离），要克服两个反方向的力矩，一个是正压力 p_P 作用于门扇上的力矩 $M_p(p_pHB^2/2)$，另一个是防火门闭门器的开启力矩 M_f。要满足：$F(B-b) \geqslant p_pHB^2/2+M_f$。

出正压间时，由于正压力作用于门扇上的力与人推门力 F 是同向的，正压力有助推的作用，自动泄压是正压间正压力产生的推门力矩 M_p 克服闭门器的开启力矩 M_f 的结果，因此，人可不费多少推力就能开启防火门，有些情况下当风量大时，正压力推开的门的角度大，人便可通过，因此出正压间易，进正压间难。故只需校验进正压间的推门力。

2) 同时开启门层数 n 的引用

n 是影响加压送风量计算的重要参数，这里仍引用它，一是对前室或合用前室的加压送风，风口开启层数通常与防火门同时开启的层数 n 一致；二是现行规范的计算公式中有它，本文涉及对防烟楼梯间加压，回避不了它；三是由于房间外窗的气密性等级必须遵守 GB/T 7107—2002《建筑外窗气密性能分级及检测方法》[4] 的规定，因为在气流从内走道流到室外的流路产生的“瓶颈效应”遏制了 n 的制约能力，使 n 与 N_2，$N_{1.1}$，$N_{1.2}$[5] 的数值大小已不那么重要。

2.2 工况划分及主要计算参数的确定

2.2.1 工况划分的原则

最大限度涵盖现行 4 种防烟方案中的各种类型。共分为基本工况 44 个、派生工况 14 个，总计 58 个工况。

2.2.2 主要计算参数的确定

根据影响进入正压间推门力的因素而定。

1) 加压送风量的确定。

加压送风量依据《高规》表 8.3.2-1～4 中的控制风量确定，因为表中风量与系统负担层数不是线性关系，故按系统负担层数为 32，20，19，1 层取值。

2) 加压送风量的修正。

由于两个修正系数理论依据不足和实际对各工况的影响不大，本文不予采用，理由如下。

① 关于单扇门乘以修正系数 0.75。仅从单扇和双扇门考虑，如果单扇门的面积比双扇门的面积还大是否修正？这样修正并不符合实际。

② 关于出入口数的修正系数。对两个或两个以上乘以修正系数 1.50～1.75。笔者认为出入口数的提法不确切，出入口是对人而言还是对空气而言？不明确，电梯门算不算？武汉某审图公司曾对此争议不休。防烟楼梯间的出入口数又如何计算？当系统负担层数为 32 层时，防烟楼梯间的出入口就达 34 个，而“两个或两个以上”，上限到多少？34 个－2 个＝32 个出入口，修正系数之差为 1.75－1.50＝0.5，而 1 个出入口和 2 个出入口，修正系数差为 1.5－1.0＝0.5，根据何在？似乎理由不充分。

数十个工况的数值试算结果表明，通过外门的风量 $L_z{}'$ 只是影响泄压时推开防火门的角度 θ，因为防火门闭门器选定并调整好后，M_f 是定值，在一定条件下风量大小不影响正压间的压力大小和进正压间时推门力的大小（篇幅所限许多数据本文没有给出），故对加压送风量不修正。

各方案的风量计算值汇总于表 1。

3) 关门时，出正压间的防火门被正压力产生的力矩推开的泄流面积 A 的大小与疏散方向有关。进正压间的防火门关闭时的缝隙面积 f 与泄流面积 A 相比很小，故在此处不计缝隙面积 f 和所泄漏的风量，作为最不利条件下的安全因素。

4) 防火门规格的确定。

根据调查，绝大部分工程中防烟楼梯间及其前室使用单扇门，宽度 B 以 0.8，0.9 m 最普遍。合用前室有部分采用双扇门，每扇门的尺寸大都为 2.0 m×0.6 m，小部分为 2.0 m×0.8 m；消防电梯独用前室大部分采用双扇门，每扇尺寸为 2.0 m×0.6 m 或 2.0 m×0.8 m。因此 58 个工况中防火门的尺寸 $H \times B$ 源于工程实际。应该特别指出的是防火门的规格，其宽度 B 与质量是选择防火门闭门器的重要依据[6]，而闭门器的开启力矩 M_f 是影响进正压间推门力 F_m 大小的关键数据（可在一定范围内调节）。

5) 加压送风口的开启方式。

按常规做法，防烟楼梯间采用常开风口，前室或合用前室火灾时按开启 n 层计算，当系统负担层数 $N \geqslant 20$ 层时，n 取 3；$1 < N < 20$ 层时，n 取 2；$N=1$ 层时，n 取 1。

2.2.3 对正压间正压力推开防火门泄流面积的计算

正压力推开单扇门和双扇门形成的泄流面积是不同的，现分别计算于下。

1）单扇防火门（包括双扇防火门的两扇门开启方向相反的防火门即本文中的37～44工况），设

表1 《高规》表8.3.2四种防烟方案数据条件

方案编号	系统负担层数 N/层	风量/((m³/h)/(m³/s)) 楼梯间 L_L	前室 L_Q	总风量 $L_z=L_L$	楼梯间风口开启方式	通过每个外门 M_W 的风量 L'_z	通过前室门 M_1 的风量 L_{M1}	备注
1(表8.3.2-1)	32	$40\ 000/11.\dot{1}$	不送风	与 L_L 同	全开	$20\ 000/5.\dot{5}$	按最不利条件关门时缝隙很小，风量不计	按常规做法防烟楼梯间为自垂式百叶风口
	20	$35\ 000/9.7\dot{2}$	不送风	与 L_L 同	全开	$17\ 500/4.86\dot{1}$		
	19	$30\ 000/8.\dot{3}$	不送风	与 L_L 同	全开	$15\ 000/4.1\dot{6}$		
	1	$25\ 000/6.9\dot{4}$	不送风	与 L_L 同	全开	$25\ 000/6.9\dot{4}$		

方案编号	系统负担层数 N/层	风量/((m³/h)/(m³/s)) 楼梯间 L_L	合用前室 L_Q	总风量 $L_z=L_L+L_Q$	合用前室风口同时开启层数 n/层	通过每个外门 M_W 的风量 L_E	通过前室门 M_2 的风量 L_{M2}	备注
2(表8.3.2-2)	32	$25\ 000/6.9\dot{4}$	$22\ 000/6.\dot{1}$	$47\ 000/13.0\dot{5}$	3	$23\ 500/6.52\dot{7}$	$7\ 333.\dot{3}/2.\overline{037}$	合用前室风口按常规方式开启 n 层，N 为1层时只开1层
	20	$20\ 000/5.\dot{5}$	$18\ 000/5.0$	$38\ 000/10.\dot{5}$	3	$19\ 000/5.2\dot{7}$	$6\ 000/1.\dot{6}$	
	19	$20\ 000/5.\dot{5}$	$16\ 000/4.\dot{4}$	$36\ 000/10.0$	2	$18\ 000/5.0$	$8\ 000/2.\dot{2}$	
	1	$16\ 000/4.\dot{4}$	$12\ 000/3.\dot{3}$	$28\ 000/7.\dot{7}$	1	$28\ 000/7.\dot{7}$	$12\ 000/3.\dot{3}$	

方案编号	系统负担层数 N/层	风量/((m³/h)/(m³/s)) 前室	前室风口开启层数 n/层	每层风口风量(即通过防火门 M_F 的风量) L_{M_F}	备注
4(表8.3.2-3)	32	$27\ 000/7.5$	3	$4\ 000/2.5$	1)按常规做法前室风口开启方式与同时开启门层数 n 相同，但 N 为1层时只开1层；2)按最不利条件，通过关闭的电梯门及其电梯井的缝隙小，漏风量不计
	20	$22\ 000/6.\dot{1}$	3	$7\ 333.\dot{3}/2.\overline{037}$	
	19	$20\ 000/5.\dot{5}$	2	$10\ 000/2.\dot{7}$	
	1	$15\ 000/4.1\dot{6}$	1	$15\ 000/4.1\dot{6}$	

方案编号	系统负担层数 N/层	风量((m³/h)/(m³/s)) 前室或合用前室风量(楼梯间总风量) L_Q	风口开启层数 n/层	通过防火门 M_2 的风量 L_{M_2}	备注
3(表8.3.2-4)	32	$32\ 000/8.\dot{8}$	3	$10\ 666.\dot{6}/2.\overline{962\ 9}$	1)按常规做法前室风口开启方式与同时开启门层数 n 相同，但 N 为1层时只开1层；2)按最不利条件，通过关闭的电梯门及其电梯井的缝隙小，漏风量不计
	20	$28\ 000/7.\dot{7}$	3	$9\ 333.\dot{3}/2.\overline{592\ 5}$	
	19	$27\ 000/7.5$	2	$13\ 500/3.75$	
	1	$22\ 000/6.\dot{1}$	1	$22\ 000/6.\dot{1}$	

正压力推开单扇防火门，在平衡状态下防火门开启的角度为 θ。

空气从两个方向泄出，见图1。一个方向是通过竖直方向的条缝向水平方向出流，泄流面积 A_1' 为

$$A_1' = Hbc \tag{3}$$

式中 $bc = 2dc = 2B\sin\dfrac{\theta}{2}$。

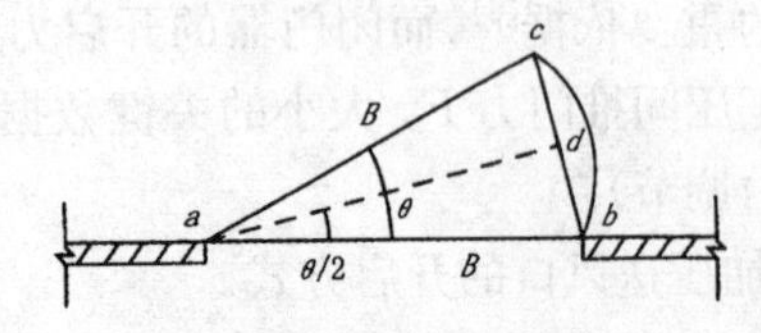

图1 单扇防火门泄流

另一个方向是向上出流，在防火门顶上形成三角形泄流面积 A_2'，为

$$A_2' = \frac{1}{2}bc \times ad \tag{4}$$

式中 $ad = B\cos\dfrac{\theta}{2}$。

为了简化，忽略防火门底边距地板微小的缝隙面积泄压。

则总泄流面积 A' 为

$$A' = A_1' + A_2' = 2HB\sin\frac{\theta}{2} + B^2\sin\frac{\theta}{2}\cos\frac{\theta}{2} \tag{5}$$

2）双扇防火门两扇门的开启方向相同时，设正压力推开每扇防火门，在平衡状态下开启的角度为 θ，与单扇门类似空气从两个方向泄出。见图2。一个是通过竖直方向的条缝，沿水平方向出流，泄流面积 A_1'' 为

$$A_1'' = ceH \tag{6}$$

另一个是梯形缝隙向上出流，泄流面积 A_2'' 为

$$A_2'' = 2\triangle acd + \square cefd = ad \times cd + ce \times cd \tag{7}$$

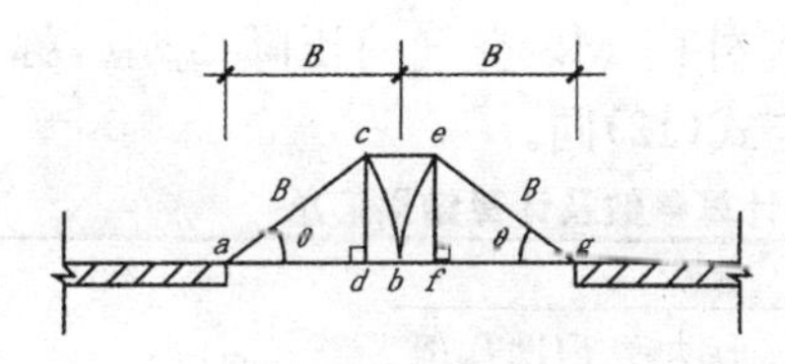

图 2　双扇防火门泄流

式中　$ad=fg=B\cos\theta$；$cd=ef=B\sin\theta$；$ce=df=2B-2ad=2B-2B\cos\theta=2B(1-\cos\theta)$。

故　$$A_2''=B^2\sin\theta(2-\cos\theta)\tag{8}$$

则双扇防火门的总泄流面积 A'' 为

$$A''=A_1''+A_2''=2HB(1-\cos\theta)+B^2\sin\theta\cdot(2-\cos\theta)\tag{9}$$

3　对 4 种加压送风防烟方案各工况推门力的验算

由于 4 种防烟方案的条件各异，只能分别进行讨论。其内容包括正压力推门角度为 θ 的方程式的建立与求解，送风通过防火门压降的计算，推门力矩平衡方程的建立和保证推门力不致超限所采取的措施等。

3.1　方案 1

1）自动泄压公式的推导

防烟楼梯间的防火门 M_W 与 M_2 都关闭时（一般出现在疏散尚未开始和疏散结束时的情况较多）正压间压力升高，当正压力产生的推门力矩与防火门闭门器开启力矩 M_f 处于平衡状态，但防火门尚未推开的临界状态下的压力称为临界压力 p_{Lin}，压力继续上升时，将防火门推开泄流，到一定的角度 θ 又达到新的平衡状态，这时的压力 p_L' 称为开启平衡压力，产生的推门力矩 M_{PL}' 为

$$M_{PL}'=p_L'\frac{HB^2}{2}\tag{10}$$

力矩平衡方程式为

$$p_L'\frac{HB^2}{2}=M_f\tag{11}$$

从流动阻力分析，$L_z'=L_{MW}$，通过外门的压降仍为 p_L'（假设室外大气压力 $p_W=0$）。

$$p_L'=1.42\left(\frac{L_z'}{A'}\right)^2\tag{12}$$

根据式(5)得

$$\frac{2H}{L_z'}\left(\frac{M_f}{1.42}\right)^{\frac{1}{2}}\sin\frac{\theta}{2}+\frac{B}{L_z'}\left(\frac{M_f}{1.42}\right)^{\frac{1}{2}}\sin\frac{\theta}{2}\cos\frac{\theta}{2}-1=0\tag{13}$$

2）推门力 F_m 的计算

因为正压间防烟楼梯间 L 为送风的起点，气流分两路，第一路经 M_W 流到室外，占绝大部分风量，第二路经 M_2 到前室经 M_1、内走道等到达室外，占极小部分风量。为了简化计算，按最不利情况考虑，可忽略关门时第二路气流的微小漏风量。从整体上说，这两路气流属并流气流，两路气流的压降 Δp_1，Δp_2 是相等的，并等于防烟楼梯间压力 p_L'。而这两路气流从单体上说，各路气流分别属串联气流，根据串联气流的流动规律，其总压降为所有各通道串联门洞或缝隙压降之和。前室的压力 p_Q 为防烟楼梯间的压力 p_L' 与经过一道防火门 M_2 的压降 Δp_{m2} 之差，显然 $p_Q<p_L'$，即前室内的压力小于楼梯间压力。因此，进入前室推开 M_1 比推开 M_2 容易，即 $F_{m1}<F_{m2}$，故此处只需验算防火门 M_2 的推门力 F_{m2}。

在这里推门力 F_{m2} 产生的推门力矩 $F_{m2}(B-b)$ 必须克服进正压间正压力产生的关门力矩 $p_L'\cdot HB^2/2$ 和闭门器的开启力矩 M_f。其平衡方程式为

$$F_{m2}(B-b)\geqslant\frac{p_L'HB^2}{2}+M_f$$

即
$$F_{m2}\geqslant\frac{M_f+\dfrac{p_L'HB^2}{2}}{B-b}\tag{14}$$

根据《高规》表 8.3.2-1 设定的 12 种工况的计算参数及计算结果汇总于表 2。

3.2　方案 2

1）自动泄压公式推导

该方案的特点是送风点为两处，一处是防烟楼梯间，送风量为 L_L；另一处是合用前室，其送风量为 L_Q。

根据流动网络分析，由于防烟楼梯间疏散外门 $M_{W底}$，$M_{W顶}$ 的存在[7]，关门时合用前室的空气只能向防烟楼梯流动，即合用前室的压力 p_Q 大于防烟楼梯间的压力 p_L'，合用前室通过防火门 M_2 流入防烟楼梯间的风量，考虑不利条件下，忽略 M_1 的缝隙漏风时 $L_{M2}\approx L_Q$，其压降为

$$p_Q=p_L'+\Delta p_{M2}\tag{15}$$

因此本方案要建立两类方程组：

① 第一类是计算防烟楼梯间的总风量 L_z 中通过每樘外门 M_W 空气的压降 Δp_{MW}，称为 p_L'。计算式与式(12)同。

表 2　防烟方案 1 各工况进入正压间推门力 F_{m1} 的计算参数及计算结果汇总

工况编号	系统负担层数 N/层	防烟楼梯间					前室			备注
		每樘外门 M_W 风量 L_z'/(m³/h)/(m³/s)	外门 M_W 尺寸 $(H\times B)$/(m×m)	开启力矩 M_f/(N·m)	θ/2/(°)	p_L'/Pa	M_2 尺寸 $(H\times B)$/(m×m)	开启力矩 M_f/(N·m)	开门力 F_m/N	
1	32	20 000/$5.\dot{5}$	2.0×0.8	25	16.12	39.065 7	2.0×0.8	25	67.570 3	1) 送入防烟楼梯间总风量为 L_z，通过每樘外门 M_W 的风量 L_z' 为 L_z 的 1/2；
2	32	20 000/$5.\dot{5}$	2.0×0.9	45	11.66	55.592 5	2.0×0.9	45	107.178 5	
3	32	20 000/$5.\dot{5}$	2.0×1.0	50	10.83	50.011 5	2.0×1.0	50	106.395 2	2) 按并联、串联气流流动规律判定：防烟楼梯间内的压力 p_L' 大于前室的压力 p_Q'，因此进入防烟楼梯的推门力 F_{m2} 大于进入前室的推门力 F_{m1}，故只需验算 F_{m2} 即可；
4	20	17 500/$4.86\dot{1}$	2.0×0.8	25	14.03	39.106 9	2.0×0.8	25	67.606 0	
5	20	17 500/$4.86\dot{1}$	2.0×0.9	45	10.17	55.662 4	2.0×0.9	45	107.245 9	
6	20	17 500/$4.86\dot{1}$	2.0×1.0	50	9.45	50.061 4	2.0×1.0	50	106.448 3	
7	19	15 000/$4.1\dot{6}$	2.0×0.8	25	11.98	39.087 0	2.0×0.8	25	67.5887	
8	19	15 000/$4.1\dot{6}$	2.0×0.9	45	8.70	55.638 2	2.0×0.9	45	107.222 6	3) 对于防火门规格为2.0m×1.0m的闭门器选取的开启力矩 $M_f\leqslant$80N·m必须调整，否则推门力将超过允许值
9	19	15 000/$4.1\dot{6}$	2.0×1.0	50	8.09	49.991 1	2.0×1.0	50	106.373 5	
10	1	25 000/$6.9\dot{4}$	2.0×0.8	25	20.38	37.421 5	2.0×0.8	25	66.148 3	
11	1	25 000/$6.9\dot{4}$	2.0×0.9	45	14.67	59.534 7	2.0×0.9	45	110.979 9	
12	1	25 000/$6.9\dot{4}$	2.0×1.0	50	13.61	50.029 7	2.0×1.0	50	106.414 6	

假设 L_z' 推开 M_W 的角度为 θ，其计算式与式(13)同。

由式(13)求解得到 $\theta/2$，代入式(5)求得泄流面积 A'，再将 A' 代入式(12)求得 p_L'。

② 第二类是计算合用前室的风量 L_{M2} 通过防火门 M_2（M_2，M_1 都为双扇门）的压降 Δp_{M2}

$$\Delta p_{M2} = 1.42\left(\frac{L_{M2}'}{A''}\right)^2 \tag{16}$$

为了保证进入合用前室的推门力 F_{m1} 不大于最大允许推门力 F_{max}（110 N），经分析和计算，必须将合用前室的防火门 M_1 与 M_2 都设置成双扇门，每扇尺寸 $H\times B=2.0\ \text{m}\times0.6\ \text{m}$，减小门的宽度 B，控制其所选闭门器的开启力矩 $M_f\leqslant25$ N·m 并调整为 20 N·m，才能满足推门力的要求。

双扇门推开后的泄流面积 A'' 与单扇门 A' 不同，泄流面积 A'' 的计算式与式(9)同。

因而通式为

$$\frac{2H}{L_z'}\left(\frac{M_f}{1.42}\right)^{\frac{1}{2}}(1-\cos\theta)+\frac{B}{L_z'}\left(\frac{M_f}{1.42}\right)^{\frac{1}{2}}\cdot \sin\theta(2-\cos\theta)-1=0 \tag{17}$$

由于合用前室的防火门都采用同一种规格，如工况 13～24 只有 4 种不同的风量 L_z'，因此相同风量的工况合并为联合组，整理后工况 13～15 联合一组方程为

$$7.369\ 395\ 956(1-\cos\theta)+1.105\ 409\ 393\sin\theta\cdot(2-\cos\theta)-1=0 \tag{18}$$

同理工况 16～18 联合二组方程为

$$9.007\ 039\ 498(1-\cos\theta)+1.351\ 055\ 925\cdot\sin\theta(2-\cos\theta)-1=0 \tag{19}$$

工况 19～21 联合三组方程为

$$6.755\ 279\ 626(1-\cos\theta)+1.013\ 291\ 944\sin\theta\cdot(2-\cos\theta)-1=0 \tag{20}$$

工况 22～24 联合四组方程为

$$4.503\ 519\ 75(1-\cos\theta)+0.675\ 527\ 962\sin\theta\cdot(2-\cos\theta)-1=0 \tag{21}$$

同理由式(18)～(21)解得 θ，再由式(16)求得 Δp_{M2}。

2) 进入合用前室的推门力 F_{m1} 的计算

由平衡力矩方程式得：

$$F_{m1}=\frac{M_{fm1}+(L'_L+\Delta p_{M2})\dfrac{H_{m1}B_{m1}}{2}}{B_{m1}-b} \tag{22}$$

式中　M_{fm1} 为进合用前室的防火门 M_1 的开启力矩，N·m；；H_{m1}，B_{m1} 分别为进合用前室的防火门

M_1 的高与宽,m。

将 12 个工况的计算参数及结果汇总于表 3。

表 3　防烟方案 2 各工况进入正压间推门力 F_{m1} 的计算参数及计算结果汇总

工况编号	系统负担层数 N/层	《高规》表 8.3.2-2 控制风量/((m³/h)/(m³/s))			风量/((m³/h)/(m³/s))		
		防烟楼梯间 L_L	合用前室 L_Q	总风量 L_z	合用前室风口同时开启层数 n/层	通过每樘外门 M_W 的风量 L_z'	通过每层合用前室 M_2 的风量 L_{m2}
13	32	25 000/6.9$\dot{4}$	22 000/6.$\dot{1}$	47 000/13.0$\dot{5}$	3	23 500/6.52$\dot{7}$	7 333.$\dot{3}$/2.037
14	32	25 000/6.9$\dot{4}$	22 000/6.$\dot{1}$	47 000/13.0$\dot{5}$	3	23 500/6.52$\dot{7}$	7 333.$\dot{3}$/2.037
15	32	25 000/6.9$\dot{4}$	22 000/6.$\dot{1}$	47 000/13.0$\dot{5}$	3	23 500/6.52$\dot{7}$	7 333.$\dot{3}$/2.037
16	20	20 000/5.$\dot{5}$	18 000/5.0	38 000/10.$\dot{5}$	3	19 000/5.2$\dot{7}$	6 000/1.$\dot{6}$
17	20	20 000/5.$\dot{5}$	18 000/5.0	38 000/10.$\dot{5}$	3	19 000/5.2$\dot{7}$	6 000/1.$\dot{6}$
18	20	20 000/5.$\dot{5}$	18 000/5.0	38 000/10.$\dot{5}$	3	19 000/5.2$\dot{7}$	6 000/1.$\dot{6}$
19	19	20 000/5.$\dot{5}$	16 000/4.$\dot{4}$	36 000/10.0	2	18 000/5.0	8 000/2.$\dot{2}$
20	19	20 000/5.$\dot{5}$	16 000/4.$\dot{4}$	36 000/10.0	2	18 000/5.0	8 000/2.$\dot{2}$
21	19	20 000/5.$\dot{5}$	16 000/4.$\dot{4}$	36 000/10.0	2	18 000/5.0	8 000/2.$\dot{2}$
22	1	16 000/4.$\dot{4}$	12 000/3.$\dot{3}$	28 000/7.$\dot{7}$	1	28 000/7.$\dot{7}$	12 000/3.$\dot{3}$
23	1	16 000/4.$\dot{4}$	12 000/3.$\dot{3}$	28 000/7.$\dot{7}$	1	28 000/7.$\dot{7}$	12 000/3.$\dot{3}$
24	1	16 000/4.$\dot{4}$	12 000/3.$\dot{3}$	28 000/7.$\dot{7}$	1	28 000/7.$\dot{7}$	12 000/3.$\dot{3}$

防烟楼梯间参数及计算结果				合用前室参数及计算结果					
外门 M_W($M_{顶}$,$M_{底}$)尺寸($H\times B$)/(m×m)	M_f/(N·m)	θ/2(°)	p_L'/Pa	$M_1=M_2$($H\times B$)/(m×m)	M_f/(N·m)	θ/(°)	Δp_{m2}/Pa	p_Q/Pa	F_{m1}/N
2.0×0.8	25	19.08	39.115 4	2.0×0.6	20	22.271	55.563 0	94.678 5	100.155 9
2.0×0.9	35	15.67	43.236 9	2.0×0.6	20	22.271	55.563 0	98.799 6	102.903 6
2.0×1.0	40	14.32	40.060 3	2.0×0.6	20	22.271	55.563 0	95.623 3	100.785 9
2.0×0.8	25	15.27	39.131 6	2.0×0.6	20	19.583	55.552 9	94.684 5	100.160 0
2.0×0.9	35	12.59	43.187 0	2.0×0.6	20	19.583	55.552 9	98.739 9	102.863 6
2.0×1.0	40	11.51	40.058 6	2.0×0.6	20	19.583	55.552 9	95.611 5	100.778 0
2.0×0.8	25	14.45	39.074 6	2.0×0.6	20	23.532	55.555 5	94.630 1	100.123 7
2.0×0.9	35	11.91	43.199 5	2.0×0.6	20	23.532	55.555 5	98.755 0	102.873 7
2.0×1.0	40	10.90	40.000 6	2.0×0.6	20	23.532	55.555 5	95.556 1	100.741 1
2.0×0.8	25	23.03	39.095 4	2.0×0.6	20	30.252	55.557 8	94.653 2	100.139 2
2.0×0.9	35	18.83	43.245 4	2.0×0.6	20	30.252	55.557 8	98.803 2	102.905 8
2.0×1.0	40	17.20	40.007 1	2.0×0.6	20	30.252	55.557 8	95.564 4	100.747 0

注:1)表 8.3.2-2 防烟方案工况 13~24,因为防烟楼梯间与合用前室分别加压,防烟楼梯间正压力推开的为单扇门。求解推开门的角度 $\theta/2$ 的方程组与其他工况类同,方程组的基本形式为:$(\frac{2H}{L_z})(\frac{M_f}{1.42})^{1/2}\sin\frac{\theta}{2}+(\frac{B}{L_z})(\frac{M_f}{1.42})^{1/2}\sin\frac{\theta}{2}\cos\frac{\theta}{2}-1=0$,而合用前室正压力 p_Q' 所推开的为双扇门,求解开门角度 θ 的方程组不同,按 4 种系统负担层数不同,L_z' 不同,通式为:$(\frac{4}{L_{m2}})(\frac{M_f}{1.42})^{1/2}(1-\cos\theta)+(\frac{B}{L_z})(\frac{M_f}{1.42})^{1/2}\sin\theta(2-\cos\theta)-1=0$。

3.3　方案 3

1) 自动泄压公式推导

其特点是:火灾时,防烟楼梯间有可开启的自然排烟外窗[7-11],其面积为 A_c,根据《高规》第 8.2.2.2 条规定,每 5 层内可开启外窗总面积之和不应小于 2.0 m²,为简化计算,对 5 层以上的加压送风系统,假设平均每层自然排烟外窗面积 A_c 为 0.4 m²。当系统负担层数为 N 层时,其自然排烟外窗面积 $A_c=0.4$ m²/层$\times N$。但对 $N=1\sim5$ 层以内的系统,面积 A_c 都应不小于 2.0 m²。即 $N=1$ 层时,取 $A_c=2.0$ m²。

送入前室或合用前室的总风量为 L'_z,按常规的风口开启方式,系统负担层数 20~32 层,开启 3 层风口,关门时通过这 3 层的防火门 M_2 的风量 L_{m2} 为 $1/3L'_z$,$N=19$ 层时开 2 层,$N=1$ 层时开 1 层,但总风量 L_z' 最终都是通过 M_W 流到室外。

因此关门时通过前室或合用前室与防烟楼梯间之间的防火门 M_2 的风量通式为 $L_{m2}=L_z'/n$。

送入前室或合用前室的空气通过防火门的压降 Δp_{M2} 可用式(12)计算。

通过防烟楼梯的风量为系统总风量 L_z'(见表 1),由于防烟楼梯有面积为 A_c 的自然排烟外窗和向疏散方向开启的外门 M_W,且 A_c 的面积随系统负担层数的增大而增大,对于系统负担层数较多的工况,L_z' 将从外窗 A_c 排泄,流入室外[12]。对于工况 25~36 计 12 种工况,风量 L_z' 从外窗 A_c 排泄时,因 A_c 面积大,流速小,产生的压降 p_L' 小,经计算推开开启力矩最小的防火门(2.0 m×0.8 m)的开启力矩为 25 N·m,其防烟楼梯间的正压 p_L 必须大于 39.062 5 Pa。

而工况 25～36 共计 12 个工况，气流通过自然排烟外窗面积 A_c 时的压降 Δp_{AC} 按下式计算：

$$\Delta p_{AC} = p'_L = 1.42\left(\frac{L'_z}{A_c}\right)^2 \tag{23}$$

最大压降出现在工况 34～36 即系统只负担 1 层时，$\Delta p_{AC} = 13.257\,7$ Pa，显然，产生的正压是推不开外门 M_W 的。

防烟楼梯间内的正压力 12 个工况的 p'_L 都可按式(23)算出，结果见表 4。

表 4　防烟方案 3 各工况进入正压间推门力 F_{m1} 的计算参数及计算结果汇总

工况编号	系统负担层数 N/层	防烟楼梯间参数及计算结果					备 注
		系统风量 L'_z/((m³/h)/(m³/s))	外门 M_W 尺寸 ($H\times B$)/(m×m)	开启力矩 M_f/(N·m)	外窗开启面积 A_c/m²	p'_L/Pa	
25	32	32 000/$8.\dot{8}$	2.0×0.8	25	12.8	0.684 8	防烟楼梯间自然排烟外窗开启面积 A_c 大，气流从外窗泄流后已推不开外门 M_W，$\theta/2=0$
26	32	32 000/$8.\dot{8}$	2.0×0.9	45	12.8	0.684 8	
27	32	32 000/$8.\dot{8}$	2.0×1.0	50	12.8	0.684 8	
28	20	28 000/$7.\dot{7}$	2.0×0.8	25	8.0	1.342 2	
29	20	28 000/$7.\dot{7}$	2.0×0.9	45	8.0	1.342 2	
30	20	28 000/$7.\dot{7}$	2.0×1.0	50	8.0	1.342 2	
31	19	27 000/7.5	2.0×0.8	25	7.6	1.382 9	
32	19	27 000/7.5	2.0×0.9	45	7.6	1.382 9	
33	19	27 000/7.5	2.0×1.0	50	7.6	1.382 9	
34	1	22 000/$6.\dot{1}$	2.0×0.8	25	≥2.0	13.257 7	
35	1	22 000/$6.\dot{1}$	2.0×0.9	45	≥2.0	13.257 7	
36	1	22 000/$6.\dot{1}$	2.0×1.0	50	≥2.0	13.257 7	
35'	1	22 000/$6.\dot{1}$	2.0×0.9	45	≥2.0	13.257 7	
36'	1	22 000/$6.\dot{1}$	2.0×1.0	50	≥2.0	13.257 7	

前室或合用前室参数及计算结果							
M_2 尺寸($H\times B$)/(m×m)	开启力矩 M_f/(N·m)	通过 M_2 风量 L_{m2}/(m³/s)	正压力推开 M_W 的角度/(°) $\frac{\theta}{2}$	正压力推开 M_W 的角度/(°) θ	风量通过 M_2 压降 Δp_{m2}/Pa	前室压力 p_Q/Pa	进入前室推门 M_1 的力 F_{m_1}/N
2.0×0.8	25	$2.9\overline{629}$	8.475		39.065 7	39.750 5	68.162 6
2.0×0.9	45	$2.9\overline{629}$	6.173		55.555 0	56.239 8	106.802 6
2.0×1.0	50	$2.9\overline{629}$	5.737		50.003 3	50.688 1	107.115 0
2.0×0.8	25	$2.5\overline{925}$	7.407		39.055 7	40.397 9	68.722 5
2.0×0.9	45	$2.5\overline{925}$	5.398		55.545 9	56.888 1	108.427 9
2.0×1.0	50	$2.5\overline{925}$	5.017		49.997 7	51.339 9	107.8084
2.0×0.8	25	3.75	10.762		39.067 1	40.450 0	88.445 9
2.0×0.9	45	3.75	7.827		55.554 5	56.937 4	108.475 4
2.0×1.0	50	3.75	7.273		49.999 0	51.381 9	107.853 1
2.0×0.8	25	$6.\dot{1}$	17.80		39.106 3	52.364 0	79.071 6
2.0×0.9	45	$6.\dot{1}$	12.85		55.640 2	68.897 9	120.008 7
2.0×1.0	50	$6.\dot{1}$	11.93		50.072 4	63.330 1	120.563 9
2.0×0.6	25	$6.\dot{1}$		40.75	69.453 9	82.711 6	101.437 3
2.0×0.6	25	$6.\dot{1}$		40.75	69.453 9	82.7116	101.437 3

注：1) 除系统负担层数为 1 层外，工况 35，36 前室的两道防火门 M_2，M_1 的规格需作调整，都改为双扇门，每扇尺寸为 2.0 m×0.6 m；

2) 其余工况只需对闭门器开启力矩 M_f 作适当调整，所有进入正压间的推门力 F_m 都满足安全要求(F_m＜110 N)；

3) 前室或合用前室风口同时开启层数见表 1。

试算表明，工况 35，36 前室或合用前室防火门尺寸如果仍采用 2.0 m×0.9 m 或 2.0 m×1.0 m 时，进入前室的推门力 F_{m1} 是不能满足最大推门力的要求的。

2) 进入正压前室推门力 F_{m1} 的计算

进入正压前室或合用前室推门力 F_{m1} 可采用下式计算：

$$F_{m1} \geqslant \frac{M_f + p_Q \dfrac{HB^2}{2}}{B - b} \tag{24}$$

12个工况的计算参数及计算结果汇总于表4。

3.4 方案4

1）自动泄压公式推导

与《高规》表8.3.2-1不同，按规范规定和常规做法，本方案在关门时超压是必然的。对消防扑救存在极大的安全隐患，必须采取有效措施。

笔者提出的措施是：

① 将消防电梯独用前室的防火门都做成双扇门，按宽度分为两种规格：每扇为2.0 m×0.8 m或2.0 m×0.6 m两种。

② 将双扇防火门的右边一扇向进电梯的方向开启，将另一扇向出电梯方向开启，仍可利用式(10)~(14)进行计算，只是参数不同。

2）进独用前室的推门力 F_{mf} 的计算

$$F_{mf} \geqslant \frac{M_f + p_Q{}'H\frac{B^2}{2}}{B-b} \tag{25}$$

计算过程及结果汇总于表5。

表5 防烟方案4各工况进入正压间推门力 F_{m1} 的计算参数及计算结果汇总

工况编号	系统负担层数 N/层	系统总风量 L_z/((m³/h)/(m³/s))	前室风口同时开启层数 n/层	送入前室计算风量 $L_E{}'$/(m³/s)	防火门 M_F 每扇(双扇)尺寸/(m×m)	防火门开启力矩 M_f 计算值/(N·m)	$\theta/2$/(°)	$p_F{}'$/Pa	推门力 F_{mf}/N	备注
37	32	27 000/7.5	3	2.5	2.0×0.8	25	7.14	39.059 6	67.565 0	1) 现行方案关门时推门力远远超过允许最大推门力 F_{max}；
37′	32	27 000/7.5	1	7.5	2.0×0.8	25	22.15	39.060 7	67.566 0	
38	32	27 000/7.5	3	2.5	2.0×0.6	25	7.45	69.452 6	92.598 1	2) 笔者采用双扇防火门，并将右边一扇向进电梯方向开启，左边一扇向出电梯方向开启；
38′	32	27 000/7.5	1	7.5	2.0×0.6	25	23.10	69.567 4	92.674 5	
39	20	22 000/$6.\dot{1}$	3	$2.\overline{037}$	2.0×0.8	25	5.81	39.061 6	67.566 8	
39′	20	22 000/$6.\dot{1}$	1	$6.\dot{1}$	2.0×0.8	25	17.80	39.106 3	67.605 4	3) 控制每扇防火门的宽度不超过0.8 m，从而控制开启力矩 $M_f \leqslant 25$ N·m
40	20	22 000/$6.\dot{1}$	3	$2.\overline{037}$	2.0×0.6	25	6.063	69.437 4	92.587 9	
40′	20	22 000/$6.\dot{1}$	1	$6.\dot{1}$	2.0×0.8	25	18.58	69.513 1	92.638 3	
41	19	20 000/$5.\dot{5}$	2	$2.\dot{7}$	2.0×0.8	25	7.94	39.065 7	67.570 4	
41′	19	20 000/$5.\dot{5}$	1	$5.\dot{5}$	2.0×0.6	25	16.12	39.065 7	67.570 3	
42	19	20 000/$5.\dot{5}$	2	$2.\dot{7}$	2.0×0.6	25	8.286	69.443 9	92.592 2	
42′	19	20 000/$5.\dot{5}$	1	$5.\dot{5}$	2.0×0.6	25	16.82	69.485 0	92.619 6	
43	1	15 000/$4.1\dot{6}$	1	$4.1\dot{6}$	2.0×0.8	25	11.98	39.087 0	67.588 7	
44	1	15 000/$4.1\dot{6}$	1	$4.1\dot{6}$	2.0×0.6	25	12.50	69.512 7	92.638 1	

为了求解各防烟方案中相应各工况的参数 θ 值，将58个方程汇总于表6。

3.5 总结

4种防烟方案为满足推门力要求应分别采取以下对策。

1）对于方案1(《高规》表8.3.2-1)，只需将规格为2.0 m×1.0 m防火门的闭门器的开启力矩由80 N·m调整为50 N·m，就能满足要求，如果不便调整，可将防火门的宽度改为小于1.0 m。

2）对方案2(《高规》表8.3.2-2)需要采取的措施为

① 将宽度为0.9 m的防火门的闭门器开启力矩由45 N·m调整为35 N·m，宽度为1.0 m的由80 N·m调整为40 N·m。

② 合用前室的防火门选用双扇门，每扇规格为2.0 m×0.6 m，并将其闭门器的开启力矩由25 N·m调整为20 N·m。

3）对于方案3(《高规》表8.3.2-4)，需将防烟楼梯间规格为2.0 m×1.0 m的外门的闭门器开启力矩由80 N·m调整为50 N·m；将工况35，36前室或合用前室的防火门 M_2，M_1 按双扇门设置，每扇规格为2.0 m×0.6 m。

4）对于方案4(《高规》表8.3.2-3)，需将独用前室的防火门设置为双扇门，每扇规格为2.0 m×0.8 m或2.0 m×0.6 m；并将双扇门的右边一扇向进电梯方向开启，左边一扇向出电梯方向开启。

4 结论

4.1 现行加压送风防烟方案以风量差($L_v - L_y$)作为是否泄压和选择泄压装置的依据，除了本身数值上存在的问题、没有区分不同防烟方案和将关门时防火门的缝隙视为不变值之外，忽视了正压间防火门本身具有的自平衡能力，是不合理的关键所在。

4.2 正压间关门后，4种加压送风防烟方案压力

表6　4种防烟方案各工况正压力推开防火门角度 θ 的方程式汇总

方案编号	工况编号	方程式	角度计算结果/(°)		备注
			$\theta/2$	θ	
1(《高规》表8.3.2-1)	1	$3.021\,052\,889\sin(\theta/2)+0.604\,210\,577\sin(\theta/2)\cos(\theta/2)-1=0$	16.12		防烟楼梯间加压推开外门 M_W 角度为 θ 的方程式
	2	$4.053\,167\,775\sin(\theta/2)+0.911\,962\,749\sin(\theta/2)\cos(\theta/2)-1=0$	11.66		
	3	$4.272\,413\,969\sin(\theta/2)+1.068\,103\,492\sin(\theta/2)\cos(\theta/2)-1=0$	10.83		
	4	$3.452\,631\,874\sin(\theta/2)+0.690\,526\,374\sin(\theta/2)\cos(\theta/2)-1=0$	14.03		
	5	$4.632\,191\,745\sin(\theta/2)+1.042\,243\,143\sin(\theta/2)\cos(\theta/2)-1=0$	10.17		
	6	$4.882\,758\,827\sin(\theta/2)+1.220\,689\,707\sin(\theta/2)\cos(\theta/2)-1=0$	9.45		
	7	$4.028\,070\,536\sin(\theta/2)+0.805\,614\,107\sin(\theta/2)\cos(\theta/2)-1=0$	11.98		
	8	$5.404\,223\,704\sin(\theta/2)+1.215\,950\,333\sin(\theta/2)\cos(\theta/2)-1=0$	8.70		
	9	$5.696\,551\,975\sin(\theta/2)+1.424\,137\,994\sin(\theta/2)\cos(\theta/2)-1=0$	8.09		
	10	$2.416\,842\,315\sin(\theta/2)+0.483\,368\,463\sin(\theta/2)\cos(\theta/2)-1=0$	20.38		
	11	$3.242\,534\,229\sin(\theta/2)+0.729\,570\,201\sin(\theta/2)\cos(\theta/2)-1=0$	14.67		
	12	$3.417\,931\,185\sin(\theta/2)+0.854\,482\,796\sin(\theta/2)\cos(\theta/2)-1=0$	13.61		
2(《高规》表8.3.2-2)	13	$2.571\,108\,842\sin(\theta/2)+0.514\,221\,768\sin(\theta/2)\cos(\theta/2)-1=0$	19.08		防烟楼梯间加压空气量 L_L 与合用前室的加压空气量 L_Q 之和 L_E 推开外门 M_W 角度为 θ 的方程式
	14	$3.042\,177\,008\sin(\theta/2)+0.684\,489\,826\sin(\theta/2)\cos(\theta/2)-1=0$	15.67		
	15	$3.252\,224\,022\sin(\theta/2)+0.813\,056\,005\sin(\theta/2)\cos(\theta/2)-1=0$	14.32		
	16	$3.180\,055\,673\sin(\theta/2)+0.636\,011\,134\sin(\theta/2)\cos(\theta/2)-1=0$	15.27		
	17	$3.762\,692\,616\sin(\theta/2)+0.846\,605\,838\sin(\theta/2)\cos(\theta/2)-1=0$	12.59		
	18	$4.022\,487\,606\sin(\theta/2)+1.005\,621\,901\sin(\theta/2)\cos(\theta/2)-1=0$	11.51		
	19	$3.356\,725\,433\sin(\theta/2)+0.671\,345\,086\sin(\theta/2)\cos(\theta/2)-1=0$	14.45		
	20	$3.971\,731\,113\sin(\theta/2)+0.893\,639\,5s\sin(\theta/2)\cos(\theta/2)-1=0$	11.91		
	21	$4.245\,959\,139\sin(\theta/2)+1.061\,489\,785\sin(\theta/2)\cos(\theta/2)-1=0$	10.90		
	22	$2.157\,894\,922\sin(\theta/2)+0.431\,578\,984\sin(\theta/2)\cos(\theta/2)-1=0$	23.03		
	23	$2.553\,255\,704\sin(\theta/2)+0.574\,482\,533\sin(\theta/2)\cos(\theta/2)-1=0$	18.83		
	24	$2.729\,545\,161\sin(\theta/2)+0.682\,386\,291\sin(\theta/2)\cos(\theta/2)-1=0$	17.20		
	13′,14′,15′	$7.369\,395\,955(1-\cos\theta)+1.105\,409\,393\sin\theta(2-\cos\theta)-1=0$		22.271	通过每层合用前室的风量 $L_{m2}=L_Q/n$,推开双扇门 M_2 角度为 θ 的方程式
	16′,17′,18′	$9.007\,394\,98(1-\cos\theta)+1.351\,055\,925\sin\theta(2-\cos\theta)-1=0$		19.583	
	19′,20′,21′	$6.755\,272\,926(1-\cos\theta)+1.013\,291\,944\sin\theta(2-\cos\theta)-1=0$		23.532	
	22′,23′,24′	$4.503\,519\,75(1-\cos\theta)+0.675\,527\,962\sin\theta(2-\cos\theta)-1=0$		30.252	
3(《高规》表8.3.2-4)	25	$5.664\,474\,168\sin(\theta/2)+1.132\,894\,834\sin(\theta/2)\cos(\theta/2)-1=0$	8.475		通过每层合用前室的风量 L_{m2} 推开单扇门 M_2 角度为 θ 的方程式(通过防烟楼梯间自然排烟外窗面积 A_c 的压降计算见正文)
	26	$7.599\,689\,579\sin(\theta/2)+1.709\,930\,155s\sin(\theta/2)\cos(\theta/2)-1=0$	6.173		
	27	$8.010\,776\,191\sin(\theta/2)+2.002\,694\,048\sin(\theta/2)\cos(\theta/2)-1=0$	5.737		
	28	$6.473\,684\,751\sin(\theta/2)+1.294\,736\,95\sin(\theta/2)\cos(\theta/2)-1=0$	7.407		
	29	$8.685\,359\,503\sin(\theta/2)+1.954\,205\,888\sin(\theta/2)\cos(\theta/2)-1=0$	5.398		
	30	$9.155\,172\,773\sin(\theta/2)+2.288\,793\,193\sin(\theta/2)\cos(\theta/2)-1=0$	5.017		
	31	$4.475\,633\,91\sin(\theta/2)+0.895\,126\,782\sin(\theta/2)\cos(\theta/2)-1=0$	10.762		
	32	$6.00\,469\,3\sin(\theta/2)+1.351\,055\,925\sin(\theta/2)\cos(\theta/2)-1=0$	7.827		
	33	$6.329\,502\,176\sin(\theta/2)+1.582\,375\,544\sin(\theta/2)\cos(\theta/2)-1=0$	7.273		
	34	$2.746\,411\,73\sin(\theta/2)+0.549\,282\,346\sin(\theta/2)\cos(\theta/2)-1=0$	17.80		
	35′	$2.746\,411\,718(1-\cos\theta)+0.411\,961\,757\sin\theta(2-\cos\theta)-1=0$		40.75	通过该双扇门 M_2 角度为 θ 的方程式
	36′	$2.746\,411\,718(1-\cos\theta)+0.411\,961\,757\sin\theta(2-\cos\theta)-1=0$		40.75	
4(《高规》表8.3.2-3)	37	$6.713\,450\,865\sin(\theta/2)+1.342\,690\,173\sin(\theta/2)\cos(\theta/2)-1=0$	7.14		1)独用消防电梯前室虽采用双扇防火门,但两扇门开启方向相反,正压力只能推开其中向外开的一扇;2)工况37~44为对应工况风量 L'_z 的 n 倍时的数据
	37′	$2.237\,816\,955\sin(\theta/2)+0.447\,563\,391\sin(\theta/2)\cos(\theta/2)-1=0$	22.15		
	38	$6.713\,450\,865\sin(\theta/2)+1.007\,017\,63\sin(\theta/2)\cos(\theta/2)-1=0$	7.45		
	38′	$2.237\,816\,955\sin(\theta/2)+0.335\,672\,543\sin(\theta/2)\cos(\theta/2)-1=0$	23.10		
	39	$8.239\,235\,154\sin(\theta/2)+1.647\,847\,031\sin(\theta/2)\cos(\theta/2)-1=0$	5.81		
	39′	$2.746\,411\,718\sin(\theta/2)+0.549\,282\,343\sin(\theta/2)\cos(\theta/2)-1=0$	17.80		
	40	$8.239\,235\,154\sin(\theta/2)+1.235\,885\,273\sin(\theta/2)\cos(\theta/2)-1=0$	6.063		
	40′	$2.746\,411\,718\sin(\theta/2)+0.411\,961\,757\sin(\theta/2)\cos(\theta/2)-1=0$	18.58		
	41	$6.042\,105\,778\sin(\theta/2)+1.208\,421\,156\sin(\theta/2)\cos(\theta/2)-1=0$	7.94		
	41′	$3.021\,052\,889\sin(\theta/2)+0.604\,210\,577\sin(\theta/2)\cos(\theta/2)-1=0$	16.12		
	42	$6.042\,105\,778\sin(\theta/2)+0.906\,315\,866\sin(\theta/2)\cos(\theta/2)-1=0$	8.286		
	42′	$3.021\,052\,889\sin(\theta/2)+0.453\,157\,933\sin(\theta/2)\cos(\theta/2)-1=0$	16.82		
	43	$4.028\,070\,519\sin(\theta/2)+0.805\,614\,103\sin(\theta/2)\cos(\theta/2)-1=0$	11.98		
	44	$4.028\,070\,519\sin(\theta/2)+0.604\,210\,577\sin(\theta/2)\cos(\theta/2)-1=0$	12.50		

注:方案2中工况13′~24′表示双扇门的工况;因实际工程不采用单扇门,故取消工况35,36。

的变化是不相同的，方案4即表8.3.2-3防烟方案，因为独用前室只有一个进入前室的防火门，关门后，超压的危险性最大。其余3种防烟方案，正压间进、出口一般各有一个门，由于出正压间的防火门都是向外（疏散方向）开启的，有自动泄压的自平衡能力，本文提出以推门力为判定依据，以确保疏散人员能安全进入正压间为目标，充分利用防火门的自平衡能力，采取的综合性对策措施是有效的，表2～5中58个工况采取的综合措施计算结果表明，都能满足推门力 $F_m<110$ N的要求。按表中参数采用都是安全的。

4.3 影响推门力的因素主要有：防火门的形式（单扇、双扇）、每扇防火门的尺寸、闭门器的开启力矩、加压送风的部位、加压送风量、前室或合用前室加压送风口同时开启数量等，特别是防火门的形式、单扇防火门的宽度与闭门器的开启力矩是相互关联的。在相同系统负担层数和加压送风量的工况中，都有2～3种工况可供选择，能达到同一目的。

4.4 以《高规》表8.3.2-1向防烟楼梯间加压送风为例，由于正压间的外门Mw都是向疏散方向开启的，关门时正压力上升，正压力产生的推门力矩克服闭门器的开启力矩后，将防火门Mw推开（其角度为 θ）而自动泄压，泄压后的压力往往小于50 Pa，而《高规》提出的技术条件——关门时防烟楼梯应保证50 Pa的提法就失去了理论上的支持。同样，压差法中的 Δp 与缝隙面积 A 的大小也面目全非，公式与实际不符，失去了应用价值。

4.5 以推门力作为依据采取的对策措施，符合气流流动规律，既简化了防烟系统设计，又提高了防烟系统的可靠性和经济性。

4.6 加压送风系统关门时和开门时其工作点应由风机的特性曲线和管道特性曲线的交点确定。由于目前市场上的风机特性曲线大多数属平缓型的，特别是用于前室和合用前室的加压送风系统，风机远、近端的阻力相差很大，多数都超出风机的适用范围，研制陡峭型特性曲线的风机或采取其他有效措施势在必行。本文因篇幅所限不能在此讨论。对关门时的工作点按风机曲线为陡峭型保证风量基本不变的情况考虑。

参考文献：

[1] 中华人民共和国公安部. GB 50045—95 高层民用建筑设计防火规范[S]. 北京：中国计划出版社，2005

[2] 中华人民共和国公安部. GB 50016－2006 建筑设计防火规范[S]. 北京：中国计划出版社，2006

[3] 刘朝贤. 对加压送风“流速法”中背压系数“a”的分析与探讨[C]//制冷与空调2009年西地三省一区一市学术年会论文集，2009

[4] 中国建筑科学研究院. GB/T 7107—2002 建筑外窗气密性能分级及检测方法[S]. 北京：中国标准出版社，2002

[5] 刘朝贤. 对加压送风防烟中同时开启门数量的理解与分析[J]. 暖通空调，2008，38(2)：70-74

[6] 中华人民共和国公安部. GA93—2004 防火闭门器[S]. 北京：中国标准出版社，2004

[7] 刘朝贤. 对自然排烟防烟“自然条件”的可靠性分析[J]. 暖通空调，2008，38(10)：53-61

[8] 刘朝贤. 对高层建筑房间自然排烟极限高度的探讨[J]. 制冷与空调，2007，21(增刊)：56-60

[9] 刘朝贤. 对高层建筑防烟楼梯间自然排烟的可行性探讨[J]. 制冷与空调，2007，21(增刊)：83-92

[10] 刘朝贤. 对《高层民用建筑设计防火规范》第8.3.2条的解析与商榷[J]. 制冷与空调，2007，21(增刊)：110-113

[11] 刘朝贤. 对《高层民用建筑设计防火规范》中自然排烟条文规定的理解与分析[J]. 制冷与空调，2008，22(6)：1-6

[12] 刘朝贤. “当量流通面积”流量分配法在加压送风量计算中的应用[J]. 暖通空调，2009，39(8)：102-108

（影印自《暖通空调》2010年第40卷第9期63—73页）

多叶排烟口/多叶加压送风口气密性标准如何应用的探讨

中国建筑西南设计研究院有限公司　刘朝贤☆

摘要　针对多叶排烟口/多叶送风口气密性标准只是从宏观角度反映关闭风口气流泄漏的综合性控制指标，无法直接用于加压送风系统关闭风口漏风量计算，提出将风口气密性标准转换成能表征漏风量与压差之间的函数关系的两个替代参数——风口漏风面积率和压差指数的方法，建立了两者的计算数学模型。并对国内外部分风口气密性标准的转换进行了数值计算，为关闭风口漏风量计算提供了支持。

关键词　风口气密性标准　替代参数　漏风面积率　压差指数　漏风量

Application of air tightness standards for multi-blade exhaust smoke outlets/air inlets

By Liu Chaoxian★

Abstract　Viewing at the fact that the air tightness standards for multi-blade exhaust smoke outlets/air inlets are merely an integrated control index reflecting the leakage of closed opening from a macro perspective, therefore they can not directly be used for leakage calculation of pressurization air supply system, suggests the air tightness standards to be converted into two alternative parameters indicating the function relationship between leakage and pressure difference—air leakage area ratio of air opening and pressure difference index, and sets up the mathematical model of them. Simulates the conversion of some domestic and international air tightness standards for air opening, providing a reference for leakage calculation of closed openings.

Keywords　air opening air tightness standard, alternative parameter, air leakage area ratio, pressure difference index, leakage

★ China Southwest Architectural Design and Research Institute, Chengdu, China

1　概述

所有风口气密性标准，无论是国家标准，还是地方标准或企业标准，最多提供两组压差和漏风量数据（有的只有一组）。分析表明，这些数据只是从宏观角度反映处于关闭状态的风口气流泄漏的综合性控制指标，并没有反映出漏风量与压差之间的函数关系。如现行国家标准[1]规定：在压差 $\Delta p_1=300$ Pa 时漏风量 $\Delta L_1 \leqslant 500$ m^3/(m^2·h)，在压差 $\Delta p_2=1\,000$ Pa 时漏风量 $\Delta L_2 \leqslant 700$ m^3/(m^2·h)；某企业标准①规定：压差 $\Delta p_1=300$ Pa 时漏风量 $\Delta L_1 \leqslant 220$ m^3/(m^2·h)。按照这些标准提供的 2 组数据，将（Δp_1，ΔL_1）与（Δp_2，ΔL_2）在平面图上表示只能得到 2 个点。2 个点之间是怎么变化的呢？2 个点之外又该如何延伸？这些都是未知数。有的企业标准将两点连成直线，认为 Δp，ΔL 之间为线性关系，但是没有论据。如果标准只提供一组数据，则只能得到一个点，更说明不了问题，且无法分析。高层建筑加压送风防烟系统中处于关闭状态的风口数

① 广州市泰昌实业有限公司. Q/(GZ)TC16—2003 高气密性防烟防火阀[S]

☆ 刘朝贤，男，1934 年 1 月生，大学，教授级高级工程师，教授，硕士生导师，享受国务院政府特殊津贴专家
610081　成都市星辉西路 8 号中国建筑西南设计研究院有限公司
(028) 83223943
E-mail: wybeiLiu@163.com
收稿日期：2010-12-30
一次修回：2011-06-22
二次修回：2011-08-03

量很多、情况各异，各个风口两侧的压差 Δp 不会正好等于 300 Pa 或者 1 000 Pa。因此这些标准中的漏风量是不能直接套用的。

GB 50045—95《高层民用建筑设计防火规范》[2]（以下简称《高规》）和 DGJ 08 - 88—2006 J 10035—2006《建筑防排烟技术规程》[3] 中给出的漏风量的压差法计算式 $\Delta L=0.827A\Delta p^{1/2}\times1.25$ 给我们的启示是：压差的指数是 1/2，即漏风量与压差的平方根成正比，确定了 ΔL 与 Δp 的关系是曲线关系。但压差法针对的是自然状态下关闭的防火门，而且计算式中的缝隙面积 A 是已知的。而处于关闭状态的风口比防火门复杂得多，特别是生产厂家为了提高风口的气密性等级，对风口的结构形式、缝隙的密封方式和密封材料等都采取了许多措施，根据文献[4]推导出的漏风量计算模型中的风口漏风面积率 Φ 和压差指数 $1/N$ 都是不确定值。压差指数 $1/N$ 的取值方法比较复杂，文献[5-9]指出，N 的大小与缝隙的结构型式有关，对一般孔口和较宽的缝隙，N 取 2，对于非常狭窄的缝隙，N 取 1.6；文献[10]指出，N 的取值取决于增压空间排气途径的有效排风面积的大小，当排风途径的有效排风面积较大时（如门缝），N 取 2，当排风途径的有效排风面积较小时（如窗缝），N 取 1.6。笔者认为，这些文献中 N 的取值方法从逻辑上分析有待商榷：

1）缝隙的宽窄应以量度单位表示，不应以“门缝为宽缝”，“窗缝为窄缝”来表征，因门缝也有窄的，窗缝也有宽的。同样，有效排风面积的大小也应以数据来说话，否则无法比较。

2）缝隙从宽到窄，有效面积由大到小，都是连续的概念，而 N 的取值只有 2 个（2.0 和 1.6），宽与窄、大与小的分界点在何处？分界点至何处是 2.0，至何处是 1.6？都是模糊的。

3）如果将缝宽与窄或有效面积的大与小向两端延伸，是否有一端的 N 值向 $N>2.0$ 的方向变化，而另一端向 $N<1.6$ 的方向变化？不得而知。

4）按文献方法的推理，门缝宽度＞窗缝宽度＞风口缝宽度，那么 N 值的排序应该是 $N_{门}>N_{窗}>N_{风口}$，即 $1/N_{门}<1/N_{窗}<1/N_{风口}$。这个结论无法证明，也难以让人信服。

为了验证上述文献中 N 取值方法的可靠性，笔者进行了一系列的计算与分析（受篇幅限制，略），结果表明这些取值方法并不可靠，而且这些取值方法都是针对门缝和窗缝提出的，不能用来解决风口压差指数 $1/N$ 值的问题。因此笔者提出利用风口气密性标准中提供的 2 组数据（Δp_1，ΔL_1）与（Δp_2，ΔL_2）转换成既能反映风口气密性能又能体现风口不同结构型式对气流影响的 2 个替代参数 Φ 和压差指数 $1/N$ 的方法。建立这 2 个替代参数的数学计算模型和求解这 2 个替代参数就是本文的主要任务，目的在于为加压送风防烟系统风口漏风量的计算提供理论支持。

2 关闭风口气密性标准的转换

气密性标准不能直接用于关闭风口漏风量的计算，因此提出将标准进行转换的方案。

2.1 关闭风口漏风量的计算模型

根据文献[4]推导得出：

$$\Delta L=\mu f\Phi\left(\frac{2}{\rho}\Delta p\right)^{\frac{1}{N}} \tag{1}$$

式中 μ 为流量系数；f 为风口的面积，m^2；ρ 为空气密度，kg/m^3。

当 $f=1\ m^2$ 时，式（1）变为

$$\Delta L=\mu\Phi\left(\frac{2}{\rho}\Delta p\right)^{\frac{1}{N}} \tag{2}$$

式中 （Δp，ΔL）为 1 组（有的是 2 组）已知的标准数据，Φ，$1/N$ 是 Δp，ΔL 的 2 个替代参数。流量系数 μ 如何取值必须加以确认和说明。

2.2 流量系数 μ 的取值

流量系数与开口或缝隙的结构型式及缝隙的宽窄有关。在加压送风量计算中，流量系数的取值范围为 0.6～0.7[4-8]。而对于关闭状态风口的流量系数，尚未见到有关的专题研究和成果方面的报导内容，根据流量系数的变化趋势，本文取低限值 0.6。对于同一个关闭状态风口，在标准转换时 μ 取相同的值，μ 对漏风量的计算值并无影响，不影响气密性标准之间的比较。

由文献[11]可知，当 $\mu=0.65$ 时，Φ 值减小。

2.3 气密性标准表达式及转换的步骤

2.3.1 Φ 的表达式

由式（2）可得

$$\Phi=\frac{\Delta L}{\mu\left(\frac{2}{\rho}\Delta p\right)^{\frac{1}{N}}} \tag{3}$$

式(3)中有 Φ, $1/N$ 2 个未知数，必须要有 2 组测试数据(Δp_1, ΔL_1)与(Δp_2, ΔL_2)，建立 2 个方程式才能求解。

即

$$\Phi_1 = \frac{\Delta L_1}{\mu\left(\frac{2}{\rho}\Delta p_1\right)^{\frac{1}{N_1}}} \tag{4}$$

$$\Phi_2 = \frac{\Delta L_2}{\mu\left(\frac{2}{\rho}\Delta p_2\right)^{\frac{1}{N_2}}} \tag{5}$$

因为标准中的 2 组数据是对同一个处于关闭状态的风口进行测试得到的，故式(4)，(5)中 Φ 值和 $1/N$ 值相等，即 $\Phi_1=\Phi_2=\Phi$, $1/N_1=1/N_2=1/N$，整理式(4)，(5)可得

$$\Phi = \frac{\Delta L_1}{\mu\left(\frac{2}{\rho}\Delta p_1\right)^{\frac{1}{N}}} \tag{6}$$

$$\Phi = \frac{\Delta L_2}{\mu\left(\frac{2}{\rho}\Delta p_2\right)^{\frac{1}{N}}} \tag{7}$$

用式(6)及式(7)可解得 Φ 和 $1/N$ 两个未知数。

2.3.2 指数 $1/N$(或 N)的求解

由式(6)，(7)可得

$$\frac{\Delta L_2}{\Delta L_1} = \left(\frac{\Delta p_2}{\Delta p_1}\right)^{\frac{1}{N}} \tag{8}$$

解式(8)得

$$\frac{1}{N} = \frac{\lg\frac{\Delta L_2}{\Delta L_1}}{\lg\frac{\Delta p_2}{\Delta p_1}} \tag{9}$$

或

$$N = \frac{\lg\frac{\Delta p_2}{\Delta p_1}}{\lg\frac{\Delta L_2}{\Delta L_1}} \tag{10}$$

对同一产品，用任 2 组测试数据求得的 $1/N$ 或 N 在允许误差范围内，因此可利用式(9)，(10)检验测试数据的准确性。

2.3.3 Φ 的求取

因 ρ, μ 为已知数，只需将 $1/N$ 及其中 1 组测试数据(Δp_1, ΔL_1)代入式(6)中，或另外 1 组数据(Δp_2, ΔL_2)代入式(7)中就可求得与 $1/N$ 对应的 Φ 值。

3 各种标准转换的数值计算

任何风口的气密性标准提供的 2 组在规定条件下测试的数据(Δp_1, ΔL_1)与(Δp_2, ΔL_2)转换后都可得到 2 个替代参数 Φ 和 $1/N$。需要特别提醒的是，式(2)～(10)中，ΔL 的量纲为 $m^3/(m^2 \cdot s)$，式(11)～(17)中 ΔL 的量纲为 $m^3/(m^2 \cdot h)$；风口面积为 1 m^2；风量为标准状态下的数值；Δp_1 与 Δp_2 应参照国家标准，拉大间隔，减少测试相对误差对 Φ 和 $1/N$ 的影响。

3.1 标准转换示例

以 GB 15930—2007《建筑通风和排烟系统用防火阀门》(以下简称国标)为例说明转换方法与步骤。

1) 国标数据：$\Delta p_1 = 300$ Pa ± 15 Pa 时，$\Delta L_1 \leqslant 500\ m^3/(m^2 \cdot h) = 0.13\dot{8}\ m^3/(m^2 \cdot s)$(标准状态)；$\Delta p_2 = 1\ 000$ Pa ± 15 Pa 时，$\Delta L_2 \leqslant 700\ m^3/(m^2 \cdot h) = 0.19\dot{4}\ m^3/(m^2 \cdot s)$(标准状态)。

2) 由式(9)求得：

$1/N = 0.279\ 468\ 301$，则 $N = 3.578\ 233\ 38$。

3) 将已知数据分别代入式(6)和式(7)得：$\Phi_1 = 0.040\ 760\ 517$，$\Phi_2 = 0.040\ 760\ 517$。

国标转换后用于漏风量计算的替代参数为：$\Phi = 0.040\ 760\ 517$，$1/N = 0.279\ 468\ 301$。

3.2 国内外部分标准分级及转换后的替代参数(见表 1)

3.3 国内外部分风口气密性标准转换后的漏风量与压差的函数关系式及图形

3.3.1 各种气密性标准漏风量与压差的函数式

由各个气密性标准提供的 2 组测试数据：(Δp_1, ΔL_1)与(Δp_2, ΔL_2)求解方程组得到 Φ 与 $1/N$ 的值，将求得的 Φ 与 $1/N$ 代入式(2)可得到具有各个标准个性的以压差为自变量、漏风量为因变量的单值函数式。对有些只提供 1 组测试数据的标准则无法实现。

1) 国标

$$\Delta L = \mu\Phi\left(\frac{2}{\rho}\Delta p\right)^{\frac{1}{N}} \times 3\ 600\ \text{s/h} = 101.553\ 086\ 7\Delta p^{0.279\ 468\ 301} \tag{11}$$

2) 某公司标准[①]

① 广州市泰昌实业有限公司. Q/(GZ)TC 16—2003 高气密性防烟防火阀[S]

表 1 国内外部分标准分级及转换后的 1/N,Φ 汇总

		标准提供的数据(Δp/Pa, ΔL/(m³/(m²·h)))		标准转换值	
				1/N	Φ/(m²/m²)
国标		300±15,500	1 000±15,700	0.279 468 301	0.040 760 517
笔者推荐的分级法	Ⅰ级	250,≤73	1 000,≤146	1/2	$1.655\ 673\ 623\times10^{-3}(1.550\ 760\ 9\times10^{-3})$
	Ⅱ级	250,≤183	1 000,≤366	1/2	$4.150\ 524\ 286\times10^{-3}(3.887\ 523\times10^{-3})$
	Ⅲ级	250,≤730	1 000,≤1 460	1/2	$1.655\ 673\ 623\times10^{-2}(1.550\ 760\ 9\times10^{-2})$
	Ⅳ级	250,≤1 000	1 000,≤2 000	1/2	$2.268\ 046\times10^{-2}(2.124\ 33\times10^{-2})$
某公司产品	自检	200,118.1	400,177.5	0.587 810 057	$1.798\ 136\ 461\times10^{-3}$
	企业标准①	300,220		0.587 810 057	$2.639\ 290\ 64\times10^{-3}$
	国家检验检测	300,122		0.587 810 057	$1.463\ 606\ 629\times10^{-3}$
美国 UL 555S	Ⅰ级	245,≤72	1 000,≤146	1/2	$1.649\ 572\ 198\times10^{-3}$
	Ⅱ级	245,≤180	1 000,≤360	1/2	$4.123\ 930\ 494\times10^{-3}$
	Ⅲ级	245,≤720	1 000,≤1 460	1/2	$1.649\ 572\ 198\ 4\times10^{-2}$
	Ⅳ级	245,≤1 095	1 000,≤2 190	1/2	$2.508\ 719\ 97\times10^{-2}$

注:1) 计算时 μ 取 0.6,密度 ρ 取 1.2 kg/m³。

2) 表中某公司的企业标准①检测数据不够 2 组,按 $\Delta p_1=200$ Pa 时,$\Delta L_1=118.1$ m³/(m²·h),$\Delta p_2=400$ Pa 时,$\Delta L_2=177.5$ m³/(m²·h)转换得到 $1/N=0.587\ 810\ 057$ 及 $\Delta p_2=300$ Pa,$\Delta L_2=220$ m³/(m²·h)折算得到 $\Phi=2.639\ 290\ 64\times10^{-3}$。

3) 笔者推荐的分级法参照江苏省地方标准 DB/3200 P02—87《防火防烟送风口气密性等级的分级》与美国标准制订。括号内的 Φ 值是取 $\mu=0.640\ 6$,即 $\mu(2/\rho)^{1/2}=0.827$ 反推得到的数据[11]。

① 该公司自行检测了 5 组数据,此处取 $\Delta p_1=200$ Pa,$\Delta L_1=118.1$ m³/(m²·h);$\Delta p_2=400$ Pa,$\Delta L_2=177.5$ m³/(m²·h)。其他压差间隔太小,其相对误差对 Φ 与 1/N 会产生影响(建议按国家标准 $\Delta p_1=300$ Pa,$\Delta p_2=1\ 000$ Pa 测试,因为多数关闭风口的压差在这一区间内)。

$$\Delta L=\mu\Phi\left(\frac{2}{\rho}\Delta p\right)^{\frac{1}{N}}\times3\ 600\ \text{s/h}=5.244\ 225\ 098\Delta p^{0.587\ 810\ 057}\tag{12}$$

② 某公司企业标准①。

该标准只给出了一组测试数据:$\Delta p_1=300$ Pa,$\Delta L_1=220$ m³/(m²·h),无法求解 Φ 与 1/N。此处套用自行检测的 2 组数据求得 1/N,再求得 $\Phi=2.639\ 290\ 6\times10^{-3}$,整理得:

$$\Delta L=\mu\Phi\left(\frac{2}{\rho}\Delta p\right)^{\frac{1}{N}}\times3\ 600\ \text{s/h}=7.697\ 432\ 599\Delta p^{0.587\ 810\ 057}\tag{13}$$

3) 笔者推荐的分级法[11]

参照了美国 UL555S 标准和江苏省地方标准分为Ⅰ,Ⅱ,Ⅲ,Ⅳ级,$\Delta p_1=250$ Pa,$\Delta p_2=1\ 000$ Pa。

① Ⅰ级

由 $\Phi=1.655\ 673\ 623\times10^{-3}$,$1/N=1/2$ 有

$$\Delta L=4.616\ 925\ 386\Delta p^{\frac{1}{2}}\tag{14}$$

② Ⅱ级

由 $\Phi=4.150\ 524\ 286\times10^{-3}$,$1/N=1/2$ 有

$$\Delta L=11.573\ 936\ 24\Delta p^{\frac{1}{2}}\tag{15}$$

③ Ⅲ级

由 $\Phi=0.0165\ 567\ 36$,$1/N=1/2$ 有

$$\Delta L=46.169\ 251\ 20\Delta p^{\frac{1}{2}}\tag{16}$$

④ Ⅳ级

由 $\Phi=0.022\ 680\ 460$,$1/N=1/2$ 有

$$\Delta L=63.245\ 551\ 58\Delta p^{\frac{1}{2}}\tag{17}$$

3.3.2 7 种气密性标准关闭风口的漏风量与压差的数值计算及图形的绘制

1) 7 种气密性标准关闭风口的漏风量与压差的数值计算

将不同压差数值代入上节漏风量与压差的函数关系式(11)~(17)就可算得相应的漏风量数值,计算结果列于表 2。

从表 2 可以看出:

表 2 7 种气密性标准在压差 Δp 下的漏风量 ΔL m³/(m²·h)

漏风量大小排序	标准编号	压差 Δp/Pa										
		50	100	200	300	400	500	600	700	800	900	1 000
1#	分级Ⅰ	32.6	46.2	65.3	80.0	92.3	103.2	113.1	122.2	130.6	138.5	146.0
2#	某公司自测数据	52.3	78.6	118.1	149.9	177.5	202.4	225.3	246.6	266.8	285.9	304.2
3#	分级Ⅱ	81.8	115.7	163.7	200.5	231.5	258.8	283.5	306.2	327.4	347.2	366.0
4#	某公司企业标准	76.7	115.3	173.3	220.0	260.5	297.0	330.7	362.0	391.6	419.6	446.5
5#	国标	303.0	367.8	446.4	500.0	541.9	576.7	606.9	633.6	657.7	679.7	700.0
6#	分级Ⅲ	326.5	461.7	652.9	799.7	923.4	1 032.4	1 130.9	1 221.5	1 305.9	1 385.1	1 460.0
7#	分级Ⅳ	447.2	632.2	894.4	1 095.4	1 264.9	1 414.2	1 449.2	1 673.3	1 788.9	1 897.4	2 000.0

① 3#和 4#在压差 $\Delta p=100\sim200$ Pa 之间存在交叉,交叉点在何处,可令3#的Ⅱ级标准的

① 广州市泰昌实业有限公司. Q/(GZ)TC 16—2003 高气密性防烟防火阀[S]

函数式 $\Delta L_{Ⅱ}=11.573\,936\,24\Delta p^{1/2}$ 和4#的某公司企业标准的函数式 $\Delta L_{泰企}=7.697\,432\,599\cdot\Delta p^{0.587\,810\,057}$ 的漏风量相等，即 $\Delta L_{Ⅱ}=\Delta L_{泰企}$，求解得到交叉点在 $\Delta p=104.05$ Pa处，当 $\Delta p<104.05$ Pa时，企业标准关闭风口的漏风量 $\Delta L_{泰企}$ 均小于Ⅱ级标准的漏风量 $\Delta L_{Ⅱ}$，当 Δp 大于104.05 Pa时，企业标准的漏风量 $\Delta L_{泰企}$ 均大于Ⅱ级标准的漏风量 $\Delta L_{Ⅱ}$。

② 在压差不同的条件下，不同标准之间的漏风量 ΔL 是不同的，例如：当压差 $\Delta p=300$ Pa时，国标的漏风量 $\Delta L_{国标}=500$ m³/(m²·h)，$\Delta p=1\,000$ Pa时，$\Delta L_{国标}=700$ m³/(m²·h)，当压差 $\Delta p=300$ Pa时，Ⅱ级标准的漏风量 $\Delta L_{Ⅱ}=200.5$ m³/(m²·h)，比国标的漏风量减少299.5 m³/(m²·h)，压差 $\Delta p=1\,000$ Pa时，$\Delta L_{Ⅱ}=366.0$ m³/(m²·h)，比国家标准的漏风量减少334 m³/(m²·h)。

2) 7种气密性标准关闭风口漏风量与压差的关系图

关系图可根据漏风量与压差的函数关系式(式(11)～(17))直接绘制，也可根据表2中的数据分别描绘成许多点，然后再连成曲线。得到的关系图见图1，从图1中能一目了然地看出 ΔL 随 Δp 变化的过程和趋势，为加压送风口的选择提供了依据。

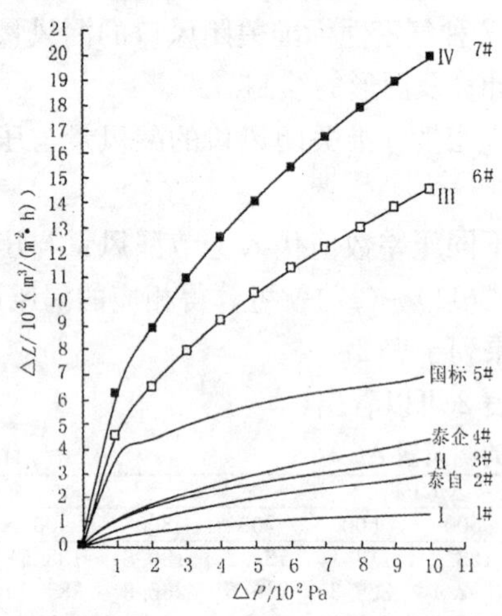

图1 部分气密性标准风口漏风量与压差关系

4 结语

4.1 因加压送风系统关闭风口众多，两侧的压差各不相同，无论何种气密性标准，都无法将这些指标用于关闭风口漏风量的计算。必须将标准转换成替代参数，即关闭风口漏风面积率 Φ 和压差指数 $1/N$，建立漏风量与压差之间的函数关系才能用于加压送风系统关闭风口漏风量的计算[12]。

4.2 替代参数 Φ 值的物理意义是关闭风口单位面积的缝隙面积，其值的大小比较直观地反映了关闭风口的密封性能。$1/N$ 值体现了风口结构特性对漏风量的影响，当压差一定时，漏风量的大小取决于2个替代参数 Φ 与 $1/N$ 的大小。二者都是越小越好。从图1可以看出，所列7种标准的漏风量从好到差的排序是：Ⅰ级[11]、自测(某公司自测结果)、Ⅱ级、泰企[12](某公司企业标准)、国标、Ⅲ级、Ⅳ级。转换后的替代参数中国标的 Φ 值是最差的(即 Φ 值最大)，排序是第7位，但 $1/N$ 却是最好的(即 $1/N$ 最小)，排序为第1位，因此国家标准整体上的气密性等级排序位居第5，纯属 $1/N$ 的功劳，因此生产厂家应该采取措施来保证 $1/N$ 值不大于0.279 468 301。

4.3 关闭风口的流量系数比关闭防火门缝隙的漏风量流量系数要复杂得多，本文按流量系数变化趋势取现行文献中的小值，即取 $\mu=0.6$，由于对各类标准都取相同值，不会影响不同标准之间的比较。

4.4 现行文献中 N 的取值方法：对宽缝(门缝)取 $N=2.0$，对窄缝(窗缝)取 $N=1.6$ 值得商榷。特别是对关闭风口的 N 值，上限定为2.0，下限值定为1.6，缺乏理论依据。本文提出的根据各风口厂家提供的标准数据求解的方法，符合工程实际。

4.5 为了获取各个标准的2项替代参数 Φ 与 $1/N$，要求所有气密性标准的测试数据不得少于两组，且压差 Δp_1 与 Δp_2 之间的间隔应适当拉大，减小测试数据的相对误差对替代参数准确性的影响，应尽可能使其与现行加压送风系统关闭风口压差的实际区间符合，建议取250 Pa，1 000 Pa或300 Pa，1 000 Pa，且测压表的精度不宜低于Ⅰ级。

4.6 表2及图1是对7个标准转换成替代参数方法的验证。所有7个标准的2组测试数据(Δp_1，ΔL_1)与(Δp_2，ΔL_2)都能在表2和图1中体现，比如国标中 $\Delta p_1=300$ Pa时 $\Delta L_1\leqslant 500$ m³/(m²·h)和 $\Delta p_2=1\,000$ Pa时 $\Delta L_2\leqslant 700$ m³/(m²·h)等，既解决了概述中提到的"两点之间是如何变化的"，也解决了"两点之外是如何延伸的"问题，函数表达式(11)～(17)和图1中的7条曲线就是答案。

此外表 2 及图 1 对加压送风防烟系统设计时如何选择关闭风口标准和选定好风口标准后如何判定各种压差条件下漏风量数据正确与否，提供了简便快捷的方法。

4.7　建议 GB 15930—2007 进一步完善。

1) 现行国家标准的起点太低，比美国 UL555S 标准和笔者推荐的四级标准中的第Ⅱ级低很多，许多高层建筑，因这种风口漏风量太大不能采用(某公司的企业标准值得关注)。

2) 要进行分级，建议分为 4 级，提高适应能力。

3) 要将加压送风口与排烟口标准分开，因为加压送风口输送的是常温空气，排烟口接触的是高温烟气，不能混淆。

4) 取消加压送风口一些多余的功能，如风口上的 280 ℃熔断器，280 ℃时 1.5 h 或 2.0 h 的耐火试验；取消现场钢丝拉索及整套装置，将密封措施中使用的昂贵的能耐高温的防火熔断材料改为常温型。因为加压送风口不可能接触到 280 ℃的烟气。如果火灾殃及正压间前室，说明前室已变成火场，这时的温度岂止 280 ℃，即使采用能耐 280 ℃的加压送风口，也是没有意义的，多余的功能只是摆设，浪费资金。

参考文献：

[1]　公安部天津消防研究所. GB 15930—2007　建筑通风和排烟系统用防火阀门[S]. 北京：中国标准出版社，2007

[2]　公安部四川消防研究所. GB 50045—95　高层民用建筑设计防火规范[S]. 2005 年版. 北京：中国计划出版社，2005

[3]　公安部上海消防研究所，上海市消防局. DGJ 08-88—2006 J 10035—2006　建筑防排烟技术规程[S]. 上海：上海市新闻出版局，2006

[4]　周谟仁. 流体力学泵与风机[M]. 2 版. 北京：中国建筑工业出版社，1985

[5]　赵国凌. 防排烟工程[M]. 天津：天津科技翻译出版公司，1991

[6]　钱以明. 高层建筑空调与节能[M]. 上海：同济大学出版社，1990

[7]　孙一坚. 简明通风设计手册[M]. 北京：中国建筑工业出版社，1997

[8]　陆耀庆. 供暖通风设计手册[M]. 北京：中国建筑工业出版社，1987

[9]　郭铁男. 中国消防设计手册(第三卷)——消防规划公共消防设施 建筑防火设计[M]. 上海：上海科技出版社，2006

[10]　黄芝廷. 高层建筑增压防烟[M]. 沈阳：辽宁科学技术出版社，1988

[11]　刘朝贤. 高层建筑加压送风口气密性标准的研究[J]. 云南建筑，2001(增刊)：68-75

[12]　刘朝贤，徐亚娟. 高层建筑只对着火层前室加压送风防烟漏风量的研究[J]. 云南建筑，2001(增刊)：60-68

(影印自《暖通空调》2011 年第 41 卷第 11 期 82-91 页)

文章编号：1671-6612（2011）06-531-10

对高层建筑加压送风防烟章节几个主要问题的分析与修改意见

刘朝贤

（中国建筑西南设计研究院有限公司　成都　610081）

【摘　要】 笔者对《高层民用建筑设计防火规范》(以下简称《高规》)、《建筑防排烟系统技术规范》GB×××-2008（征求意见稿）(以下简称《征求意见稿》)、上海市工程建设规范《建筑防排烟技术规程》DGJ08-88-2006（以下简称《上海规》）等规范防排烟章节有关规定，从气流流动理论上对其中三个主要问题；《高规》第8章与第6章安全疏散基本原则不匹配的问题、自然排烟防烟可靠性问题及高层建筑加压送风量计算模型问题进行了分析，最后得出结论和解决方案。

【关键词】 可靠性；以人为本；堵截烟气最佳部位；间接排泄；气流瓶颈；优化防烟方案

中图分类号　TU834　　文献标识码　A

Analysis and Modifications about Several Key Problems of the Section of Pressurized Air and Smoke in High-rise Building

Liu Zhaoxian

(China Southwest Architectural Design and Research Institute Co., Ltd, Chengdu, 610081)

【Abstract】 To 《Code for fire protection design of high civil architecture》(hereinafter referred to as 《high regulation》), 《building smoke control system specification》 GB×××-2008(Draft) (hereinafter referred to as "Draft"), Shanghai Construction Standards 《Technical Specification for building smoke》DGJ08-88-2006 (hereinafter referred to as the 《Shanghai Regulations》) and other relevant provisions of the section of specification smoke, the author analyzed for three main issues which included that the Chapter 8 and Chapter 6 of 《high regulation》 does not match the basic principles of safe evacuation, the reliability of natural smoke extraction and the calculation model of high-rise building pressurized air supply, finally draw conclusions and solutions.

【Keywords】 Dependability; People oriented; The best parts of interception the flow gas; Indirect discharge; Flow bottlenecks; Smoke program optimization

0　引言

防烟楼梯间是高层建筑唯一的逃生通道，如果加压送风系统不能保证防烟楼梯间无烟，烟气必然就成为逃生者的直接杀手。据统计在所有火灾事故死亡人数中，约有3/4的人系吸入有毒有害烟气后直接导致死亡的。而《高规》防排烟章节中规定疏散通道上的防排烟系统，就是专门为了抵御烟气入侵保证疏散通道特别是防烟楼梯间无烟而专门设置的。《高规》95年修订版至今已执行16年。这个可怕的“3/4”，理应为0，否则，这些被夺去生命的冤鬼，该向谁问责？问题究竟出在哪个环节，作为消防科技工作者努力的方向又是什么？笔者带着这些问题回顾了所经历的消防工程。从政府建设主管、设计、监审、施工、验收等各个环节看来都是很严谨的。即使出现差错，也只是个别的，不会影响全局。出现问题可能性最大的有两个，一是规范本身；二是运行管理。十多年前当我执行规范时发现了一些不可理解的问题，我就将目光盯上了这

作者简介：刘朝贤（1934-），本科，教授级高级工程师，享受国务院政府津贴专家。

收稿日期：2011-10-20

里，因为规范上出了问题，这将是最大的安全隐患，事关全局。多年来笔者对所发现的问题都撰写有相应的文章。运行管理问题，为取得一手资料十多年来对全国大小十多个城市作了工程调查。受篇幅所限另详《消防工程调查报告》，本文所写的内容主要着重于规范，分为三部分，第一是《高规》第8章没有执行第6章安全疏散基本原则的问题；第二是关于自然排烟防烟问题；第三是高层建筑加压送风量计算模型存在的问题。

由于水平有限，谬误之处在所难免。通过同仁的共同努力，用智慧和汗水筑起安全疏散的铁壁铜墙，让这个揪心的"3/4"不会重现，相信这个梦想一定会实现。

1 《高规》第8章没有执行第6章安全疏散基本原则的问题

1.1 《高规》第6章安全疏散的基本原则与对安全散疏布局的规定

《高规》GB50045-95、1997年、2001年、2005年[2]历次版本的第6章安全疏散中都有明确的规定：

（1）第6.1.1条第6.1.1.2款："十八层及十八层以下每个单元设有一座通向屋顶的疏散楼梯，单元之间的楼梯通过屋顶连通……。超过十八层，每个单元设有一座通向屋顶的疏散楼梯，十八层以上部分每层相邻单元楼梯通过阳台或凹廊连通……。"

（2）第6.2.2.3条："楼梯间的首层紧接主要出口……。"

（3）第6.2.3条："单元式住宅每个单元的疏散楼梯均应通至屋顶……。"

（4）第6.2.6条："……疏散楼梯间……首层应有直接通室外的出口。"

（5）第6.2.7条："除本规范第6.1.1条，第6.1.1.1款的规定以及顶层为外廊式住宅外的高层建筑，通向屋顶的疏散楼梯不宜少于两座，且不应穿越其它房间，通向屋顶的门应向屋顶方向开启"。《高规》各个版本在相同章节相同条文编号中，都有相同内容，而且一字不差。说明《高规》第6章对安全疏散基本原则—防烟楼梯应有直接对外的疏散外门M_W（包括$M_{W底}$与$M_{W顶}$）的重视是一贯的。

1.2 《高规》第8章防排烟章节没有遵守第6章安全疏散的基本原则

从《高规》第8.3.1条条文说明，对典型的加压送风防烟方案表8.3.2-1所作的诠释中就一目了然。诠释中指出："……本条规定对不具备自然排烟条件的防烟楼梯间进行加压送风时，其前室不送风的理由是：从防烟楼梯间加压送风后的排泄途径来分析，防烟楼梯间的风量只能通过前室与走廊的门排泄，因此对防烟楼梯间加压送风的同时，也可以说对其前室进行间接的加压送风。两者可视为同一密封体……。"

从上面这段诠释中，完全可以判定，《高规》第8章是基于防烟楼梯间没有设置直接对外的疏散外门M_W而提出的防烟方案和对策措施。不然，怎么能说防烟楼梯间的风量"只能通过前室与走廊的门排泄"呢？应该说：第一是向两个方向排泄，而且更主要的是向防烟楼梯间直接对外的疏散外门（出口）排泄，因为这条气流通路的路程距室外最近，门洞流通面积大，阻力小。第二、防烟楼梯间直接对外出口的存在，防烟楼梯间与前室"两者可视为同一密封体"的提法就不成立。第三、向防烟楼梯加压的空气，大部分已从防烟楼梯间的外门流失，更不能认为："对防烟楼梯间加压送风的同时，可以说对其前室进行间接的加压送风"，《高规》第6、8两章之间的矛盾是显而不见的。

1.3 《高规》第6、8两章之间的矛盾对加压送风防烟的影响

防烟排烟及疏散通道的总体布局，是由建筑专业提供的，总体布局是按《高规》第6章安全疏散规定的条款已在防烟楼梯间设置有直接对外的疏散外门，而第8章防排烟章节是按防烟楼梯间没有直接对外的疏散外门考虑的，因此第8章与防排烟有关的加压部位的选择、系统划分、对策措施等很自然地失去了法规上的依据和理论上的支持。

（1）加压部位选择上的误区

防烟楼梯间是上、下连通的高耸空间，底层有直接对外的疏散外门$M_{W底}$，屋面有直通屋顶疏散平台的外门$M_{W顶}$的存在，且外门都是往疏散方向开启的，火灾时外门要负担防火分区内二层及二层以上逃生人员的疏散，每个人推开M_W才能疏散出去的，外门M_W基本会处于常开状态。逻辑分析告诉我们；谁还会向张开着大嘴的防烟楼梯间这个部位加压送风呢？加压空气从外门这条捷径大量流失，还能剩下多少风量流向前室与走廊之间的防火门M_1去

抵御烟气入侵呢？而且这条气流通路串联了许多道门、窗洞或门、窗缝隙才能流到室外，即使内走道设有自然排烟外窗，气流也并不是通畅的，如果外窗处于迎风面，不仅烟气排不出去，还有可能倒灌。特别是内走道长度≤20m时，规范规定允许内走道不设排烟设施，这时的气流要靠从房间的门缝和窗缝才能排到室外，显然这里就成为气流的“瓶颈”，抵御烟气入侵的风量是无法通过的。研究表明[3-5]，因为烟气只能来自着火层的着火房间，堵截烟气的最佳部位不是防烟楼梯，而是前室[5]。我国古代文化遗产万里长城的防御理念告诉我们，“一夫把关，万夫莫入”，前室就是万里长城上的“关口”，这是中国古代文化给我们的启示。

（2）系统划分的误区。

凡是防烟楼梯间都要设加压送风系统，如《高规》表8.3.2-1、表8.3.2-2都是如此，表8.3.2-4防烟楼梯间则以自然排烟防烟的方式代替。特别是表8.3.2-2在防烟楼梯间及其合用前室采用了分别加压。目的是想提高系统的可靠性，想让分别加压形成双保险。实际上分别加压不是提高其可靠性而是降低了可靠性。因为分别加压，虽然是两个加压送风系统，因为两个加压送风系统是相互依存的关系，从可靠度框图可知，其可靠性是两个系统可靠度的乘积，总的可靠度比单个系统的可靠性都低[7]。从流体网络分析[5]可知，空气的流向，不仅送入防烟楼梯间的全部空气会从防烟楼梯间直接对外的疏散外门流至室外，向合用前室加压的空气，也有一部分要从M_2流向防烟楼梯间，再由外门M_W流到室外。说明合用前室的压力P_Q大于防烟楼梯间的压力P_L。也就是说《高规》规定的楼梯间的压力P_L大于合用前室的压力P_Q的假设都是不符合实际的。这些都是无视防烟楼梯间“直接对外的疏散外门”存在造成的判断失误。

《高规》表8.3.2-3消防电梯独用前室，只有一个防火门M_F，与防烟楼梯间前室防火门M_2、M_1同时开启的层数“n”毫无关系，但在加压送风量计算中硬塞进来了一个“n”，成了张冠李戴。

研究表明：现行加压送风防烟方案，需要解决的关键问题有四个：第一个是加压送风部位的选择问题，第二个是加压空气在内走道流动的“瓶颈”问题[3]，第三个是加压送风量的计算方法问题，第四个是正确评价自然排烟防烟问题。加压送风防烟的部位问题，涉及系统划分，从前面的分析可以看出。《高规》表8.3.2-1—4四个防烟方案，除了消防电梯独用前室可向消防电梯井加压外，其余三个防烟方案都只需向前室或合用前室加压送风。在内走道设置机械排烟（风）系统，使内走道内压力$P_Z≈0$，营造一个人工无限空间，一方面解决内走道的气疏“瓶颈”，保证前室防火门M_1处抵御烟气入侵的加压空气畅通，另一方面是满足并联气流定义的条件，为应用“当量流通面积流量分配法”提供理论支持。

第三、第四个问题将在下面讨论。

1.4 小结

（1）《高规》第8章未与第6章防烟楼梯间应有直接对外疏散外门的规定匹配，违反了安全疏散的基本原则，导致加压送风防烟部位的选择，系统的划分等重大问题决策上的失误，既失去了法规上的依据，也失去了理论上的支持、需要彻底纠正。

（2）《高规》各加压送风防烟方案风量控制表8.3.2-1、2、4提供的数据，经校验计算，当着火层防火门M_2、M_1同时开启时，其门洞处的风速都满足不了$v_{m1}≥0.7$m/s的要求，抵御不了烟气的入侵，防烟方案是不可靠的。（原因在于大部分空气变成了无效加压气流从外门流失）

（3）从理论分析和计算数据表明，《高规》规定的加压送风防烟方案，已不宜采用。从消防一体化思路构筑的，使各种防、排烟设施协同作战形成合力共同对付烟气入侵的“优化防烟方案”。能解决防烟系统划分上存在的问题。该方案只需在前室或合用前室设置加压送风系统，在内走道设置机械排烟系统。大大简化了系统，提高了防烟系统的可靠性与经济性。（详论文《高层建筑优化防烟方案系统设计》）

2 关于自然排烟防烟存在的问题

2.1 《高规》对自然排烟防烟的危险性的描述

《高规》第8.2.1条条文说明P_{191}中指出：

（1）“……利用可开启外窗自然排烟受自然条件（室外风带、风向、建筑所在地区北方或南方等）和建筑本身的密闭性或热压作用等因素的影响较大，有时使得自然排烟不但达不到排烟的目的，相反由于自然排烟系统会助长烟气扩散，给建筑和居住人员带来更大的危害……。”

（2）“建筑内的防烟楼梯间及其前室、消防电梯前室或合用前室都是建筑物着火时最重要的疏散通道，一旦采用自然排烟方式其效果受到影响时，对整个建筑的人员将受到严重威胁。”

2.2 《高规》针对采用自然排烟防烟存在如此恐怖的安全隐患的对策措施

很显然，《高规》正文第8.2.1条的规定，就是针对自然排烟防烟存在的安全隐患所采取的应对措施。《高规》第8.2.1条正文规定：“除建筑高度超过50m的一类公共建筑和建筑高度超过100m的居住建筑外，靠外墙的防烟楼梯间及其前室、消防电梯间前室和合用前室，宜采用自然排烟方式”。意即“50m”和“100m”以下自然排烟防烟是安全的。

2.3 《高规》对策措施的效果分析

《高规》采取应对措施的依据何在？只字没提。笔者研究表明[7-13]：防烟楼梯间的自然排烟防烟与房间自然排烟是两个不同的概念。防烟楼梯间能否自然排烟既受室外风向、风速的制约，又受室内外温差产生的烟囱效应热压作用的制约。

（1）当只有热压单独作用时，如冬季无风时：防烟楼梯间存在一个压力为0的中和界，只有中和界以上压力为正，才能自然排烟，中和界以下为负压不能自然排烟。即50m的建筑只有25m以上能自然排烟，25m以下是不能自然排烟的。100m的建筑只有50m以上能自然排烟，50m以下也是不能自然排烟的。夏季则相反。能否自然排烟是以中和界分界的。

（2）当只有风压单独作用时，如过渡季，室内、外温度相同时，只有背风面能自然排烟，迎风面不能自然排烟，从平面上是以通过外窗中心点的法线左右两边对称的与法线的夹角75°分界的，即风压系数K=0，±75°两根线所夹的平面$K>0$的平面为迎风面，相对应的那个面，风压系数$K<0$为背风面。背风面与迎风面是在平面上以风压系数K=0分界的。因为烟气从着火房间窜出后，经过冷却、掺混温度下降，凡是迎风面的整个建筑高度从下至上都不能自然排烟，只有背风面的整个建筑物高度从下至上能自然排出，因此，也不存在50m以下或100m以下能自然排烟的安全区。

（3）当风压与热压共同作用时，如冬季，既有热压，又有风压时，背风面由于风压的共同作用，会使防烟楼梯间的中和界位置向下移，对自然排烟有利。而迎风面由于风压的共同作用，会使防烟楼梯间的中和界位置向上移，对自然排烟不利。但仍然是位置移动后的中和界以上才能自然排烟。夏季，恰恰相反。

由此可见，《高规》第8.2.1条50m或100m以下防烟楼梯间采用自然排烟防烟的安全区段是不存在的[11]。因此《高规》以第8.2.1条作为解决自然排烟防烟的措施是无效的。而且自然排烟防烟没有条件与机械加压送风防烟方案相提并论，更不具备优先采用的资格，采用自然排烟防烟方案，实际上就是将整个垂直疏散通道上逃生人员的生命安全压在“听天由命”的赌注上，使“以人为本”的防烟宗旨成为一句空话。因此自然排烟防烟方式是不能推荐更不能优先的。

（4）对《高规》8.2.3条规定的分析

《高规》第8.2.3条规定：“防烟楼梯间前室或合用前室，利用敞开的阳台，凹廊或前室内有不同朝向的可开启外启自然排烟时，该楼梯间可不设防烟设施”。

实际上就是《高规》P_{185}图17（d）、（c）和P_{194}图18（a）、（b）图形的布局。笔者2007年写过一篇文章[12]，参见《制冷与空调》2007年9月第21卷增刊$P_{110\sim113}$，受篇幅所限，将其综合成几句话加以概括。

（1）着火房间或内走道烟气窜入阳台或凹廊后，并不等于烟气排到室外，就完成了自然排烟的功能，关键在于因为防烟楼梯间的负压状态没有考虑，当火灾发生在冬季中和界以下区域时，防烟楼梯内的负压只要疏散人员将防火门推开，阳台、凹廊上的烟气就会被防烟楼梯间的负压吸入，如果阳台或凹廊处于迎风面时可能会更为严重，保证不了防烟楼梯间无烟，就保证不了疏散人员的安全，夏季则相反。

（2）图18（a）、（b）为前室或合用前室有不同的朝向的自然排烟外窗。不论风向如何，同样，当火灾发生在冬季，着火层位于中和界以下时，防烟楼梯间为负压，从内走道进入合用前室的烟气，只要疏散人员推开防烟楼梯间的防火门，烟气就会被防烟楼梯间的负压吸入，防烟楼梯间进了烟气，疏散人员的安全就无法保证，夏季相反。

2.4 对防烟楼梯间及其前室和合用前室采用自然排烟防烟与防烟宗旨的矛盾

所谓“自然排烟防烟”，就是允许从着火房间窜入内走道的烟气能自由进入防烟楼梯间及其前室和合用前室，又能从外窗自由排出。

（1）既然允许烟气进入防烟楼梯间，防烟楼梯间就没有起到“防烟”功能，防烟楼梯间就名不符实，不能称其为防烟楼梯间。《高规》规定的：“要确保防烟楼梯间的安全疏散，必须保证防烟楼梯间无烟”，安全疏散就成了一句空话。

（2）人与烟气不可能“和平共处”

设想在防烟楼梯间进烟后又自动排烟，没有考虑烟气对密集的防烟楼梯间逃生人员的危害。烟气不是“羊”而是“狼”，在防烟楼梯间采用自然排烟防烟，犹如“引狼入室”。“人”与“烟气”是不可能“和平共处”的。除了烟气本身的毒性直接致人死亡外，烟气使人无法辩明方向导致逃生人员相互碰撞、跌倒、踩踏，造成群死群伤的惨剧不应忘记。

（3）自然条件和烟气都不可能受人的掌控

风力、风向、热压等自然条件不受人的掌控，火灾发生的时间、空间也是随机的。烟气从着火房间窜出，经内走道到达前室，烟气经过与壁面的换热和掺混，烟气密度和温度已经下降，前室内虽然设置有自然排烟外窗，当外窗处于迎风面时，外窗面受风压的作用，烟气就排不出去。只能直奔防烟楼梯间。即使前室外窗处于背风面，如果火灾发生在防烟楼梯间的负压区，烟气就会被防烟楼梯间的负压吸入。烟气在防烟楼梯间不太可能沿水平方向穿场而过，因为防烟楼梯间每五层才设置有面积为2.0m²的自然排烟外窗，烟气与垂直壁面的接触，类似中庭的“层化”效应，也可能会起作用，烟气比常规空气密度约重3%，烟气是向上升，还是向下降，已无法确定。自然排烟防烟的规定为烟气自由进入防烟楼梯间提供了方便条件，可离开却并不听从人的安排？逃生人员专用的疏散通成了烟道，这对逃生者的生命安全构成了极大的威胁。

2.5 小结

高层建筑防烟楼梯间自然排烟的极限高度“50m”和“100m”是不存在的。一类公共建筑不存在50m以下有一个能自然排烟的安全区，同样，对居住建筑也不存在100m以下有一个能自然排烟的安全区。

房间自然排烟的极限高度是存在的，应该提倡，只是各个地区的地理、气象条件不同，极限高度也不同，而且这个极限高度是对一个朝向的外窗而言。在有条件的工程中，对极限高度较低的地区，或极限高度以上的房间，采取两个或两个以上朝向外窗提高其可靠性是有效的。房间自然排烟的极限高度与防烟楼梯间是两个不同概念，不能混淆。

《高规》第8.1.1条将可靠性不在同一个平台上的自然排烟与机械加压送风防烟并列，而且要求优先采用，显然是不合情理的。

《高规》第8.2.3条关于防烟楼梯间前室或合用前室，采用敞开的阳台、凹廊或前室内有不同朝向的可开启外窗自然排烟时，该楼梯间可不设防烟设施的几种作法，因为它没有考虑到着火层发生在防烟楼梯间的负压区时的吸力作用，都是不可靠的。

自然排烟防烟受自然条件的制约，其可靠性很低。研究表明最大可能只有50%[8]，推荐它，犹如把火灾疏散时逃生人员生、死推向一场赌博。这是与“以人为本”的防烟宗旨背道而驰的。

3 高层建筑加压送风量计算模型存在的问题

3.1 原型加压送风技术的应用

追根溯源加压送风技术源于二次世界大战期间，为了防御敌人投放的细菌、毒气侵入作战指挥要害部门，将清洁空气（或处理过的无毒空气）以加压送风机送入要求这些受保护的部位。其物理模型非常简单（从略）。

（1）使保护部位关门时能保持一定正压值ΔP（Pa），以抵御有害物的入侵，所需的风量L_y（m³/s）用压差法计算。根据流体力学推导：

$$L_y=\mu\times A\times\left(\frac{2\Delta P}{\rho}\right)^{1/2}\times b \tag{1}$$

式中：A为关门时总的缝隙面积，m²；ΔP为压力差，Pa；b为附加系数；μ为流量系数；ρ为空气密度，kg/m³。

（2）使其开门时，保持门洞处一定的风速，m/s，以抵御有害物的入侵，所需的风量L_v（m³/s）用流速法计算，同理：

$$L_v=n\cdot F\cdot v \tag{2}$$

式中：n为同时开启门的数量；F为每樘门的断面积，m²；v为保证门洞处所需的风速，m/s。

（3）这项加压送风技术的特点

①有害物来自加压部位的各个方向，加压部位

与被保护部位已熔为一体。

②加压空气送入保护部位后是直接排入大气之中，称其为“直接排泄”，因而这些排气通路的面积都属于简单的也是典型的并联型式。

由于公式中的加压送风气流流路，与实际空气流动的流路和流动规律与计算模型是完全吻合的。因此，计算模型在使用效果上取得了成功。因而受到后来人们的相继传承。这里我们称这种直接排泄型式的加压送风技术叫“原型加压送风”。

3.2 《高规》第8章推荐的加压送风量计算模型。

《高规》95年改版后的1997年版、2001年版和2005年版四个版本都在第8.3.2条条文说明中，推荐了压差法和流速法。

（1）压差法的计算式[1,2]

$$L_y=0.827\cdot A\cdot \Delta P^{1/2}\times 1.25 \quad （3）$$

（2）流速法的计算式[1,2]

$$L_v=n\cdot F\cdot v \quad （4）$$

当式（1）中取μ=0.64，ρ=1.2kg/m^3，b=1.25时，式（3）与式（1）相同，式（2）与式（4）也是相同的。

实质上《高规》的压差法与流速法完全是照搬了“原型加压送风”的两个公式。

3.3 压差法与流速法直接用于高层建筑防烟系统加压送风量计算存在的问题

3.3.1 直接套用“原型加压送风”气流模型的矛盾

（1）与气流流动规律的矛盾

由于高层建筑加压送风系统的气流流路比“原型加压送风”气流流路要复杂得多。显而易见，“原型加压送风”的气流都是“直接排泄”进入大气中的，而高层建筑加压送风系统的气流，除了极少数为直接排泄，绝大多数气流流路都是“间接排泄”。“直接排泄”的气流可运用简单的并联气流流动规律的公式计算。“间接排泄”的气流，必须用串联气流流动规律。而压差法与流速法都是采用并联气流的规律用于高层建筑加压送风量的计算，很显然是违背了气流流动的基本原则的。

（2）《高规》将“压差法”与“流速法”按两个不同时出现的工况的思路在逻辑上的矛盾

撇开M_W不谈，所谓两个工况不同时出现，就是说：有时是所有防火门都关闭，有时是只有n层M_2、M_1同时开启。但流速法中M_2、M_1同时开启的层数“n”的内涵，是个概率值[14]，是个动态的概念，即各层的M_2、M_1同时开启的概率是相同的，在某一时刻究竟是哪几层同时开启，是不确定的。但任意时刻总是有“n”层的M_2、M_1同时开启。因此，《高规》认定某一工况（时刻）所有的防火门M_2、M_1都是关闭的假设，违背了同时开启门数量“n”的动态概念的基本内涵，因此《高规》的压差法与流速法二者取其大值的思路是值得商榷的。

3.3.2 综合分析

即压差法与流速法直接用于高层建筑加压送风与防烟楼梯间直接对外疏散外门M_W存在的矛盾的分析。

压差法与流速法计算参数的虚疑性矛盾，仍以《高规》表8.3.2-1防烟方案为例：

（1）压差法$L_y=0.827A\cdot\Delta P^{1/2}\times 1.25$

计算式中的ΔP与A因为防烟楼梯间直接对外的疏散外门M_W的存在，假设防火门M_2、M_1及M_W均为《高规》规定的标准规格的防火门，且$M_1=M_2=M_{W底}=M_{W顶}$=1.6m×2.0m=3.2m^{2}的双扇门，每扇为0.8m×2.0m，其闭门器根据规范[19]规定：其开启力矩$M_f\leqslant$25N·m。第一种情况，假设加压送风系统已启动，人员未开始疏散，防火门是关闭的，当系统启动后，防烟楼梯间内的压力便升高，升高到一定程度，正压力产生了推门力矩$M_p=\Delta P\times B^2\times H/2$（N·m），当平衡力矩方程式$M_p\geqslant M_f$=25N·m时，就会将$M_w$推开泄压，这时的压力差$\Delta P\geqslant 2M_f/B^2\cdot H\geqslant$39.0625Pa。压力差未达到《高规》规定的45～50Pa时，M_w就被正压力推开了。压力差ΔP既不是45～50Pa，防火门的“缝隙面积”也不是原先的A。

第二种情况是加压送风系统已启动，人员在疏散过程中，由于外门M_w要负担防火分区内二层及以上各层的人员疏散，M_w会始终处于开启状态，加压空气从M_w流失，防烟楼梯间压力急剧下降，因而压差法中的ΔP与A也并非规范规定的参数。

（2）流速法

计算式：$L_v=n\cdot F\cdot v$

①上式我们可理解为“n”路流通面积为F（m^2）。流速为v m/s的气流。这种气流在实际的加压送风的气流流动中，是找不到的，是虚构的，与实际不相符合的臆想中的气流。仍以《高规》表8.3.2-1加压送风防烟方案为例：

式中“n”层防火门M_2、M_1同时开启，M_2与

M_1本身是串联的，每个防火门的面积为F（m^2），光是两个防火门串联的当量流通面积$A_d=F/\sqrt{2}$，用F来表征违反了串联流动的基本原则，而且气流只算到内走道，没有到达室外汇合点[3]。

②送入防烟楼梯间的加压空气当M_2、M_1同时开启时只能说明从防烟楼梯间至内走道的气流可以畅通，而从内走道流至室外的气流通路没有构成。正如只有进口没有出口的“防空洞”空气就不能流动是一个道理。特别是当内走道长度≤20m时，《高规》规定内走道可不设排烟设施。现假设与内走道两侧联通的为10个房间，房间门缝为A_{zfg}（m^2），房间外窗缝为A_{zfcg}（m^2），火灾发生在冬季加压空气从被加压空间防烟楼梯间L通过防火门M_2流入前室Q，再由前室经防火门M_1流到内走道Z，对着火层来说，再由内走道$Z_火$经9个房间门缝A_{zfg}流至9个房间f，再由房间经窗缝A_{zfcg}流至室外W，即使同时开启的M_2、M_1两个防火门“n”层是畅通的，其流路从L $\xrightarrow{A_{m2k}}$ Q $\xrightarrow{A_{m1k}}$ $Z_火$ $\xrightarrow{N'A_{zfg}}$ f $\xrightarrow{N'A_{zfcg}}$ W，是串联通路（在内走道之后是A_{zfg}与A_{zfcg}[3,20-22]串了又并，并了又串的复合气流），其当量流通面积A_{d1}从整体上应按串联并联复合规律计算[3]。

$$A_{d1}=\left\{\frac{1}{A_{m2k}^2}+\frac{1}{A_{m1k}^2}+\frac{1}{[9(\frac{1}{A_{zfg}^2}+\frac{1}{A_{zfcg}^2})^{-1/2}]^2}\right\}^{-1/2}$$

A_{d1}远小于F，（详见论文《对优化防烟方案“论据链”的分析与探讨》[4]表2中工况3的数据，$A_{d1}=0.0041m^2$）。$F=1.6m\times2.0m=3.2m^2$，《高规》将A_{d1}值按F取值，这就违背了串联气流通路应按当量流通面积计算的基本原则。

A_{d1}如此之小，怎么能让抵御烟气入侵的风量（$L_{M1}=0.7m/s\times A_{m1k}$）通过?内走道上已成为气流流动的“瓶颈”，加压送风系统显然失效。因此，只考虑气流流到内走道，掩盖了气流流动中最大的安全隐患，反映不了气流流动的真实情况。

③另一方面却没有考虑从被加压间—防烟楼梯间直接对外的疏散外门M_w开启时，直接泄漏到室外的风量L_{Mw}。从上述论文范例1工况3的数据可知，从这里泄漏的风量达送入防烟楼梯间总风量的98.72%。用于抵御烟气入侵的风量L_{Am1}，只有0.0632%，怎能抵御烟气入侵？加压送风系统只能成为摆设。

即使内走道长度≥30m，设置有自然排烟外窗$A_{zck}=1.0m^2$[3,4]，从防烟楼梯外门M_W流失的风量L_{Mw}有所下降，但仍为送入防烟楼梯间总风量的86.41%，从防火门M_1门洞通过的为12.39%（见上述论文工况2的数据）要保证门洞M_1处的风速为0.7m/s，总风量达18.0772m^3/s，即65078m^3/h，如此大的风量，一般设计是不能认同的，实际上方案也是不可行的。特别要提醒的是，当内走道外窗处于迎风面时，内走道的烟气不但排不出去，还有可能倒灌，加压送风系统的命运和内走道没有设置自然排烟外窗是一样的。因此流速法模型存在的问题，既违背了气流流动的基本规律，而且只将气流流动中止在内走道，掩盖了气流潜在的安全隐患，因此，压差法和流速法都是不能用于高层建筑防烟系统复杂气流的流量计算的。研究表明，上述方法必然为“当量流通面积流量分配法”所取代[3,6]。

④《高规》表8.3.2-2防烟方案是分别加压，已在第1节作了分析，不再重复。

3.4 《征求意见稿》（与《上海规》同）加压送风量计算模型存在的问题

为了节省篇幅和便于分析，将《征求意见稿》中的计算模型整理为两个计算式。

3.4.1 向防烟楼梯间加压送风量L_L的计算式

由于实质上$L_1=L_y$，$L_2=L_y$

$$L_L=L_1+L_2=L_y+L_v \tag{5}$$

式中L_y、L_v与式（2）、（3）中同。

3.4.2 向前室或合用加压送风量L_Q的计算式

$$L_Q=L_1+L_2+L_3=L_y+L_v+L_3 \tag{6}$$

式（6）中L_y、L_v与式（5）同，在前面第3.1～3.3节中已阐明压差法计算式L_y与流速法计算式L_v都不能用于高层建筑防烟系统加压送风量的计算，不在此重述。因此式（5）、式（6）也是不成立的，而式（6）中的L_3为合用前室常闭型加压送风口的漏风量，m^3/s。

$$L_3=0.083A_F\cdot N_3 \tag{7}$$

式中，A_F为每个送风口的面积，m^2；N_3为关闭风口的数量。

式（7）已在《加压送风系统关闭风口漏风量计算方法的探讨》论文概述1.2节中作了分析，该论文已于今年1月投向《暖通空调》刊物。为节省篇幅，现引用该论文中的几句话，加以概括："关闭风口漏风量必须计算，但直接套用加压送风口气密性标准的数据0.083m^3/(m^2·s)来计算加压送风系统关闭风口的漏风量是不妥当的，也是不科学的。因为一是该加压送风口气密性标准0.083m^3/(m^2·s)的前提条件是关闭阀门（风口）两侧的压力差ΔP=20Pa时的漏风量。怎么能证明所有关闭风口两侧的压力差都是ΔP=20Pa呢？这是没有依据的。ΔP的大小不仅随加压送风系统不同而不同，同一加压送风系统随风口位置不同而变化的。必须对每个风口建立能量方程才能求解，是很复杂的。二是漏风量0.083m^3/(m^2·s)=5m^3/(m^2·min)，为21年前四川省地方标准DB51/48-91的规定（与江苏省地方标准同）"现在的标准不同，而且各个生产厂家的产品制作标准也不同，差别很大，能否适合于某个工程还要根据许多条件来选择的。"

3.4.3 对《上海规》(与《征求意见稿》同）第3.1.10条条文说明的理解与分析

《上海规》在第3.1.10条条文说明中指出："加压送风系统的风量仅按保持该区域门洞处的风速进行计算是不够的。这是因为门洞开启时，虽然加压送风开门区域中的压力会下降，但远离门洞开启楼层的加压送风区域或管井仍具有一定的压力，存在着门缝、阀门和管道的渗漏风，使实际开启门洞风速达不到设计要求。因此……总漏风量按三部分之和计算加压送风量是较合理、较安全的。"这是《上海规》采用式（5）和式（6）计算加压送风量的理由和依据。笔者认为，为便于分析，以《高规》表8.3.2-1为例，压差法与流速法直接用于高层建筑加压送风量计算，违背了气流流动的基本原则已在3.1～3.3节中已谈到，不在此重述。

现在仅就防烟楼梯间内的压力ΔP究竟是一个还是两个，和式（5）与式（6）的这种取值方法就能保证安全进行分析：

（1）防烟楼梯间的压力ΔP的问题

条文说明中所说的："虽然加压送风开门区域中的压力会下降，但远离门洞开启楼层的加压送风区域……仍具有一定的压力……"

也就是说在防烟楼梯间这个空间内，出现两种压力，即防火门开启处这个区域的压力下降为低压。在防火门关闭处区域仍具有一定的压力，说明中用的仍具有"一定的压力"，具体是多少，没有明确，但关门时计算式（5）L_y中，对ΔP的取值，都是45～50Pa（高压）。而防火门同时开启时防烟楼梯间的门洞区域的压力究竟是多少呢？

高等学校教材《暖通空调》第二版P288是这样写的："当楼梯间用门洞风速法计算风量时，楼梯间内正压力不到2Pa。"笔者在论文[4,5]中是按式（5）反推，ΔP=（L_y/0.839A）^{2}=（v/0.839）^{2}。（对单体流路不计附加系数1.25），当v_{m1}=0.7m/s时，ΔP≈0.70Pa，当v_{m1}=1.2m/s时，ΔP≈2.05Pa，ΔP是通过门洞A的压力降，与通过门洞的风速或风量有关。也就是说在防烟楼梯间内"n"层防火门M_1、M_2同时开启的区域的压力ΔP为0.70～2.05Pa，在远离门洞开启楼层的压力ΔP为45～50Pa。这是让人难以置信的。因为在同一个空间内，出现多处是低压、多处是高压，而且是交叉的？因为防火门M_1、M_2同时开启的"n"层，可能位于系统负担层数N中的任何一层，而且"n"的位置是变化的、动态的。哪些算远离门洞开启楼层？哪些算靠近门洞开启楼层？也就是"低压区域范围"与"高压区域范围"如何划分，是无法确定的。根据空气流动的连续性和空气的不可压缩性（在加压送风压力范围内）在一个空间内只能存在一个平衡压力$\Delta P'$。应该特别指出的是：防烟楼梯间还存在直接对外的疏散外门，一个位于低层的$M_{W底}$，一个位于屋面平台的$M_{W顶}$，在火灾疏散过程中都处于开启状态。张开两只大嘴的防烟楼梯间的压力是高不上去的。

此外，从加压送风气流流动规律分析：防烟楼梯间是加压空气的起点，送入这里的空气很自然地分成很多路气流流动。各路气流通过的门洞、窗洞或门缝、窗缝的面积大小不同，都从单体上属串联。无论是哪路气流，最终都回归到大气之中，从整体上各路气流的起点都是防烟楼梯间，汇合点都在室外无限空间大气中。各路气流符合并联气流的定义。根据并联气流压降相等的原则。可知从防烟楼梯间门洞开启的楼层到达室外，与从门洞关闭的楼层到达室外的压降都是相等的，也就证明防烟楼梯间只有一个压力$\Delta P'$，不会有一个高压和一个低压出现。因此，L_L=L_1+L_2是不成立的。

（2）《上海规》第3.1.10条条文说明规定对防烟楼梯间加压送风的计算值按下式计算$L_{L计}$=L_y+L_v是否安全问题的验算

《上海规》第3.1.10条压差法L_y=0.827A·$\Delta P'^{1/2}$×1.25

中的ΔP取45～50Pa也是不符合实际的。按《上海规》取ΔP=50Pa，比实际$\Delta P \approx$2Pa，其压力放大25倍，风量L_y比实际的放大5倍。（还未计漏风面积A，实际是串联流动，而按并联流动面积计算所放大的倍数）流速法$L_v=n \cdot F \cdot v$中的F值同样也是串联按并联计算的。因此，撇开其合理性不谈，L_y与L_v的计算值都比实际值放大了许多倍。

为了节省篇幅，引用论文[4]表2中范例1工况2的条件及其中的一组计算数据作为参照标准。

①范例条件：《高规》表8.3.2-1防烟方案N=19层，n=2，内走道设自然排烟外窗面积开启时A_{ZCK}=1.0m^2，关闭时0.0006m^2（折算）[3,20-22]火灾时开启着火层A_{ZCK}，防火门开启时面积：$A_{m1k}=A_{m2k}=A_{mw底}=A_{mw顶}$=1.6m×2.0m=3.2m^2，防火门关闭时缝隙面积$A_{m1g}=A_{m2g}$=0.0276m^2，与内走道相连的房间为10间，房间门规格面积A_{ZCK}=1.0m×2.0m，缝隙面积A_{zfg}=0.018m^2，房间外窗面积A_{zfck}=1.5m×1.5m，关闭时缝隙面积A_{zfcg}=0.00045m^2（折算）[3,20-22]。

②计算数据摘录（一组）于表1。

表1　计算数据摘录表

Table 1　Calculated data extract table

各并联通路当量流通面积（m^2）					流量分配　　（m^3/s）（占总风量的总比例）				
A_{d1} 着火层通过M$_1$开启	A_{d2} 非着火层通过M$_1$开启	A_{d3} 通过（$N-n$）层关闭的防火门	A_{d4} 通过外门M$_W$	A_Z 总流通面积	L_{Ad1}	L_{Ad2}	L_{Ad3}	L_{Ad4}	L_Z
0.9178	0.0051	0.0839	6.40	7.4068	2.24（12.39%）	0.012（0.069%）	0.205（1.13%）	15.62（86.407%）	18.0772（100%）

③验算的原则：

因为论文[4]的范例都是按“当量流通面积的流量分配法”在加压送风量计算中的应用进行的计算。其原理是利用并联气流通路上的压降相等，即各并联气流流路当量流通面积上的流速也相等，或者说各并联通路流量之比与其当量流通面积成正比。送入加压部位的流量是按当量流通面积的大小来分配的。当已知某一通路的当量流通面积如A_{d1}，和该通路的流量L_{Ad1}（是抵御烟气入侵的风量时）去求总加压送风量和其余通路的流量就是在加压送风量计算中的应用。

这里是反其道而行之，即已知送入加压部位的总的送风量L_Z，去求通过着火层防火门M$_1$门洞开启的这一通路的流量L_{Am1}，因为只要系统的条件相同（如范例1工况2的条件）。它们各并联通路当量流通面积的大小的比例和流量大小的比例是一样的，当求出$L_{Ad1}/A_{m1k}=v_{m1}\geqslant$0.7m/s时是安全的，这是当量流通面积流量分配法在校验中的应用。

④按《上海规》第5.1节计算L_y与L_v（$L_y=L_1$，$L_v=L_2$）

这里撇开此计算方法存在的所有问题，仅按《上海规》规定的方法算出L_1与L_2的数量。

$L_1=L_y=0.827A\cdot\Delta P^{1/2}\times1.25\cdot N_1=0.827\times0.0276\times(N-n)\times50^{1/2}\times1.25=3.429718912$m^3/s≈12347m^3/h

$L_2=L_v=F\cdot v\cdot N_2=F\cdot v\cdot n=3.2\times0.7\times2=4.48$m^3/s=16128m^3/h

计算值$L_{L计}=L_1+L_2$=12347m^3/h+16128m^3/h=28475 m^3/h

根据《上海规》第3.3.7条规定：“……当计算值和表3.3.7-1不一致时应按二者中大值确定。”

计算值$L_{L计}$=28475m^3/h，表3.3.7-1中控制风量为30000m^3/h，故取L_L=30000m^3/h。

⑤校验L_L=30000m^3/h送入防烟楼梯间是否安全，从第②节的数据摘录表中：

通过M$_1$的流量$L_{Ad1}=L_L\times$12.39%=30000m^3/h×12.39%=3717m^3/h

校验$v_{m1}=L_{Ad1}/(A_{m1k}\times3600\text{s})$=3717(m^3/h)/(3.2m^2×3600s)≈0.3227m/s＜0.7m/s证明按计算值$L_{L计}$与表3.3.7-1二者中取大值也是不安全的。

这是因为从防烟楼梯间外门A_{MW}或A_{d4}泄漏的风量太大。

L_{Ad4}=30000m^3/h×86.407%=25922.1m^3/h所致。

此外验证防烟楼梯间的压力：

$\Delta P'=1.420v_{m1}^2=1.420\times(L_{Ad4}/A_{d4})^2=1.420\times$[25922.1

（m^3/h）/（6.4×3600s）]^2=1.8Pa≈2.0Pa

3.5 小结

（1）《上海规》、《征求意见稿》都是受《高规》第8.3.1条条文说明的影响[6]认为防烟楼梯间没有直接对外的疏散外门，而导致加压部位的选择，加压送风系统的划分以及一些对策措施的制订误入歧途。这是应于纠正的。

（2）“压差法”与“流速法”是不能用于高层建筑加压送风防烟系统加压送风量计算的，否则就违背了串联气流流动的基本规律。出现这一问题的根源，在于混淆了加压气流的“直接排泄”与“间接排泄”两个不同概念所致。

（3）由于向防烟楼梯间加压的绝大部分空气都从疏散外门M_w流失，《上海规》第3.1.10条想以增大加压送风量的计算值取$L_L=L_1+L_2$的方式来弥补，而且L_1与L_2的计算值比实际已放大了许多倍，都是徒劳的。因为真正漏风量最多的是防烟楼梯间的外门M_W，反而漏了项。最终验算门洞M_1处的风速v_{m1}远小于0.7m/s，抵御不了烟气的入侵。

（4）向加压部位送风，按空气流动规律，空气从高压区流向低压区，加压空气最终都回归至室外大气中。三种规范都只顾及到加压空气能通到防火门M_2、M_1同时开启时的内走道，没管从内走道流至室外的通路是否畅通，掩盖了末端气流的“瓶颈”，让抵御烟气入侵的风量（L_{M1}=0.7m/s×A_{m1}）无法通过，成为加压送风系统的最大安全隐患[4]必须采取有效措施，才能解决。

（5）要解决以上问题。研究表明[3]：1）要以“当量流通面积流量分配法”作为高层建筑加压送风量的计算法，取代现有的方法。2）以“优化防烟方案”代替现行防烟方案。只向前室或合用前室加压，在内走道设置排烟（风）系统，一方面使内走道的压力P_z≈0，创造一个人工室外无限空间，满足并联气流定义中规定的条件，能应用其流动规律计算。另一方面解决内走道气流“瓶颈”问题，使门洞M_1处抵御烟气入侵的风量L_{M1}=（0.7～1.2m/s）×A_{M1}能畅通，保证加压送风的效果。后者详见另一专题论文《高层建筑优化防烟方案系统设计》。

参考文献：

[1] GBJ45-82,高层民用建筑设计防火规范（试行）[S].北京:群众出版社,1983.

[2] GB50045-95,高层民用建筑设计防火规范（1995、1997、2001、2005年版）[S].北京:中国计划出版社.

[3] 刘朝贤.“当量流通面积流量分配法”在加压送风量计算中的应用[J].暖通空调,2009,39(8):102-108.

[4] 刘朝贤.对优化防烟方案“论据链”的分析与探讨[J].暖通空调,2010,40(4):40-48.

[5] 刘朝贤.对防烟楼梯间及其合用前室分别加压送风防烟方案的流体网络分析[J].暖通空调,2011,41(1):64-70.

[6] 刘朝贤.对《高层民用建筑设计防火规范》第6、8两章矛盾性质及解决方案的探讨[J].暖通空调,2009,39(12):49-52.

[7] 刘朝贤.高层建筑加压送风系统软、硬件部分可靠性分析[J].暖通空调,2007,37(11):74-80.

[8] 刘朝贤.对自然排烟防烟“自然条件”的可靠性分析[J].暖通空调,2008,36(10):53-61.

[9] 刘朝贤.高层建筑房间开启外窗朝向数量对自然排烟可靠性的影响[J].制冷与空调,2007,21(增刊):1-4.

[10] 刘朝贤.对高层建筑房间自然排烟极限高度的探讨[J].制冷与空调,2007,21(增刊):56-60.

[11] 刘朝贤.对高层建筑防烟楼梯间自然排烟的可行性探讨[J].制冷与空调,2007,21(增刊):83-92.

[12] 刘朝贤.对《高层民用建筑设计防火规范》第8.2.3条的解析与商榷[J].制冷与空调,2007,21(增刊):110-113.

[13] 刘朝贤.对《高层民用建筑设计防火规范》中自然排烟条文规定的理解与分析[J].制冷与空调,2008,(6):1-6.

[14] 刘朝贤.对加压送风防烟中同时开启门数量的理解与分析[J].暖通空调,2008,38(2):70-74.

[15] 刘朝贤.对加压送风防烟方案的优化分析与探讨[J].暖通空调,2008,38(增刊):71-75.

[16] GBXXX-2008,建筑防排烟系统技术规范（征求意见稿）.

[17] DGJ08-88-2006,J10035-2006,上海市工程建设规范--建筑防排烟技术规程[S].

[18] 郭铁男.中国消防手册(第三卷)[J].上海:上海科学技术出版社,2006.

[19] GA93-2004（代替GA93-1995）,防火门闭门器[S].

[20] GB/T 7107-2002,建筑外窗气密性标准分级及其检测方法[S].北京:中国标准出版社,2004.

[21] GB50189-2005,公共建筑节能设计标准[S].

[22] JGJ 134-2001、J116-2001,夏热冬冷地区居住建筑节能设计标准[S].

（影印自《制冷与空调》2011年第25卷第6期总第109期531－540页）

对防烟楼梯间及其合用前室分别加压送风防烟方案的流体网络分析

中国建筑西南设计研究院有限公司　刘朝贤☆

摘要　应用流体网络分析法，对现行高层建筑防火规范第8章第8.3.2条表8.3.2-2中的风量控制数据进行了校验性计算，揭示了分别加压送风的流动特性。计算结果表明，向防烟楼梯间加压是徒劳的，因为加压送风会直接从防烟楼梯间的疏散外门流失。

关键词　分别加压　疏散外门　节点平衡　闭合点　流量校正

Air flow network analysis of separate pressurization air supply and smoke control schemes in smoke prevention staircase and its common antechamber

By Liu Chaoxian★

Abstract　By an air flow network analysis, calculates and verifies the data of air flow control in the table 8.3.2-2 of the item 8.3.2 of the chapter 8 in the present fire protection code of tall buildings. Reveals the flow characteristics of separate pressurization air supply. Calculating results show that it is useless to pressure to smoke prevention staircase, since pressurization supply air goes directly from evacuation exterior door.

Keywords　separate pressurization, evacuation exterior door, node balance, closing difference, flow emendation

★ China Southwest Architectural Design and Research Institute, Chengdu, China

1　概述

1.1　流体网络分析法的提出

GB 50045—95《高层民用建筑设计防火规范》[1]（2005年版）（以下简称《高规》）第8章防烟部分的主要内容，是基于防烟楼梯间不设置直接对外的疏散外门而规定的，但这有悖于《高规》第6章安全疏散条文中应在防烟楼梯间设置直接对外的疏散外门的规定。第8章加压送风量的计算方法和相应的对策措施，既失去了法规上的依据，也失去了理论上的支持。为此笔者对《高规》4种加压送风防烟方案根据气流流动特性分为两类，提出了“当量流通面积流量分配法”与“流体网络分析法”两种新的方法。《高规》表8.3.2-1、表8.3.2-3、表8.3.2-4中的向前室加压3种方案，流路比较简单，气流流路系统都属串联与并联范畴，管路中的空气流量分配适合于采用“当量流通面积流量分配法”。而表8.3.2-2防烟楼梯间及其合用前室组合的加压送风防烟方案，以及表8.3.2-4中合用前室加压方案，由于防烟楼梯间疏散外门的存在和消防电梯井直接对外排气孔及各层电梯间等漏风通路的存在，使气流流动变得非常复杂，即使经过简化、等效置

☆ 刘朝贤，男，1934年1月生，大学，教授级高级工程师，教授，硕士生导师，享受国务院政府特殊津贴
610081　成都市星辉西路8号中国建筑西南设计研究院有限公司
（028）83223943
E-mail：WyBeiLiu@163.com
收稿日期：2010-01-04

换后的气流流动图形，也既不是串联流路，也不是并联流路。因此，“当量流通面积流量分配法”已不适用，笔者建议采用“流体网络分析法”。笔者以《高规》表 8.3.2-2 分别加压为范例，按 5 种工况对《高规》表 8.3.2-2 中的控制风量数据进行了校验性计算，揭示了其流动规律。

范例条件假设：

1) 建筑物防烟系统负担层数 $N=19$ 层；

2) 根据《高规》表 8.3.2-2，向防烟楼梯间的加压送风量 $L_L=20\ 000\ m^3/h=5.\dot{5}\ m^3/s$，向合用前室的加压送风量 $L_Q=16\ 000\ m^3/h=4.\dot{4}\ m^3/s$；

3) 内走道设自然排烟外窗，开启时窗面积 $A_{zck}=1.0\ m^2$，关闭时窗的缝隙面积 $A_{zcg}=0.000\ 6\ m^2$，与内走道相连的房间为 10 个，房间门面积 $A_{fck}=1.0\ m\times2.0\ m$，门缝面积 $A_{fcg}=0.018\ 0\ m^2$，房间外窗窗缝面积 $A_{cfg}=0.000\ 45\ m^2$[2]；

4) 电梯两部(其中一部为消防电梯)，电梯顶部排气孔面积 $f=0.32\ m^2\times2=0.64\ m^2$(对 7 部电梯实测后每部的平均值为 $0.32\ m^2$。过去有的资料对电梯井上部排气孔按 $f=0.1\ m^2$ 计是不确切的)。

1.2 本文的目的与任务

由于防烟楼梯间存在直接对外的疏散出口，从表观推理上可以判定向防烟楼梯间送风是不妥当的。本文的任务、目的是了解气流在管网中是如何流动的，各管段的气流流向及流量分配；着火层合用前室与内走道之间的防火门 M_1 开门时的流速是多少，能否抵御烟气的入侵，加压送风量的有效利用率是多少，其大小与哪些因素有关，分别加压的优势，为优化防烟方案提供依据。

2 流体网络分析

2.1 工况划分

将《高规》表 8.3.2-2 分别加压送风分为 5 个工况，条件及参数见表 1。

表 1 工况划分条件

工况	条 件	备 注
1	1) 防火门开启时面积 $A_{m1k}=A_{m2k}=0.8\ m\times2.0\ m=1.6\ m^2$ 关闭时缝隙面积 $A_{m1g}=A_{m2g}=5.6\ m\times0.003\ m=0.016\ 8\ m^2$ 2) 内走道设自然排烟外窗，开启时面积 $A_{zck}=1.0\ m^2$，关闭时缝隙面积 $A_{zcg}=0.000\ 6\ m^2$[2] 3) 与内走道相连房间为 10 间，门的面积为 $1.0\ m\times2.0\ m=2.0\ m^2$，关闭时缝隙面积 $A_{zfg}=0.018\ 0\ m^2$ 房间外窗面积为 $1.25\ m\times1.50\ m$，外窗缝隙面积 $A_{fcg}=0.000\ 45\ m^2$[2] 4) 火灾时开启着火层及上一层前室加压送风口和内走道自然排烟外窗	单扇门
2	1) 防火门开启时面积 $A_{m1k}=A_{m2k}=1.0\ m\times2.1\ m=2.1\ m^2$ 关闭时缝隙面积 $A_{m1g}=A_{m2g}=6.2\ m\times0.003\ m=0.018\ 6\ m^2$ 2),3),4)条同工况 1	单扇门
3	1) 防火门开启时面积 $A_{m1k}=A_{m2k}=0.9\ m\times2.1\ m=1.89\ m^2$ 关闭时缝隙面积 $A_{m1g}=A_{m2g}=6.0\ m\times0.003\ m=0.018\ 0\ m^2$ 2),3),4)条同工况 1	单扇门
4	1) 防火门开启时面积 $A_{m1k}=A_{m2k}=1.6\ m\times2.0\ m=3.2\ m^2$ 关闭时缝隙面积 $A_{m1g}=A_{m2g}=9.2\ m\times0.003\ m=0.027\ 6\ m^2$ 2),3),4)条同工况 1	双扇门
5	1) 防火门开启时面积 $A_{m1k}=A_{m2k}=0.8\ m\times2.0\ m=1.6\ m^2$ 关闭时缝隙面积 $A_{m1g}=A_{m2g}=5.6\ m\times0.003\ m=0.016\ 8\ m^2$ 2) 内走道长度≤20 m，无自然排烟外窗，即 $A_{zck}=0$，$A_{zcg}=0$ 3) 同工况 1 中 3) 4) 火灾时，开启着火层及上一层前室加压送风口	单扇门同工况 1 的条件 1

2.2 各工况各管段的基础参数计算

阻力与当量流通面积 A_{di} 按下式[2]计算：

$$R_i=\frac{1.42}{A_{di}^2} \tag{1}$$

式中 R_i 为流体通过门洞或缝隙的阻力；A_{di} 为流体通过门洞或缝隙的当量流通面积。

根据图 1d 划分为 8 个环共 11 个管段，名称及参数计算结果见表 2。

2.3 流体网络气流等效置换图的绘制

等效置换图是气流流路当量流通面积、流体阻力、气流流向、流量、流体压降之间实质性的连接，是由加压送风防烟流路系统图、气流流程简化图、气流流程网络示意图演变成的。

2.3.1 图形的等效置换原则

1) 正压空间用拼音字母表示。防烟楼梯间为 L、前室或合用前室为 Q(着火层前室为 Q_2、着火层上一层前室为 Q_1、$(N-n)$层前室为 Q_0)、内走道为 Z、着火层内走道为 $Z_火$、非着火层内走道为 $Z_非$、室外无限空间为 W、竖井为 G。

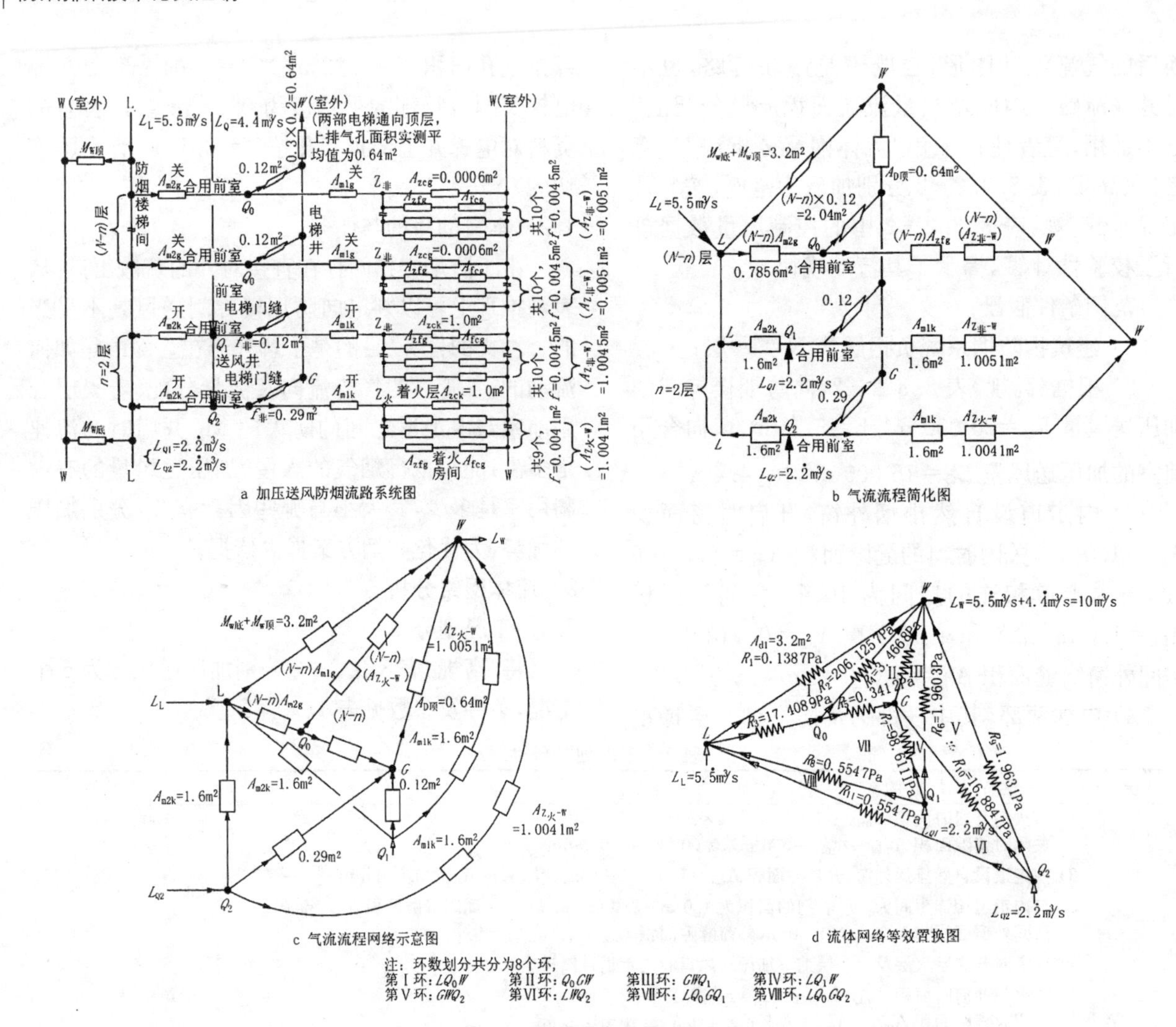

a 加压送风防烟流路系统图　b 气流流程简化图

c 气流流程网络示意图　d 流体网络等效置换图

注：环数划分共分为8个环，
第Ⅰ环：LQ_0W　第Ⅱ环：Q_0GW　第Ⅲ环：GWQ_1　第Ⅳ环：LQ_1W
第Ⅴ环：GWQ_2　第Ⅵ环：LWQ_2　第Ⅶ环：LQ_0GQ_1　第Ⅷ环：LQ_0GQ_2

图1　流体网络气流等效置换图

2）各空间气流流向都由防火门门洞、窗洞或门缝、窗缝流入或流出：防火门、窗开启时的面积用 A_{m1k}，A_{m2k}，A_{zck}，$M_{W底}$，$M_{W顶}$，F_{cz} 表示；防火门、窗关闭时缝隙面积用 A_{m1g}，A_{m2g}，A_{zcg}，$M_{W底g}$，$M_{W顶g}$ 表示。

3）各串联通路用当量流通面积 A_{di} 表示。

4）各并联通路总面积用 A_z 或当量流通面积之和 $\sum A_{di}$ 表示。

流体网络图属三维空间，为了简化，本文用二维平面表示，因此，存在管段交叉情况。

2.3.2　流体网络气流等效置换图（见图1）

2.4　流体网络环状管网计算

根据流体连续性定律，流体在环状管网中的流动遵守以下三条原则[3-5]。

1）节点流量平衡原则

任一节点流入和流出的流量相等：

$$\sum L_i = 0 \tag{2}$$

2）压降原则

任一管段的压降 Δp_i 与流量 L_i 的平方成正比，即：

$$\Delta p = R_i L_i^2 \tag{3}$$

式中　R_i 为该管段的阻力，$R_i = 1.42/f_i^2$[2]，f_i 为门洞或缝隙面积。

3）环路各管段压降闭合差原则

任一闭合环路中，以顺时针方向流动的压降为正，以逆时针方向流动的压降为负时，各管段压降的代数和（称为闭合差）等于零，即

$$\sum \Delta p_i = 0 \tag{4}$$

运用以上三条原则，对环状管网的流量分配进行计算，由于计算程序比较复杂，这里用近似解法逐渐逼近。

先对环路各管段流量进行假设，计算出该环闭

表 2　各工况各管段的基础参数计算

管段		各工况各管段基础参数整理计算值					
名称	编号	计算式	工况 1	工况 2	工况 3	工况 4	工况 5
LW	A₁	面积 $A_1 = M_{W底} + M_{W顶}$， 阻力 $R_1 = 1.42/A_1^2$	$A_1 = 3.2$ $R_1 = 0.138\,7$	$A_1 = 4.2$ $R_1 = 0.080\,5$	$A_1 = 3.8$ $R_1 = 0.099\,4$	$A_1 = 6.4$ $R_1 = 0.034\,7$	$A_1 = 3.2$ $R_1 = 0.138\,7$
Q_0W	A_2	面积 $A_2 = (N-n)(\frac{1}{A_{m2g}^2} + \frac{1}{A_{Z_{非}-W}^2})^{-\frac{1}{2}}$ 阻力 $R_2 = 1.42/A_2^2$	$A_2 = 0.083\,0$ $R_2 = 206.125\,7$	$A_2 = 0.083\,6$ $R_2 = 203.110\,4$	$A_2 = 0.083\,4$ $R_2 = 204.073\,0$	$A_2 = 0.085\,3$ $R_2 = 195.368\,1$	$A_2 = 0.073\,9$ $R_2 = 260.050\,6$
Q_0L	A_3	面积 $A_3 = (N-n)A_{m2g}$， 阻力 $R_3 = 1.42/A_3^2$	$A_3 = 0.285\,6$ $R_3 = 17.408\,9$	$A_3 = 0.316\,2$ $R_3 = 14.202\,5$	$A_3 = 0.306\,0$ $R_3 = 15.165\,1$	$A_3 = 0.469\,2$ $R_3 = 6.450\,2$	$A_3 = 0.285\,6$ $R_3 = 17.408\,9$
GW	A_4	面积 $A_4 = 0.32\ m^2 \times 2$， 阻力 $R_4 = 1.42/A_4^2$	$A_4 = 0.64$ $R_4 = 3.466\,8$	$A_4 = 0.64$ $R_4 = 3.466\,8$	$A_4 = 0.64$ $R_4 = 3.466\,8$	$A_4 = 0.64$ $R_4 = 3.466\,8$	$A_4 = 0.64$ $R_4 = 3.466\,8$
Q_0G	A_5	面积 $A_5 = 0.12(N-n)$， 阻力 $R_5 = 1.42/A_5^2$	$A_5 = 2.040\,0$ $R_5 = 0.341\,2$	$A_5 = 2.040\,0$ $R_5 = 0.341\,2$	$A_5 = 2.040\,0$ $R_5 = 0.341\,2$	$A_5 = 2.040\,0$ $R_5 = 0.341\,2$	$A_5 = 2.040\,0$ $R_5 = 0.341\,2$
Q_1W	A_6	面积 $A_6 = (\frac{1}{A_{m1k}^2} + \frac{1}{A_{Z_{非}-W}^2})^{-\frac{1}{2}}$， 阻力 $R_6 = 1.42/A_6^2$	$A_6 = 0.850\,7$ $R_6 = 1.962\,2$	$A_6 = 0.906\,2$ $R_6 = 1.729\,3$	$A_6 = 0.887\,0$ $R_6 = 1.804\,8$	$A_6 = 0.958\,4$ $R_6 = 1.546\,0$	$A_6 = 0.004\,3$ $R_6 = 76\,798.269\,3$
Q_1G	A_7	面积 $A_7 = 0.12\ m^2$， 阻力 $R_7 = 1.42/A_7^2$	$A_7 = 0.12$ $R_7 = 98.611\,1$	$A_7 = 0.12$ $R_7 = 98.611\,1$	$A_7 = 0.12$ $R_7 = 98.611\,1$	$A_7 = 0.12$ $R_7 = 98.611\,1$	$A_7 = 0.12$ $R_7 = 98.611\,1$
Q_1L	A_8	面积 $A_8 = A_{m2k}$， 阻力 $R_8 = 1.42/A_8^2$	$A_8 = 1.6$ $R_8 = 0.554\,7$	$A_8 = 2.1$ $R_8 = 0.322\,0$	$A_8 = 1.9$ $R_8 = 0.397\,5$	$A_8 = 3.2$ $R_8 = 0.138\,7$	$A_8 = 1.6$ $R_8 = 0.554\,7$
Q_2W	A_9	面积 $A_9 = (\frac{1}{A_{m1k}^2} + \frac{1}{A_{Z_{火}-W}^2})^{-\frac{1}{2}}$ 阻力 $R_9 = 1.42/A_9^2$	$A_9 = 0.850\,5$ $R_9 = 1.963\,1$	$A_9 = 0.905\,9$ $R_9 = 1.730\,4$	$A_9 = 0.886\,7$ $R_9 = 1.806\,0$	$A_9 = 0.958\,0$ $R_9 = 1.547\,1$	$A_9 = 0.004\,1$ $R_9 = 84\,473.527\,7$
Q_2G	A_{10}	面积 $A_{10} = 0.29\ m^2$， 阻力 $R_{10} = 1.42/A_{10}^2$	$A_{10} = 0.29$ $R_{10} = 16.884\,7$	$A_{10} = 0.29$ $R_{10} = 16.8847$	$A_{10} = 0.29$ $R_{10} = 16.884\,7$	$A_{10} = 0.29$ $R_{10} = 16.884\,7$	$A_{10} = 0.29$ $R_{10} = 16.884\,7$
Q_2L	A_{11}	面积 $A_{11} = A_{m2k}$， 阻力 $R_{11} = 1.42/A_{11}^2$	$A_{11} = 1.6$ $R_{11} = 0.554\,7$	$A_{11} = 2.1$ $R_{11} = 0.322\,0$	$A_{11} = 1.89$ $R_{11} = 0.397\,5$	$A_{11} = 3.2$ $R_{11} = 0.138\,7$	$A_{11} = 1.6$ $R_{11} = 0.554\,7$

注：表中 n 为同时开启门的数量；A_i 的单位为 m^2。

合差，然后进行校正。假设环网各管段流量为 L_{vi}，校正流量为 ΔL_{vi}，即

$$\sum R_i(L_{vi} + \Delta L_{vi})^2 = 0 \tag{5}$$

展开得：

$$\sum R_iL_{vi}^2 + 2\sum R_iL_{vi}\Delta L_{vi} + \sum R_i\Delta L_{vi}^2 = 0$$

因 ΔL_{vi} 相对于 L_{vi} 来说很小，故 $\sum R_i\Delta L_{vi}^2$ 项可以忽略，得：

$$\sum R_iL_{vi}^2 + 2\sum R_iL_{vi}\Delta L_{vi} = 0$$

校正量

$$\Delta L_{vi} = \frac{-\sum R_iL_{vi}^2}{2\sum R_iL_{vi}} \tag{6}$$

为了保证压力降的方向正确，可将 L_{vi} 用绝对值 $|L_{vi}|$ 表示，而 L_{vi}^2 的正、负则要根据气流流动方向确定，$R_iL_{vi}^2$ 应写成 $R_i|L_{vi}|L_{vi}$。由于分母 $\sum R_i|L_{vi}|$ 总是正的，压力降在负方向的修正要由 L_{vi} 的负号决定，假设各管段流量顺时针方向为正，逆时针方向为负。因此计算时必须结合流体网络等效置换图 1d 来确定。

式(6)可写成

$$\Delta L_{vi} = \frac{-\sum R_i \mid L_{vi} \mid L_{vi}}{2\sum R_i \mid L_{vi} \mid} \tag{7}$$

计算过程反复进行，直到流量修正量小到合乎要求为止(此系 Harody-Cross 法，源于牛顿法)。

2.5　数值计算

表 3，4，5 分别为工况 1 第 1 次各环路各管段校正流量计算公式及结果、工况 1 第 1 次环状管网计算流量及工况 1 节点流量平衡验算的结果。由于篇幅所限，其余 4 个工况计算过程从略，仅将 5 个工况环网计算数据结果汇总于表 6。

3　网络计算结果分析

表 3，4 是用流体网络计算法对工况 1 第 1 次按设定条件进行流量修正(因采用的是反复进行、逐渐逼近的方法，实际是第 2 次)，中间计算过程省略，仅保留了满足表 5 相对误差要求的最终一轮计算结果。每个工况有 6 个计算表格，5 个工况共 30 个表，受篇幅所限，最后汇总成表 6。大量的数值计算为回答第 1 章中提出的问题提供了依据。

1) 分别加压送风，以送入防烟楼梯间的空气 $L_L = 20\ 000\ m^3/h = 5.\dot{5}\ m^3/s$，送入合用前室的风量 $L_Q = 16\ 000\ m^3/h = 4.\dot{4}\ m^3/s$，共计 $10\ m^3/s$ 作为范例。

对 5 种不同工况计算的结果表明，最少有 58%的风量(5.801 7 m^3/s)，最多有 88%的风量

表3　工况1第1次各环路各管段校正流量计算结果

环号	各环路校正量 $\Delta L_i=\dfrac{-\sum R_iL_i^2}{2\sum R_iL_i}$ 及各环路各管段校正后的流量计算
Ⅰ	$\{\Delta L_{\mathrm{I}}\}_{m^3/s}=\dfrac{-(0.138\ 7\times7.44^2-206.125\ 7\times0.05^2-17.408\ 9\times0.19^2)}{2(0.138\ 7\times7.44+206.125\ 7\times0.05+17.408\ 9\times0.19)}=\dfrac{-6.533\ 8}{29.291\ 8}=-0.223\ 1$
	$\{L_{\mathrm{I}1}\}_{m^3/s}=7.44-0.223\ 1=7.216\ 9$　$\{L_{\mathrm{I}2}\}_{m^3/s}=0.05+0.223\ 1=0.273\ 1$　$\{L_{\mathrm{I}3}\}_{m^3/s}=0.19+0.223\ 1=0.413\ 1$
Ⅱ	$\{\Delta L_{\mathrm{II}}\}_{m^3/s}=\dfrac{-(206.125\ 7\times0.273\ 1^2-3.466\ 8\times0.48^2-0.341\ 2\times0.14^2)}{2(206.125\ 7\times0.273\ 1+3.466\ 8\times0.48+0.341\ 2\times0.14)}=\dfrac{-14.568\ 2}{116.009\ 5}=-0.125\ 6$
	$\{L_{\mathrm{II}2}\}_{m^3/s}=0.273\ 1-0.125\ 6=0.147\ 5$　$\{L_{\mathrm{II}4}\}_{m^3/s}=0.48+0.125\ 6=0.605\ 6$　$\{L_{\mathrm{II}5}\}_{m^3/s}=0.14+0.125\ 6=0.265\ 6$
Ⅲ	$\{\Delta L_{\mathrm{III}}\}_{m^3/s}=\dfrac{-(3.466\ 8\times0.605\ 6^2-1.962\ 2\times0.79^2+98.611\ 1\times0.11^2)}{2(3.466\ 8\times0.605\ 6+1.962\ 2\times0.79+98.611\ 1\times0.11)}=\dfrac{-1.240\ 0}{28.993\ 7}=-0.042\ 8$
	$\{L_{\mathrm{III}4}\}_{m^3/s}=0.605\ 6-0.042\ 8=0.562\ 8$　$\{L_{\mathrm{III}6}\}_{m^3/s}=0.79+0.042\ 8=0.832\ 8$　$\{L_{\mathrm{III}7}\}_{m^3/s}=0.11-0.042\ 8=0.067\ 2$
Ⅳ	$\{\Delta L_{\mathrm{IV}}\}_{m^3/s}=\dfrac{-(0.138\ 7\times7.216\ 9^2-1.962\ 2\times0.832\ 8^2+0.554\ 7\times1.33^2)}{2(0.138\ 7\times7.216\ 9+1.962\ 2\times0.832\ 8+0.554\ 7\times1.33)}=\dfrac{-6.844\ 3}{6.745\ 7}=-1.014\ 6$
	$\{L_{\mathrm{IV}1}\}_{m^3/s}=7.216\ 9-1.014\ 6=6.202\ 3$　$\{L_{\mathrm{IV}6}\}_{m^3/s}=0.832\ 8+1.014\ 6=1.847\ 4$　$\{L_{\mathrm{IV}8}\}_{m^3/s}=1.33-1.014\ 6=0.315\ 4$
Ⅴ	$\{\Delta L_{\mathrm{V}}\}_{m^3/s}=\dfrac{-(3.466\ 8\times0.562\ 8^2-1.963\ 1\times1.25^2+16.884\ 7\times0.23^2)}{2(3.466\ 8\times0.562\ 8+1.963\ 1\times1.25+16.884\ 7\times0.23)}=\dfrac{1.076\ 1}{16.576\ 9}=0.064\ 9$
	$\{L_{\mathrm{V}4}\}_{m^3/s}=0.562\ 8+0.064\ 9=0.627\ 7$　$\{L_{\mathrm{V}9}\}_{m^3/s}=1.25-0.064\ 9=1.185\ 1$　$\{L_{\mathrm{V}10}\}_{m^3/s}=0.23+0.064\ 9=0.294\ 9$
Ⅵ	$\{\Delta L_{\mathrm{VI}}\}_{m^3/s}=\dfrac{-(0.138\ 7\times6.202\ 3^2-1.963\ 1\times1.185\ 1^2+0.554\ 7\times0.74^2)}{2(0.138\ 7\times6.202\ 3-1.963\ 1\times1.185\ 1+0.554\ 7\times0.74)}=\dfrac{-2.882\ 2}{7.194\ 4}=-0.400\ 6$
	$\{L_{\mathrm{VI}1}\}_{m^3/s}=6.202\ 3-0.400\ 6=5.801\ 7$　$\{L_{\mathrm{VI}9}\}_{m^3/s}=1.185\ 1+0.400\ 6=1.585\ 7$　$\{L_{\mathrm{VI}11}\}_{m^3/s}=0.74-0.400\ 6=0.339\ 4$
Ⅶ	$\{\Delta L_{\mathrm{VII}}\}_{m^3/s}=\dfrac{-(17.408\ 9\times0.413\ 1^2+0.341\ 2\times0.265\ 6^2-98.611\ 1\times0.067\ 2^2+0.554\ 7\times0.315\ 4^2)}{2(17.408\ 9\times0.413\ 1+0.341\ 2\times0.265\ 6+98.611\ 1\times0.067\ 2+0.554\ 7\times0.315\ 4)}=\dfrac{-2.604\ 8}{28.167\ 5}=-0.092\ 5$
	$\{L_{\mathrm{VII}3}\}_{m^3/s}=0.413\ 1-0.092\ 5=0.320\ 6$　$\{L_{\mathrm{VII}5}\}_{m^3/s}=0.265\ 6-0.092\ 5=0.173\ 1$
	$\{L_{\mathrm{VII}7}\}_{m^3/s}=0.067\ 2+0.092\ 5=0.159\ 7$　$\{L_{\mathrm{VII}8}\}_{m^3/s}=0.315\ 4-0.092\ 5=0.222\ 9$
Ⅷ	$\{\Delta L_{\mathrm{VIII}}\}_{m^3/s}=\dfrac{-(17.408\ 9\times0.320\ 6^2+0.341\ 2\times0.173\ 1^2-16.884\ 7\times0.294\ 9^2+0.554\ 7\times0.339\ 4^2)}{2(17.408\ 9\times0.320\ 6+0.341\ 2\times0.173\ 1+16.884\ 7\times0.294\ 9+0.554\ 7\times0.339\ 4)}=\dfrac{-0.395\ 1}{21.615\ 7}=-0.018\ 3$
	$\{L_{\mathrm{VIII}3}\}_{m^3/s}=0.320\ 6-0.018\ 3=0.302\ 3$　$\{L_{\mathrm{VIII}5}\}_{m^3/s}=0.173\ 1-0.018\ 3=0.154\ 8$
	$\{L_{\mathrm{VIII}10}\}_{m^3/s}=0.294\ 9+0.018\ 3=0.313\ 2$　$\{L_{\mathrm{VIII}11}\}_{m^3/s}=0.339\ 4-0.018\ 3=0.321\ 1$

表4　工况1第1次环状管网计算流量汇总

环号	管段				各管段流量校正量 ΔL_i 及校正后流量 $L_i/(m^3/s)$															
	名称	编号	阻力 R $(1.42/A_{di}^2)$/Pa	初定 L	Ⅰ环校正量	Ⅰ环校正后	Ⅱ环校正量	Ⅱ环校正后	Ⅲ环校正量	Ⅲ环校正后	Ⅳ环校正量	Ⅳ环校正后	Ⅴ环校正量	Ⅴ环校正后	Ⅵ环校正量	Ⅵ环校正后	Ⅶ环校正量	Ⅶ环校正后	Ⅷ环校正量	Ⅷ环校正后
Ⅰ	LW	1	0.138 7	7.44	−0.223 1	7.216 9														
	WQ_0	2	206.125 7	0.05	0.223 1	0.273 1														
	Q_0L	3	17.408 9	0.19	0.223 1	0.413 1														
Ⅱ	Q_0W	2	206.125 7			0.273 1	−0.125 6	0.147 5												
	WG	4	3.466 8	0.48			0.125 6	0.605 6												
	GQ_0	5	0.341 2	0.14			0.125 6	0.265 6												
Ⅲ	GW	4	3.466 8					0.605 6	−0.042 8	0.562 8										
	WQ_1	6	1.962 2	0.79					0.042 8	0.832 8										
	Q_1G	7	98.611 1	0.11					−0.042 8	0.067 2										
Ⅳ	LW	1	0.138 7			7.216 9					−1.014 6	6.202 3								
	WQ_1	6	1.962 2							0.832 8	1.014 6	1.847 4								
	Q_1L	8	0.554 7	1.33							−1.014 6	0.315 4								
Ⅴ	GW	4	3.466 8							0.562 8			0.064 9	0.627 7						
	WQ_2	9	1.963 1	1.25									−0.064 9	1.185 1						
	Q_2G	10	16.884 7	0.23									0.064 9	0.294 9						
Ⅵ	LW	1	0.138 7									6.202 3			−0.400 6	5.801 7				
	WQ_2	9	1.963 1											1.185 1	0.400 6	1.585 7				
	Q_2L	11	0.554 7	0.74											−0.400 6	0.339 4				
Ⅶ	LQ_0	3	17.408 9			0.413 1											−0.092 5	0.320 6		
	Q_0G	5	0.341 2					0.265 6									−0.092 5	0.173 1		
	GQ_1	7	98.611 1							0.067 2							0.092 5	0.159 7		
	Q_1L	8	0.554 7									0.315 4					−0.092 5	0.222 9		
Ⅷ	LQ_0	3	17.408 9															0.320 6	−0.018 3	0.302 3
	Q_0G	5	0.341 2															0.173 1	−0.018 3	0.154 8
	GQ_2	10	16.884 7											0.294 9					0.018 3	0.313 2
	Q_2L	11	0.554 7																−0.018 3	0.321 1

表 5 工况 1 节点流量验算

节点编号	流进 L_{ij}	流出 L_{ic}	$\sum L_i = L_{ij} - L_{ic}$	误差率/%
W	$L_{W_j} = L_1 + L_2 + L_4 + L_6 + L_9 =$ 5.801 7 m³/s+0.147 5 m³/s+0.627 7 m³/s+1.847 4 m³/s+1.585 7 m³/s = 10.010 0 m³/s	$L_{W_c} = L_Q + L_W =$ 10.000 0 m³/s	0.010 0 m³/s	0.1
Q_1	$L_{Q_1j} = L_6 + L_7 + L_8 =$ 1.847 4 m³/s+0.159 7 m³/s+0.222 9 m³/s = 2.230 0 m³/s	$L_{Q_{1c}} = L_{Q_1} =$ 2.222 2 m³/s	0.007 8 m³/s	0.35
Q_2	$L_{Q_2j} = L_9 + L_{10} + L_{11} =$ 1.585 7 m³/s+0.313 2 m³/s+0.321 1 m³/s = 2.220 0 m³/s	$L_{Q_{2c}} = L_{Q_2} =$ 2.222 2 m³/s	−0.002 2 m³/s	−0.099
L	$L_{L_j} = L_L + L_8 + L_9 =$ 5.5 m³/s+0.222 9 m³/s+0.321 1 m³/s =6.099 6 m³/s	$L_{L_c} = L_1 + L_3 =$ 5.801 7 m³/s+0.303 2 m³/s = 6.104 0 m³/s	−0.004 4 m³/s	−0.072
Q_0	$L_{Q_{0j}} = L_3 =$ 0.302 3 m³/s	$L_{Q_{0c}} = L_2 + L_5 =$ 0.147 5 m³/s+0.154 8 m³/s = 0.302 3 m³/s	0	0
G	$L_{G_j} = L_5 + L_7 + L_{10} =$ 0.154 8 m³/s+0.159 7 m³/s+0.313 2 m³/s = 0.627 7 m³/s	$L_{G_c} = L_4 =$0.627 7 m³/s	0	0

注:按要求误差率小于 2%。

表 6 环网计算数据汇总

工况	各管段流量/(m³/s)											M_1 门洞处风速 v_{m1}/(m/s)	风量有效利用率 e/%	风量无效率 $(1-e)$/%	防烟楼梯间背压/Pa	合用前室背压/Pa	合用前室流向楼梯间风量(L_8+L_{11})/(m³/h)
	L_1	L_2	L_3	L_4	L_5	L_6	L_7	L_8	L_9	L_{10}	L_{11}						
1	5.801 7	0.147 5	0.302 3	0.627 7	0.154 8	1.847 4	0.159 7	0.222 9	1.585 7	0.313 2	0.321 1	0.991	15.857	84.143	4.668 6	4.936 1	0.544 0 (占 12.24%)
2	6.399 8	0.096 6	0.341 9	0.706 3	0.245 3	1.409 9	0.138 0	0.682 1	1.397 4	0.313 8	0.499 6	0.665	13.974	86.026	3.297 1	3.379 0	1.181 7 (占 26.59%)
3	6.217 5	0.094 4	0.339 9	0.709 8	0.235 5	1.505 7	0.141 0	0.583 3	1.473 4	0.329 7	0.404 1	0.779 6	14.734	85.266	3.842 5	3.920 7	0.987 4 (占 22.22%)
4	7.041 8	0.094 5	0.387 9	0.660 0	0.293 4	1.098 1	0.100 0	1.031 7	1.115 4	0.257 4	0.838 0	0.348 6	11.154	88.846	1.720 7	1.924 8	1.869 7 (占 42.03%)
5	8.799 9	0.129 6	0.411 8	1.043 6	0.282 0	0.013 4	0.244 1	1.941 5	0.014 4	0.517 5	1.668 1	0.009 0	0.144	99.856	10.740 7	17.516 4	3.609 6 (占 81.23%)

注:门洞处风速按计算式为 $v_{m1}=\frac{L_9}{A_{m1k}}$;风量有效利用率计算式为 $e=\frac{L_9}{10.0}\times 100\%$;防烟楼梯间背压计算式为 $p_L=R_1L_1^2$;合用前室背压计算式为 $p_Q=R_9L_9^2$。

(8.799 9 m³/s)从防烟楼梯间疏散外门直接流至室外,说明除了送入防烟楼梯间的空气量 5.5 m³/s 全部从此流失外,还有送入合用前室的风量 4.4 m³/s 的一部分(L_8+L_{11})通过防烟楼梯间后从疏散外门流失。

计算表明,分别加压送风空气的流向并不像《高规》所述:"只从防烟楼梯间向合用前室与走廊的门排泄……。"

2)《高规》规定的分别加压的目的是使防烟楼梯间的压力 p_L(背压)大于合用前室的压力 p_Q(背压),但表 6 中数据表明,与《高规》的假设恰恰相反,开门时 5 种工况下合用前室内的背压 p_Q 均大于防烟楼梯间的背压 p_L。即使关门时,防烟楼梯间的压力 p_L 也不是大于 p_Q[3],原因是:①防烟楼梯间有《高规》第 6.1.1 条、第 6.2.2.3 条、第 6.2.3 条、第 6.2.6 条及第 6.2.7 条中规定的直接对外的疏散外门 $M_{W底}$,$M_{W顶}$ 的存在;②且这些防火门是向疏散方向开启的,当防烟楼梯间内压力升高到一定值时,正压值产生的推门力矩 M_P 会克服防火门闭门器的开启力矩 M_f 而将防火门推开自动泄压,这是疏散外门自平衡能力所致。

3)从表 6 看出,风量 L_1 就是从防烟楼梯间疏散外门流失的空气量,防火门的规格尺寸(特别是 $M_{W底}$,$M_{W顶}$)越大(阻力就越小)流失的空气量越多(防火门的规格是由建筑专业确定的,这种现象值得建筑专业重视)。

4)从表 6 中看出,加压送风量用于抵御烟气入侵的有效加压送风量 L_9(即通过合用前室与内走道间的防火门 M_1 的风量),当防火门的面积越小(包括 M_1 的面积越小)、有效加压送风量 L_9 就越大,即加压送风的有效利用率 e 就增大,这 5 种工况中加压送风量有效利用率最大的为15.857%,最小的为 0.144%。

这意味着即便在最佳工况下,加压送风量仍有 84.143%是无效的,最差有 99.856%的加压送风量是无效的。分别加压的经济性、优越性可想而知。

5) 网络分析的另一重要目的是校核通过开启 M_1 后的气流流速 v_{m1} 是否能满足防烟技术条件的要求。从 5 类条件的计算结果看出，v_{m1} 依次为 0.991 0，0.779 6，0.665 0，0.348 6，0.009 0 m/s。其中最大为 0.991 0 m/s，最小为 0.009 0 m/s。防烟技术条件规定[1]，为抵御烟气入侵，通过门洞断面必须保证的风速为 0.7～1.2 m/s。与之比较，5 组数据中只有 2 组大于 0.7 m/s，其余 3 组数据都远低于 0.7 m/s，如果取平均值 v_{mp} = (0.7 m/s + 1.2 m/s)/2 = 1.0 m/s，5 组都不能满足要求。此外这里还有两个因素必须考虑：一是合用前室的送风量是按 L_Q = 16 000 m³/h = 4.4̇ m³/s 计算的，没有计入关闭风口的漏风量，即使按标准制作合格的加压送风口，研究表明，这一漏风量也是不能忽视的。二是对长度超过 20 m 的内走道，按《高规》第 8.2.2.3 条规定，自然排烟外窗面积是按走道面积的 2% 计算的，这样，使送入着火层合用前室的加压空气通过防火门 M_1 的气流当量流通面积有所增大，通路阻力减小[2]，对降低合用前室的背压起了一定作用，相应增大了有效加压送风量 L_9。然而，自然排烟是按室外无风时考虑的，如果火灾发生时，自然排烟外窗处于迎风面就不那么幸运了，风不仅排不出去，还有可能倒灌。实际上自然排烟外窗是"靠天吃饭"的。因此分别加压对于抵御烟气入侵的可靠性是无法保证的。

6) 应该特别指出的是，工况 5 内走道长度小于 20 m，是《高规》允许内走道不设置自然排烟外窗的工况，这时着火层合用前室流向内走道的气流只能通过面积很小的房间门缝和串联的面积更小的房间外窗窗缝才能到达室外，气流通路在这里形成"瓶颈"，气流受阻几乎不可能通过，从表 6 中看出有效加压送风量 L_9 = 0.014 4 m³/s，防烟系统开门时流速根本满足不了技术条件的规定，可判定为防烟系统失效。工况 1,2,3,4 虽然内走道设置有自然排烟外窗，前面已经谈到，当排烟外窗处于迎风面时，后果与工况 5 没有太大区别。

4 结论

4.1 《高规》表 8.3.2-2 分别加压送风防烟方案是《高规》章节之间没有很好协调统一矛盾的产物，防烟楼梯间不设置直接对外的疏散出口，疏散通道就成为断头路，疏散人员的生命安全就失去了保障，因此《高规》第 6 章的相关规定涉及消防工程全局，必须遵守。

4.2 即使认同建筑总体布局上的疏散外门，若仍沿用没有考虑防烟楼梯间设置有直接对外的疏散外门的加压送风量计算数学模型和相应的对策措施，那么《高规》表 8.3.2-2 及与之有关的表 8.3.2-1、表 8.3.2-4 三个防烟方案都失去法规上的依据和理论上的支持。

4.3 文献[6]认为，分别加压的两个送风系统相互依存，从可靠性框图分析，两个系统属串联性质，其可靠性是二者可靠度的乘积，其总可靠度都比单个的可靠性低。

4.4 关于加压部位的选择，数据表明向防烟楼梯间加压是徒劳的，因为加压送风量会直接从防烟楼梯间的疏散外门流失。

本文数据表明，分别加压没有提高防烟系统的可靠性，加压送风量的有效利用率很低，可靠性和经济性都处于劣势。因此，应从根本上解决防烟方案的优化问题，否则别无出路。

参考文献：

[1] 中华人民共和国公安部. GB 50045—95 高层民用建筑设计防火规范[S]. 北京：中国计划出版社，2006

[2] 刘朝贤. 当量流通面积流量分配法在加压送风量计算中的应用[J]. 暖通空调，2009，39(8)：102-108

[3] 商景泰. 通风机手册[M]. 北京：机械工业出版社，1994

[4] [日]木村建一. 建筑设备基础理论[M]. 单寄平，译. 北京：中国建筑工业出版社，1982

[5] 魏润柏. 通风工程空气流动理论[M]. 北京：中国建筑工业出版社，1981

[6] 刘朝贤. 高层建筑加压送风防烟系统软、硬件部分可靠性分析[J]. 暖通空调，2007，37(11)：74-80

[7] 刘朝贤. 对加压送风防烟中同时开启门数量的理解与分析[J]. 暖通空调，2008，38(2)：70-74

[8] 刘朝贤. 对加压送风防烟方案的优化分析与探讨[J]. 暖通空调，2008，38(增刊)：71-75

[9] 中华人民共和国公安部. GB 50016—2006 建筑设计防火规范[S]. 北京：中国计划出版社，2006

(影印自《暖通空调》2011 年第 41 卷第 1 期 64—70 页)

加压送风系统关闭风口漏风量计算的方法

中国建筑西南设计研究院有限公司　刘朝贤☆

摘要　根据流体力学的理论，建立了加压送风系统关闭风口漏风量的数学计算模型，并建立了关闭风口两侧静压差、各管段沿程阻力、静压复得量等6项中间参数的子项模型。以优化防烟方案为物理模型，按是否考虑静压复得、采用不同等级气密性风口、改变主风道断面积等条件，组合成5类范例，并进行了数值计算。结果表明：附加系数法和直接导用气密性标准的计算方法都有明显缺陷；当风口的气密性标准较高时，可采用忽略静压复得量的简化算法。

关键词　漏风量　关闭风口　气密性标准　漏风面积率　压差指数

Closed air outlet leakage calculation method for pressurization air supply system

By Liu Chaoxian★

Abstract　According to the fluid mechanics theory, establishes the leakage calculation mathematical model and six sub-models including the static pressure difference across the closed air outlet, the frictional resistance of each duct sections, the static pressure regain etc. Taking the optimizing smoke control scheme as the physical model, sums up five type of examples according to whether taking the static pressure regain into consideration, the outlets with different air tightness grades, and the main duct with different cross-section areas. The results from a numerical calculation made by the author indicate that the additional coefficient method and the method directly based on the air tightness standard have remarkable defects; the simplified calculation method is applicable to the outlets with higher air tightness grade.

Keywords　air leakage, closed air outlet, air tightness standard, air leakage area ratio, pressure difference index

★ China Southwest Architectural Design and Research Institute Co., Ltd., Chengdu, China

1　概述

目前对加压系统关闭风口漏风量的计算方法，归纳起来主要有两种：一是附加系数法，二是直接套用加压送风口气密性标准数据的方法。

1.1　附加系数法[1]

附加系数法是对加压送风系统的风量在没有送达目的地之前，对漏损的风量，以附加方式进行补偿。如GB 50045—95《高层民用建筑设计防火规范》(以下简称《高规》)压差法计算公式中采用的就是统一的附加系数25%。

此方法存在以下问题：

1）防烟楼梯间是被加压空间，一般采用竖风道上的常开型风口送风，火灾时，系统一旦启动，所有风口全部开启，加压送风量就全部送到了目的地，再附加就违背了补偿的原则。

2）防烟楼梯间在底层(多数还在顶层)设置有直接对外开启的疏散外门，向防烟楼梯间加压送风，门是向外开启的，有人疏散时，门被人推开，无人疏散时，正压力产生的推门力矩也会将门推开，加压空气就从门洞跑掉了，这个加压送风部位设置得不当，用附加25%的风量去补偿，是不符合实际的。

☆ 刘朝贤，男，1934年1月生，大学，教授级高级工程师，教授，硕士研究生导师，享受国务院政府特殊津贴
610081　成都市星辉西路8号中国建筑西南设计研究院
(028) 83223943
E-mail: wybeiliu@163.com
收稿日期：2011-03-09
修回日期：2011-06-23

3）对前室或合用前室加压送风，采用的是常闭型风口，火灾时有的只开启着火层，认定着火层是目的地，有的同时开启着火层及其上、下层的风口，认为这2～3层都是目的地，其余各层都为关闭风口，由于对目的地没有明确的概念，计算时关闭风口的数量不同，总的漏风量自然不同。

4）不考虑选择的风口的气密性是好是坏、系统负担的层数是多是少、风机选用的压头是高是低以及风道内的气流速度合不合适等，统一都按25%计算，既没有针对性，也没有依据。

1.2 直接套用加压送风口气密性标准的方法[2-3]

其计算式为

$$L = 0.083AN \tag{1}$$

式中 L 为送风阀门（本文统称风口）的总漏风量，m^3/s；A 为每个送风口的面积，m^2；N 为关闭风口的数量，当采用常开风口时取0，当采用常闭风口时取楼层数；0.083为阀门单位面积的漏风量，$m^3/(m^2 \cdot s)$。

采用此种方法虽然增加了漏风量计算的复杂性，但从理念上比附加系数法向前迈进了一步。特别是区分了采用常开风口的防烟楼梯间和采用常闭型风口的前室或合用前室两种不同情况，对防烟楼梯间不再计算其漏风量，为业内所认同。但此方法仍存在以下几个问题，值得商榷。

1）计算式中 N 的取值问题

式(1)中 N 为关闭风口的数量，“当采用常闭风口时，取楼层数”不妥当。因为这里是计算关闭风口的漏风量，只有关闭风口是在加压送风量未送达目的地之前才存在漏风量的问题，开启风口是送达了目的地——前室或合用前室的风量，不存在漏风的问题。因此：

① 当采用常闭风口时，应取 $N=N'-n$，N' 为系统负担层数，n 为火灾时同时开启风口个数。加压送风系统火灾时，当只开启着火层风口时，$n=1$；当开启着火层及其上一层风口时，$n=2$；当开启着火层及其上、下层时，$n=3$。因此，关闭风口数量总是比系统负担层数少[4]（笔者认为取 $n=1$ 是合理的）。

② 楼层数的提法不确切，应改为系统负担层数，以便与《高规》表8.3.2－1～4中的提法一致，且楼层数与系统负担层数是两个不同概念。例如，商住楼上部的住宅与下部商场的加压送风系统都是独立设置的，很显然系统负担层数小于楼层数。

2）直接套用风口气密性标准数据存在的问题

① 将0.083 $m^3/(m^2 \cdot s)$的量纲变换后，不难导出其出处。

0.083 $m^3/(m^2 \cdot s) \approx 5\ m^3/(m^2 \cdot min) \approx 300\ m^3/(m^2 \cdot h)$。实际上0.083 $m^3/(m^2 \cdot s)$就是源于20年前江苏省地方标准DB/3200 C121—90、上海市地方标准沪Q/NJ11－60—89以及四川省地方标准DB 51/48—91。不仅这些标准都已经过时，且早已被国家标准GB 15930—2007《建筑通风和排烟系统用防火阀门》所代替，已不能再采用。

② 采用0.083 $m^3/(m^2 \cdot s)$的前提条件。

标准的完整内容是：“当阀门在关闭状态下，其前后两侧的压差 $\Delta p=20$ Pa时，漏风量应小于5 $m^3/(m^2 \cdot min)$，即0.083 $m^3/(m^2 \cdot s)$”。很显然这个标准的前题条件是关闭阀两侧的压差 $\Delta p=20$ Pa，如果不满足这个条件，而套用这个标准中的0.083 $m^3/(m^2 \cdot s)$，就不对了。

③ 现在已有了国家新颁发的风口制作标准，而且关闭风口的气密性等级有了提高，更重要的是标准的种类繁多，各个厂家生产的风口，因为结构形式不同，气流通路的缝隙大小、长度等等都不同，关闭风口漏风量计算数学模型中的压力差指数都发生了变化，因此，国内外各类气密性标准的风口，必须经过参数转换后才可进行关闭风口漏风量的计算[5]。

2 关闭风口漏风量计算数学模型的建立

2.1 物理模型的确定与范例的选择

物理模型是数学模型的基础和依据，范例是数学模型应用于工程实际中具有代表性的示范性演算。可以从计算数据中找出规律。

1）物理模型的确定

①《高规》第8.3.2条划分的表8.3.2－1，8.3.2-2，8.3.2－4三个防烟方案，都是基于未考虑防烟楼梯间有直接对外的疏散外门而提出的，违反了安全疏散的基本原则[6-8]，因此，不具备物理模型的条件。

② 由于《高规》表8.3.2－3的防烟方案为对消防电梯独用前室的加压送风，消防电梯在火灾过程中只供消防扑救人员使用，并非疏散通道，一般只在着火层与地面层停靠，而消防电梯独用前室加

压送风量的计算公式中，却引用了与它风马牛不相及的同时开启门数量 n 来计算风量[9]。表 8.3.2-3 也就失去了物理模型的基本条件。

因而，对前室或合用前室加压送风的物理模型，确定以消防一体化为前提的优化防烟方案是很自然的。

2）范例的选择

由于影响关闭风口漏风量的因素很多，受篇幅所限，重点考虑以下几种：静压复得、不同气密性的风口、风道内气流速度及加压送风机的压头等。

2.2　加压送风系统中任一关闭风口漏风量计算模型

系统中任一关闭风口漏风量 ΔL_i 的数学模型为

$$\Delta L_i = \mu F_k \varphi_i \left(\frac{2}{\rho}\Delta p_i\right)^{\frac{1}{N_i}} \tag{2}$$

式中　μ 为流量系数，此处取 0.6；F_k 为关闭风口的面积，m^2，$F_k = A \times B$（宽×高）；φ_i 为关闭风口漏风面积率，m^2/m^2；ρ 为空气密度，取 1.2 kg/m^3；Δp_i 为关闭风口两侧静压差，Pa；$1/N_i$ 为关闭风口两侧静压差指数。

φ_i 与 $1/N_i$ 均可在文献[5]中查得，为已知数。

2.3　加压送风系统关闭风口总漏风量 ΔL_z 的计算模型

ΔL_z 为各个关闭风口漏风量的叠加。因为各个关闭风口所处位置不同，压差 Δp_i 不同，风口漏风量 ΔL_i 也不同。由于指的是关闭风口，其数量应该是 $N'-n$。

$$\Delta L_z = \sum_{i=1}^{N'-n} \mu F_k \varphi_i \left(\frac{2}{\rho}\Delta p_i\right)^{\frac{1}{N_i}} \tag{3}$$

生产厂家及规格均相同且设置在同一系统上的关闭风口，其参数 μ，φ_i，$1/N_i$ 及 F_k 都是相等的。但是采用式(3)计算系统的关闭风口漏风量时，还应具备两个条件，一是系统关闭风口的布置及物理模型，二是各个风口两侧的压力差 Δp_i 的数学计算子项模型。

2.4　加压送风系统的物理模型

主要包括竖风道及风口的布置和各截面的编码以及各参数之间的关系，见图 1。

2.5　静压差 Δp_J 的计算公式推导

2.5.1　假设

1）关闭风口的漏风量是从风口中心点集中漏出

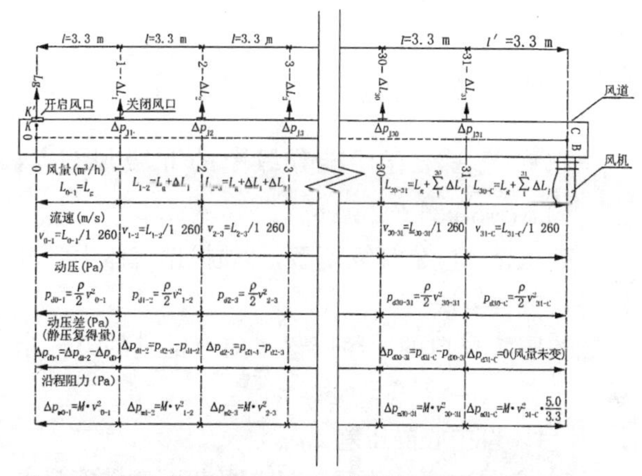

注：当风道尺寸 $a \times b = 0.7$ m×0.5 m，流速当量直径 $D_v = 0.583$ 时，$M = 0.106\ 423\ 446$

当风道尺寸 $a \times b = 0.85$ m×0.5 m，流速当量直径 $D_v = 0.629$ 时，$M = 0.096\ 438\ 429$

图 1　风口布置及参数关系示意

① $L_{i-(i-1)}$ 为 i 号风口至 $i-1$ 号风口段之间的风量。下标为风口编号，其顺序颠倒依然成立，如 $L_{2-1} = L_{1-2}$。

$$L_{i-(i-1)} = L_g + \sum_{1}^{i-1} \Delta L_i \tag{4}$$

式中　L_g 为前室开启风口的基本加压送风量，m^3/h。

② $v_{i-(i-1)}$ 为 i 号风口至 $(i-1)$ 号风口段之间的风速。

$$v_{i-(i-1)} = \frac{L_{i-(i-1)}}{f \times 3\ 600\ \text{s/h}} = \frac{L_g + \sum_{i=1}^{i-1} \Delta L_i}{f \times 3\ 600\ \text{s/h}} \tag{5}$$

式中　f 为风道断面积，m^2，$f = a \times b$。

③ ΔL_i 为第 i 号风口的漏风量。

④ Δp_{Ji} 为第 i 号关闭风口中心内外两侧的静压差。

2）气流通过关闭风口的直流通路局部阻力

按 C・E 布达柯夫提出的局部阻力系数 ζ_{tL} 计算公式：

$$\zeta_{tL} = 0.35\left(\frac{\Delta L_i}{L_{i-(i+1)}}\right)^2 \tag{6}$$

经计算，ζ_{tL} 很小，故将其忽略。

2.5.2　静压差 Δp_{Ji} 的计算模型

由式(3)可知，加压送风量的计算关键在于如何确定各关闭风口的 Δp_{Ji}。式(3)中的 Δp_i 是指在等截面风道上的压力差，影响关闭风口漏风量的主要是各个风口内外的静压差 Δp_J，动压差 Δp_d 只是影响漏风气流的流动方向，因此本文将式(3)中所提的 Δp_i 改为 Δp_{Ji}，得到式(7)，这样更加符合实际。

$$\Delta L_i=\mu\varphi_i F_{\rm k}\left(\frac{2}{\rho}\Delta p_{\rm Ji}\right)^{\frac{1}{N_i}} \tag{7}$$

选择笔者推荐标准分级中的Ⅱ级风口[5]，$\Delta L_i=11.573\ 936\ 24F_{\rm k}\Delta p_{\rm Ji}^{\frac{1}{2}}$。

静压差 $\Delta p_{\rm Ji}$ 的计算模型，必须根据流体力学气流能量方程解决。

按图 1 风口的顺序以逐步向上推进的方式求解。

1) 开启风口中心静压差 $\Delta p_{\rm J0}$

对图 1 中 0-0 截面与 K'-K' 截面建立能量方程：

$$\Delta p_{\rm J0}=\frac{\rho v_{K'}^2}{2}-\frac{\rho v_{0-1}^2}{2}+\Delta p_{{\rm J}K'}+\Delta p_{{\rm Z}0-K'} \tag{8}$$

式中　$\Delta p_{\rm J0}$ 为 0-0 截面处风道中心点的静压差，Pa；$\frac{\rho v_{0-1}^2}{2}$ 为 0-0 截面到 1-1 截面管段气流动压，Pa，即 $p_{{\rm d}0-1}=\frac{\rho v_{0-1}^2}{2}$；$\Delta p_{{\rm J}K'}$ 为 K'-K' 截面(出风口截面)的静压，即合用前室的背压，根据《高规》第 8.3.7.2 条，取 $\Delta p_{{\rm J}K'}=25$ Pa；$v_{K'}$ 为加压送风口的平均送风速度，m/s，根据《高规》第 8.1.5.3 条，取 7 m/s；$\frac{\rho v_{K'}^2}{2}$ 为 K'-K' 截面气流出口动压，Pa，即动压 $\Delta p_{{\rm d}K'}=\frac{\rho v_{K'}^2}{2}$；$\frac{\rho v_{K'}^2}{2}-\frac{\rho v_{0-1}^2}{2}$ 为 1-1 截面到 K'-K' 截面的静压复得量，Pa；$\Delta p_{{\rm Z}0-K'}$ 为 0-0 截面至 K'-K' 截面的局部阻力，Pa。

$$\Delta p_{{\rm Z}0-K'}=\Delta p_{\rm Z90}+\Delta p_{{\rm Z}K'} \tag{9}$$

式中　$\Delta p_{\rm Z90}$ 为风道中气流在 0 点的 90°转弯产生的局部阻力，Pa；$\Delta p_{{\rm Z}K'}$ 为风口全开时的局部阻力，Pa。

$$\Delta p_{\rm Z90}=\zeta_{90}\frac{\rho v_{0-1}^2}{2} \tag{10}$$

$$\Delta p_{{\rm Z}K'}=\zeta_{K'}\frac{\rho v_{K'}^2}{2} \tag{11}$$

式(10)，(11)中　ζ_{90} 为 90°弯头的局部阻力系数，取 1.2；$\zeta_{K'}$ 为风口全开时的局部阻力系数，取 0.5。

2) 静压差 $\Delta p_{\rm J1}$～$\Delta p_{\rm J31}$ 的确定及通式的建立

① 对 1-1，0-0 截面建立能量方程：

$$\Delta p_{\rm J1}=\Delta p_{\rm J0}+\frac{\rho v_{0-1}^2}{2}+\Delta p_{{\rm m}0-1}-\frac{\rho v_{1-2}^2}{2} \tag{12}$$

式中　$\Delta p_{\rm J1}$ 为 1-1 截面处风道中心点的静压差，Pa；$\Delta p_{{\rm m}0-1}$ 为 1-1 截面与 0-0 截面之间风道的沿程阻力，Pa。

当风口选定为Ⅱ型标准风口，且风口面积 $F_{\rm k}=0.679\ 5\ {\rm m}^2$ 时，由式(7)得 $\Delta L_1=7.864\ 489\ 673\Delta p_{\rm J1}^{1/2}$。由式(5)可知 $v_{1-2}=(L_{\rm g}+\Delta L_1)/(3\ 600\ {\rm s/h}\times f)$。将上述结果代入式(12)可得出关于 $\Delta p_{\rm J1}^{1/2}$ 的一元二次方程式。

② 同理可得 2-2 截面上游风道中心点的静压：

$$\Delta p_{\rm J2}=\Delta p_{\rm J1}+\frac{\rho v_{1-2}^2}{2}-\frac{\rho v_{2-3}^2}{2}+\Delta p_{{\rm m}1-2} \tag{13}$$

③ 同理可得

$$\Delta p_{\rm Ji}=\Delta p_{{\rm J}(i-1)}+\frac{\rho v_{(i-1)-i}^2}{2}-\frac{\rho v_{i-(i+1)}^2}{2}+\Delta p_{{\rm m}(i-1)-i} \tag{14}$$

3 加压送风系统关闭风口漏风量的数值计算

3.1 优化防烟方案的内涵

前面已提到漏风量计算的物理模型是从消防一体化思路提出的，打破了专业之间的界线，使所有消防设施按协同作战形成合力，共同应对烟气危害，称为优化防烟方案。其内涵包括：考虑着火房间自动喷洒灭火系统对烟气产生的影响、内走道设置排烟系统；消除气流通过防火门 M_1 流向室外这一气流通路的瓶颈效应，保证 M_1 门洞处的气流畅通，具有抵御烟气入侵的能力；采取降低内走道背压的方式，使内走道压力 $p_Z\approx0$；营造人工室外无限空间，确保并联气流的基本条件，提高加压送风量的有效利用率和经济性。

本文按 5 个范例进行数值计算。

3.2 范例的技术条件

1) 加压送风系统负担层数 $N'=32$，火灾时按最不利情况发生在加压送风系统末端一层，且火灾时只开启着火层合用前室风口。

2) 向合用前室加压送风，内设消防电梯和普通电梯各一部，消防电梯门的规格为 2.0 m×2.0 m，开启时的缝隙面积为 0.34 m²，普通电梯门关闭时的缝隙面积为 0.06 m²，每部电梯井顶部开孔面积为 0.32 m²(缝隙面积均为 7 部电梯实测后的平均值)。合用前室通向内走道的防火门为 M_1，通向防烟楼梯间的防火门为 M_2，防烟楼梯间通向底层和屋顶平台直接对外的防火门分别为 $M_{\rm W底}$ 和 $M_{\rm W顶}$，且防火门的面积 $A_{\rm M1}=A_{\rm M2}=A_{\rm MW底}=A_{\rm MW顶}=1.0\ {\rm m}\times2.0\ {\rm m}=2.0\ {\rm m}^2$。建筑物平均层

高 l=3.3 m，风机设在屋顶层，风机出口与第 32 层的风口中心线高差 l'=5.0 m，计算得出的基本加压送风量 L_g=14 725 m^3/h[①]。

3）主风道采用混凝土与砖砌混合材料，壁面绝对粗糙度 K=0.003 m（考虑了风口安装凹凸部分的影响），风道流速按 v=12 m/s 计，最大风速 $v_{max}\leqslant$15 m/s。

① 风道面积 f=14 725 m^3/h/(3 600 s/h×12 m/s)≈0.35 m^2，取 a=0.70 m，b=0.50 m。

② 实际风速 v_{0-1}=14 725 m^3/h/(3 600 s/h×0.35 m^2)≈11.686 507 94 m/s。

③ 流速当量直径 $D_v=2ab/(a+b)=0.58\dot{3}$ m。

④ 单位长度沿程阻力及沿程阻力见式(15)，(16)。

$$p_{mi-(i+1)}=0.016\ 09v_{i-(i+1)}^2\div D_v^{1.29}=0.032v_{i-(i+1)}^2 \tag{15}$$ [13]

$$\Delta p_{mi-(i+1)}=p_{mi-(i+1)}\times l=0.106\ 423\ 446v_{i-(i+1)}^2 \tag{16}$$

4）风口规格按风速 7 m/s、风口有效面积率 86% 确定。

$F_k=L_g/(7\ \text{m/s}\times 3\ 600\ \text{s/h}\times 0.86)=0.679\ 448\ \text{m}^2$，取 $A=0.7$ m，$B=0.96$ m。

3.3 各关闭风口静压 Δp_{Ji} 的计算

分两种类型：一是运用流体力学能量方程考虑静压复得量的精确计算法；二是忽略关闭风口漏风量产生的静压复得量的简便计算法。不论哪种方法，实际风道中心 0 点处开启风口两侧的静压差是不变的。

Δp_{J0} 的计算：将 $v_{K'}$=7 m/s，v_{0-1}=11.686 507 94 m/s，$\Delta p_{JK'}$=25 Pa，$\Delta p_{Z0-K'}$=113.033 616 8 Pa 代入式(8)中得 Δp_{J0}=85.488 936 18 Pa。

3.3.1 考虑静压复得量的精确计算法

1）当采用的关闭风口标准转换后，静压差指数 $1/N=1/2$ 时，Δp_{Ji} 可应用式(7)～(14)整理成一元二次方程式，即 $A_i\Delta p_{Ji}^2+B_i\Delta p_{Ji}+C_i=0$，求解得出 Δp_{Ji}。方程式的系数 A_i，B_i，C_i 通式的建立，以推荐Ⅱ级高标准风口为例，$\Delta L_i=7.864\ 489\ 673\Delta p_{Ji}^{\frac{1}{2}}$。

① 关闭风口 1

经过推导得

$$A_1=1+7.864\ 489\ 673^2\times\frac{\rho}{2}\left(\frac{1}{3\ 600\ \text{s/h}\times f}\right)^2 \tag{17}$$

式中 7.864 489 673 为 ΔL_i 的系数。

代入已知数据得 A_1=1.000 023 375。

$$B_1=2L_g\times 7.864\ 489\ 673\times\frac{\rho}{2}\left(\frac{1}{3\ 600\ \text{s/h}\times f}\right)^2 \tag{18}$$

代入已知数据得 B_1=0.087 531 825。

$$C_1=\Delta p_{J0}+\Delta p_{m0-1} \tag{19}$$

代入已知数据得 $C_1=\Delta p_{J0}+0.106\ 423\ 446v_{0-1}^2$。

② 关闭风口 2

同理可得 $A_2=A_1$，$B_2=2(L_g+\Delta L_1)\times 7.864\ 489\ 673\times\frac{\rho}{2}\times\left(\frac{1}{3\ 600\ \text{s/h}\times f}\right)^2=0.087\ 997\ 337$，$C_2=\Delta p_{J1}+\Delta p_{m1-2}=99.149\ 755\ 02\ \text{Pa}+14.689\ 732\ 45\ \text{Pa}=113.839\ 487\ 5\ \text{Pa}$。

③ 关闭风口 i

$$A_i=A_1=1.000\ 023\ 375$$

$$B_i=2\left(L_g+\sum_1^{i-1}\Delta L_i\right)\times\frac{\rho}{2}\times 7.864\ 489\ 673\times\left(\frac{1}{1\ 260}\right)^2=5.944\ 436\ 639\times 10^{-6}\left(L_g+\sum_1^{i-1}\Delta L_i\right) \tag{20}$$

$$\begin{aligned}C_i&=\Delta p_{J(i-1)}+\Delta p_{m(i-1)-i}\\&=\Delta p_{J(i-1)}+0.106\ 423\ 446v_{(i-1)-i}^2\\&=\Delta p_{J(i-1)}+0.106\ 423\ 446\times\left(\frac{L_g+\sum_1^{i-1}\Delta L_i}{1\ 260}\right)^2\end{aligned} \tag{21}$$

2）当采用的关闭风口的气密性标准转换后，静压差指数 $1/N\neq 1/2$ 时，Δp_{J1} 演变成了 $A_i\Delta p_{Ji}+B_i\Delta p_J^{\frac{2}{N}}+C_i\Delta p_{Ji}^{\frac{1}{N}}+D_i=0$，成为一元多次方程式，求解 Δp_{Ji} 的数值比较复杂，须借助计算机才能完成，受篇幅所限，从略。

3.3.2 不考虑静压复得量的简化计算

根据式(12)，当 $\frac{\rho}{2}(v_{0-1}^2-v_{1-2}^2)\approx 0$ 时(即忽略静压复得量)：

$$\Delta p_{J1}=\Delta p_{J0}+\Delta p_{m0-1} \tag{22}$$

由式(14)得通式：

$$\Delta p_{Ji}=\Delta p_{J(i-1)}+\Delta p_{m(i-1)-i} \tag{23}$$

---

① 刘朝贤. 优化防烟方案系统设计

整理后得

$$\Delta p_{\mathrm{J}i}=\Delta p_{\mathrm{J}(i-1)}+0.106\,423\,446\times\left(\frac{L_{\mathrm{g}}+\sum_{1}^{i-1}\Delta L_i}{1\,260}\right)^2 \tag{24}$$

1) 当采用推荐Ⅱ级气密性标准风口时

$$\Delta L_i=7.864\,489\,673\Delta p_{\mathrm{J1}}{}^{1/2} \tag{25}$$

2) 当采用国家气密性标准风口时

$$\Delta L_i=69.005\,322\,41\Delta p_{\mathrm{J1}}{}^{0.279\,468\,301} \tag{26}$$

同理按图1编号向上逐层推进，按式(23)，(24)可求得 $\Delta p_{\mathrm{J}i}$，然后分别代入式(25)或(26)，可求得相应的关闭风口漏风量 ΔL_i。

3) 数值计算

5个范例划分是改变计算方法，风口气密性标准，主风道面积(实际也改变了风道起始风速 v_{0-1}、终端风道风速 $v_{31-\mathrm{C}}$ 和开启风口的静压差 Δp_{J0})，以及系统负担层数 N(包括32层以内各层)。范例划分条件见表1。

表1 范例划分条件

	计算方法	风口气密性标准	替代参数	风道断面积/m²	起始风道风速 v_{0-1}/(m/s)	终端风道风速 $v_{31-\mathrm{C}}$/(m/s)	开启风口中心静压 Δp_{J0}/Pa
表2	精确计算(考虑静压复得)	高标准(推荐Ⅱ级)	$1/N=1/2$ $\phi=4.150\,524\,286\times10^{-3}$	0.35	11.69	15.11	85.49
表3	简化计算(忽略静压复得)	高标准(推荐Ⅱ级)	$1/N=1/2$ $\phi=4.150\,524\,286\times10^{-3}$	0.35	11.69	15.23	85.49
表4	简化计算(忽略静压复得)	低标准(国家标准)	$1/N=0.279\,468\,301$ $\phi=0.040\,760\,517$	0.35	11.69	20.60	85.49
表5	简化计算(忽略静压复得)	高标准(推荐Ⅱ级)	$1/N=1/2$ $\phi=4.150\,524\,286\times10^{-3}$	0.425	9.62	12.04	80.21
表6	简化计算(忽略静压复得)	低标准(国家标准)	$1/N=0.279\,468\,301$ $\phi=0.040\,760\,517$	0.425	9.62	16.37	80.21

按范例数据代入，数值计算结果汇总于表2～6中。

4 总结

4.1 加压送风系统关闭风口的漏风量与风口的规格(面积 F_{k})、选用风口的气密性标准等级(ϕ，$1/N_i$)、风道内的气流速度 v、风道的流速当量直径 D_{V}、风道内壁的绝对粗糙度 K、加压送风系统的负担层数 N、建筑物的平均层高 l 等许多因素有关。

表2～6的数值计算，用数据回答了本文概述中关于附加系数法与直接套用风口气密性标准的问题。表5中当系统负担层数 $N=10$ 层时，总漏风量占基本加压送风量的比例仅为5.37%，表4中 $N=32$ 层时，总漏风量占基本加压送风量的76.53%。说明取统一的附加系数25%是不妥当的。同样，5个表的数据中，各个关闭风口两侧的静压差，最小的是表5中的 $\Delta p_{\mathrm{J1}}=89.15$ Pa，最大的是表2中的 $\Delta p_{\mathrm{J31}}=907.64$ Pa，远远大于其前提条件——20 Pa，因此套用关闭风口气密性标准0.083 m³/(m²·s)也是不合理的。

4.2 将各类风口气密性标准转换成两个替代参数后所建立的关闭风口漏风量计算数学模型(见式(2)，(3))，既能反映出各类标准风口的气密性高低，又体现了风口结构形式对气流流动的影响。连同6个中间参数的子项模型(见式(4)～(9))，为加压送风量的计算提供了依据。

4.3 表2～6的数据构成了一个比较完整的设计计算参数数据库。它包括了精确计算和简化计算两种方法，选择不同气密性标准的风口，改变风道内气流速度，以及不同条件组合在加压送风系统负担层数 $N\leqslant32$ 层以内的设计参数。还可以从数据库中派生出 $N=32$ 层以内加压送风系统设计所需的风机风量与压头等各项参数。以表2为例，如要求 $N=28$ 层时的风机出口全压 Δp_{qB} 与风量 L_{B}，参见图1，当 $N=28$ 时，关闭风口数 $N'=27$，表2中风口编号27的参数都为已知值，由表2中数值计算可得：

风机出口全压 $\Delta p_{\mathrm{qB}}=\Delta p_{\mathrm{q27}}+\Delta p_{\mathrm{m27-28}}\times\dfrac{5.0\ \mathrm{m}}{3.3\ \mathrm{m}}+\zeta_{90}\Delta p_{\mathrm{d27-28}}=645.1\ \mathrm{Pa}+22.4\ \mathrm{Pa}\times\dfrac{5.0\ \mathrm{m}}{3.3\ \mathrm{m}}+1.2\times126.5\ \mathrm{Pa}=830.8\ \mathrm{Pa}$；

风机出口风量 $L_{\mathrm{B}}=L_{27-28}=18\,292.4\ \mathrm{m^3/h}$。其他以此类推。

4.4 表2与表3相比可知：表2，3中选用的都是气密性标准较高、排序为3#的推荐Ⅱ级风口[5]，风道断面积相同，起始风道风速都为11.69 m/s，精确计算与简化计算两种方法相比，其漏风量相差

表 2 考虑静压复得漏风量计算数据汇总

风口编号	各关闭风口 Δp_{Ji} 方程式系数		各关闭风口静压差 Δp_{Ji}/Pa	各关闭风口漏风量 ΔL_i/(m³/h)	漏风量叠加 $\sum_1^i \Delta L_i$/(m³/h)	各段风道风量 $L_{i-(i+1)}$/(m³/h)	各段风道风速 $v_{i-(i+1)}$/(m/s)	动压 $p_{di-(i+1)}$/Pa	动压差 $\Delta p_{di-(i+1)}$(静压复得)/Pa	沿程阻力 $\Delta p_{mi-(i+1)}$/Pa	全压 Δp_{qi}/Pa
	B_i	C_i									
0			85.49			14 725.00	11.69	81.94	0.87	14.53	167.43
1	0.087 531 829	100.023 661 8	99.15	78.31	78.31	14 803.31	11.75	82.82	0.94	14.69	181.97
2	0.087 997 337	113.839 487 5	112.90	83.56	161.87	14 886.87	11.81	83.76	1.00	14.86	196.66
3	0.088 494 076	127.757 877 3	126.76	88.54	250.42	14 975.42	11.89	84.76	1.06	15.03	211.51
4	0.089 020 424	141.791 878 9	140.73	93.30	343.72	15 068.72	11.96	85.81	1.12	15.22	226.55
5	0.089 575 023	155.953 725 8	154.84	97.86	441.58	15 166.58	12.04	86.93	1.18	15.42	241.77
6	0.090 156 746	170.255 033 7	169.08	102.26	543.84	15 268.84	12.12	88.11	1.23	15.63	257.19
7	0.090 764 637	184.706 942 5	183.47	106.53	650.36	15 375.36	12.20	89.34	1.29	15.85	272.82
8	0.091 397 876	199.320 225 1	198.03	110.67	761.04	15 486.04	12.29	90.63	1.35	16.08	288.66
9	0.092 055 756	214.105 371 1	212.76	114.71	875.75	15 600.75	12.38	91.98	1.40	16.32	304.74
10	0.092 737 660	229.072 653 5	227.67	118.66	994.41	15 719.41	12.48	93.39	1.46	16.56	321.05
11	0.093 443 055	244.232 183 2	242.77	122.54	1 116.95	15 841.95	12.57	94.85	1.52	16.82	337.62
12	0.094 171 471	259.593 953 9	258.08	126.34	1 243.29	15 968.29	12.67	96.37	1.58	17.09	354.44
13	0.094 922 496	275.167 879 9	273.59	130.08	1 373.37	16 098.37	12.78	97.94	1.63	17.37	371.53
14	0.095 695 768	290.963 828 5	289.33	133.77	1 507.15	16 232.15	12.88	99.58	1.69	17.66	388.91
15	0.096 490 970	306.991 647 9	305.30	137.41	1 644.56	16 369.56	12.99	101.27	1.75	17.96	406.57
16	0.097 307 823	323.261 191 6	321.51	141.02	1 785.58	16 510.58	13.10	103.02	1.81	18.27	424.53
17	0.098 146 081	339.782 340 2	337.97	144.58	1 930.16	16 655.16	13.22	104.84	1.87	18.59	442.81
18	0.099 005 530	356.565 021 1	354.69	148.11	2 078.27	16 803.27	13.34	106.71	1.94	18.93	461.40
19	0.099 885 985	373.619 225 9	371.68	151.62	2 230.34	16 955.34	13.46	108.65	2.00	19.27	480.33
20	0.100 789 939	390.956 041 9	388.96	155.10	2 385.44	17 110.44	13.58	110.65	2.06	19.63	499.60
21	0.101 711 944	408.584 575 7	406.52	158.57	2 544.01	17 269.01	13.71	112.71	2.12	19.99	519.23
22	0.102 654 538	426.515 155 1	424.39	162.01	2 706.02	17 431.02	13.83	114.83	2.19	20.37	539.22
23	0.103 617 621	444.758 178 7	442.57	165.45	2 871.47	17 596.47	13.97	117.02	2.26	20.76	559.59
24	0.104 601 114	463.324 179 4	461.07	168.87	3 040.34	17 765.34	14.10	119.28	2.32	21.16	580.34
25	0.105 604 952	482.223 835 5	479.90	172.28	3 212.63	17 937.63	14.24	121.60	2.39	21.57	601.50
26	0.106 629 085	501.467 982 0	499.07	175.69	3 388.32	18 113.32	14.38	124.00	2.46	21.99	623.07
27	0.107 673 477	521.067 621 9	518.60	179.10	3 567.42	18 292.42	14.52	126.46	2.54	22.43	645.06
28	0.108 730 108	541.033 935 4	538.50	182.50	3 749.92	18 474.92	14.66	129.00	2.61	22.88	667.49
29	0.109 822 967	561.378 475 7	558.77	185.90	3 935.82	18 660.82	14.81	131.60	2.67	23.34	690.37
30	0.110 928 057	582.112 437 5	574.10	188.44	4 124.26	18 849.26	14.96	134.28	2.70	23.82	708.38
31	0.112 048 204	597.917 508 9	595.17	191.86	4 316.12	19 041.00	15.11	137.02	0	36.82	732.19
C			631.99	0		19 041.00	15.11	137.02	0		769.02
B			796.42					137.02	0		933.45

注：选用推荐Ⅱ级风口，转换参数 $\phi=4.150\ 524\ 286\times10^{-3}$ m²/m²，$1/N=1/2$。

很小，系统负担层数 $N=32$ 层时，其漏风量绝对值只增加 146.91 m³/h，不到基本加压送风量 L_g 的 1%。因此对气密性标准较高排序 3＃及以上的风口，简化计算是可行的。

4.5 表 3 与表 4 相比可知：同样采取不考虑静压复得量的简化计算法，气密性标准较高排序 3＃的推荐Ⅱ级风口与气密性标准较低排序 5＃的国家标准风口相比，在风道断面积和起始风道风速均相同时，气密性标准较低排序 5＃的国家标准风口的漏风量大得多，当 $N=10$ 层时，漏风量绝对值增大 1 680.5 m³/h，相当于增加基本加压送风量的 11.5%；当 $N=15$ 层时，风道内的气流速度已达 15.07 m/s，漏风量绝对值增大 2 728.2 m³/h，相当于增加基本风量的 18.5%，总漏风量已达 4 266.9 m³/h，漏失的风量达基本加压送风量的 29.0%。因此气密性标准较低排序 5＃的国家标准风口，不宜用于 $N>15$ 层的加压送风系统。

4.6 表 3 与表 5 相比可知：同样采取不计静压

表 3　不考虑静压复得各关闭风口漏风量参数计算数据汇总 1

风口编号	静压差 Δp_{Ji}/Pa	漏风量 ΔL_i/(m³/h)	风道内风量 $L_{i-(i+1)}$/(m³/h)	风道流速 $v_{i-(i+1)}$/(m/s)	管段动压 $p_{di-(i+1)}$/Pa	管段沿程阻力 $\Delta p_{mi-(i+1)}$/Pa	全压 Δp_{qi}/Pa
0	85.49		14 725.00	11.69	81.94	14.53	167.43
1	100.02	78.65	14 803.65	11.75	82.82	14.69	182.85
2	114.71	84.23	14 887.89	11.82	83.77	14.86	198.48
3	129.57	89.52	14 977.41	11.89	84.78	15.04	214.35
4	144.61	94.57	15 071.98	11.96	85.85	15.23	230.46
5	159.84	99.43	15 171.41	12.04	86.99	15.43	246.83
6	175.27	104.12	15 275.53	12.12	88.19	15.64	263.45
7	190.91	108.66	15 384.19	12.21	89.45	15.87	280.35
8	206.77	113.09	15 497.28	12.30	90.77	16.10	297.54
9	222.87	117.41	15 614.69	12.39	92.15	16.34	315.02
10	239.22	121.64	15 736.32	12.49	93.59	16.60	332.80
11	255.82	125.79	15 862.11	12.59	95.09	16.87	350.91
12	272.68	129.87	15 991.98	12.69	96.65	17.14	369.34
13	289.83	133.89	16 125.87	12.80	98.28	17.43	388.10
14	307.26	137.85	16 263.72	12.91	99.97	17.73	407.22
15	324.99	141.78	16 405.50	13.02	101.72	18.04	426.71
16	343.03	145.66	16 551.16	13.14	103.53	18.36	446.50
17	361.39	149.51	16 700.66	13.25	105.41	18.70	466.77
18	380.09	153.33	16 853.99	13.38	107.35	19.04	487.44
19	399.13	157.12	17 011.11	13.50	109.36	19.40	508.50
20	418.53	160.89	17 172.00	13.63	111.44	19.77	529.97
21	438.30	164.65	17 336.65	13.76	113.59	20.15	551.89
22	458.45	168.39	17 505.04	13.89	115.81	20.54	574.25
23	478.99	172.12	17 677.16	14.03	118.10	20.95	597.08
24	499.93	175.84	17 853.00	14.17	120.46	21.37	620.39
25	521.30	179.56	18 032.56	14.31	122.89	21.80	644.19
26	543.10	183.28	18 215.84	14.46	125.40	22.24	668.50
27	565.34	186.99	18 402.83	14.61	127.99	22.70	693.33
28	588.04	190.71	18 593.54	14.76	130.66	23.18	718.70
29	611.22	194.43	18 787.98	14.91	133.40	23.66	744.62
30	634.88	198.16	18 986.14	15.07	136.23	24.16	771.11
31	659.04	201.90	19 188.00	15.23	139.15	37.39	798.19
C	696.44		19 188.00	15.23	139.15		835.58
B	863.41		19 188.00	15.23	139.15		1 002.56

注：选用推荐Ⅱ级风口，转换参数 ϕ=4.150 524 286×10^{-3} m²/m²，1/N=1/2。主风道最大风速 $v\leqslant$15 m/s。

复得的简化计算法，和采用气密性标准较高排序3#的推荐Ⅱ级风口，表 5 增大了风道断面积，由 0.35 m² 增至 0.425 m²，风道内的风速范围由 11.69～15.23 m/s 降到 9.62～12.08 m/s，当N=10层时，总漏风量绝对值减少 98.3 m³/h，只占基本加压送风量的 0.67%，N 增大，漏风量也会减少。比如当 N=32 层时，总漏风量绝对值比表 3 中数值减少 763 m³/h，仅占基本加压送风量的 5.2%。但所需风机的出口全压 p_{qB} 由表 3 中的 1 002.6 Pa 下降到表 5 中的 633 Pa。因此，采用气密性标准较低的风口，用降低风速来减少漏风量的作用不大，但对降低风机压头是很有效的。

4.7　表 4 与表 6 相比可知：二者都是选用的气密性标准较差排序 5#的风口，且都是采用简化计算法，在 4.5 节中已提到，表 4 中采用的风道起始风速为 11.69 m/s，由于漏风量太大，当 N=15 层时，漏失的风量为 4 266.9 m³/h，达到基本加压送风量的 29.0%，14 号风口单个的漏风量达 353.23 m³/h，风道内气流速度已达 15.07 m/s，超过限值。因此，该种风口不宜用于 N>15 层的加压送风系

表 4　不考虑静压复得各关闭风口漏风量参数计算数据汇总 2

风口编号	静压差 Δp_{Ji}/Pa	漏风量 ΔL_i/(m³/h)	风道内风量 $L_{i-(i+1)}$/(m³/h)	风道流速 $v_{i-(i+1)}$/(m/s)	管段动压 $p_{di-(i+1)}$/Pa	管段沿程阻力 $\Delta p_{mi-(i+1)}$/Pa	全压 Δp_{qi}/Pa
0	85.49		14 725.00	11.69	81.94	14.53	167.43
1	100.02	249.95	14 974.95	11.88	84.75	15.03	184.77
2	115.06	259.92	15 234.87	12.09	87.72	15.56	202.77
3	130.61	269.30	15 504.17	12.30	90.85	16.11	221.46
4	146.73	278.20	15 782.37	12.53	94.14	16.70	240.86
5	163.43	286.70	16 069.07	12.75	97.59	17.31	261.01
6	180.73	294.89	16 363.96	12.99	101.20	17.95	281.94
7	198.68	302.79	16 666.75	13.23	104.98	18.62	303.67
8	217.31	310.47	16 977.22	13.47	108.93	19.32	326.23
9	236.63	317.95	17 295.17	13.73	113.05	20.05	349.67
10	256.68	325.26	17 620.43	13.98	117.34	20.81	374.02
11	277.49	332.42	17 952.85	14.25	121.81	21.61	399.30
12	299.10	339.46	18 292.32	14.52	126.46	22.43	425.55
13	321.53	346.39	18 638.71	14.79	131.29	23.29	452.82
14	344.81	353.23	18 991.94	15.07	136.32	24.18	481.13
15	368.99	359.98	19 351.93	15.36	141.53	25.10	510.53
16	394.10	366.67	19 718.59	15.65	146.95	26.06	541.04
17	420.16	373.29	20 091.88	15.95	152.56	27.06	572.73
18	447.22	379.86	20 471.74	16.25	158.39	28.09	605.61
19	475.32	386.38	20 858.12	16.55	164.42	29.16	639.74
20	504.48	392.86	21 250.98	16.87	170.67	30.27	675.15
21	534.75	399.31	21 650.30	17.18	177.15	31.42	711.90
22	566.17	405.74	22 056.03	17.50	183.85	32.61	750.02
23	598.78	412.14	22 468.17	17.83	190.79	33.84	789.57
24	632.62	418.52	22 886.69	18.16	197.96	35.11	830.58
25	667.74	424.88	23 311.57	18.50	205.38	36.43	873.11
26	704.16	431.24	23 742.81	18.84	213.05	37.79	917.21
27	741.95	437.58	24 180.39	19.19	220.97	39.19	962.93
28	781.15	443.93	24 624.32	19.54	229.16	40.65	1 010.31
29	821.79	450.26	25 074.58	19.90	237.62	42.15	1 059.41
30	863.94	456.60	25 531.18	20.26	246.35	43.70	1 110.29
31	907.64	462.94	25 994.00	20.63	255.36	68.63	1 163.00
C	976.27		25 994.00	20.63	255.36		1 231.63
B	1 282.70		25 994.00	20.63	255.36		1 538.07

注：选用国家标准风口，转换参数 ϕ=0.040 760 517 m²/m²，1/N=0.279 468 301。

统。表 6 将风道断面积由原有的 0.35 m² 增大至 0.425 m²，风道内的起始速度降低至 9.62 m/s，以探索其漏风量等参数的变化情况。从表 6 中看出：当 N=15 层时，风道内速度降至 12.23 m/s，但总漏风量达 3 987.7 m³/h，达到基本送风量的27.1%（高于《高规》规定的 25%）。当 N=25 层时，24 号风口单个漏风量就达 378.12 m³/h（表 5 是气密性标准较高的风口，24 号风口的漏风量只有 142.63 m³/h），风道内风速 v=14.54 m/s，而总风量达 22 252.19 m³/h，为基本加压送风量的 151%，这是难以接受的。因此以增大风道断面积来弥补选用低气密性标准风口漏风量大的做法是不可取的。

4.8　表 3 与表 6 相比可知：各关闭风口漏风量 ΔL_i 的大小主要取决于风道内该风口中心点的静压差 Δp_{Ji} 的大小（动压大小只决定气流方向），而 Δp_{Ji} 的大小又取决于沿程阻力的大小和前一管段起点（逆气流方向编号，见图 1）的静压差 $\Delta p_{J(i-1)}$ 之和。降低风道内的气流速度是降低沿程阻力的重要措施。

两表中 N=25 层的计算参数比较见表 7。

表 5　不考虑静压复得各关闭风口漏风量参数计算数据汇总 3

风口编号	静压差 Δp_{Ji}/Pa	漏风量 ΔL_i/(m^3/h)	风道内风量 $L_{i-(i+1)}$/(m^3/h)	风道流速 $v_{i-(i+1)}$/(m/s)	管段动压 $p_{di-(i+1)}$/Pa	管段沿程阻力 $\Delta p_{mi-(i+1)}$/Pa	全压 Δp_{qi}/Pa
0	80.21		14 725.00	9.62	55.57	8.93	135.79
1	89.15	74.25	14 799.25	9.67	56.14	9.02	145.28
2	98.17	77.92	14 877.18	9.72	56.73	9.12	154.90
3	107.29	81.46	14 958.64	9.78	57.35	9.22	164.64
4	116.51	84.89	15 043.53	9.83	58.01	9.32	174.51
5	125.83	88.22	15 131.74	9.89	58.69	9.43	184.52
6	135.26	91.47	15 223.21	9.95	59.40	9.55	194.66
7	144.81	94.64	15 317.85	10.01	60.14	9.67	204.95
8	154.48	97.75	15 415.60	10.08	60.91	9.79	215.39
9	164.27	100.80	15 516.39	10.14	61.71	9.92	225.98
10	174.19	103.80	15 620.19	10.21	62.54	10.05	236.72
11	184.24	106.75	15 726.94	10.28	63.40	10.19	247.63
12	194.43	109.66	15 836.60	10.35	64.28	10.33	258.71
13	204.76	112.54	15 949.13	10.42	65.20	10.48	269.96
14	215.24	115.38	16 064.51	10.50	66.15	10.63	281.38
15	225.87	118.20	16 164.71	10.57	66.97	10.76	292.84
16	236.63	120.98	16 285.69	10.64	67.98	10.93	304.61
17	247.56	123.74	16 409.43	10.73	69.02	11.09	316.58
18	258.65	126.48	16 535.91	10.81	70.08	11.26	328.74
19	269.92	129.21	16 665.12	10.89	71.18	11.44	341.10
20	281.36	131.92	16 797.03	10.98	72.32	11.62	353.68
21	292.98	134.61	16 931.65	11.07	73.48	11.81	366.46
22	304.79	137.30	17 068.95	11.16	74.68	12.00	379.47
23	316.80	139.98	17 208.93	11.25	75.91	12.20	392.70
24	329.00	142.65	17 351.58	11.34	77.17	12.40	406.17
25	341.40	145.31	17 496.89	11.43	78.47	12.61	419.87
26	354.01	147.97	17 644.86	11.53	79.80	12.83	433.81
27	366.84	150.63	17 795.49	11.63	81.17	13.05	448.01
28	379.89	153.28	17 948.78	11.73	82.57	13.27	462.46
29	393.16	155.94	18 104.71	11.83	84.01	13.50	477.17
30	406.66	158.59	18 263.31	11.94	85.49	13.74	492.15
31	420.40	161.25	18 425.00	12.04	87.01	21.19	507.41
C	441.59		18 425.00	12.04	87.01		528.60
B	546.00		18 425.00	12.04	87.01		633.01

注：选用推荐Ⅱ级气密性标准风口，转换参数 $\phi=4.150\ 524\ 286\times10^{-3}\ m^2/m^2$，$1/N=1/2$。

比较表明：

1）6 个比较项目中表 6 都处于劣势。

2）表 6 用加大风道断面积的方法，并不能有效降低系统关闭风口的漏风量，受限的系统负担层数仍比表 3 多。

3）加大风道断面积的方法的代价是占用了较多的建筑面积，值得商榷。

4）表 6 与表 3 的基本风量 L_g 相同，表 6 的总风量 L_{24-B} 达到基本风量的151.12%，远超出附加风量 25%，加压送风量的有效利用率太低。因此，气密性标准低于 3＃风口，特别是系统负担层数较多时不应采用。

4.9　表 2～6 都是按《高规》第 8.3.7 条规定，以最不利环路（距风机远端）管道的阻力加上一定余压选择的加压送风机压头（全压），当火灾发生在最有利环路（距风机的近端）时系统阻力降低很多，管路特性曲线发生变化，阻力系数 S 下降，风机特性曲线与管路特性曲线的交点向右下方偏移，实际计算表明，特别是对系统负担层数较多、沿程阻力较大的工程，多数都超出了风机的正常工作范围，即工

表 6　不考虑静压复得各关闭风口漏风量参数计算数据汇总 4

风口编号	静压差 Δp_{Ji}/Pa	漏风量 ΔL_i/(m^3/h)	风道内风量 $L_{i-(i+1)}$/(m^3/h)	风道流速 $v_{i-(i+1)}$/(m/s)	管段动压 $p_{di-(i+1)}$/Pa	管段沿程阻力 $\Delta p_{mi-(i+1)}$/Pa	全压 Δp_{qi}/Pa
0	80.21		14 725.00	9.62	55.57	8.93	135.79
1	89.15	242.03	14 967.03	9.78	57.42	10.18	146.56
2	99.33	249.66	15 216.50	9.95	59.35	10.53	158.68
3	109.86	256.58	15 473.08	10.11	61.37	10.88	171.22
4	120.74	263.45	15 736.53	10.29	63.47	11.26	184.22
5	132.00	270.10	16 006.63	10.46	65.67	11.65	197.67
6	143.65	296.55	16 283.18	10.64	67.96	12.05	211.61
7	155.70	282.85	16 566.03	10.83	70.34	12.48	226.04
8	168.18	289.01	16 855.04	11.02	72.82	12.92	241.00
9	181.10	295.05	17 150.09	11.21	75.39	13.37	256.48
10	194.47	300.98	17 451.08	11.41	78.06	13.85	272.52
11	208.31	306.82	17 757.90	11.61	80.83	14.34	289.14
12	222.65	312.58	18 070.49	11.81	83.70	14.85	306.35
13	237.49	318.27	18 388.76	12.02	86.67	15.37	324.16
14	252.87	323.90	18 712.66	12.23	89.75	15.92	342.62
15	268.79	329.48	19 042.14	12.45	92.94	16.48	361.73
16	285.27	335.00	19 377.14	12.66	96.24	17.07	381.51
17	302.34	340.49	19 717.63	12.89	99.65	17.68	401.99
18	320.02	345.94	20 063.57	13.11	103.18	18.30	423.19
19	338.32	351.36	20 414.93	13.34	106.82	18.95	445.14
20	357.26	356.75	20 771.68	13.58	110.59	19.62	467.85
21	376.88	362.12	21 133.80	13.81	114.48	20.31	491.36
22	397.19	367.47	21 501.26	14.05	118.49	21.02	515.68
23	418.20	372.80	21 874.06	14.30	122.64	21.75	540.84
24	439.96	378.12	22 252.19	14.54	126.92	22.51	566.87
25	462.47	383.43	22 635.62	14.79	131.33	23.29	593.79
26	485.76	388.73	23 024.35	15.05	135.88	24.10	621.64
27	509.86	394.03	23 418.38	15.31	140.57	24.93	650.43
28	534.79	399.32	23 817.70	15.57	145.40	25.79	680.20
29	560.58	404.61	24 222.32	15.83	150.38	26.67	710.97
30	587.26	409.90	24 632.22	16.10	155.52	27.58	742.77
31	614.84	415.20	25 047.00	16.37	160.80	43.22	775.65
C	658.06		25 047.00	16.37	160.80		818.86
B	851.02		25 047.00	16.37	160.80		1 011.82

注：1) 选用国家标准风口，转换参数 ϕ=0.040 760 517 m^2/m^2，1/N=0.279 468 301。

2) 为便于核算，表 2～6 中除了方程式的系数、标准风口转换参数取 8～10 位有效数字外[4]，其他计算项目只保留计算结果的小数点后两位，系统总风量取整。

3) 数字均按四舍五入取值。

4) 表 2～6 都是以保证着火层内走道与前室(或合用前室)之间的防火门 M_1 门洞处的风速为 1.0 m/s 为前题的计算数据。

表 7　表 3 与表 6 中 N=25 层的比较

	比较项目					
	风道内最大速度 v_{24-B}/(m/s)	起端关闭风口漏风量 ΔL_{24}/(m^3/h)	总漏风量 $\sum_1^{24}\Delta L_i$/(m^3/h)	总风量 $L_{24-B}=L_g+\sum_1^{24}\Delta L_i$/($m^3$/h)	沿程阻力 Δp_{m24-25}/Pa	受限系统负担层次 N (按 $v\leqslant$15 m/s 及漏风量$\ngtr$25%基本风量/(m^3/h))
表 3 (高气密性风口)	14.17	175.84	3 128.00 (占基本风量 21.24%)	17 853.00 (为基本风量的 121.24%)	21.37	$N\ngtr$30
表 6 (低气密性风口)	14.54	378.12	7 527.19 (占基本风量 51.12%)	22 252.19 (为基本风量的 151.13%)	22.51	$N\ngtr$14 (14 725×1.25=18 406)

作点的压力下降，风量增大，风机效率降低，甚至烧毁风机电动机。按最不利环路设计，最有利环路不一定是安全可靠的，应予重视。

5　结论

5.1　附加系数法是不讲条件，统一附加25%，没有条件就意味着没有针对性。而直接套用气密性标准的计算法，引用的是20年前废弃的旧标准的一个风量数据，而且没有压力差这个前提条件更有断章取义之嫌。加压送风系统关闭风口漏风量计算法是按流体力学理论推导得出，反映出了风机出口下游整个加压送风系统各种因素对气流流动的影响，体现了空气流动的规律性，符合工程实际。

5.2　计算分析表明，系统漏风量的大小，决定着加压送风系统的可靠性。但4.1节中提及影响关闭风口漏风量7个因素中除风口气密性标准和风口规格外，其余5个的主动权都不是掌控在本专业的手中。比如风道断面大小、形状等，建筑专业一般在平面布局时就已经确定，为了节地总会将风道气流速度的上限（15 m/s）用够。要想降低风速至12～13 m/s，增大风道断面，实非易事。争取所有影响因素获得最佳组合效果，与其他有关专业的协调工作任重道远，但绝不能放弃。在此建议设计总负责人要从全局出发做好工作。

5.3　到目前为止国家还没有一个完整的风口气密性标准，现行国家标准GB 15930—2007《建筑通风和排烟系统用防火阀门》只有一级，而且标准太低，比美国UL555S的第Ⅱ级还低得多，无法用于负担层数较多的高层建筑。笔者推荐的四级标准，2001年就已提出[11-12]，被标准编制单位采纳之前，只能作为参考。广州市泰昌实业有限公司提出的高气密性标准风口，虽是一个很好的开端，但还需要进一步完善。对风口的选择，处在无章可循的混沌之中，不受任何条件约束，已成为加压送风系统面临的一大安全隐患。新标准的制订，已迫在眉睫。

5.4　计算表明，当采用的风口气密性标准不小于3#，且风道风速不大于15 m/s及系统负担层数不大于32层时，关闭风口漏风量的计算可以忽略风口之间的静压复得量，总漏风量的增量不会超过基本加压送风量的1%，方法是可行的。

5.5　还有一点值得提出的是：《高规》第8.3.7条规定："……除计算最不利环管道压头损失外，尚应有余压……"。只是对选择风机的压头而言，对确保系统的安全可靠性，还必须采取有效措施，因为火灾的发生是随机的，当火灾不是发生在最不利工况时，"以不变应万变"是难以办到的。因此，必须提高系统的应变能力才是上策。已有采用变频风机控制系统的成功案例值得借鉴。（受篇幅所限，从略）。

参考文献：

[1] 公安部四川消防研究所. GB 50045—95　高层民用建筑设计防火规范[S]. 2005年版. 北京：中国计划出版社，2005

[2] 公安部上海消防研究所，上海市消防局. DGJ 08-88—2006 J10035—2006　建筑防排烟技术规程[S]. 上海：上海市新闻出版局，2006

[3] 陈沛霖. 建筑空调实用技术基础[M]. 北京：中国电力出版社，2004

[4] 陆耀庆. 实用供暖空调设计手册[M]. 2版. 北京：中国建筑工业出版社，2008

[5] 刘朝贤. 多叶排烟口/多叶加压送风口气密性标准如何应用的探讨[J]. 暖通空调，2011，41(11)：86-91

[6] 刘朝贤. 对《高层民用建筑设计防火规范》第6，8两章矛盾性质及解决方案的探讨[J]. 暖通空调，2009，39(12)：49-52

[7] 刘朝贤. "当量流通面积"流量分配法在加压送风量计算中的应用[J]. 暖通空调，2009，39(8)：102-108

[8] 刘朝贤. "对优化防烟方案论据链"的分析与探讨[J]. 暖通空调，2010，40(4)：40-48

[9] 刘朝贤. 对加压送风防烟中同时开启门数量的理解与分析[J]. 暖通空调，2008，38(2)：70-74

[10] 魏润柏. 通风工程空气流动理论[M]. 北京：中国建筑工业出版社，1981

[11] 蔡增基，龙天渝. 流体力学泵与风机[M]. 2版. 北京：中国建筑工业出版社，2009

[12] 中华人民共和国公安部. GB 50016—2006　建筑设计防火规范[S]. 北京：中国计划出版社，2006

[13] 冯永芳. 实用通风空调风道计算法[M]. 北京：中国建筑工业出版社，1995

（影印自《暖通空调》2012年第42卷第4期35—46页）

对《建筑设计防火规范》流速法计算模型的理解与分析

刘朝贤

（中国建筑西南设计研究院有限公司　成都　610041）

【摘　要】 对《建筑设计防火规范》（以下简称《建规》）以及有影响的几个文献加压送风流速法中背压系数的取值原则，进行了解读，推导出了背压系数的计算数学模型，并据此作了大量的数值计算。证明背压系数是个由0～1.0的非均匀性增加的“有上界”函数。分析表明，《建规》流速法采用以增大系统总风量即乘上背压系数的倒数1/*a*的方法来解决背压问题，显然值得商榷，因为这样做不仅放过了制造背压的真凶，而且加大的风量并不能保证能分配到我们所需要的关键部位，而造成很大的资源浪费。要解决背压问题，首先要弄清其本质，因为背压产生的根源：在于气流通往无限空间的进程中，串联了一道道门洞（缝）使通路“当量流通面积”缩小，阻力增大对该路气流形成的“气流瓶颈”所致。特别要指出的是：背压问题本身是把双刃剑，当剑指抵御烟气入侵的有效气流时，应采取有效措施削弱它乃致消除它，当剑指无效气流时，应该极力强化它，使其维我所用。本文就是按此理念所进行的辩析。

【关键词】 流速法；背压系数；双刃剑；气流瓶颈；加压部位

中图分类号　TU202　　　　**文献标识码**　B

The Understanding and Analysis of Calculating The Models with Flow Rate Method in <Architectural Design Code For Fire Protection>

Liu Chaoxian

(China Southwest Architectural Design and Research Institute Co., Ltd, Chengdu, 610041)

【Abstract】 Interprets the valuing principles of the backpressure coefficient of the pressurized air flow method from the "architectural design code for fire protection" and several influential literature, deduces the backpressure coefficient calculation model, and accordingly makes a lot of numerical calculation. To prove the backpressure coefficient is a function that has an upper bound whose value increases from 0 to 1.0 in non-uniformity. In the "architectural design code for fire protection" , analysis shows that it is obviously debatable to take the way that increasing the total airflow, that's to say, multiplied by the reciprocal of the backpressure coefficient, 1 / a, to solve the problem of backpressure. It is because that not only is the murderers who manufactures the backpressure liberated, but the increasing airflow can not guarantee that all of them could be assigned to the key parts needed with a result of causing a great waste of resources. To solve the problem of backpressure, its essence should be known firstly, because the natural cause of backpressure is that during the airflow moving to the infinite space, many openings (sewing) is connected to make the "equivalent flow area" of the passageway narrow, and the resistance increase to cause the "flow bottleneck" of this flow. Particularly, the problem of backpressure itself is a double-edged sword, when resisting the invasion of the flue gas by the effective airflow, effective measures should be taken to weaken the backpressure, if possible, eliminate it. When the air flow is invalid, strengthen the backpressure to make full use. This article is discriminated based on these concepts.

【Keywords】 flow method; backpressure coefficient; double-edged sword; flow bottleneck; pressurized parts

---

作者（通讯作者）简介：刘朝贤（1934.1-），男，大学，教授级高级工程师，教授，硕士生导师，享受国务院政府特殊津贴专家，E-mail：wybeiLiu@163.com

收稿日期：2013-07-25

0 引言

《建规》推荐的加压送风量“流速法”计算模型 $L_v=\dfrac{n\cdot F\cdot V(1+b)}{a}$（$m^3/s$）（式中符号详后）。并非《建规》所原创，早在二十多年前就在国内外一些文献中露面，而后便一个接着一个地被传承，而且在流传的版本中对背压系数的取值方式各自有所发挥。现将几种较为典型影响较大的文献中的模型和对背压系数的取值原则列于表1中，由于《建规》属国家颁发的技术法规，对消防工程的设计、施工、验收等都具有很强的约束力，并由各级人民政府公安消防机构监督执行。其中两个设计手册虽然不具备规范的约束力，但它们在全国同行中的影响很大，甚至为规范所直接引用。

为了便于分析，将不同文献中模型的符号加以统一，以便节省文章的编辑。

0.1 流速法模型及对背压系数的取值原则

几种典型文献中的流速法模型及对背压系数的取值原则，按文献出版时间先后排序列于下表1。

表1 几种典型文献的有关规定

Table 1 The relevant provisions of several typical literature

文献编号	文献名称	流速法计算模型（m^3/s）	背压系数 a 的取值原则	背压系数 a 值大小			
				直接通向室外的门	通向室内服务间的门	机械排烟的走道	自然排烟内走道
1	赵国凌编著《防排烟工程》1991年天津科技翻译出版社；P165～166	正压间通过单个开启的门洞的流量无背压时：$L_w=F\cdot V$ 有背压时：$L_y=A_{di}\cdot V/a$	对正压间直接通向室外的门洞背压系数取 a=1.0，对通向服务间的门可取 a=0.6。（对单个门洞而言，笔者注）	1.0	0.6	—	—
2	蒋永琨主编《高层建筑消防设计手册》1995年3月同济大学出版社；P800～801	$L_v=\dfrac{n\cdot F\cdot V(1+b)}{a}$	考虑排烟通路产生的背压系数 a，当走道采用机械排烟时，a=0.8，当走道采用可开启外窗自然排烟时，a=0.6。（只对内走道而言，笔者注）	—	—	0.8	0.6
3	蒋永琨主编《高层建筑防火设计手册》2000年12月中国建筑工业出版社；P543	$L_v=\dfrac{n\cdot F\cdot V(1+b)}{a}$	背压系数 a，根据加压间密封程度取值范围为0.6～1.0（对整个系统而言，笔者注）	—	—	—	—
4	《建规》GB50016-2006中国计划出版社；P335～336	$L_v=\dfrac{n\cdot F\cdot V(1+b)}{a}$	背压系数 a，根据加压间的密封程度取值范围为0.6～1.0（引用了文献3的原则，笔者注）	—	—	—	—

注：表1各式中：L_w、L_y 分别为通过单个门洞无背压和有背压时的风量，m^3/s；L_v 为流速法系统风量，m^3/s；n 为同时开启防火门数量，当系统负担层数 $N<20$ 层时，取 $n=2$，$N>20$ 层时，取 $n=3$；F 为门洞面积，m^2；（文献编号1中原式 $L_y=F\cdot V/a$ 不妥，应为 $L_y=A_{di}\cdot V/a$，A_{di} 为 F 与 F_{xi} 串联通路的当量流通面积，m^2，$A_{di}=\dfrac{F\cdot F_{xi}}{(F^2+F_{xi}^2)^{1/2}}$ 详见后面分析部分）；V 为门洞开启时的风速，0.7～1.2m/s；b 为风量附加系数；a 为背压系数。

0.2 对背压系数取值原则的分析

表1中四个文献对背压系数的取值原则各不相同，体现了作者各自的观点。归纳起来，大致可分为三类。

（1）文献编号1规定：“门洞的背压系数，对（正压间）直接通向室外的门，即外门取背压系

数 a=1.0。”

这里首先明确背压系数是对正压间特定的门洞而言，其次对背压系数的最大值从物理意义上和文字上比较直观、严谨地给出了定位。无可争辩地为业内同仁所接受。因为正压间开启的这个门是通向室外无限空间的，（无限空间可理解为敞开的空间），无论流入多少风量，无限空间的压力都不会升高，即背压为零，因而取背压系数 a=1.0。但该文献同时又规定：“对正压间通向服务间的内门，取背压系数 a=0.6。”，却缺乏应有的理论依据，且文献 1 对 a<1.0，以及最小值等都未提出任何依据。这些都有待进一步完善。因为每个服务间的出风口面积 F_{xi} 不可能都是相同的。而且用“服务间”这个称谓过于狭隘，改为“有限空间”比较合理，和无限空间能前后呼应，这样既包括了各类单个空间，又涵盖了多个串联的空间。

（2）文献编号 2 规定：“内走道采用机械排烟时，取背压系数 a=0.8；内走道采用可开启外窗自然排烟时，取背压系数 a=0.6。”

以上提法有以下几点有待商榷：

1）正压间只是加压送风气流的起点，加压空气自起点将分成许多路气流，由高压流向低压，最终回归到室外大气中，其中有直通无限空间的，有流向有限空间（服务间）再流到室外的，也有通过内走道再通过串联的房间门缝和外窗缝流入室外的等。文献 2 只提到从走道采用机械排烟时，和内走道采用可开启外窗自然排烟时两个特定条件下空气流动的背压系数问题，而对加压空气流向无限空间和有限空间的背压最具普遍性的问题取值的问题却只字未提，其适用价值，将大受限制。

2）仅就文献编号 2 规定的两项取值原则，本身也是值得商榷的。

①内走道设置有机械排烟系统时，取背压系数 a=0.8，向我们提示：这一措施虽然减少了背压，但表明背压依然存在。根据气流流动的连续性原则，说明机械排烟（风）量不够，进入内走道的烟气或空气量有余量没有排除，既然内走道已设置了排烟系统只需加大排烟量就可从源头上消除背压的问题，却要改变方向，以加大 25%（$\frac{1}{0.8}$=1.25）的总风量去解决。而加大的风量有多少能分配到抵御烟气入侵的关键部位，不得而知。

②内走道采用可开启外窗自然排烟时，取背压系数 a=0.6，也是缺乏科学依据的。特别是当内走道自然排烟外窗正好处于迎风面时，烟气不但排不出去，还有可能会倒灌。如意算盘老天爷不会买账……。靠天吃饭是靠不住的[21-25]，不应提倡。

（3）文献 3 和 4 都规定：“背压系数 a 根据加压间的密封程度取值范围为 0.6～1.0”

文献 3 和文献 4 导用了文献 1 中背压系数之“实”（即数值 0.6～1.0），却更换了背压系数的“魂”，如此搭配，值得商榷。

背压是因为正压间开启的那个门洞 F（m^2）气流流进的是“有限空间”—服务间，气流还要从有限空间经过其开口 F_{xi}（m^2）才能到达无限空间（室外）。由于气流串联了一个门洞 F_{xi}（m^2），使气流“当量流通面积”缩小，阻力增大产生背压。而且是对从正压间出流的这一特定气流流路而提出的 F_{xi} 的大小可以理解为服务间的密封程度。这里却改为“加压间的密封程度”，已不靠谱。

以《高规》表 8.3.2-1 防烟方案为例，加压间即防烟楼梯间，是加压气流的起点，在这里加压空气会分成许许多多路气流才能流到无限空间大气之中，这些气流中，有直接通向室外无限空间的——没有背压；有间接要经过各种门洞，门、窗缝隙才能流到室外的，它们的背压各不相同。值得质疑的是：

1）所谓正压间，这里就是指防烟楼梯间，防烟楼梯间的密封程度如何表述？其大小如何计算？

2）对应背压系数 a=0.6 和 a=1.0 的正压间的密封程度的数值是多少？没法确定。

3）密封程度从逻辑上推断是个连续性参数，而这里的背压系数只是两个点 a=0.6，a=1.0。a=1.0 是无背压，a=0.6 是有背压。按密封程度取值有压和无压的分界点在何处？无法确定。

4）背压系数的最小值和最大值的依据是什么？没有依据。

5）四种加压送风防烟方案，其正压间的部位不同，情况各异“正压间的密封程度”显然不同，这里对背压系数的取值范围却都是 0.6～1.0，本身就是矛盾。

从以上分析看出：四个文献对背压系数的认知，还处于混沌之中，存在的这些问题也将是本文下面要讨论的重点。

1 背压系数模型的推导

1.1 背压系数的物理模型

根据表 1 及 0.2 节文献 1 中对背压系数取值原则的规定：即正压间开向无限空间时，不产生背压 a=1.0，正压间开向有限空间的门存在背压。从中可悟出图 1，这就是背压系数的物理模型。

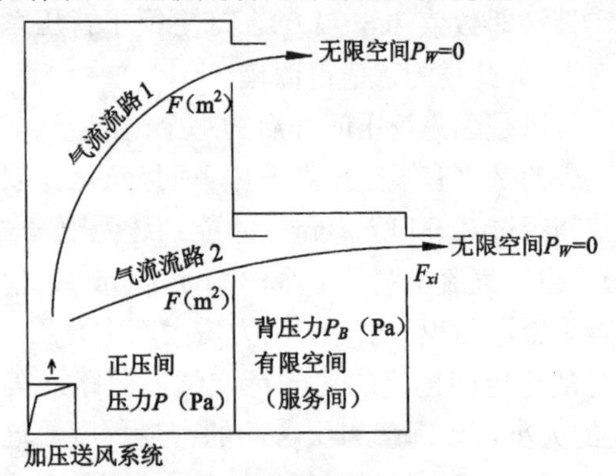

图 1 背压系数物理模型

Fig.1 The physical model of backpressure coefficient

1.2 背压系数的计算模型推导

从物理模型看出：对正压间直接通向室外无限空间的门 F(m²)因为没有背压，其背压系数 a=1.0，见图 1 气流通路 1，正压间通过外门 F（m²）流速为 V（m/s）的流量。

$$L_{直}=F\cdot V \quad (\mathrm{m^3/s}) \tag{1}$$

而由正压间通过相同面积大小的门洞 F（m²）到达有限空间（服务间）再由有限空间的出口 F_{xi}（m²）到达无限空间的气流，如图 1 气流通路 2，由于气流通路 2 多串联了一道有限空间的出口孔洞 F_{xi} 才到达无限空间，孔洞 F_{xi} 两侧虽然不存在背压，但在正压间门洞 F 两测必然产生背压，产生背压的根源在于串联了门洞 F_{xi} 气流通路的流通面积——称为“当量流通面积” A_{di} 减小（$A_{di}\leqslant F$）阻力增加所致。根据串联气流流动规律，“当量流通面积” A_{di}，应按下式计算：

$$A_{di}=\frac{F\cdot F_{xi}}{(F^2+F_{xi}^2)^{1/2}} \quad (\mathrm{m^2}) \tag{2}$$

由于气流通路 1，与气流通路 2 有共同的起点——正压间，和共同的汇合点室外大气中，属于并联气流，根据并联气流的流动规律：两路气流的压降相等$\Delta P_1=\Delta P_2$，因此气流通路 2 的“当量流通面积” A_{di} 上（特别要注意不是门洞 F 上）的流速 V_2 与气流通路 1 的门洞面积 F（m²）上的流速 V_1 应该相等。

即：$V_1=V_2=V$（m/s） (3)

因此气流通路 2 的流量应为：

$$L_{间}=A_{di}\cdot V \quad (\mathrm{m^3/s}) \tag{4}$$

由于 $A_{di}<F$，因此 $L_{间}<L_{直}$ (5)

由于气流通路 2 中的气流流量下降，在门洞 F（m²）上的流速就下降。气流通路 1 的门洞 F 处的风速 V（m/s）能满足最低风速要求，而在气流通路 2 的门洞 F（m²）处就达不到最低速度要求。为此，将式（4）的风量修正（增大）。乘上修正系数$\frac{1}{a}$，即：

$$L_{间}'=A_{di}\cdot V/a \quad (\mathrm{m^3/s}) \tag{6}$$

使 $L_{间}'=L_{直}=A_{di}\cdot V/a=F\cdot V$ (7)

整理后得背压系数的数学模型：

$$a_i=\frac{A_{di}}{F}=\frac{F_{xi}}{(F^2+F_{xi}^2)^{1/2}} \tag{8}$$

由此可见背压系数 a 就是从正压间开启的门洞 F（m²）的气流流向有限空间后再由有限空间流向无限空间的“当量流通面积”与进口门洞面积 F 的比值。

1.3 背压系数 a 的数值计算及图形

（1）数值计算

因为文献 1 只有正压间直接开向无限空间的门洞 F，因不产生背压 a=1.0，正压间开向有限空间的各种情况下的背压系数是如何变化的不得而知，从式（8）可以看出，当 F 一定时，a 值是有限空间的出口门洞 F_{xi} 的函数。我们假设有限空间周围是由可以变化的围档物所围成的，即 F_{xi} 可由小变大的自变量，a_i 就是 F_{xi} 的函数。当 F_{xi}=0 时，就是密闭空间；当 $F_{xi}\to\infty$时，就是无限空间；F_{xi}=0～∞之间时，就是有限空间。

因此，用 F_{xi} 的大小可以表征从正压间 F 门洞流进该有限空间的密封程度。

为了简化问题，对 F_{xi} 之值，采用有限空间入口门洞面积 F(m²)的相对值表述，例如当 $F_{xi}=\frac{1}{2}F$ 时，由式（8）得：

$$a=\frac{A_{di}}{F}=\frac{\frac{1}{2}F}{[F^2+\left(\frac{1}{2}F\right)^2]^{1/2}}=\frac{1}{\sqrt{5}}$$

由此可见，当已知自变量 F_{xi} 值就可由式（8）求得对应的背压系数 a_i 值。现将 F_{xi} 之值由小到大代入式（8）得出的 a_i 值，列于表 2。

表 2　背压系数 a_i 随 F_{xi} 的变化的计算结果汇总表

Table 2　The Calculation results in summary of backpressure coefficient ai with the change of Fxi

序号	无限有限空间（服务间）		计算参数		
	进口 F（m²）	出口 F_{xi}（m²）	进出口串联当量流通面积：A_{di}（m²） $A_{di}=\frac{F\cdot F_{xi}}{(F^2+F_{xi}^2)^{1/2}}$	背压系数 a $a_i=\frac{A_{di}}{F}=\frac{F_{xi}}{(F^2+F_{xi}^2)^{1/2}}$	备注
1	F	0	0	0	正压间开启门 F 通向密闭间
2	F	$0.1F$	$\left[0.1/(1.01)^{1/2}\right]\cdot F$	0.0995	
3	F	$0.2F$	$(1/\sqrt{26})\cdot F$	0.1961	
4	F	$0.3F$	（0.2873）F	0.2873	
5	F	$0.5F$	$(1/\sqrt{5})\cdot F$	0.4472	
6	F	$0.75F$	$0.6F$	0.6	正压间开启门 F 通向有限空间（服务间）出口门 F_{xi} 逐渐增大，背压系数 a_i 相应增大
7	F	$1F$	$(1/\sqrt{2})\cdot F$	0.7071	
8	F	$2F$	$(2/\sqrt{5})\cdot F$	0.8944	
9	F	$3F$	$(3/\sqrt{10})\cdot F$	0.9487	
10	F	$4F$	$(4/\sqrt{17})\cdot F$	0.9714	
11	F	$5F$	$(5/\sqrt{26})\cdot F$	0.9806	
12	F	$6F$	$(6/\sqrt{37})\cdot F$	0.9864	
13	F	$7F$	$(7/\sqrt{50})\cdot F$	0.9899	
14	F	无限大（∞）	F	1.0	正压间开启门 F 直通室外无限空间

注：当 F_{xi} 的面积不是非常小的窗缝时，可以忽略压力差指数 $1/N$ 的变化（有关文献指出对门缝的压力差 $\triangle P^{1/N}$ 的指数 N 取 N=2.0 对缝窗取 N=1.6）。

（2）背压系数 a_i 的变化图形

现以有限或无限空间出口面积 F_{xi} 与进口面积 F 的相对比值 F_{xi}/F 为横坐标，以背压系数 a_i 为纵坐标绘成图 2，其变化规律可一目了然。

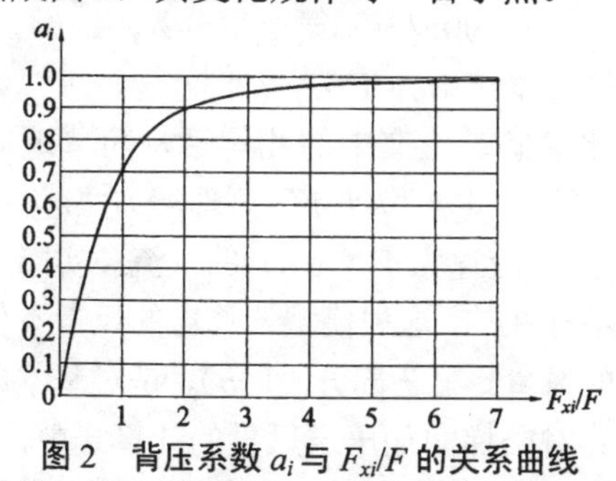

图 2　背压系数 a_i 与 F_{xi}/F 的关系曲线

Fig.2　The relationship curve between backpressure coefficients ai and F_{xi}/F

注：因为防烟楼梯间或前室的防火门的规格 F 随工程而异，但对于某个具体工程是确定值，有限空间的出口面积 F_{xi} 则随气流通路不同而变化，这里采用出口面积 F_{xi} 以 F_{xi}/F 的相对数值表述，能使问题大大简化，而且更为直观。

1.4　小结

从背压系数的计算模型，数字计算结果以及绘制的图形可得出以下结论：

（1）背压系数产生的根源是由于加压送风气流通路上串联了一道或几道面积不等的门、窗洞或门、窗缝使气流通路的当量流通面积减小，阻力增大，即在气流通路上产生的“气流瓶颈”所致。为解决背压问题提供了理论依据。

（2）背压系数 a_i 的前提条件有两点：一是针

对单一的特定的气流流路而言，因为从正压间通过开启的不同的门洞进入各个有限空间的气流流路的背压不是相同的。二是该气流流路是指从气流的起点——正压间至气流的终点——室外无限空间，这一完整的连续的气流而言。

（3）从背压系数 a_i 的数学模型看出，当正压间开启门面积 F 一定时它是一个以 F_{xi} 为自变量，a_i 为因变量的二次函数。$F_{xi}=0$ 时，$a_i=0$，表明服务间是间没有出风口的密闭空间。当正压间开启的门 F 通向无限空间时，可理解为无限空间的出口面积 $F_{xi}=\infty$，$a_i=1.0$。说明背压系数 a_i 的数值区间是 $a_i=0$～1.0，属于连续性变化的参数。因此以两点 1.0、0.6 来表征都是不妥当的。

（4）从背压系数的计算数学模型及数值计算的结果表明，只有服务间出风口面积 $F_{xi}=0.75F$ 时，这个特定条件下的背压系数 a_i 才是 0.6，因此，某些文献或规范中将所有服务间不论其出口面积 F_{xi} 的大小，都取 $a_i=0.6$，显然是不恰当的。

（5）从背压系数 a_i 的变化图形图-2 中看出：背压系数 a_i 与 F_{xi}/F 的关系并非一条直线，而是一根通过坐标原点（$F_{xi}/F=0$ 时 $a_i=0$），自变量 F_{xi}/F 的值与函数值 a_i 是非“均匀增加”的“有上界”函数，其上界 $f(F_{xi}/F)=1.0$。同时 a_i 在 $F_{xi}/F=0$～1 之间，a_i 的增速很快，在 $F_{xi}/F>1$ 之后，函数 a_i 值的变化逐渐变缓。

（6）在工程设计的实际计算时，当 $F_{xi}=5F$ 时，取 $a_i=1.0$（计算的精确值 $a_i=0.9806$），其误差不大于 1.94%。

（7）对背压系数 $a_i=1.0$ 的引伸

文献 1 对背压系数 $a=1.0$ 的定位是很严谨和真实的，笔者为扩展它的应用范围，从逻辑推理可得出：当正压间打开的门虽然是通向有限空间，只要我们设法将流入该有限空间的空气适时排走，保证该空间的压力不会升高，（使 $P_z=0$）构筑一个人工无限空间，这时的背压系数同样应取 $a=1.0$，是完全符合背压系数原始定位原则的。这是我们为在内走道设置机械排烟（风）消除内走道加压空气的“气流瓶颈”所提供的理论依据。

文献 2 中规定的内走道设机械排烟时，取背压系数 $a=0.8$，这是因为排烟量不够，只排走了由着火房间窜入内走道的烟气量 $L_{烟}$，由正压间通过前室与内走道之间的防火门洞 M_1 进入内走道的加压空气量 L_{M1} 的背压依然存在的原因。当加大内走道的排烟（风）量。使总排烟（风）量 $L=L_{烟}+L_{M1}$。且内走道的压力 $P_z=0$ 时，着火层内走道内形成一个人工的无限空间。既消除了着火层内走道的“气流瓶颈”，又使这一气流通路满足并联气流的定义。为加压送风系统“当量流通面积流量分配法”完成的基础工作。

（8）从前面表 1 中《建规》及其它所有文献，对背压系数 a_i 的最小值都是按 $a_i=0.6$ 确定的。计算表明这个 0.6 是不可信的。火灾发生的时空是随机的。冬季、夏季由于建筑节能的需要房间的外窗和外门都是关闭的，现行规范对外门、外窗的气密性要求非常严格[9,27,28]，特别是严寒地区都是双层窗。即使“n”层 M_2、M_1 两个防火门同时开启，内走道至室外仍将成为加压送风气流的最大“瓶颈”是很自然的，这时的背压系数会变得非常小，远小于 0.6。按 $L_v=\dfrac{n\cdot F\cdot V(1+b)}{a_i}$ 公式计算的风量大得将无法实施。《建规》流速法的计算风量的大小，是建立在背压系数的最小值为 0.6 的前题之下的，前题不成立，流速法的计算数值结果自然也就不成立。

2 对《建规》解决背压问题的分析

2.1 《建规》解决背压问题的方案

从《建规》第 9.3.2 条条文说明（P335）风速法的计算式 $L_v=\dfrac{n\cdot F\cdot V(1+b)}{a}$（$m^3/s$）（符号同前），便一目了然，是以增大加压送风量的方式，即在计算总风量上乘上 $1/a$ 来解决的。

2.2 对《建规》解决背压问题的方案提出的几个问题

《建规》的流速法可折成三部分，第一部分为 $1/a$；第二部分为 $n\cdot F\cdot V$；第三部分为（$1+b$）。第二、三部分的基本结语详论文[11,13,26]。

在此仅摘录论文中的几句话，简单地加以概括：其中第二部分“$n\cdot F\cdot V$”可理解为“n”条面积为 F（m^2），流速为 V（m/s）的气流。实际上这种气流是不存在的，这种模型计算出的风量不代表任何实际的风量。第三部分（$1+b$），是对基本风量的附加值。对楼梯间加压送风量的计算式中，《上海规》[3]和《征求意见》[4]中已经否决了。对前室关闭的加压送风口的漏风量，必须对每个风口建立能量方程分别计算[11]。因此（1+b）这样拢统的附加法是没有针对性的。

此外，这里还有一个值得追溯的问题。加压送风量的计算值：

①《高规》是取流速流法（$n{\cdot}F{\cdot}V$）与压差法二者中之大值。

②《建规》是取背压修正后的流速法[$\frac{n\cdot F\cdot V(1+b)}{a}$]与压差法二者中之大值。

③《上海规》[3]、《建筑防排烟系统技术规范》（GBXXX2008）（征求意见征）[4]对楼梯间则取流速法（$n\cdot F\cdot V$）与压差法二者之和（对前室取三者之和）。计算方法差别如此之大，而四种规范的风量控制表却完全相同[详见《高规》P38 表8.3.2-1～4，《建规》P91 表 9.3.2，《上海规》P9 表3.3.7-1.2，《征求意见稿》P15 表 3.3.11]。这些风量控制表中的数字的来源没有交代，连起码的范例计算都没有，规范执行者缺乏必要的知情权。只能依葫芦画瓢，过关了事。

这里只重点讨论第一部分 1/a 的问题。

（1）乘上 1/a 加大风量后，这些风量流向何方？没有验证的措施和方法，研究表明以《建规》表 9.3.2 只对防烟楼梯间加压前室不送风为例，分配到前室与内走道之间的防火门洞 M_1 处抵御烟气入侵的风量是很少的，从外门等泄漏的无效风量却占绝大部分。这是因为加压空气从外门直接流入无限空间，阻力很小没有背压的缘故。即使“n”层前室的两个防火门，M_2、M_1 同时开启，气流从内走道流至室外要通过串联的房间门缝和外窗缝存在的“气流瓶颈”，产生的背压是很大的，加压空气是难以通过的[13,14,16]。以加大风量的方式来解决背压问题，既不治本，也难以凑效。

因为《建规》首先认定背压系数的最小值 a=0.6 的前题条件下，对总风量乘上 1/0.6=1.67 倍才成立的。前题条件破灭，一切成为泡影。研究表明：背压系数 a=0.6 是当服务间的入风口面积为 F（m^2）出风口面积为 F_{xi}=0.75F（m^2）才成立的，假设服务间入风口面积 F=1.0×2.0=2.0m^2 时，服务间出风口面积 F_{xi}=2.0×0.75=1.5m^2 才成立。因此，采用乘上 1/a，也只能是一种假想。

而且背压系数 a 是针对特定的单一气流通路而言提出的，不同气流通路的背压是不同的。这里将“n”路气流采用同一个背压系数 a，将单一气流通路的概念扩充到系统显然是不适用的。

（2）要解决背压问题首先应从消除背压问题的根源入手，才是治本之策。

从背压系数的计算模型、图形、及计算数据可以悟出，背压产生的根源在于正压间开启门洞 F 的气流进入的是有限空间，气流要通过有限空间的气流出口 F_{xi} 才能至达室外无限空间，使这些气流通路的当量流通面积减小，气流阻力增大，成为气流通路上大小不一的气流瓶颈。采用增大服务间出风口的面积，有时是办不到的，比如从内走道通向室外的气流瓶颈，如 1.4 节中第（7）点提出的，在内走道设置排烟（风）系统，排走进入内走道的烟气和加压空气同样可以增大背压系数 a 值，使 a=1.0，才是消除背压最有效的办法。

（3）背压问题是把双刃剑必须维我所用。

1）当背压的峰茫对准我们的目标，对我们的目标不利时，我们要设法消弱乃致消除它，比如内走道设机械排烟（风）设施，使背压系数 a=1.0，消除背压的根源。

2）当背压的峰茫对准我们的对立面时，我们应该设法强化它维我所用。比如《高规》8.3.2-1，只向防烟楼梯间加压前室不送风。防烟楼梯间上底层和顶层直通室外的疏散外门，火灾疏散过程中基本处于常开状态，这些气流通路直通室外无限空间，无背压，背压系数 a=1.0，从这里泄漏的加压空气很多，都成为无效加压空气。我们就要给这些气流通路“制造背压”，减少从这些气流通路加压空气的泄漏量。最有效的办法是减小这一气流通路的当量流通面积 A_{di}，如将加压送风部位从防烟楼梯间移至前室，即将防烟方案改为只向前室加压，楼梯间不送风。使底层直接对外的疏散外门这一气流通路增加一道串联的防火门 M_2，相反内走道至室外却减少了一道串联门洞 M_2。研究表明：这是可行的有效的治本的措施。

防排烟设计的宗旨是以人为本。保证防烟楼梯间不进烟气是安全疏散的关键所在，而烟气都是来自着火房间，烟气从着火房间窜入内走道经过前室才能到达防烟楼梯间，前室的密封性好，防火性能极好，前室的上、下都是防火楼板，左右都是防火墙，前、后都是防火门 M_1、M_2，前室是堵截烟气的最佳部位，犹如万里长城上的山海关、嘉峪关，是堵截敌人的桥头堡，在这里能起到“一夫把关”万夫莫入的功效。

防烟楼梯间是个气流通路很多、四通八达、密闭性很差的高耸空间，在这里加压的漏风量很大，而且加压要达 40～50Pa，在前室加压只需 25～30Pa，显然漏风量小得多，可靠性和经济性也高得多。防烟方案的选取属战略问题，不可小视。

参考文献：

[1] GB 50045-95,高层民用建筑设计防火规范(2005 年版)[S].北京:中国计划出版社,2005.

[2] GB 50016-2006,建筑设计防火规范[S].北京:中国计划出版社,2006.

[3] DGJ08-88-2006（J10035-2006）,建筑防排烟技术规程[S].上海:上海市新闻出版局,2006.

[4] GBXXX-2008,建筑防排烟系统技术规范（征求意见稿）[S].

[5] 赵国凌.防排烟工程[M].天津:天津科技翻译出版公司,1991.

[6] 蒋永堒.高层建筑消防设计手册[M].上海:同济大学出版社,1995.

[7] 蒋永琨.高层建筑防火设计手册[M].北京:中国建筑工业出版社,2000.

[8] GA93-2004,防火门闭门器[S].

[9] GB/T7106-2008,建筑外门窗气密、水密、抗风压性能分级及检测方法[S].北京:中国标准出版社 2008.

[10] 刘朝贤.多叶排烟口/多叶加压送风口气密性标准如何应用的探讨[J].暖通空调,2011,41(11):86-91.

[11] 刘朝贤.加压送风系统关闭风口漏风量计算的方法[J].暖通空调,2012,42(4):35-46.

[12] 刘朝贤.对《高层民用建筑设计防火规范》第 6、8 两章矛盾性质及解决方案的探讨[J].暖通空调,2009,39(12):49-52.

[13] 刘朝贤.“当量流通面积”流量分配法在加压送风量计算中的应用[J].暖通空调,2009,39(8):102-108.

[14] 刘朝贤.“对优化防烟方案论据链”的分析与探讨[J].暖通空调,2010,40(4):40-48.

[15] 刘朝贤.对加压送风防烟中同时开启门数量的理解与分析[J].暖通空调,2008,38(2):70-74.

[16] 刘朝贤.对防烟楼梯间及其合用前室分别加压送风防烟方案的流体网络分析[J]暖通空调,2011,41(1):64-70.

[17] 刘朝贤.高层建筑加压送风防烟系统软，硬件部分可靠性分析[J].暖通空调,2007,37(11):74-80.

[18] 刘朝贤.对现行加压送风防烟方案泄压问题的分析与探讨》[J].暖通空调,2010,40(9):63-73.

[19] 刘朝贤.对自然排烟防烟“自然条件”的可靠性分析[J].暖通空调,2008,36(10):53-61.

[20] 刘朝贤.对加压送风防烟方案的优化分析与探讨[J].暖通空调,2008,38(增刊):71-75.

[21] 刘朝贤.对高层建筑房间自然排烟极限高度的探讨[J].制冷与空调,2007,21(增刊):56-60.

[22] 刘朝贤.高层建筑房间开启外窗朝向数量对自然排烟可靠性的影响[J].制冷与空调 2007,21(增刊):1-4.

[23] 刘朝贤.对高层建筑防烟楼梯间自然排烟的可靠性探讨[J].制冷与空调,2007,21(增刊):83-92.

[24] 刘朝贤.对《高层民用建筑设计防火规范》第 8.2.3 条的解析与商榷[J].制冷与空调,2007,21(增刊):110-113.

[25] 刘朝贤.对《高层民用建筑设计防火规范》中自然排烟条文规定的理解与分析[J].制冷与空调,2008,22(6):1-6.

[26] 刘朝贤.对高层建筑加压送风防烟章节几个主要问题的分析与修改意见[J].制冷与空调,2011,25(6):531-540.

[27] GB 50189-2005,公共建筑节能设计标准[S].北京:中国建筑工业出版社,2005.

[28] JGJ134-2001、J116-2001,夏热冬冷地区居住建筑节能设计标准[S].北京:中国建筑工业出版社,2001.

（影印自《2013 年第十五届西南地区暖通热能动力及空调制冷学术年会论文集》40—47 页，略有修改）

文章编号：1671-6612（2014）04-504-04

对现行国家建筑外门窗气密性指标不能采用单位面积渗透量表述的论证

刘朝贤

（中国建筑西南设计研究院有限公司　成都　610041）

【摘　要】 根据现行中华人民共和国国家标准 GB/T7106-2008《建筑外门窗气密、水密、抗风压性能分级及检测方法》（包括 GB/T7107-2002《建筑外窗气密性分级及检测方法》）中，对建筑外门窗气密性能分级标准都采用了两种不同方式来表述，一种是按单位缝长渗透量 q_1，另一种是采用单位面积渗透量 q_2 来表述，而且两组数据的比值 q_2/q_1=3。笔者经过论证：如果 q_2/q_1=3 成立，则外门窗的缝长 L 与其面积 f 之比值必须为 3，即 L/f=3，显然这是办不到的，因此标准中 q_2/q_1=3 是不成立的。也就是说 q_2 与 q_1 不是等效的。而且对同一外门窗用 q_2 来表述不具唯一性，而造成混乱。因此建议废止 q_2，只保留 q_1。对双指标不等效和对 q_2 表述的不唯一性所作的论证。

【关键词】 单位缝长渗透量；单位面积渗透量；等效性；唯一性；不确定性

中图分类号　　**文献标识码**

The Argument about Current National Airtight Performance Index of Building Exterior Doors and Windows Cannot be Expressed by Per Unit Area Infiltration

Liu Chaoxian

(China Southwest Architectural Design and Research Institute Co., Ltd, Chengdu, 610041)

【Abstract】 Based on the standard GB/T7106-2008, "Graduations and test methods of air permeability, water-tightness, wind load resistance performance for building external windows and doors" (including GB/T7107-2002' Graduations and test methods for air permeability performance of windows'), PR CHINA, expressing that air permeability performance of external windows and doors by two different methods. Firstly, expressed by volume of air flow through the unit joint length of the opening part q_1, another, by volume of air flow through a unit area q_2[5]. The ratio between the two sets of data is q_2/q_1=3. It is exact that if q_2/q_1=3 is tenable, The ratio between the unit joint length of the external windows and doors and its area must be 3, that is to say, L/f=3. Apparently, it is unprocurable for that. As a result, it is a error for q_2/q_1=3 in the standard. In other words, q_2 is not equivalent to q_1. What's more, it is non-unique of q_2 in formulation, as a result of confusion. Coming a conclusion that q_2 should be abolished, and q_1 remain.

【Keywords】 Volume of air flow through the unit joint length of the opening part; Volume of air flow through a unit area; Equivalence; Uniqueness; Uncertainties

0　问题的提出

建筑外门、窗气密性标准是从建筑节能角度提出的，而且对各类建筑都有明确的规定，但对同一等级同一樘外门窗与相同气象条件下，采用 q_1 和 q_2 计算的总漏风量不同，因而引起了笔者的关注。

2002 年以前的标准中只规定了用单位缝隙长度渗透量［$m^3/(m·h)$］表述，如 GB/T 7107-1986《建筑外窗气密性能标准》，GB/T 15225《建筑幕墙空

作者（通讯作者）简介：刘朝贤（1934.1-），男，大学，教授级高级工程师，教授，硕士生导师，享受国务院政府特殊津贴专家，E-mail：wybeiLiu@163.com

收稿日期：2013-07-25

气渗透性能标准》等都是这样。

自 2002 年开始，建筑外门、窗气密性标准却都是采用的双指标表述。如 GB/T 7107-2002《建筑外门、窗气密性能标准》、GB/T 7106-2008《建筑外门、窗气密、水密、抗风压性能分级及检测方法》都对同一等级都采用了两个指标，一个是单位缝长渗透量标准 q_1［$m^3/(m·h)$］和另一个是单位面积渗透量 q_2［$m^3/(m^2·h)$］表述[5]。显然 q_1 与 q_2 应该是"等效"的。既然是等效的就必须满足以下条件：

对于某一等级的同一樘外门或外窗，假设其总缝长为 L（m），面积为 f（m^2），无论用单位缝长气密性标准 q_1 计算得到的总漏风量 $Q_{1.i}$（$Q_{1.i}=q_{1.i}\times L$）和用单位面积气密性标准 q_2 计算得到的总漏风量 $Q_{2.i}$（$Q_{2.i}=q_{2.i}\times f$）应该是相等的。

这就是用两个指标表述是否等效的必要条件。

1　对 q_1、q_2 等效条件的论证

为了简化问题，减少编幅，假设某建筑物外门要求达 GB/T 7106-2008 的第 4 级标准，4 级标准中取 $q_{1.4}$=2.5［$m^3/(m·h)$］，q_2=7.5［$m^3/(m^2·h)$］，规格为 B（m）×H（m）=宽×高的外门窗，面积 $f=B\times H$（m^2），关闭时单扇外门窗缝隙长度 $L_d=2(B+H)$（m），双扇外门缝隙长度 $L_s=(2B+3H)$（m），并假设当地大气压力和气温都是在标准状态下（不需修正），外门窗内、外两侧压力差为 10Pa。

1.1　对单位缝隙长分级指标 q_1 的分析

根据论文《建筑物外门窗气密性能标准如何应用的研究》：任何一个等级的外门窗单位缝长的空气渗透量指标 q_1［$m^3/(m·h)$］都可采用缝隙宽度 δ_i（m）来表述或代替。也就是说外门窗气密性能等级就是与缝隙平均宽度 δ_i（m）一一对应的关系。一樘外门窗总的空气渗透量 $Q_{1.i}$ 是单位缝长气密性指标 $q_{1.i}$ 与总的缝隙长度 L（m）的乘积，更明确定地说，因为气密性等级确定后，缝隙宽度 δ（m）就确定，通过该樘门缝的总空气渗透量，就是缝隙长度的单值函数。

即 $Q_{1.i}=q_{1.i}\times L$（m^3/h）　　(1)

（1）对单扇外门窗

$Q_{1.id}=q_{1.i}\times L_d=q_{1.i}\times 2(B+H)$（$m^3/h$）　　(2)

（2）对双扇外门窗

$Q_{1.is}=q_{1.i}\times L_s=q_{1.i}\times(2B+3H)$　　(3)

因双扇门窗的总缝长大于单扇门窗的总缝长即：

$L_s\geqslant L_d$，故 $Q_{1.is}>Q_{1.id}$　　(4)

这就表明了 $q_{1.i}$ 气密性标准的确定性和唯一性。

1.2　对单位面积分级指标 q_2 的分析

（1）按定义分析同一樘外门窗同一性能等级的条件下，根据定义，其总的空气渗透量 $Q_{2.i}$ 是单位面积分级指标 $q_{2.i}$ 与总面积 f（m^2）的乘积：

$Q_{2.i}=q_{2.i}\times f$　　(5)

对单扇外门窗：$Q_{2.id}=q_{2.i}\times f_d$（$m^3/h$）　　(6)

对双扇外门窗：$Q_{2.is}=q_{2.i}\times f_s$（$m^3/h$）　　(7)

因为单扇和双扇外门窗的面积未变，$f_d=f_s=f=B\times H$（m^2）

故 $Q_{2.id}=Q_{2.is}=q_{2.i}\times f$　（m^3/h）　　(8)

但是，因为单扇外门窗上的总缝隙长 $L_d=2(B+H)$（m），双扇外门窗的总缝隙长 $L_s=[2(B+H)+H]$（m），$L_s>L_d$，上节已经提到，同一等级的缝隙平均宽度 δ（m）是定值，某一等级的外门窗的总空气渗透风量 $Q_{2.1}$ 的大小取决于该等级条件下的总缝隙长度 L（m），因此显然式（8）是不能成立的，正确答案应该是：

$Q_{2.id}<Q_{2.is}$（m^3/h）　　(9)

（2）按各级 q_2 与 q_1 的比值分析

从气密性能分级表中规定，任何一级的 $q_{2.i}$ 与 $q_{1.i}$ 的比值都等于 3，即：

$$\frac{q_{2.i}}{q_{1.i}}=3$$

可导出其量纲是：$\dfrac{q_{2.i}[m^3/(m^2\cdot h)]}{q_{1.i}[m^3/(m\cdot h)]}=3(\dfrac{m}{m^2})$，

可理解其物理意义是每 m^2 的面积上有 3（m）的缝隙长度，采用 $q_{2.i}$ 的表述才能成立，或者说这时 $q_{2.i}$ 与 $q_{1.i}$ 才是等效的。

如果按照前面提出的两个指标 $q_{2.i}$ 与 $q_{1.i}$ 等效的必要条件是：

$Q_{2.i}=Q_{1.i}$

$Q_{1.i}=q_{1.i}\times L$　　同式（1）

$Q_{2.i}=q_{2.i}\times f$　　同式（5）

即 $\dfrac{q_{2.i}}{q_{1.i}}=\dfrac{L}{f}=3$　　(10)

同样可导出：$\dfrac{L(\mathrm{m})}{f(\mathrm{m}^2)}$ 的量纲也是每 m^2 面积上有 3（m）的缝隙长度，用 $q_{2.i}$ 表述与 $q_{1.i}$ 才是等效的。

可以推论：

当 $\dfrac{L}{f}>3$ 时，由式(1)、(5)可得 $Q_{1.i}>Q_{2.i}$　　(11)

当 $\dfrac{L}{f}<3$ 时，由式(1)、(5)可得 $Q_{1.i}<Q_{2.i}$　　(12)

上述两种情况采用 $q_{2.i}$ 表述与 $q_{1.i}$ 都不具有等效性。

现将工程上常用的外门窗规格参数及 L/f 比值的计算结果列于下表以资佐证。

表 1 常用外门窗规格参数及 L/f 比值计算结果。

现将常用外门外窗规格、参数及 L/f 比值计算结果列于表 1。

表 1　常用外门、窗规格参数及 L/f 比值计算结果

Table 1　Common specification parameters of exterior doors & windows and the calculation results of L/f

序号	外门、窗规格、参数					L/f 比值 (m/m²)	Q_1 与 Q_2 比较
	形式	宽 B（m）	高 H（m）	$f=B\times H$（m²）	缝长 L（m）		
1	单扇门	0.8	2.0	1.6	5.6	3.5>3.0	$Q_{1.i}>Q_{2.i}$
2		0.9	2.0	1.8	5.8	3.222>3.0	$Q_{1.i}>Q_{2.i}$
3		1.0	2.0	2.0	6.0	○3.0=3	$Q_{1.i}=Q_{2.i}$
4		1.2	2.0	2.4	6.4	2.667<3	$Q_{1.i}<Q_{2.i}$
5		1.5	2.0	3.0	7.0	2.333<3	$Q_{1.i}<Q_{2.i}$
6	双扇门	1.0	2.0	2.0	8.0	4.0>3	$Q_{1.i}>Q_{2.i}$
7		1.2	2.0	2.4	8.4	3.5>3	$Q_{1.i}>Q_{2.i}$
8		1.5	2.0	3.0	9.0	○3.0=3	$Q_{1.i}=Q_{2.i}$
9		1.6	2.0	3.2	9.2	2.875<3	$Q_{1.i}<Q_{2.i}$
10	单扇门	0.8	2.2	1.76	6.0	3.41>3	$Q_{1.i}>Q_{2.i}$
11		0.9	2.2	1.98	6.2	3.13>3	$Q_{1.i}>Q_{2.i}$
12		1.0	2.2	2.2	6.4	2.91>3	$Q_{1.i}<Q_{2.i}$
13		1.2	2.2	2.64	6.8	2.58<3	$Q_{1.i}<Q_{2.i}$
14		1.5	2.2	3.3	7.4	2.24<3	$Q_{1.i}<Q_{2.i}$
15	双扇门	1.0	2.2	2.2	8.6	3.91>3	$Q_{1.i}>Q_{2.i}$
16		1.2	2.2	2.64	9.0	3.41>3	$Q_{1.i}>Q_{2.i}$
17		1.5	2.2	3.3	9.6	2.91<3	$Q_{1.i}<Q_{2.i}$
18		1.6	2.2	3.52	9.8	2.78<3	$Q_{1.i}<Q_{2.i}$
19	上悬窗或中悬窗	0.8	1.5	1.2	4.6	3.833>3	$Q_{1.i}>Q_{2.i}$
20		1.0	1.5	1.5	5.0	3.333>3	$Q_{1.i}>Q_{2.i}$
21		1.2	1.5	1.8	5.4	○3.0=3	$Q_{1.i}=Q_{2.i}$
22		1.5	1.5	2.25	6.0	2.667<3	$Q_{1.i}<Q_{2.i}$
23		2.0	1.5	3.0	7.0	2.333<3	$Q_{1.i}<Q_{2.i}$
24	推拉窗	1.1	1.30	1.43	6.1	4.266>3	$Q_{1.i}>Q_{2.i}$
25		1.46	1.30	1.898	6.82	3.593>3	$Q_{1.i}>Q_{2.i}$
26		1.36	1.30	1.768	6.62	3.744>3	$Q_{1.i}>Q_{2.i}$
27		1.0	1.26	1.26	5.78	4.587>3	$Q_{1.i}>Q_{2.i}$
28		1.30	1.26	1.638	6.38	3.895>3	$Q_{1.i}>Q_{2.i}$

1.3 小结

从以上分析可以看出：

（1）只有 L/f=3 时，能满足 Q_2=Q_1，表 1 中 28 种类型外门窗仅有 3 种，即 q_2、q_1 两种表述方式是等效的。

（2）当 L/f＜3 时，Q_2＞Q_1，L/f＞3 时，Q_2＜Q_1，二者都表明 q_2 与 q_1 两种表述方式是不等效的，表 1 中 28 种类型外门窗就有 25 种占 89%种，因此用 q_2 指标表述同一级别气密性关键在于 Q_2 的不确定性和不唯一性。由此可见，用双指标是不妥当的。

（3）两种表述方式中只有 q_1 才具有唯一性。因为在压力差一定的条件下影响单位缝长渗透量的唯一因素是缝隙的平均宽度 δ（m），而加工制造某一级别气密性等级的外门窗，是要受实测方法检测的，无论何种形式，何种规格的外门（窗）平均缝隙宽度是与相应的气密性等级是一一对应的不变值。请参见文献[5]表 1，如第 4 级 q_1=2.5[$m^3/(m \cdot h)$]对应的平均缝隙宽度 δ=2.432×10^{-4}（m）。而影响单位面积渗透量 q_2 的因素，除了缝隙平均宽度 δ（m）之外，还有单位面积上的缝隙长度即 L/f 是个变量。（L/f 由≤3 到＞3）制约它，实际上 q_2 是虚构的不确定的。

2 总结

（1）外门窗气密性能等级与其缝隙宽度 δ(m) 相互呼应，一一对应，当两侧压力差 ΔP 一定，在标准状态下通过某樘外门窗的总空气渗透量是其缝隙长度的单值函数，表明了采用单位缝长分级指标值 q_1［$m^3/(m \cdot h)$］表述的确定性和唯一性。

（2）外门窗气密性等级与外门窗的面积大小没有必然的联系。相同面积的外门窗上，其缝隙长度和宽度都是变数如单扇外门窗和双扇外门窗的面积相等，而缝隙长度却不同，可见用单位面积分级指标 q_2［$m^3/(m^2 \cdot h)$］表述外窗气密性等级的不确定性，不唯一性以及与 q_1 的不等效性。此外，分级表中 $q_{2.i}/q_{1.i}$=3，其来源也是没有依据的。

标准表述方式上存在的问题，会造成工程设计施工验收上的混乱。因此，建议现行 GB/T7106-2008 气密性标准中的 q_2 应于废止，仅保留一个指标 q_1。

参考文献：

[1] GB/T 71017-1986,建筑外窗空气渗透性能分级及控制方法[S].

[2] GB/T 15225-1994,建筑幕墙空气渗透性能分级[S].北京:中国标准出版社,1994.

[3] GB/T 7107-2002,建筑外窗气密性能分级及检测方法[S].2002.

[4] GB/T 7106-2008,建筑外门窗气密、水密、抗风压性能分级及检测方法[S].2008.

[5] 刘朝贤.建筑物外门窗气密性标准如何应的研究[J].制冷与空调,2014,28(4):415-421.

（影印自《制冷与空调》2014 年第 28 卷第 4 期 504—507 页）

文章编号：1671-6612（2014）04-415-07

建筑物外门窗气密性能标准如何应用的研究

刘朝贤

（中国建筑西南设计研究院有限公司　成都　610041）

【摘　要】 现行建筑物外门窗气密性能分级标准中，对各个级别的气密性能指标采用单位缝长渗透量 q_1 和单位面积渗透量 q_2 表述。为提高准确性都是采用 100Pa 检测压力下的测定值，再换算成外门窗两侧压力差 10Pa 时的数据，然后换算成标准状态下的参数。这些只能作为施工验收时确认该项外门窗是否达到所属等级的判定依据。对于设计过程中，实际压差条件下的空气渗透量的计算，这些数据是无法导用的，必须将各级标准进行等效转换。转换时，首先要建立转换的计算数学模型，对模型中的参数如流量系数 μ，压力差指数 $1/N$ 等的取值原则加以确认，转换后的等效参数必须与各个级别指标一一对应。提供设计计算之用，这就是本文的主要目的与任务。由于 q_2，表述方式的不确定性不唯一性以及与 q_1 不具有等效性，不作转换（请参见论文《对现行国家标准外门窗气密性指标不应采用单位面积渗透量表述的论证》）。

【关键词】 单位缝长渗透量；压力差；转换模型；平均缝隙宽度；流量系数；压力差指数

中图分类号　　　文献标识码

Research on Application of Airtight Performance Standard of Building Exterior Doors & Windows

Liu Chaoxian

(China Southwest Architectural Design and Research Institute Co., Ltd, Chengdu, 610041)

【Abstract】 The tiered standards applying now for air permeability performance of external windows and doors, expressing that air permeability performance of all grades by volume of air flow through the unit joint length of the opening part q_1 and volume of air flow through a unit area. To be more accuracy, testing based on the pressure at 100Pa, which converts to performance difference between external windows and doors at 10Pa. At last, converting to the parameters on standard condition. However, all of these parameters could be used in acceptance of constructional to estimate if the external windows and doors are qualified. What's more, to get volume of air flow on actual performance difference conditions, these parameters couldn't be applied during the design. Equivalent conversion is a mast among different standards. Firstly, mathematical models should be defined, parameters of which, such as flow coefficient μ, pressure difference index $1/N$ should be confirmed. The equivalent parameters must be corresponding to its indicators. The purpose and task is to serve for computing in design. Since it is uncertainty and non-unique of q_2 in formulation, at the same time, not equivalent to q_1, the conversion is not needed.

【Keywords】 volume of air flow through the unit joint length of the opening part; pressure difference; transformation mode; the average slot width; flow coefficient; pressure difference index

0　概述

建筑物的外门、窗，即使在关闭状态下，从其缝隙中渗透的空气量对能量的损耗都是不可忽视的，因此从建筑节能的需要出发，对各类建筑物特别是高层建筑的外门、窗的气密性能都作了严格的限定。而且气密性能标准的版本随着时间的推移在

作者（通讯作者）简介：刘朝贤（1934.1-），男，大学，教授级高级工程师，教授，硕士生导师，享受国务院政府特殊津贴专家，E-mail：wybeiLiu@163.com

收稿日期：2013-07-25

不断提高。各类建筑都应执行当时的标准。

0.1 常用设计规范对气密性能的要求

常用设计规范对气密性能的要求，见下表1。

表1 各类建筑物建筑节能对外窗、外门气密性标准的要求

Table 1 The airtight performance requirements of various building energy saving standard for exterior doors & windows

序号	节能标准名称	标准规定	备注
1	《公共建筑节能设计标准》GB50189-2005 2005-04-04发布，2005-07-01实施。	第4.2.10条规定：外窗的气密性标准不应低于GB/T 7107-2002表4.2的第4级。第4.2.11条规定：透明幕墙不低于GB/T 15225的3级（应为III级笔者注）	GB/T 7107-2002第4级，即采用压力差为10Pa在标准状态下单位缝长空气渗透量 q_1[m^3/(m·h)]，$1.5 \geqslant q_1 > 0.5$，单位面积空气渗透量 $4.5 \geqslant q_2 > 1.5$ GB/T 15225第III级 $1.5 > q_1 < 2.5$(可开部分) $0.05 > q_1 < 0.10$(固定部分)
2	《严寒和寒冷地区居住建筑节能设计标准》JGJ26-2010 2010-03-18发布 2010-08-09实施	第4.2.6条规定：外窗及敞开阳台门，严寒地区不应低于GB/T 7106-2008的6级，寒冷地区1-6层不低于4级，7层及7层以上不低于6级	即采用标准状态下，压力差为10Pa时，4级：单位开启缝长空气渗透量 q_1[m^3/(m·h)]：$2.5 \geqslant q_1 > 2.0$，和单位面积空气渗透量 q_2[m^3/(m^2·h)]：$7.5 \geqslant q_2 > 6.0$，6级：$1.5 \geqslant q_1 > 1.0$，$4.5 \geqslant q_2 > 3.0$，
3	《夏热冬冷地区居住建筑节能设计标准》JGJ 134-2010 2010 发布2010 实施	第4.0.9条规定：建筑物1-6层不低于GB/T 7106-2008第4级，7层及7层以上：不低于6级	
4	《旅游旅馆建筑热工与空气调节设计标准》GB50189-93、1993-09-27发布，1994-07-01实施，被GB50189-2005代替。	第4.2.4条规定：《建筑外窗渗透性能分析及其检测方法》GB7107，其气密性等级不应低于II级	即：在标准状态下，压力差为10Pa时，单位缝长空气渗透量 $Q_0 \leqslant 1.5$[m^3/(m·h)]
5	四川省工程建设地方标准DB51/5027-2012代替DB51/5027-2008《四川省居住建筑节能设计标准》2012-09-21发布，2013-03-01实施	第4.2.4条规定：严寒地区外窗及阳台门不低于GB/T7106-2008的6级。寒冷和夏热冬冷地区1-6层不低于4级；7层及7层以上不低于6级	同序号2、3备注
6	《四川省夏热冬冷地区居住建筑节能设计标准》DB51/5027-2002 2002-04-26发布，2002-05-22实施。	第4.0.7条规定：建筑的外窗及阳台门。同序号GB7107规定：……7-30层不应低于II级，30层以上不应低于I级。	II级同序号4 1级 $Q_0 \leqslant 0.5$[m^3/(m·h)]

0.2 近几年来，外窗外门气密性能标准的规定

（1）中华人民共和国国家标准《建筑外外门窗气密、水密、抗风压性能分级及检测方法》GB/T 7106-2008（共分为8级，由低到高8级最高），2008-07-30发布，2009-03-01实施，为现行标准。

气密性能采用在标准状态下，压力差为10Pa时的单位开启缝长空气渗透量 q_1 和单位面积空气渗透量 q_2 作为分级指标。分级指标绝对值 q_1 和 q_2 的分级见表2。

表2 建筑外门窗气密性能分级表

Table 2 The airtight performance classification of building exterior doors & windows

分级	1	2	3	4	5	6	7	8
单位缝长分级指标值 q_1[m^3/(m·h)]	$4.0 \geqslant q_1 > 3.5$	$3.5 \geqslant q_1 > 3.0$	$3 \geqslant q_1 > 2.5$	$2.5 \geqslant q_1 > 2.0$	$2.0 \geqslant q_1 > 1.5$	$1.5 \geqslant q_1 > 1.0$	$1.0 \geqslant q_1 > 0.5$	$q_1 \leqslant 0.5$
单位面积分级指标值 q_2[m^3/(m^2·h)]	$12 \geqslant q_2 > 10.5$	$10.5 \geqslant q_2 > 9.0$	$9.0 \geqslant q_2 > 7.5$	$7.5 \geqslant q_2 > 6.0$	$6.0 \geqslant q_2 > 4.5$	$4.5 \geqslant q_2 > 3.0$	$3.0 \geqslant q_2 > 1.5$	$q_2 \leqslant 1.5$

（2）中华人民共和国国家标准《建筑外窗气密性能分级及检测方法》GB/T 7107-2002（共分为5级由低到高，5级最高）。2002-04-28发布，2002-12-01实施（为GB/T 7106-2008代替）。

分级指标采用压力差为10Pa时的单位缝长空气渗透量 q_1 和单位面积空气渗透量 q_2 作为分级指标。分级指标值见表3。

表3　建筑外窗气密性能分级表

Table 3　The airtight performance classification of building exterior windows

分级	1	2	3	4	5
单位缝长分级指标值 q_1[m^3/(m·h)]	6.0≥q_1>4.0	4.0≥q_1>2.5	2.5≥q_1>1.5	1.5≥q_1>0.5	q_1≤0.5
单位面积分级指标值 q_2[m^3/(m^2·h)]	18≥q_2>12	12≥q_2>7.5	7.5≥q_2>4.5	4.5≥q_2>1.5	q_2≤1.5

表4　建筑外窗空气渗透性能分级表

Table 4　The air permeability classification of building exterior windows

分级	I	II	III	IV	V
Q_0[m^3/(m·h)]	0.5	1.5	2.5	4.0	6.0

（3）中华人民共和国国家标准《建筑外窗空气渗透性能分级及检测方法》GB/T 7107-1986（为GB/T 7107-2002代替）（共分为V级由高到低，V级最低）分级指标值见表4。

（4）中华人民共和国国家标准《建筑幕墙物理性能分级》GB/T 15225-94，1994-09-24发布，1995-08-01实施。空气渗透性能分级见表5（共分为V级由高到低，I级最高）。

表5　建筑带墙空气渗透性能分级表

Table 5　The air permeability classification of building walls

性能	计量单位		分级				
			I	II	III	IV	V
空气渗透性	[m^3/(m·h)]（10Pa）	可开部分	≤0.5	>0.5 ≤1.5	>1.5 ≤2.5	>2.5 ≤4.0	>4.0 ≤6.0
		固定部分	≤0.01	>0.01 ≤0.05	>0.05 ≤0.10	>0.10 ≤0.20	>0.20 ≤0.50

注：本建筑幕墙空气渗透性能分级标准，引用GB/T 15226建筑幕墙空气渗透性能检测方法。

0.3　外窗、外门气密性能标准的应用

由上面两节可知，气密性标准是用外窗或外门两侧压力差为10Pa时，单位缝长单位时间的漏风量（q_1[m^3/(m·h)]）或单位面积单位时间的漏风量（q_2[m^3/(m^2·h)]）表述的，这些标准只能作为施工验收检测之用，设计人员作为漏风量计算是不能直接采用的，只有经过等效转换变成外门、外窗单位缝长的漏风面积 φ_1（m^2/m），即缝隙宽度 δ（m）（$\varphi_1=\delta$）或外窗、外门单位面积的缝隙面积 φ_2 值（m^2/m^2）才能用于漏风量计算的，这也就是本文研究的主要内容。

1　外门、外窗气密性能标准的等效转换

1.1　等效转换计算模型的建立

由于气密性能分级表中的参数 q_1 和 q_2 都是采用在标准状态下，压力差为10Pa时的单位开启缝长空气渗透量 q_1[m^3/(m·h)]和单位面积空气渗透量 q_2[m^3/(m^2·h)]作为分级指标的。只能用于工程验收时，检测之用，设计上不能直接引用它进行漏风量计算。为此笔者根据流体力学理论推导出了漏风量的计算式：

$$\Delta L=\mu\cdot F\cdot\varphi\left[\left(\frac{2}{\rho}\right)\Delta P\right]^{\frac{1}{N}}\times 3600\ (\mathrm{m^3/h}) \tag{1}$$

经整理得出：

$$\varphi=\frac{\Delta L}{\mu\times F\left[\left(\frac{2}{\rho}\right)\Delta P\right]^{\frac{1}{N}}\times 3600}\ (\mathrm{m^2/m^2}) \tag{2}$$

式中，ΔL 为外门、外窗在 ΔP 压力下的漏风量，其量纲为（m^3/h），这里取 q_1 或 q_2 相应级别的数据时，取 ΔL 为 q_1 时，因 q_1 的量纲为[m^3/(m·h)]，必

须将原有 F（m^2）的量纲用外门、外窗的缝隙长度 L（取 L=1m）来代替，这时，式（2）变成：

$$\Phi_1=\frac{q_1}{\mu\times L\times[(\frac{2}{\rho})\Delta P]^{\frac{1}{N}}\times 3600}\quad (m^2/m) \qquad (3)$$

式中，Φ_1 的量纲为（m^2/m）。其物理意义是每米缝长的漏风面积（m^2），可简称为缝隙平均宽度（m）。取 ΔL 为 q_2 时，因 q_2 的量纲为[$m^3/(m^2\cdot h)$]，只需将 F（m^2）改为 f（m^2）（取 f=1m^2）。这时，式（2）变成：

$$\Phi_2=\frac{q_2}{\mu\times f\times[(\frac{2}{\rho})\Delta P]^{\frac{1}{N}}\times 3600}\quad (m^2/m^2) \qquad (4)$$

式中，Φ_2 的量纲为（m^2/m^2），其物理意义是外窗、外门单位面积的缝隙面积。或称漏风面积率（缝隙率）。

式（3）（4）中其他符号：μ 为流量系数；ρ 为空气密度，按 ρ=1.2kg/m^3；$1/N$ 为压力差ΔP 的指数。

1.2 两个参数的取值

式（3）、（4）中必须要解决压力差指数 $1/N$ 与流量系数 μ 两个参数的取值问题，才能完成气密性能等效转换的数值计算。

（1）压力差指数 $1/N$ 的确定

按以往的文献，对门缝认为是宽缝，取 N=2.0；对窗缝认为是窄缝，取 N=1.6。

笔者认为（1）宽缝与窄缝提法的概念，是含混不清的，没有量的概念，多宽的缝才叫宽缝，多窄的缝才叫窄缝，宽与窄的分界点在何处，（2）不能说是门缝是宽缝，门缝也有窄的，不能说凡是窗缝都是窄缝，窗缝也有宽的，怎么能以门缝和窗缝作为量度标准呢？（3）GB/T7106-2008 标准中是将门缝与窗缝的气密性标准统统合成了一个标准，即对门缝与窗缝的要求是一样的。显然，在这里也就否定了门缝是宽缝，窗缝是窄缝的概念，将以往对 N 的取值原则撤底推翻。

为此，笔者按 GB/T7106-2008 $P_{6\text{-}7}$ 中的测试数据，结合流体力学压力差下的流量计算，公式对 N 值进行了推导：

现利用 GB/T 7106-2008 $P_{6\text{-}7}$ 已测得的数据重新加工，求解 $1/N$。

原文“将标准状态下通过试件空气渗适量值 q'（m^3/h），除以试件开启缝长 L(m)即可得出在 100Pa 下，单位开启缝长空气渗透 q_1'[$m^3/(m\cdot h)$]值，即：

$$q_1'=\frac{q'}{L} \qquad (3)'$$

（前面已说过对 q_2 不进行转换）

P_7 中，7.4.2 节分级指标值的确定。

为了保证分级指标值的准确度，采用由 100Pa 检测压力差下的测定值$\pm q_1'$值按式(5)′换算为 10Pa 检测压力差下的相应值$\pm q_1$[$m^3/(m\cdot h)$]值。

$$\pm q_1=\frac{\pm q_1'}{4.65} \qquad (5)'$$

式中，q_1'为 100Pa 作用压力差下单位缝长空气渗透量值，[$m^3/(m\cdot h)$]；q_1 为 10Pa 作用压力差下单位缝长空气渗透量值，[$m^3/(m\cdot h)$]。”

以上是摘自 GB/T7106-2008 的测试和整理的内容（笔者特将摘录的原文算式编号（3）、（5）改为（3）′、（5）′以便与本文算式编号区分。）。

下面：笔者将 P_7 中的式（5）′整理简化后，可得：

$$\frac{q_1'}{q_1}=4.65 \qquad (5)$$

根据流体力学推导的式（1），结合试件的测试数据压力差 $\Delta P'$=100Pa 时通过缝宽 φ（m）缝长 L（m）的空气渗透量为 q_1'：

$$q_1'=\mu\times L\times\Phi\left(\frac{2\Delta P'}{\rho}\right)^{1/N}\times 3600\ (m^3/h) \qquad (6)$$

当压力差ΔP=10Pa 时，通过同一试件（缝宽为 Φ（m）缝长 L（m））的空气渗透量为 q_1：

$$q_1=\mu\cdot L\times\Phi(\frac{2\Delta P}{\rho})^{1/N}\times 3600\quad (m^3/h) \qquad (7)$$

式（6）、（7）两式中，因为是同一试件，其中 μ、L、Φ、ρ、$1/N$ 都应相等。

由式（5）、（6）、（7）整理可得：

$$\frac{q_1'}{q_1}=(\frac{\Delta P'}{\Delta P})^{1/N} \qquad (8)$$

根据式(5)、式(8)，并将$\Delta P'$=100Pa，ΔP=10Pa 代入式中得：

$$4.65=(\frac{100}{10})^{1/N} \qquad (9)$$

对式（9）等式两边取对数可解得 $1/N$。

$$\lg 4.65=1/N\cdot\lg(\frac{100}{10})$$

$1/N$=lg4.65=0.667452952≈0.6675

或 N=1.49823294≈1.498

（2）流量系数 μ 值的确定

已往对防火门窗关闭时，取 μ=0.65，根据，四川消防研究所实体火灾试验实测结果认为 μ 值的范围，μ=0.15～0.44，在实测风量与理论计算数值比较中取 μ=0.44。但在结论中仍建议取 μ=0.65。因为 μ 值对气密性等级转换后的 $\Phi_{1.i}$ 值有较大的影响，取 μ=0.65 与取 μ=0.44 相比，$\Phi_{1.i}$ 值下降为 67.69%，故本文取 μ=0.65 和 μ=0.44 两种流量系数进行转换。

（3）q_1 转换的计算模型

1）取 μ=0.44，1/N=0.6675 时

将 μ、$1/N$ 值代入式（3）得：

$$\Phi_{1.ia}=\frac{q_{1.i}}{0.44\times1.0[(\frac{2}{1.2})\times10]^{0.6675}\times3600}=9.652966131\times10^{-5}\,q_{1.i}\,(\mathrm{m}) \tag{10}$$

2）取 μ=0.65，1/N=0.6675 时

同样将 μ、$1/N$ 值代入式（3）得：

$$\Phi_{1.ib}=\frac{q_{1.i}}{0.65\times1.0[(\frac{2}{1.2})\times10]^{0.6675}\times3600}=6.534315535\times10^{-5}\,q_{1.i}\,(\mathrm{m}) \tag{11}$$

2.3 外窗、外门气密性能标准的数值等效转换

由于各版本标准的分级方法不同，有的分为 8 级，有的分为 5 级。有的是从小到大，有的由大到小，即使数学相同的等级，其气密性能数值也是不同的。建筑物修建的时间较长，为此，下面按 4 个版本的标准分别转换。以便建筑物设计的时间与当时应该执行的标准对号入座。

现将四个版本的标准，两种 μ 值的取值方式（μ=0.44，μ=0.65）按推导出的转换计算模型式（10）、（11）的数值转换结果分别列于表 6～9 中。

表 6　GB/T 7106-2008 建筑外门、窗气密性能标准转换结果

Table 6　The conversion results of airtight performance of building exterior doors & windows based on the GB/T 7106-2008

μ值	分级	1	2	3	4	5	6	7	8
μ=0.44	$q_{1.i}$[m³/(m·h)]	4.0≥$q_{1.1}$>3.5	3.5≥$q_{1.2}$>3.0	3.0≥$q_{1.3}$>2.5	2.5≥$q_{1.4}$>2.0	2.0≥$q_{1.5}$>1.5	1.5≥$q_{1.6}$>1.0	1.0≥$q_{1.7}$>0.5	$q_{1.8}$≤0.5
	转换后 $\varphi_{1.ia}$（m²/m）=δ（m）	3.861186452×10^{-4} ≥$\varphi_{1.1a}$> 3.378538146×10^{-4}	3.378538146×10^{-4} ≥$\varphi_{1.2a}$> 2.895889839×10^{-4}	2.895889839×10^{-4} ≥$\varphi_{1.3a}$> 2.413241533×10^{-4}	2.413241533×10^{-4} ≥$\varphi_{1.4a}$> 1.930593226×10^{-4}	1.930593226×10^{-4} ≥$\varphi_{1.5a}$> 1.44794492×10^{-4}	1.44794492×10^{-4} ≥$\varphi_{1.6a}$> 9.652966131×10^{-5}	9.652966131×10^{-5} ≥$\varphi_{1.7a}$> 4.826483065×10^{-5}	$\varphi_{1.8a}$≤ 4.826483065×10^{-5}
μ=0.65	$q_{1.i}$[m³/(m·h)]	4≥$q_{1.1}$>3.5	3.5≥$q_{1.2}$>3.0	3.0≥$q_{1.3}$>2.5	2.5≥$q_{1.4}$>2.0	2.0≥$q_{1.5}$>1.5	1.5≥$q_{1.6}$>1.0	1.0≥$q_{2.7}$>0.5	$q_{1.8}$≤0.5
	转换后 $\varphi_{1.ib}$（m²/m=δ（m）	2.613726214×10^{-4} ≥$\varphi_{1.1b}$> 2.287010437×10^{-4}	2.287010437×10^{-4} ≥$\varphi_{1.2b}$> 1.96029466×10^{-4}	1.96029466×10^{-4} ≥$\varphi_{1.3b}$> 1.633578884×10^{-4}	1.633578884×10^{-4} ≥$\varphi_{1.4b}$> 1.306863107×10^{-5}	1.306863107×10^{-4} ≥$\varphi_{1.5b}$> 9.801473302×10^{-4}	9.801473302×10^{-4} ≥$\varphi_{1.6b}$> 6.534315535×10^{-5}	6.534315535×10^{-5} ≥$\varphi_{1.7b}$> 3.267157767×10^{-5}	$\varphi_{1.8b}$≤ 3.267157767×10^{-5}

表 7　GB/T 7107-2002 建筑外门、窗气密性能标准转换结果

Table 7　The conversion results of airtight performance of building exterior doors & windows based on the GB/T 7107-2002

μ值	分级	1	2	3	4	5
μ=0.44	$q_{1.i}$[m³/(m·h)]	6.0≥$q_{1.1}$>4.0	4.0≥$q_{1.2}$>2.5	2.5≥$q_{1.3}$>1.5	1.5≥$q_{1.4}$>0.5	$q_{1.5}$≤0.5
	转换后 $\varphi_{1.ia}$（m²/m）=δ（m）	5.791779678×10^{-4} ≥$\varphi_{1.1a}$> 3.861186452×10^{-4}	3.861186452×10^{-4} ≥$\varphi_{1.2a}$> 2.413241533×10^{-4}	2.413241533×10^{-4} ≥$\varphi_{1.3a}$> 1.44794492×10^{-4}	1.44794492×10^{-4} ≥$\varphi_{1.4a}$> 4.826483065×10^{-5}	$\varphi_{1.5a}$≤ 4.826483065×10^{-5}
μ=0.65	$q_{1.i}$[m³/(m·h)]	6≥$q_{1.1}$>4	4≥$q_{1.2}$>2.5	2.5≥$q_{1.3}$>1.5	1.5≥$q_{2.4}$>0.5	$q_{1.5}$≤0.5
	转换后 $\varphi_{1.ib}$（m²/m）=δ（m）	3.920589321×10^{-4} ≥$\varphi_{1.1b}$> 2.613726214×10^{-4}	2.613726214×10^{-4} ≥$\varphi_{1.1b}$> 1.633578884×10^{-4}	1.633578884×10^{-4} ≥$\varphi_{1.3b}$> 9.801473302×10^{-5}	9.801473302×10^{-5} ≥$\varphi_{1.4b}$> 3.267157767×10^{-5}	$\varphi_{1.5b}$≤ 3.267157767×10^{-5}

注：表 6、表 7 即 GB/T 7106-2008 和 GB/T 7107-2002 两个标准均对外门、窗气密性分级，采用单位缝长渗透风量指标值 q_1［m³/(m·h)］转换；因为根据论证，只有单位缝长渗透量指标 q_1 的表述才具有真实性和唯一性。

表 8 GB/T 7107-1986 建筑外窗、气密性能标准转换结果

Table 8 The conversion results of airtight performance of building exterior doors & windows based on the GB/T 7107-1986

μ 值	分级	I	II	III	IV	V
	Q_0 [q_1[m³/(m·h)]]	0.5	1.5	2.5	4.0	6.0
取 μ=0.44	转换后 $\varphi_{1.ia}$（m²/m）=δ（m）	4.826483065×10^{-5}	1.44794492×10^{-4}	2.413241533×10^{-4}	3.861186452×10^{-4}	5.791779678×10^{-4}
取 μ=0.65	转换后 $\Phi_{1.i}$(m²/m)=δ（m）	3.267157767×10^{-5}	9.801473302×10^{-5}	1.633578884×10^{-4}	2.613726214×10^{-4}	3.920589321×10^{-4}

表 9 GB/T 15225 建筑幕墙空气渗透性能标准转换结果

Table 9 The conversion results of air permeability of building curtain walls based on the GB/T 15225

μ 值	性能		转换前后计量单位	分级 I	II	III	IV	V
取 μ=0.44	空气渗透性	可开部分	转换前 [m³/(m·h)]（10Pa）	≤0.5	>0.5 ≤1.5	>1.5 ≤2.5	>2.5 ≤4.0	>4.0 ≤6.0
			转换后 $\varphi_{1.i}$ [(m²/m)=δ(m)]	≤4.826483065×10^{-5}	>4.826483065×10^{-5} ≤1.44794492×10^{-4}	>1.44794492×10^{-4} ≤2.413241533×10^{-4}	>2.413241533×10^{-4} ≤3.861186452×10^{-4}	>3.861186452×10^{-4} ≤5.791779678×10^{-4}
		固定部分	转换前 [m³/(m·h)]（10Pa）	≤0.01	>0.01 ≤0.05	>0.05 ≤0.10	>0.10 ≤0.20	>0.20 ≤0.50
			转换后 $\varphi_{1.i}$ [(m²/m)=δ(m)]	9.652966131×10^{-7}	>9.65296613×10^{-7} ≤4.826483065×10^{-6}	>4.826483065×10^{-6} ≤9.652966131×10^{-6}	>9.652966131×10^{-6} ≤1.930593226×10^{-5}	>1.930593226×10^{-5} ≤4.826483065×10^{-5}
取 μ=0.65	空气渗透性	可开部分	转换前 [m³/(m·h)]（10Pa）	≤0.5	>0.5 ≤1.5	>1.5 ≤2.5	>2.5 ≤4.0	>4.0 ≤6.0
			转换后 $\varphi_{1.i}$ (m²/m)=δ(m)	≤3.267157767×10^{-5}	>3.267157767×10^{-5} ≤9.801473302×10^{-5}	>9.501473302×10^{-4} ≤1.633578884×10^{-4}	>1.633578884×10^{-4} ≤2.613726214×10^{-4}	>2.613726214×10^{-4} ≤3.920589321×10^{-4}
		固定部分	转换前 [m³/(m·h)]（10Pa）	≤0.01	>0.01 ≤0.05	>0.05 ≤0.10	>0.10 ≤0.20	>0.20 ≤0.50
			转换后 $\varphi_{1.i}$ (m²/m)=δ(m)	≤6.534315535×10^{-7}	>6.534315535×10^{-7} ≤3.267157767×10^{-6}	>3.267157767×10^{-6} ≤6.534315535×10^{-6}	>6.534315535×10^{-6} ≤1.306863107×10^{-5}	>1.30683107×10^{-5} ≤3.267157767×10^{-5}

2 计算范例

有一幢夏热冬冷地区成都市的居住建筑，层数为 9 层，外窗为 $B\times H$=1.3（m）×1.26（m）的推拉窗，根据四川省工程建设地方标准 DB 5/5027-2012，《四川省居住建筑节能设计标准》DB5/5027-2012 第 4.2.4 条规定，不低于 GB/T 7106-2008 的第 6 级。当室内外压力差为 20Pa 室外温度为 20℃时的空气渗透量。（按标准大气压下的数据计算不于修正）。

（1）根据计算模型式（10）取 μ=0.44

1）$\Delta L=0.44\cdot L\cdot\varphi_{1.6}\left[\left(\frac{2}{\rho}\right)\Delta P\right]^{0.6675}\times3600$

2）查表 6 GB/T 7106-2008 第 6 级取 μ=0.44 转换后的 $\varphi_{1.6}=1.44794492\times10^{-4}$(m)=$\delta$（m）

取 μ=0.65 转换后的 $\varphi_{1.6b}=9.801473302\times10^{-5}$

3）查空气 20℃，ρ=1.20kg/m³

4）已知压力差ΔP=20Pa

5）外窗总缝长 L=（$2B$+$3H$）=（2×1.3+3×1.26）=2.6+3.78=6.38（m）

6）将已知数据代入上式得：

$$\Delta L=0.44\times6.38\times1.44794492\times10^{-4}\left[\left(\frac{2}{1.20}\right)\times20\right]^{0.6675}\times3600=15.20\ (\mathrm{m^3/h})$$

（2）根据计算模型式（11）取μ=0.65

$$\Delta L=0.65\times6.38\times9.801473302\times10^{-5}\left[\left(\frac{2}{1.20}\right)\times20\right]^{0.6675}\times3600=15.20\mathrm{m^3/h}$$

请注意：无论取μ=0.65 或取μ=0.44 对同一樘外门窗计算得到的空气渗透量ΔL是一样的。原因在于 μ 下降 $\frac{0.44}{0.65}=67.69\%$，则 $\Phi_{1.i}$ 升高 $\frac{\varphi_{1.ia}}{\varphi_{1.ib}}=\frac{1.447944792\times10^{-4}}{9.801473302\times10^{-5}}=147.73\%$，二者的乘积为 1 之故。

参考文献：

[1] GB/T 7107-2002,建筑外窗气密性能分级及检测方法[S].

[2] GB/T 7106-2008,建筑外门窗气密、水密、抗风压性能分级及检测方法[S].

[3] GB/T 7107-1986,建筑外窗空气渗透性能分级及检测方法[S].

[4] GB/T 15225-94,建筑幕墙物理性能分级[S].

[5] GB50189-2005,公共建筑节能设计标准[S].

[6] JGJ 26-2010,严寒和寒冷地区居住建筑节能设计标准[S].

[7] JGJ 134-2010,夏热冬冷地区居住建筑节能设计标准[S].

[8] GB50189-93,旅游旅馆建筑热工与空气调节设计标准[S].

[9] DB51/5027-2012 代替 DB51/5027-2008,四川省居住建筑节能设计标准[S].

[10] DB51/5027-2002,四川省夏热冬冷地区居住建筑节能设计标准[S].

（影印自《制冷与空调》2014 年第 28 卷第 4 期 415－421 页）

高层建筑防火排烟研究(1)：压差法与流速法不宜用于高层建筑加压送风量计算

中国建筑西南设计研究院有限公司 刘朝贤☆

摘要 从流体力学角度对压差法与流速法用于高层建筑加压送风量计算所存在的问题进行了分析，认为压差法与流速法不适用于高层建筑加压送风量计算。

关键词 高层建筑 加压送风 压差法 流速法 气流连续性方程 可靠性

High rise building smoke control and extraction (1): Discussion about unsuitable usage of differential pressure method and flow rate method for calculation of pressurized supply air volume for high rise buildings

By Liu Chaoxian★

Abstract Analyses the existing problems when the differential pressure method and flow difference method are used in calculating the pressurized supply air volume for high rise buildings from the view point of hydrodynamic. Concludes that the two methods are not suitable for the calculation of pressurized supply air volume for high rise buildings.

Keywords high rise building, pressurization air supply, differential pressure method, flow rate method, continuous equation for air flow, reliability

★ China Southwest Architectural Design and Research Institute Co., Ltd., Chengdu, China

在高层建筑加压送风量计算时，通常会用到压差法与流速法。压差法与流速法由来已久，其应用在国内外现行规范、教材及相关文献中均可见到，本文主要从流体力学角度，对压差法与流速法用于高层建筑加压送风量计算存在的问题进行分析。不当之处，欢迎批评指正。

1 压差法

1.1 适用条件

压差法是指在关门时保持门缝两侧一定压差时漏风量的计算方法，即

$$L_y = 0.827A\Delta p^{\frac{1}{2}} \qquad (1)$$

式中 L_y 为漏风量，m^3/s；0.827 为漏风系数；A 为总有效漏风面积，m^2；Δp 为压差，Pa。

式(1)摘自 GB 50045—1995《高层民用建筑设计防火规范》(2005 年版)[1](以下简称《高规》)，在 GB 50016—2006《建筑设计防火规范》[2]及文献[3-19]中均有引用。

根据式(1)中漏风量、门缝面积和压差 3 个参数之间的关系，从流体力学理论可以得到压差法的应用条件：

1) 漏风量 L_y 是门缝面积 A 两侧压差 Δp 时的空气泄漏量；

2) 压差 Δp 是空气泄漏量 L_y 在门缝面积 A 上的压降；

3) 门缝面积 A 是门两侧压差为 Δp 时的空气泄漏量 L_y 必要的门缝流通面积。

参数之间符合以上条件，计算漏风量时才能称

☆ 刘朝贤，男，1934 年 1 月生，大学，教授级高级工程师，硕士生导师，享受国务院政府特殊津贴专家
610081 成都市星辉西路 8 号
(028) 83223943
E-mail: wybeiLiu@163.com

收稿日期：2015-06-30

作“压差法”计算。

1.2 应用压差法物理模型的分析

因为压差法的数学模型源于工程实际应用中的物埋模型，按压差法的数学模型倒推，寻找出满足数学模型的物理模型，可从物理模型中直观了解参数之间的关系，破解数学模型的应用范围。

按推理物理模型有两个，一个是狭义的，一个是广义的。狭义物理模型是指气流由正压间单个或可看作并联关系的多个门缝直接通向室外无限空间（没有背压）的气流模型；广义物理模型是指气流由正压间单个或可看作并联关系的多个门缝通向服务间（有限空间）会产生背压的气流模型，之所以叫广义是因为这种情况比较普遍，狭义只是广义的特例（即服务间的出口面积 F_{xz} 变为无穷大时的情况）。详见图 1。

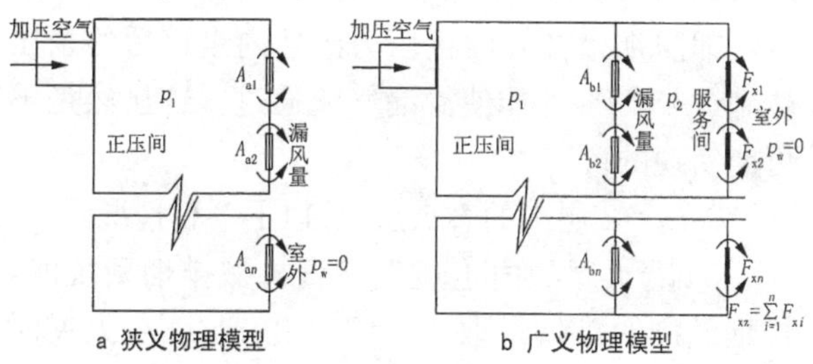

a 狭义物理模型　　b 广义物理模型

图 1　压差法的物理模型

由图 1 物理模型可以看出：

1）图 1a 中的气流由正压间的单个门缝 A_{ai}（或并联的多个门缝 $A_{az}=\sum_{i=1}^{n}A_{ai}$）直接流至室外，$p_w=0$，属于直接排泄型。其总压降 $\Delta p_z=p_1-p_w=p_1$，其中 Δp_z 是气流 L_{yai}（或 L_{yaz}）在缝隙面积 A_{ai}（或 A_{az}）上的压降。

2）图 1b 中的气流由正压间的单个门缝 A_{bi}（或并联的多个门缝 $A_{bz}=\sum_{i=1}^{n}A_{bi}$）流入服务间后间接流至室外，属间接排泄型，气流 L_{ybi}（或 L_{ybz}）的压降 $\Delta p_b=p_1-p_2$，因为 p_2 为服务间的背压，p_2 只是总压降 p_z 的一部分，$p_2<p_z$，且 $p_2>p_w$，气流 L_{ybi} 或（L_{ybz}）通过门缝 A_{bi}（或 $A_{bz}=\sum_{i=1}^{n}A_{bi}$）的压降 $\Delta p_b=p_1-p_2$。

这里要特别指出的是，图 1b 的气流由正压间经过单个门缝 A_{bi}（或多个并联关系的门缝 $A_{bz}=\sum_{i=1}^{n}A_{bi}$）流到服务间后，还要经服务间的门缝（或门洞）才能流至室外，是否属于串联气流流动？因为气流到达服务间不可能终止，气流会连续流动直至室外无限空间。从整体来说属于串联气流，但研究或讨论的只是气流从正压间流经指定的门缝 A_{bi}（或 A_{bz}）到达服务间这个区间（这一小段）的空气泄漏过程，不涉及、也没研究整个气流流路上的流动。正压间门缝面积 A_{bi}（或 A_{bz}）已知，气流通过该门缝面积上的压降 Δp_b 已知，完全符合流体力学应用压差法计算式（式（1））计算空气泄漏量 L_{ybi} 或（L_{ybz}）的条件要求。气流往后如何流动不属压差法讨论的范畴。

由此可见，从压差法的物理模型可以看出，“广义”或“狭义”两种单个门缝或并联关系的多个门缝的气流流动都不包含气流的串联流动。

3）压差法对串联气流流动计算不适用。假设正压间压差 $\Delta p_z=40$ Pa，串联两道门缝，第一道门缝面积 $A_{2.1}=A$，第二道门缝面积 $A_{2.2}=(1/4)A$，这时空气泄漏量 L_{y2} 如何计算？由此就能发现压差法计算式（式（1））中的门缝面积 A 及相应的压差 Δp 难以取值：

① 如果取第一道门缝的面积为 $A_{2.1}$，空气泄漏量 L_{y2} 在门缝面积 $A_{2.2}=(1/4)A$ 上的压降 $\Delta p_{2.2}$ 如何确定？压差法无法解决。

② 如果取总压降 $\Delta p_z=40$ Pa，这时总压降 Δp_z 对应的门缝面积 A 如何确定？压差法也无能为力。因为这里如果不应用串联气流流动规律是无法解决的，而压差法计算式未考虑这个问题，但高层建筑加压送风系统的气流流路中绝大多数都属串联气流，因此压差法并不适宜用于计算高层建筑加压送风量。

2 流速法[1-19]

2.1 流速法简介

流速法在文献中又称“门洞风速法”，其计算数学模型为

$$L_v=Fv \tag{2}$$

式中　L_v 为通过门洞的风量，m^3/s；F 为门洞的流通面积，m^2；v 为通过门洞的平均风速，m/s。

如果将流速法计算式用于高层建筑的加压送风量计算，需要进行分析。因为高层建筑流速法的计算模型为

$$L'_v=nFv \tag{3}$$

式中　L'_v 为加压送风量；n 为同时开启门的数量。

式(3)与式(2)有本质区别。式(2)中的门洞风速 v 可以测得,而式(3)中的气流速度 v 是加压送风系统中的气流,与同时开启防火门层数 n 无关,是假想的。气流流路是否通畅的前提条件没有交代,气流(Fv 乘积)是否能流通,不得而知。

2.2 对流速法的分析

式(3)可理解为计算通过 n 路面积为 F、流速为 v 的气流。空气可视为由大量质点组成的连续介质。所谓气流是一种连续的空气流动,起点是正压间,终点是室外无限空间,这种连续流动的气流必须由一条完整的气流通路来保证。从宏观角度观察,气流是充满整个流道的,是可用连续性方程描述的介质流动,气流在任一截面上的质量流量恒定,当气体温度不变时,在加压送风压力范围内,可视为其密度 ρ 不变,这时气流在任一截面上的体积流量恒定。

以防烟楼梯间加压前室不送风防烟方案为例,受篇幅所限,此处不讨论最佳加压部位的选择问题。仅仅 n 层楼梯间与前室之间的防火门 M_2 和前室与内走道之间的防火门 M_1 开启,只能说明 n 层从防烟楼梯间至内走道这一段空间是通畅的,并没有构成 n 路能使数值等于 Fv 的气流流至室外的气流通路,因为内走道不是无限空间,气流必须从内走道两边每个关闭的房间门缝 A_{zfg} 进入房间,再由房间外窗缝 A_{zfcg}(个别房间还有外门缝)才能流到室外。冬季供暖、夏季空调的房间,外门窗都处于关闭状态。

由于建筑节能的需要,标准规范对各类建筑外门、窗气密性标准都有严格的规定,以 2005 年修建的旅馆建筑为例,执行 GB/T 7107—2002 气密性等级第 4 级。取流量系数 $\mu=0.44$,经等效折算后的外门窗缝隙宽度 $\delta \leqslant 1.45\times10^{-4}$ m。

对尺寸为 1.5 m×1.5 m 的外窗,其缝隙面积 $A_{zfcg}=0.001\ 45\ \text{m}^2$。

房间门尺寸一般为 0.8 m×2.0 m,关闭时其缝隙面积 $A_{zfg}=0.016\ 8\ \text{m}^2$。

房间门缝与外窗缝串联后的当量流通面积 A_{dfci} 为

$$A_{dfci}=\left[\frac{1}{(0.001\ 45\ \text{m}^2)^2}+\frac{1}{(0.016\ 8\ \text{m}^2)^2}\right]^{-\frac{1}{2}}$$
$$=1.444\ 629\ 221\times10^{-3}\ \text{m}^2$$

假设内走道上有 20 个相同房间,气流从内走道流至室外的当量流通面积之和 $A_{dfcZ}=\sum_{i=1}^{n}A_{dfci}=1.444\ 629\ 221\times10^{-3}\ \text{m}^2\times20=0.028\ 892\ 584\ \text{m}^2$,门窗渗漏气流($nFv$)是难以通过的。假设系统负担层数 $N=19$ 层,取 $n=2$ 层,两个防火门 M_1,M_2 规格相同,$F_{m1}=F_{m2}=1.0\ \text{m}\times2.0\ \text{m}=2.0\ \text{m}^2$。

1) $n=2$ 层中的非着火层的流量 $L_{非}=F_{m1}v=2.0\ \text{m}^2\times0.7\ \text{m/s}$①$=1.4\ \text{m}^3/\text{s}$。

1.4 m^3/s 的风量通过面积为 0.028 892 584 m^2 的缝隙流到室外,根据气流连续性方程和体积流量恒定的原则,其流速为 48.455 339 95 m/s ($v_{dfcZ}=L_{非}/A_{dfcZ}=1.4\ \text{m}^3/\text{s}\div0.028\ 892\ 584\ \text{m}^2=48.455\ 339\ 95\ \text{m/s}$),根据式(1),气流通过当量流通面积 A_{dfcZ} 上的压降 $\Delta p=3\ 433$ Pa。

即防烟楼梯间的正压力到达内走道后的余压达到 3 433 Pa 才能使渗漏气流通过。这显然是不可能实现的。

2) $n=2$ 层中的着火层,分以下 3 种情况:

① 着火层的内走道上设置机械排烟系统时,排烟风机的排烟量取 $L_p=7\ 200\ \text{m}^3/\text{h}$[1],火灾时一般只开启着火层内走道上的排烟口,其余各层排烟口都处于关闭状态[13]。设其关闭风口的总漏风量为 $L_{漏}$,这时着火房间窜入内走道的烟气量恰好为 $L_p-L_{漏}$,即余下的烟气量 $L_{余烟}=L_p-L_{漏}$,因此排烟风机从着火层排烟口排走的烟气量加上从前室防火门 M_1 进入内走道的加压空气量 L($L=F_{m1}v$),都要从内走道上除着火房间外的其余 19 个房间并联后的门缝面积 A_{zfg}($A_{zfg}=0.016\ 8\ \text{m}^2$)与外窗缝面积 A_{zfcg}($A_{zfcg}=0.001\ 45\ \text{m}^2$)串联所构成的当量流通面积($\sum_{i=1}^{19}A_{dfci}=1.444\ 629\ 221\times10^{-3}\ \text{m}^2\times19=0.027\ 447\ 955\ 2\ \text{m}^2$)流到室外。风量($F_{m1}v+L_{余烟}$)比通过式(1)计算的风量更大,通过这一气流通路流通面积 $\sum_{i=1}^{19}A_{dfci}$ 却比通过式(1)计算的更小,因此,通过这一通路面积上的流速更大,气流从内走道至室外通路上的压力降比根据式(1)计算的 3 433 Pa 更大,更不可能实现。

② 当着火层内走道长度小于 20 m 时,按《高

① 《高规》规定,开门时门洞风速为 0.7~1.2 m/s。

规》第8.1.3条和8.4.1条规定不设置排烟设施，这时进入内走道的空气有从着火房间窜入的烟气量$L_{烟}$(7 200 m³/h=2 m³/s)和从前室防火门M_1进入的加压空气量$L_{m1}-0.7$ m/s×2 m² =1.4 m³/s，从内走道至室外的当量流通面积$A_{dfcZ}=\sum_{i=1}^{19}A_{dfci}=0.027\ 447\ 955\ 2$ m²。根据连续性方程，气流通过A_{dfcZ}的流速$v_{dfcZ}=\frac{L_{余烟}+1.4}{A_{dfcZ}}$，其中，$L_{余烟}=2-L_{漏}$；$L_{漏}$为关闭排烟口漏风量。

因风量($2-L_{漏}+1.4$)比根据式(1)计算的1.4 m³/s大，当量流通面积A_{dfcz}比式(1)计算的0.028 892 584 m²更小，其流速更大，相应的压降更大，更不可能实现。

③ 内走道采用外窗自然排烟，自然排烟防烟受自然条件限制，是不可靠的，当外窗处于迎风面时，烟气排不出去，只能向楼梯间扩散，疏散通道就成为死亡通道。

2.3 小结

1）流速法违背连续性方程基本原则，只考虑防火门M_1，M_2同时开启，气流流路只到达内走道，门窗漏风(nFv)是不可能连续流动的，原因在于气流从内走道到达室外的当量流通面积太小，存在气流瓶颈。

2）流速法计算的漏风量只是一种假想的、实际不存在的气流，只有当内走道本身就是室外无限空间、背压系数为1才有可能实现。因此，流速法是不能用于高层建筑加压送风量计算的。

3 结语

3.1 《高规》对压差法和流速法以及对流速法理论计算模型3个阶段的修正与调整都是以“实测数据”为基准来判定其正确与否的，“实测数据”又由谁来判定呢？

有些问题的理论计算模型采用实测数据来验证，是一种有效手段，也是可行的。可是高层建筑加压送风系统计算模型要用实测法去验证是难以办到的。因为实测数据存在很多不确定因素和变数。

1）实验塔楼的设计和施工方面的问题。

实验塔楼的安全出口只有一个，不符合《高规》第6.1.1条安全出口不应少于两个的规定。安全疏散规律会发生变化。

防烟楼梯间底层外门的净宽不符合《高规》第6.1.9条表6.1.9的规定：“首层疏散外门的净宽按旅馆建筑不应小于1.20 m”。而实际只有1.044 m，会影响疏散规律。

实验塔楼各层房间的外门、外窗的气密性较差，既影响起火房间压力，又影响烟气泄漏量，影响测试数据的真实性（塔楼1994年建成，当时设计依据的外门窗气密性标准比GB/T 7106—2008《建筑外门窗气密、水密、抗风区性能分级及检测方法》低得多）。

2）火灾的发展和人员的疏散过程是动态的，实测时难以模拟。

火灾时，逃生人员从房间经内走道、合用前室向防烟楼梯间疏散，不断地将防火门推开，防火门M_2，M_1同时开启的层数为n，研究表明[16]，n是个概率值，其内涵可用3个参数描述：一是水平方向的防火门M_2与M_1同时开启的层数N_2（即规范中的n）；二是M_1垂直方向上、下对应的M_1同时开启的层数N_{1-1}；三是M_2垂直方向上、下对应的M_2同时开启的层数$N_{1.2}$。N_2，$N_{1.1}$，$N_{1.2}$与每层的疏散人数、系统负担层数、每疏散1个人或防火门开关一次所耗的时间τ_p、允许疏散时间（300～420 s）以及安全保证率的大小（一般≥99%）有关[16]。因为实测数据时，难以形成真实的火灾时同时开启防火门层数N_2，$N_{1.1}$，$N_{1.2}$的动态条件，因此，“实测数据”也是不真实的。

测试时，模拟防火门M_1或M_2的启闭，假设将防火门开度从0°推到70°的时间为τ_1，防火门开度从70°到0°关闭的时间为τ_2，如果防火门在70°停顿的时间为0 s，则防火门开关一次的时间为$\tau=\tau_1+\tau_2$。这里存在3种情况：$\tau_1=\tau_2$，$\tau_1>\tau_2$和$\tau_1<\tau_2$，3种情况下防火门加权平均开度或面积是不同的，实体火灾实测时，难以模拟火灾时的真实情形。

“高层建筑楼梯间正压送风机械排烟技术研究”[①]“高层建筑疏散通道正压送风量计算方法研究”[②]中指出，实体火灾试验实测时“2#防火门是双扇”，试验时，人站在防火门中间左右手同时各推一

① “八五”国家科技攻关技术专题，1991年10月至1995年10月完成，课题负责人为李章盛、王谓云。1995年8月11日通过成果鉴定，鉴定会组长为张永胜，副组长为刘朝贤。

② “九五”至“十五”公安部消防攻关课题，2000年1月至2001年12月完成，主要研究人员为胡夷日，2005年12月8日通过成果鉴定，专家组组长为张学楷，专家有刘朝贤等10人。

扇门按要求来回开与关。这与火灾时逃生人员那种十万火急心态，会以最快的速度只推开一扇防火门而迅速逃离的情景是不一样的，等等。

因此，实测时的条件既难以实现火灾过程中那些动态条件，早年建成的火灾实验塔楼也不可能与时俱进达到现在门窗气密性标准的状态。将压差法和流速法计算结果与实测数据比较就没有意义。

3.2 压差法和流速法不宜用于高层建筑加压送风量计算的根本原因，不是理论计算与实测值不符的数值问题，而是理论计算不符合气流流动的基本规律。

参考文献：

[1] 中华人民共和国公安部. GB 50045—1995 高层民用建筑设计防火规范[S]. 2005年版. 北京：中国计划出版社，2005

[2] 公安部天津消防研究所: GB 50016—2006 建筑设计防火规范[S]. 北京：中国计划出版社，2006

[3] 赵国凌. 防排烟工程[M]. 天津：天津科技翻译出版公司，1991：179

[4] 公安部上海消防研究所，上海市消防局. DGJ 08-88—2000 建筑防排烟技术规程[S]. 2006年版. 上海：上海市工程建设标准化办公室，2006

[5] 蒋永琨. 高层建筑消防设计手册[M]. 上海：同济大学出版社，1995

[6] 蒋永琨. 高层建筑防火设计手册[M]. 北京：中国建筑工业出版社，2000

[7] 中国建筑科学研究院，中国建筑业协会建筑节能委员会. GB 50189—2005 公共建筑节能设计标准[S]. 北京：中国建筑工业出版社，2005

[8] 中国建筑科学研究院，重庆大学. JGJ 134—2010，J 116—2001 夏热冬冷地区居住建筑节能设计标准[S]. 北京：中国建筑工业出版社，2010

[9] 公安部天津消防科学研究所. GA 93—2004 防火门闭门器[S]. 北京：中国标准出版社，2004

[10] 中国建筑科学研究院. GB/T 7106—2008 建筑外门窗气密、水密、抗风压性能分级及检测方法[S]. 北京：中国标准出版社，2008

[11] 公安部天津消防科学研究所. GB 15930—2007 建筑通风和排烟系统用防火阀门[S]. 北京：中国标准出版社，2007

[12] 中国建筑科学研究院建筑物理研究所. GB/T 15225—1994 建筑幕墙物理性能分级[S]. 北京：中国标准出版社，1995

[13] 刘朝贤. 多叶排烟口/多叶加压送风口气密性标准如何应用的探讨[J]. 暖通空调，2011，41(11)：86-91

[14] 刘朝贤. 加压送风系统关闭风口漏风量计算的方法[J]. 暖通空调，2012，42(4)：35-46

[15] 刘朝贤. "当量流通面积"流量分配法在加压送风量计算中的应用[J]. 暖通空调，2009，39(8)：102-108

[16] 刘朝贤. 对加压送风防烟中同时开启门数量的理解与分析[J]. 暖通空调，2008，38(2)：70-74

[17] 刘朝贤. 对自然排烟防烟"自然条件"的可靠性分析[J]. 暖通空调，2008，38(10)：53-61

[18] 刘朝贤. 对《建筑设计防火规范》流速法计算模型的理解与分析[C]//2013年第15届西南地区暖通热能动力及空调制冷学术年会论文集，2013：40-47

[19] 刘朝贤. 建筑物外窗气密性能标准如何应用的研究[J]. 制冷与空调，2014，28(4)：415-421

（影印自《暖通空调》2015年第45卷第9期16-20页，略有修改）

高层建筑防排烟研究(2):对高层建筑加压送风系统划分的研究

中国建筑西南设计研究院有限公司　刘朝贤☆

摘要　对高层民用建筑防排烟的加压部位进行了优选，确定前室或合用前室为最佳加压部位。对机械加压送风防烟设施与自然排烟防烟设施进行了甄选，认为应淘汰自然排烟防烟设施，采用机械加压送风防烟设施。建议由最佳加压部位(即前室或合用前室)和机械加压送风防烟设施组成只向前室或合用前室加压的机械加压送风防烟系统。

关键词　系统划分　加压部位　前室　合用前室　机械加压送风防烟设施　自然排烟防烟设施　高层建筑　防排烟

High rise building smoke control and extraction (2): Study on division of high rise building pressurization air supply systems

By Liu Chaoxian★

Abstract　Determines that the antechamber or common antechamber should be taken as the best pressurization part in high rise building smoke control and extraction through optimization. Compares the mechanical pressurization smoke prevention facility and the natural smoke extraction and prevention facility, and considers that the former is better. With the best pressurization part—antechamber or common antechamber, and the mechanical pressurization smoke prevention facility, forms a mechanical pressurization smoke prevention system which only pressurizes the antechamber or common antechamber.

Keywords　system division, pressurization part, antechamber, common antechamber, mechanical pressurization smoke prevention facility, natural smoke extraction and prevention facility, high rise building, smoke control and extraction

★ China Southwest Architectural Design and Research Institute Co., Ltd., Chengdu, China

0　引言

高层建筑加压送风系统的划分主要涉及以下两大问题:一是加压部位的选择,二是对机械加压送风防烟设施和自然排烟防烟设施的甄选。

对于防烟设施,GB 50045—95《高层民用建筑设计防火规范》[1](以下简称《高规》)第 8.1.1 条将机械加压送风防烟设施和自然排烟防烟设施并列,经排列组合划分为 4 种组合防烟方案,即表 8.3.2-1～4 给出的方案。执行至今已 19 年多,从未改变。效果如何? 不得而知。据公安部统计:2001—2005 年,全国共发生火灾 120 万起,造成 12 268 人死亡,15 757 人受伤。又有资料表明:在所有死亡的人中,约有 3/4 的人系吸入有毒有害烟气后直接导致死亡的。说明防烟楼梯间这条“生命通道”上存在的问题依然严峻,值得重视。防烟系统划分属战略问题,比最佳参数确定更重要。本文从系统划分方面进行研究,不当之处,欢迎批评指正。

1　加压部位的选择问题

1.1　《高规》选择加压部位的依据

哪里有需求就往哪里加压。在《高规》第8.1.1 条和 8.1.2 条的条文说明中举出了 3 个机械加压送风的应用场合:“机械加压送风。此方式是通过通风机所产生的气体流动和压力差来控制烟气的流动,即要求烟气不侵入的地区增加该地区的压

☆ 刘朝贤,男,1934 年 1 月生,大学,教授级高级工程师,硕士生导师,享受国务院政府特殊津贴专家
610081　成都市星辉西路 8 号
(028) 83223943
E-mail:wybeiliu@163.com

收稿日期:2015-06-30
修回日期:2015-08-24

力。机械加压送风方式早在第二次世界大战时期已出现，一些国家曾经利用它来防止敌人投放的化学毒气和细菌侵入军事防御作战部门的要害房间。在和平时期，又有人利用它在工厂里制造洁净车间，在医院里制造无菌手术室等，都取得明显的效果。”

根据以上3个应用场合，《高规》得出了以下结论：防烟楼梯间是火灾时唯一的垂直疏散通道，为了确保安全疏散，必须要保证防烟楼梯间无烟。很自然，应向防烟楼梯间加压。

1.2 解读与分析

1.2.1 解读

3个应用场合的共性：

1）战斗指挥中心要求不受敌人毒气和细菌的侵害；洁净室要求不受室外尘粒的危害；手术室要求对病人手术时不受空气中有害病菌的感染。

2）3个案例都处在污染物的包围之中，指挥中心处在敌人的毒气和细菌的包围之中；洁净室处在室外尘粒的包围之中；手术室的病人处在手术室外有害病菌的包围之中。

3）3个案例中所有被保护的人员都处在相对静止的室内，人员都不会频繁出入，加压空间的密闭性好。

从以上3个共性确定3个案例哪里有诉求就向哪里加压，是唯一选择，也是最佳选择，取得很好的效果是预料之中的。

1.2.2 分析

将以上3个案例的模式原封不动地搬到高层建筑加压送风防烟系统中，“要求防烟楼梯间无烟，就向防烟楼梯间加压”，但防烟楼梯间的情况与3个案例大不相同，效果也必然会不同。

1）除了防烟楼梯间要求无烟与第一点共性相同之外，其他关键的2个条件都不相同。

2）防烟楼梯间不是处在烟气的包围之中，烟气只来自着火层的着火房间一个方向，烟气首先要从着火房间的门洞窜入内走道，经内走道与前室（或合用前室）之间关闭的防火门 M_1 才能进入前室，再经前室与防烟楼梯间之间关闭的防火门 M_2 才能进入防烟楼梯间。这是与3个案例不同的第一点。

3）防烟楼梯间是一个四通八达、气密性很差的高耸空间。

① 火灾疏散过程中，防火分区内各层的疏散人员约有半数（按每个防火分区设有2个安全出口计）要从防烟楼梯间底层直通室外的防火门 $M_{W底}$ 向室外疏散，防火门 $M_{W底}$ 被疏散人员推开的概率很高，几乎处于常开状态，大量的加压送风会从这里流失。

② 防烟楼梯间每层都有防火门 M_2 与前室（或合用前室）相通，在火灾疏散过程中，总有 n 个楼层的防火门 M_2，M_1 同时开启，气流到达内走道后，由内走道上关闭的房间（着火房间除外）门缝 A_{zfg} 和外窗缝 A_{zfcg} 流向室外。

③ 气流由 $(N-n)$ 层串联的关闭的防火门 M_2，M_1 的门缝和内走道上关闭的房间门缝 A_{zfg}、外窗缝 A_{zfcg} 流向室外。

④ 多数工程防烟楼梯间有直通屋面露台的防火门 $M_{W顶}$，气流通过该防火门泄漏。

⑤ 部分工程防烟楼梯间还有经过电梯机房的气流泄漏。

研究表明：选择向防烟楼梯间加压送风，其送风量的有效利用率很低，最低的一般只有百分之几，最高不到29%[2]。

更重要的是可靠性无法保证。比如防烟楼梯间外门采用规范推荐的标准规格双扇 1.6 m×2.0 m（或单扇 0.8 m×2.0 m）的防火门时，防烟楼梯间要求的压差 $\Delta p=40\sim50$ Pa 很难达到，因为压差达到 39.06 Pa 时防火门就会被正压力推开而泄压[3]。

由此可见：《高规》中列举的3个案例都是向一个被有害物包围且基本密封的空间加压；而防烟楼梯间不是被烟气包围，烟气只来自着火层的着火房间一个方向，而且需要经过内走道与前室之间关闭的防火门 M_1 到达前室，再经前室与防烟楼梯间之间关闭的防火门 M_2 才能进入防烟楼梯间。防烟楼梯间是一个密封性很差的空间，套用3个案例的加压模式显然是不合理的。

1.3 最佳加压部位的选择

根据前面的分析，拦截烟气的最佳部位只有前室（或合用前室）。因为前室上下为防火楼板，左右为防火墙，前后为关闭的防火门 M_1 和 M_2。

从流体力学的理论角度分析：

1）即使按《高规》的规定，向前室加压也只需 25～30 Pa 的正压（见《高规》表 8.2.3-4），而向防烟楼梯间加压，则需 40～50 Pa 的正压，前者经济性显著提高。

2）向前室加压，使抵御烟气入侵的气流通路减少了一道串联门洞（或门缝）M_2，增大了这一气流通路的当量流通面积，即减小了气流阻力，对抵御烟气入侵有利。

3）向前室加压，使防烟楼梯间底层外门 $M_{W底}$ 的无效气流通路增加了一道串联门洞（或门缝）M_2，减小了这一气流通路的当量流通面积，增大了气流阻力，减小了无效气流泄漏量。

4）向前室加压抑制了同时开启门楼层数 n 对加压送风的影响，削弱了楼梯间的热压作用。

因此，最佳加压部位是前室或合用前室。

2 防烟设施的甄选

《高规》第 8.1.1 条规定：防烟设施分机械加压送风防烟设施与可开启外窗的自然排烟防烟设施。

2.1 《高规》对自然排烟设施存在问题的描述

《高规》第 8.2.1 条条文说明中指出："由于利用可开启的外窗的自然排烟受自然条件（室外风带、风向，建筑所在地区北方或南方等）和建筑本身的密闭性或热压作用等因素的影响较大，有时使得自然排烟不但达不到排烟的目的，相反由于自然排烟系统会助长烟气的扩散，给建筑和居住人员带来更大的危害。……防烟楼梯间及其前室……是建筑着火时最重要的疏散通道，一旦采用的自然排烟方式其效果受到影响时，整个建筑的人员将受到严重威胁……"。

由此可见，自然排烟设施是不可靠的。

2.2 《高规》在条文说明中对自然排烟防烟设施极力举荐的分析

1）举荐的直接理由

《高规》第 8.2.1 条条文说明提到："在当今世界经济发达国家中，在高层建筑的防烟楼梯间仍保留着采用自然排烟的方式，其原因是认为自然排烟方式的确是一种经济、简单、易操作的排烟方式。结合我国目前的经济、技术管理水平……这种方式仍应优先尽量采用。"

《高规》是 1995 年修订的，至今已过去 20 年，我国各个方面都突飞猛进，已成为全球第二大经济体，观念应该更新。上述这些解释不可能被同仁认同，自然排烟防烟设施在可靠性这个核心问题上，连与机械加压送风防烟设施平起平坐的条件都没有，怎能优先采用？即使考虑经济、简单、易操作、管理方便等条件，在疏散人员"生命安全"的天平上也是找不到平衡点的。

2）《高规》解决矛盾的新方案

自然排烟防烟设施的可靠性问题是客观存在的，因此《高规》第 8.2.1 条限制了其应用范围："除建筑高度超过 50 m 的一类公共建筑和建筑高度超过 100 m 的居住建筑外，靠外墙的防烟楼梯间及其前室、消防电梯间前室和合用前室，宜采用自然排烟方式。"

此条除了上述目的外，还暗示"50 m 以下和 100 m 以下"存在自然排烟防烟设施的"安全区"。实际上这个安全区是不存在的。原因如下：

① 热压作用时建筑物防烟楼梯间存在一个压力为 0 Pa 的中和界，冬季只有中和界以上的压力为正，能自然排烟，中和界以下压力为负，不能自然排烟；夏季则相反。热压作用下，能否自然排烟是以中和界分界的。

② 风压单独作用时，只有背风面能自然排烟，迎风面不能自然排烟，从平面上是以通过外窗中心点的法线左右两边对称的与法线夹角 75°分界的，即风压系数 $K=0$，±75°两条线所夹的 $K>0$ 的平面为迎风面；相对应的那个面，风压系数 $K<0$，为背风面。背风面与迎风面在平面上是以风压系数 $K=0$ 分界的。

因为烟气从着火房间窜出后，经过内走道、前室冷却、掺混，温度下降，缺乏与室外风力抗衡的能力，整个建筑的迎风面，从下至上都不能自然排烟，因此也不存在 50 m 以下或 100 m 以下能自然排烟的"安全区"。

③ 当风压与热压共同作用时，如冬季既有热压又有风压时，背风面由于风压、热压的共同作用，会使防烟楼梯间的中和界位置下移，对自然排烟有利；而迎风面则由于风压、热压的共同作用，会使防烟楼梯间的中和界位置向上移，对自然排烟不利。但仍然是中和界以上才能自然排烟。夏季则相反。由此可见，《高规》第 8.2.1 条 50 m 或 100 m 以下防烟楼梯间采用自然排烟防烟的"安全区"是不存在的[4-11]。（这里将公共建筑定位为 50 m、居住建筑定位为 100 m。DGJ 08－88—2006《建筑防排烟技术规程》[12]第3.1.3条解释了对居住建筑放宽防烟要求的理由，是由于居住建筑中居民对建筑物的疏散通道比较熟悉。熟悉与不熟悉就导致高度定位相差"50 m"，没有根据。火灾疏散时都是靠疏散标识指引的，而且还存在着居住建筑中老弱妇幼较多，行动不便，动作慢；老人记忆力差，火灾时易

慌乱等因素。而公共建筑中多为身强体壮的人，动作快。这些又该如何“折算”呢？由于整个条文都不成立，怎么区分都没有意义。）

3 总结

3.1 堵截烟气入侵的最佳加压部位为前室或合用前室，而不是防烟楼梯间。

3.2 2种防烟设施甄别的结果是自然排烟防烟设施应被淘汰，应采用加压送风防烟设施，这完全符合“以人为本”的防排烟宗旨。

3.3 高层建筑加压送风防烟方案可由《高规》原有的4个变为1个，即只向前室或合用前室部位加压的机械加压送风防烟方案。

3.4 防烟和排烟是紧密相关、不可分割的一个整体，二者缺一不可。本文针对防烟设施进行了讨论，而对于排烟设施，《高规》第8.1.2条也是将自然排烟设施与机械排烟设施并列，要求前者优先采用，起了与防烟设施同样的误导作用。受篇幅所限，不在此赘述。

3.5 《高规》要求优先采用可开启外窗自然排烟防烟设施，其问题是显而易见的。一是混淆了着火房间的自然排烟与疏散通道的自然排烟的概念。着火房间高温烟气的烟囱效应在自然排烟外窗上缘有抵御室外风压的能力，烟气能从可开启外窗上排出。而疏散通道的烟气是经过冷却掺混后的烟气，其温度下降，在外窗上缘缺乏与迎面风力抗衡的能力，烟气排不出去。通常文献中提到的自然排烟都是指着火房间的自然排烟，如文献[13]图3-10-2(a)，(b)，文献[14]图13-2，文献[15]图2-16都是如此。只有《高规》、GB 50016—2006《建筑设计防火规范》[16]及《建筑防排烟技术规程》将自然排烟防烟设施设在疏散通道，甚至设在防烟楼梯间。二是思维逻辑上的矛盾。为了安全疏散，必须保证楼梯间无烟，顾名思义称其为防烟楼梯间。在本无烟气的防烟楼梯间，开设可开启外窗自然排烟，烟从何处来？这是自相矛盾的表述。

4 后记

要特别提到的是，《高规》在自然排烟章节提出的一些措施和一些图示是不可靠的[6-11,17]：

1)《高规》第8.1.1条和8.1.2条条文说明中指出：“利用建筑的阳台、凹廊或在外墙上设置便于开启的外窗或排烟窗进行无组织的自然排烟，如图17(a)～(d)”。这些图示认为烟气到达前室、阳台、凹廊就相当于到达了室外，没有考虑到火灾发生在防烟楼梯间中和界负压区时对烟气的吸引作用。

① 图17(a)，(b)中，当室外风向处于防烟楼梯间外窗的背风面、火灾发生在防烟楼梯间的中和界以下的负压区时，从内走道进入前室的烟气会由中和界以下的负压区吸入防烟楼梯间，造成防烟楼梯间有烟；风向位于迎风面时更严重。

② 图17(c)中，当火灾发生在防烟楼梯间中和界以下的负压区时，烟气从走道进入凹廊，无论是无风还是风向正对凹廊的迎风面，到达凹廊的烟气都会由中和界以下的负压区吸入防烟楼梯间。

③ 图17(d)中，当火灾发生在防烟楼梯间中和界以下的负压区时，无论是室外无风还是风向正对阳台的迎风面，到达阳台的烟气都会由中和界以下的负压区吸入防烟楼梯间。

2)《高规》第8.2.3条的条文说明指出：“……从自然排烟的烟气流动的理论分析，当前室利用敞开的阳台、凹廊或前室内有两个不同朝向有可开启的外窗时，其排烟效果受风力、风向、热压的因素影响较小，能达到排烟的目的。因此本条规定，前室如利用阳台、凹廊或前室内有不同朝向的可开启外窗自然排烟时(如图18(a)，(b))，该楼梯间可不设防烟设施。”

图18(a)，(b)都认为烟气到达有多个朝向外窗的合用前室后，烟气就可从外窗排出，但没有考虑到火灾发生在防烟楼梯间中和界以下负压区时，负压区的吸力会将已到达合用前室的烟气吸入防烟楼梯间，因此也是不安全的。

5 致谢

西南交通大学在读硕士研究生王帅、冯明旭对本文提出了不少宝贵意见，特此表示感谢。

参考文献：

[1] 中华人民共和国公安部. GB 50045—95 高层民用建筑设计防火规范[S]. 2005年版. 北京：中国计划出版社，2005

[2] 刘朝贤. 对高层建筑加压送风优化防烟方案“论据链”的分析与探讨[J]. 暖通空调，2010，40(4)：40-48

[3] 刘朝贤. 对高层建筑加压送风防烟章节几个主要问题的分析与修改意见[J]. 制冷与空调，2011，25(6)：531-540

[4] 刘朝贤. 对《建筑设计防火规范》流速法计算模型的理解与分析[C]//第十五届西南地区暖通热能动力及空调制冷学术年会论文集，2013：40-47

（下转第85页）

（上接第 67 页）

[5] 刘朝贤. 对现行国家建筑外门窗气密性指标不能采用单位面积渗透量表述的论证[J]. 制冷与空调，2014,28(4):504-507

[6] 刘朝贤. 建筑外门窗气密性标准如何应用的研究[J]. 制冷与空调,2014,28(4):415-421

[7] 刘朝贤. 对高层建筑房间自然排烟极限高度的探讨[J]. 制冷与空调,2007,21(增刊):56-60

[8] 刘朝贤. 高层建筑防烟楼梯间自然排烟可行性探讨[J]. 制冷与空调,2007,21(增刊):83-92

[9] 刘朝贤. 对《高层民用建筑设计防火规范》中自然排烟条文规定的理解与分析[J]. 制冷与空调,2008,22(6):1-6

[10] 刘朝贤. 高层建筑房间可开启外窗朝向数量对自然排烟可靠性的影响[J]. 制冷与空调,2007,21(增刊):1-4

[11] 刘朝贤. 对《高层民用建筑设计防火规范》第 8.2.3 条的解析与商榷[J]. 制冷与空调,2007,21(增刊):110-113

[12] 公安部上海消防研究所,上海市消防局. DGJ 08-88—2006 建筑防排烟技术规程[S]. 上海:上海新闻出版社,2006

[13] 郭铁男. 中国消防手册 第三卷 第三篇 建筑防火设计[M]. 上海:上海科学技术出版社,2006

[14] 蒋永琨. 高层建筑防火设计手册[M]. 北京:中国建筑工业出版社,2000

[15] 赵国凌. 防排烟工程[M]. 天津:天津科技翻译出版公司,1991

[16] 中华人民共和国公安部. GB 50016—2006 建筑设计防火规范[S]. 北京:中国计划出版社,2006

[17] 刘朝贤. 加压送风系统关闭风口漏风量计算的方法[J]. 暖通空调,2012,42(4):35-46

[18] 刘朝贤. 对加压送风防烟中同时开启门数量的理解与分析[J]. 暖通空调,2008,38(2):70-74

[19] 刘朝贤. 高层建筑加压送风防烟系统软、硬件部分可靠性分析[J]. 暖通空调,2007,37(11):74-80

[20] 刘朝贤. 对防烟楼梯间及其合用前室分别加压送风防烟方案的流体网络分析[J]. 暖通空调,2011,41(1):64-70

[21] 刘朝贤. 多叶排烟口/多叶加压送风口气密性标准如何应用的探讨[J]. 暖通空调,2011,41(11):86-91

（影印自《暖通空调》2015 年第 45 卷第 10 期 64—67，85 页）

高层建筑防排烟研究(3)：再论"当量流通面积"流量分配法在加压送风量计算中的应用

中国建筑西南设计研究院有限公司　刘朝贤☆

摘要　笔者在《"当量流通面积"流量分配法在加压送风量计算中的应用》一文中提出"当量流通面积"流量分配法在实际运用中遇到的障碍是内走道的背压问题，这也是防排烟规范中存在的主要问题。本文从理论上和谋略上解决了内走道的背压问题，推导出了各气流通路的当量流通面积及加压送风量的计算模型，并结合实例进行了计算。

关键词　加压送风　当量流通面积　流量分配法　高层建筑　防排烟　理论与谋略

High rise building smoke control and extraction (3): Re-discussion on application of flow distribution method of equivalent circulation area to calculation of pressurized air supply

By Liu Chaoxian★

Abstract　In the article *Application of flow distribution method of equivalent circulation area to calculation of pressurized air supply*, the author puts forward the back pressure problem existed in inner aisle in application of the flow distribution method of equivalent circulation area, which is also the principle problem existed in smoke control standards. This paper solves the back pressure problem of the inner aisle from the aspects of theory and strategy, derives the equivalent circulation area of different air passages and the calculation model of pressurized air supply rate, and carries out the demonstration calculation with an example.

Keywords　pressurized air supply, equivalent circulation area, flow distribution method, high rise building, smoke control and extraction, theory and strategy

★ China Southwest Architectural Design and Research Institute Co., Ltd., Chengdu, China

1　撰写本文的原因

1.1　直接原因

为节省篇幅，以《"当量流通面积"流量分配法在加压送风量计算中的应用》[1]（以下简称《初论当量法》）中的图1～3为例。建筑布局为内廊式，两边为旅馆客房，整个防火分区为直形内走道，总长46.8 m，按GB 50045—95《高层民用建筑设计防火规范》[2]（以下简称《高规》）第8.2.2.3条规定，东、西两端各设置一个尺寸为1.0 m×2.0 m的推拉窗，可开启外窗的面积不小于内走道面积的2%，即A_{zck}=1.0 m^2。按《高规》第6.1.1条规定，该防火分区在内走道东、西两端设置2个安全出口。东端采用防烟楼梯间及其合用前室组合防烟方案，西端采用防烟楼梯间及其前室组合防烟方案，即《高规》第8.3.2条中表8.3.2-1所规定的只向防烟楼梯间加压，前室不送风。受篇幅所限，只讨论这一系统。

☆ 刘朝贤，男，1934年1月生，大学，教授级高级工程师，硕士生导师，享受国务院政府特殊津贴专家
610081　成都市星辉西路8号
(028) 83223943
E-mail: wybeiliu@163.com
收稿日期：2015-06-30
修回日期：2015-09-24

系统设计完全按《高规》规定执行。但根据流体力学理论分析，着火层内走道的背压问题并未解决。

由于内走道是有限空间，从前室通过开启的防火门 M_1 流入内走道用于抵御烟气入侵的加压空气量 $L_{A_{m1k}}$ 和从着火房间门洞（其面积为 A_{zfk}）窜入内走道的烟气量 $L_{烟}$，使内走道产生背压。由于烟气量 $L_{烟}$ 与烟气温度 $t_{烟}$ 在火灾过程中都是变化的，致使 $L_{A_{m1k}}$ 也是动态变化的，无法通过数值计算来确定，更无法计算这一气流通路的当量流通面积 A_{dm1} 和通过的流量。

《初论当量法》确定了内走道采用可开启外窗进行自然排烟的“合法性”，忽略了其“合理性”，因而导致内走道的背压问题得不到解决。这是《初论当量法》中发现的问题，也是撰写本文的直接原因。因此，内走道必须采用机械排烟系统。

1.2 更深层次的原因

可分为以下 3 个方面：

1）防烟方案如何划分的问题：最佳加压部位的选择；如何对《高规》第 8.1.1 条规定的 2 种防烟设施进行甄选；《高规》第 8.2.1 条是否成立。

2）内走道排烟设施相关问题：如何对《高规》第 8.1.2 条 2 种排烟设施进行甄选。

3）加压送风量计算方法的问题：涉及压差法、流速法、综合法以及调整后的综合法能否用于加压送风量计算的问题。

自 2009 年撰写《初论当量法》至今，通过多年的论证，以上 3 个方面涉及的问题都有了结论，这是撰写本文的理论依据。

笔者通过对前 2 个方面的研究[3-4]，加上以往对此相关问题的探索[1,5-28]，《初论当量法》中遇到的障碍已经扫清，当量流动面积流量分配法（以下简称“当量法”）是在同各种计算方法博弈中产生的。由于水平所限，不妥之处欢迎批评指正。

2 “当量法”在加压送风量计算中的应用

2.1 “当量法”的理论依据

1）根据空气流动规律，加压空气始终是由高压区流向低压区。

2）正压间是加压空气流动的起点，气流从正压间分成若干通路按照气流流动规律流动，不论流经多少道门窗洞或门窗缝隙，也不论是“串了又并”或“并了又串”，加压空气的最终归宿或汇合点是室外空气压力 $p_w=0$ Pa 的无限空间。

3）加压空气从正压间流出，从单体上来说，不论中途是“串了又并”或“并了又串”，只要气流符合串联、并联气流的定义，都可将该路气流简化为单一的串联气流。

4）根据并联气流定义，从正压间（起点）流到室外无限空间（空气汇合点）的气流，可认为是多路并联气流。

5）串联气流应遵守以下流动规律：

① 根据连续性定律，当空气压力与温度不变时，串联气流通过每个通路孔洞或缝隙的流量 L_i 相等且等于总流量 L，即

$$L=L_1=L_2=\cdots=L_n \tag{1}$$

② 根据压差叠加原理，串联气流的总压降 Δp 为各串联面积 A_i 上的压降 Δp_i 之和：

$$\Delta p=\Delta p_1+\Delta p_2+\cdots+\Delta p_n \tag{2}$$

③ 流过 n 个流通面积分别为 $A_1, A_2, \cdots, A_n$ 截面的串联气流，其当量流通面积 A_d 按下式计算：

$$A_d=\left(\frac{1}{A_1^2}+\frac{1}{A_2^2}+\cdots+\frac{1}{A_n^2}\right)^{-\frac{1}{2}} \tag{3}$$

④ 根据流体力学原理，单个气流通路截面积 A_{di} 上的漏风量 $L_{A_{di}}$ 计算式为

$$L_{A_{di}}=\mu A_{di}\left(\frac{2\Delta p_i}{\rho}\right)^{\frac{1}{2}} \tag{4}$$

式中 μ 为流量系数；ρ 为空气密度，kg/m³。

根据式（1）～（4）可推导出串联气流任一门窗洞（缝隙）面积 A_i 上的压降 Δp_i：

$$\Delta p_i=\Delta p\frac{1}{\frac{1}{A_1^2}+\frac{1}{A_2^2}+\cdots+\frac{1}{A_n^2}}\frac{1}{A_i^2} \tag{5}$$

6）并联气流遵守以下流动规律：

① 每个并联气流通路的漏风量可由式（4）计算。

② 根据风量平衡原理，总漏风量 L_z 为各个并联气流通路漏风量之和：

$$L_z=L_1+L_2+\cdots+L_n \tag{6}$$

③ 根据并联气流的定义，所有并联气流通路的压降相等，即

$$\Delta p=\Delta p_1=\Delta p_2=\cdots=\Delta p_n \tag{7}$$

④ 并联气流通路的总面积 A_z 等于各并联通路面积 A_i 之和：

$$A_z = A_1 + A_2 + \cdots + A_n \tag{8}$$

⑤ 根据式(4)~(8)可得出各并联气流当量流通面积上的流速相等,即

$$v = v_1 = v_2 = \cdots = v_n \tag{9}$$

以及

$$L_i = \frac{L_{A_{d1}}}{A_{d1}} A_{di} \tag{10}$$

$$L_z = \frac{L_{A_{d1}}}{A_{d1}} A_z \tag{11}$$

即各并联气流的流量与其当量流通面积成正比。式(10),(11)就是并联气流的流量分配定律,也是"当量法"的理论依据。

2.2 "当量法"的难点及应对谋略措施

"当量法"遇到的首要问题是着火层内走道的背压问题。前面已经谈到,因为有两股气流流入内走道:一股是通过开启的防火门 M_1(其面积为 A_{m1k})进入内走道用于抵御烟气入侵的加压空气量 $L_{A_{m1k}}$;另一股是从着火房间通过房间门(其面积为 A_{zfk})窜入内走道的烟气量 $L_{烟}$。在火灾发展过程中,烟气量和烟气温度都是变化的,但以往的规范中都假定风机的风量是固定不变的。研究表明,唯一的应对办法是:选用机械排烟系统,排烟(风)量按 $L_p = L_{烟max} + L_{A_{m1k}}$ 计算,并以内走道压力 $p_z = 0$ Pa 来控制排烟风机的风量,以适应烟气量的变化和加压空气因温度升高而引起的体积变化。由工况设计升格为过程设计。

构筑内走道压力 $p_z = 0$ Pa 的谋略措施能起到多方面的功效,可解决以下主要难题:

1) 构建了一个内走道 $p_z = 0$ Pa 的"人工室外无限空间",使这道防火门 M_1 开启时通过的加压空气量 $L_{A_{m1k}} = A_{m1k} v$ 与其余各路气流都有共同的起点(正压间)和共同的汇合点($p_w = p_z = 0$ Pa 的室外无限空间),满足了并联气流的条件和应用"当量法"的理论基础,可完成"当量法"在加压送风量计算中的各项计算任务。

2) 内走道 $p_z = 0$ Pa,表明内走道没有背压。① 为抵御烟气入侵的加压空气量 $L_{A_{m1k}}$ 消除了"气流瓶颈",加压气流可以连续流动;② 从着火房间窜入内走道的烟气能适时排除,构筑了加压送风与机械排烟无缝对接的一体化系统,疏堵并用,起到了双保险作用。

3) 排烟气流($L_p = L_{A_{m1k}} + L_{烟max}$)是低温空气与较高温度烟气的混合气流,降低了排烟风机的入口温度,延缓了风机入口温度升至 280 ℃的时间(风机关闭时间),为逃生人员的安全疏散赢得了更多的宝贵时间。

4) 抵御烟气入侵的加压空气量计算式($L_{A_{m1k}} = A_{m1k} v$)中 A_{m1k} 为防火门 M_1 开启时的流通面积,v 为防火门 M_1 开启时门洞处要求的风速(v=0.7~1.2 m/s),二者皆为已知值。该气流通路的畅通使得防烟楼梯间无烟有了保证。得出 $L_{A_{m1k}}$ 的数据后,就可根据式(10)和式(11)求得其余各并联通路的流量 $L_{A_{di}}$ 及整个加压送风系统的流量 L_z。

$L_{A_{m1k}}$ 是可以根据实际情况得出的,不是流速法中虚构的 nFv。所以 $L_{A_{m1k}}$ 既是防烟系统可靠性的标志,又是"当量法"在加压送风量计算中的支点。

2.3 "当量法"气流通路的确定与计算模型的推导

2.3.1 工况的确定

这里的工况是指火灾疏散过程中所有门窗的开关状态和加压送风口的开启方式,这对机械加压送风系统和机械排烟系统的气流流动起着至关重要的作用,会影响气流通路的流通阻力,也会影响加压送风量的大小和防排烟系统的可靠性。

1) 火灾时,着火房间的门开启、房间外门窗关闭,取的是 4 种工况中(即门开窗关、门关窗关、门开窗开和门关窗开)的最不利工况。着火房间的外门窗开启的工况都不是火灾时的最不利工况(DGJ 08-88—2006《民用建筑防排烟技术规程》[29]中图 5.2.3-2 和图 5.2.3-3 的情况实际中都是不存在的)。

2) 火灾疏散过程中,除着火房间外,与内走道相连的其他房间的门窗都处于关闭状态(建筑节能规范要求)。

3) 火灾疏散过程中,各层水平方向的防火门 M_1 和 M_2 有 n 层同时开启(系统负担层数 $N<20$ 时,取 $n=2$;$N \geqslant 20$ 时,取 $n=3$)。竖直方向 M_1 开、M_2 关和 M_1 关、M_2 开的楼层数分别为 n_{1-1} 和 n_{2-1} 层,$n_{1-1} = n_{2-1}$,且 n, n_{1-1}, n_{2-1} 皆为概率值,这是同时开启门数量的内涵[11]。

4) 火灾疏散过程中,防烟楼梯间底层疏散外门 $M_{w底}$ 开启的概率很高,一般按常开考虑,防烟楼梯间通向屋面露台的防火门 $M_{w顶}$ 按关闭考虑。

在空气泄漏量计算中,防烟楼梯间首层直通室

外的疏散外门 $M_{w底}$ 是按常开考虑的，是否应考虑疏散人员的挡风面积问题呢？人体挡风的情况是实际存在的，在加压送风量计算时没有考虑人体挡风，实际流量会增加，增加的流量可作为加压送风的安全余量。实际上其数值也不大，据估算，增大的加压送风量不大于总风量的 17%。

5）火灾时只开启着火层前室或合用前室的加压送风口和着火层内走道的排烟风口。

2.3.2 气流通路

气流通路与防排烟方案密切相关，研究表明：根据《高规》的 4 种防烟方案进行甄选，防排烟工程应采用的是只向前室或合用前室机械加压送风、内走道机械排烟一体化的防排烟系统，空气流动网络图见图 1。

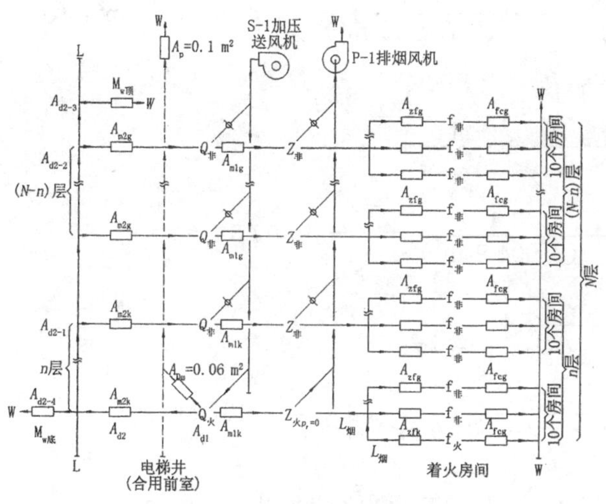

图 1 前室或合用前室机械加压送风、内走道机械排烟系统的空气流动网络图

从总体上看，并联气流通路只有 2 条：一条是由前室或合用前室经开启的防火门（其面积为 A_{m1k}）流向内走道，其当量流通面积为 A_{d1}；另一条是由前室或合用前室经开启的防火门（其面积为 A_{m2k}）流向防烟楼梯间，其当量流通面积为 A_{d2}。根据气流串联、并联的流动规律，可推导出当量流通面积 A_{d1}，A_{d2} 的计算模型以及通过这些气流通路的相应流量的计算模型。

2.3.3 当量流通面积 A_{d1} 及通过该通路的气流量 $L_{A_{d1}}$ 的计算模型

1）当量流通面积 A_{d1} 的计算模型

因为当量流通面积为 A_{d1} 的气流通路是防火门 M_1 开启时抵御烟气入侵的加压送风气流通路，根据前面提到的“当量法”的谋略——使内走道的压力 $p_z=0$ Pa，内走道就成为人工构筑的没有背压的室外无限空间，因此：

$$A_{d1}=A_{m1k} \tag{12}$$

2）通过当量流通面积 A_{d1} 的气流量 $L_{A_{d1}}$ 的计算模型

为了保证防火门 M_1 开启时门洞处的流速 $v=0.7\sim1.2$ m/s（这里取 $v=1$ m/s），以抵御烟气的入侵（这是确保防烟楼梯间无烟、实现安全疏散的前提），气流量 $L_{A_{d1}}$ 应为

$$L_{A_{d1}}=A_{d1}v=A_{m1k}v \tag{13}$$

2.3.4 当量流通面积 A_{d2} 的计算模型

由图 1 可以看出，A_{d2} 通路的气流是通过与加压送风正压间前室串联的防火门洞（A_{m2k}）后到达防烟楼梯间，再通过并联通路 A_{d2-1}，A_{d2-2}，A_{d2-3} 和 A_{d2-4} 流至室外的，根据气流并联、串联流动规律可推导出：

$$A_{d2}=\left[\frac{1}{A_{m2k}^2}+\frac{1}{(A_{d2-1}+A_{d2-2}+A_{d2-3}+A_{d2-4})^2}\right]^{-\frac{1}{2}} \tag{14}$$

$$A_{d2-1}=\left(\frac{1}{A_{m2k}^2}+\frac{1}{A_{m1k}^2}+\frac{1}{A_{Z_非\sim W}^2}\right)^{-\frac{1}{2}} \tag{15}$$

$$A_{d2-2}=(N-n)\left(\frac{1}{A_{m2g}^2}+\frac{1}{A_{m1g}^2}+\frac{1}{A_{Z_非\sim W}^2}\right)^{-\frac{1}{2}} \tag{16}$$

$$A_{d2-3}=A_{M_{w顶}} \tag{17}$$

$$A_{d2-4}=A_{M_{w底}} \tag{18}$$

$A_{Z_非\sim W}$ 为气流由非着火层内走道、经并联的 10 个房间的门缝（其面积为 A_{zfg}）与窗缝（其面积为 A_{fcg}）到达室外的气流通路的当量流通面积：

$$A_{Z_非\sim W}=10\left(\frac{1}{A_{zfg}^2}+\frac{1}{A_{fcg}^2}\right)^{-\frac{1}{2}} \tag{19}$$

总的当量流通面积为

$$A_z=A_{d1}+A_{d2} \tag{20}$$

2.3.5 并联气流的流量分配

根据并联气流的流动规律及式(9)～(13)，得并联气流总流量为

$$L_z=A_zv=A_z\frac{L_{A_{m1k}}}{A_{d1}} \tag{21}$$

$$L_{A_{d2}}=A_{d2}\frac{L_{A_{m1k}}}{A_{d1}}=A_{d2}v \tag{22}$$

3 范例计算

3.1 计算参数

设系统负担层数 $N=32$ 层，平均层高 $h=3.3$ m，总高度 $H=105.6$ m。防火门面积 $A_{m1k}=A_{m2k}=A_{M_{w底}}=A_{M_{w顶}}=1.6\ m\times2.0\ m=3.2\ m^2$，防火门缝隙面积 $A_{m1g}=A_{m2g}=A_{M_{w底g}}=A_{M_{w顶g}}=0.027\ 6\ m^2$。

内走道长 23.4 m，内廊式总长 46.8 m(设 2 个安全出口，一个出口为防烟楼梯间及其前室组合，另一出口为防烟楼梯间与合用前室组合)，内走道宽 2.1 m，两边房间门开启时 $A_{zfk}=1.0\ m\times2.0\ m=2.0\ m^2$，关闭时 $A_{zfg}=0.018\ 0\ m^2$。

房间外窗为 1.5 m×1.5 m 推拉窗，缝长 7.5 m，按 GB/T 7107—2002《建筑外窗气密性能分级及检测方法》中第 4 级气密性标准施工，折算后的缝隙宽[27] 6.534×10^{-5} m，每个外窗缝隙面积 $A_{cfg}=0.000\ 49\ m^2$。

1) 范例采用向前室机械加压送风、内走道机械排烟的系统。

2) 向合用前室机械加压送风、内走道机械排烟与本范例的区别在于着火层合用前室内多了 1 个由电梯门缝(其面积 $A_{DM}=0.06\ m^2$)与电梯井顶部排气孔(其面积 $A_{DP}=0.1\ m^2$)组成的串联通路，其面积 $A_{DMP}=0.051\ 449\ 575\ m^2$，加压送风量只增大 0.9%～1.5%，基本可以忽略。由于计算中取 $v=1.0$ m/s，比最小风速 0.7 m/s 增大了42.85%，因此可不考虑合用前室风量的增加。

3.2 范例示范计算

$N=32$ 层，$n=3$ 层。

$$A_{Z_{排}\sim W}=10\times\left(\frac{1}{A_{zfg}^2}+\frac{1}{A_{cfg}^2}\right)^{-\frac{1}{2}}=10\times\left[\frac{1}{(0.018\ m^2)^2}+\frac{1}{(0.000\ 49\ m^2)^2}\right]^{-\frac{1}{2}}\approx0.004\ 9\ m^2,$$

$$A_{d1}=A_{m1k}=3.2\ m^2(p_z=0\ Pa),$$

$$A_{d2-1}=(n-1)\left(\frac{1}{A_{m2k}^2}+\frac{1}{A_{m1k}^2}+\frac{1}{A_{Z_{排}\sim W}^2}\right)^{-\frac{1}{2}}$$

$$=(3-1)\times\left[\frac{1}{(3.2\ m^2)^2}+\frac{1}{(3.2\ m^2)^2}+\frac{1}{(0.004\ 9\ m^2)^2}\right]^{-\frac{1}{2}}=0.009\ 8\ m^2,$$

$$A_{d2-2}=(N-n)\left(\frac{1}{A_{m2g}^2}+\frac{1}{A_{m1g}^2}+\frac{1}{A_{Z_{排}\sim W}^2}\right)^{-\frac{1}{2}}$$

$$=(32-3)\times\left[\frac{1}{(0.027\ 6\ m^2)^2}+\frac{1}{(0.027\ 6\ m^2)^2}+\frac{1}{(0.004\ 9\ m^2)^2}\right]^{-\frac{1}{2}}=0.137\ 822\ m^2,$$

$$A_{d2-3}=0.027\ 6\ m^2,\ A_{d2-4}=3.2\ m^2,\ \sum_{i=1}^{4}A_{d2-i}=3.370\ 322\ m^2,$$

$$A_{d2}=\left[\frac{1}{A_{m2k}^2}+\frac{1}{(3.370\ 322\ m^2)^2}\right]^{-\frac{1}{2}}=\left[\frac{1}{(3.2\ m^2)^2}+\frac{1}{(3.370\ 322\ m^2)^2}\right]^{-\frac{1}{2}}=2.320\ 619\ m^2,$$

$$A_z=A_{d1}+A_{d2}=5.520\ 62\ m^2.$$

3.3 加压送风量计算汇总

按防火门 M_1 开启时抵御烟气入侵的加压送风气流流速 $v=1.0$ m/s 计算，加压送风量计算结果见表 1。

表 1 加压送风量计算汇总

气流通路	当量流通面积/m^2	加压送风量/(m^3/h)	流量分配比/%
A_{d1}	3.2	11 520	57.96
A_{d2}	2.320 62	8 354	42.04
A_z	5.520 62	19 874	100

4 结论

4.1 “当量法”是因为现行加压送风量计算方法“压差法”与“流速法”不适用于高层建筑加压送风量的计算而提出的新方法。

4.2 《高规》是根据第 8.1.1,8.1.2 条及条文说明中得出表 8.3.2-1～4 所示的 4 种组合防排烟方案，研究表明 4 种组合防排烟方案不仅不可靠，而且不可行。得出了向前室或合用前室机械加压送风和内走道机械排烟的一体化防排烟方案。

4.3 “当量法”的理论依据是气流流动的基本规律，包括串联、并联流动规律，气流流动连续性原则和能量方程等。违背其中任何一项都超越了该方法的底线。

4.4 “当量法”从计算模型来看公式较多，计算比较复杂。但根据工程的共性和加压送风量的变化规律，由系统负担层数和防火门的规格，可直接由

“高层建筑加压送风量控制表”(笔者将另文介绍)中查到其加压送风量。

4.5 火灾的发展过程是动态的，热释放率、烟气量、烟气温度、烟气成分等均处于动态变化中，火灾疏散过程中防火门的开关状态也是动态的。而防排烟规范在火灾过程中的应对理念和策略都是静态的，“供”、“需”矛盾是无法解决的。

5 致谢

西南交通大学硕士研究生冯明旭对本文提出了许多宝贵的意见，在此深表谢意。

参考文献：

[1] 刘朝贤.“当量流通面积”流量分配法在加压送风量计算中的应用[J]. 暖通空调，2009，39(8)：102－108

[2] 中华人民共和国公安部. GB 50045—95 高层民用建筑设计防火规范[S]. 2005 年版. 北京：中国计划出版社，2005

[3] 刘朝贤. 高层建筑防排烟研究(1)：压差法和流速法不宜用于高层建筑加压送风量计算[J]. 暖通空调，2015，45(9)：16－20

[4] 刘朝贤. 高层建筑防排烟研究(2)：对高层建筑加压送风系统划分的研究[J]. 暖通空调，2015，45(10)：64－67，85

[5] 刘朝贤. 加压送风有关问题的探讨[J]. 制冷与空调，1998，12(4)：1－11

[6] 刘朝贤. 对高层建筑房间自然排烟极限高度的探讨[J]. 制冷与空调，2007，21(4)：56－60

[7] 刘朝贤. 对高层建筑防烟楼梯间自然排烟的可行性探讨[J]. 制冷与空调，2007，21(增刊)：83－92

[8] 刘朝贤. 对《高层民用建筑设计防火规范》第 8.2.3 条的解析与商榷[J]. 制冷与空调，2007，21(增刊)：110－113

[9] 刘朝贤. 高层建筑加压送风防烟系统软、硬件部分可靠性分析[J]. 暖通空调，2007，37(11)：74－80

[10] 刘朝贤. 高层建筑房间开启外窗朝向数量对自然排烟可靠性的影响[J]. 制冷与空调，2007，21(增刊)：1－4

[11] 刘朝贤. 对加压送风防烟中同时开启门数量的理解与分析[J]. 暖通空调，2008，38(2)：70－74

[12] 刘朝贤. 对自然排烟防烟“自然条件”的可靠性分析[J]. 暖通空调，2008，38(10)：53－61

[13] 刘朝贤. 对《高层民用建筑设计防火规范》中自然排烟条文规定的理解与分析[J]. 制冷与空调，2008，22(6)：1－6

[14] 刘朝贤. 对加压送风防烟方案的优化分析与探讨[J]. 暖通空调，2008，38(增刊)：71－75

[15] 刘朝贤. 对《高层民用建筑设计防火规范》第 6，8 两章矛盾性质及解决方案的探讨[J]. 暖通空调，2009，39(12)：49－52

[16] 刘朝贤. 对加压送风流速法中背压系数 α 的分析与探讨[J]. 云南建筑，2009(4)：154－157

[17] 刘朝贤. 对高层建筑加压送风优化防烟方案“论据链”的分析与探讨[J]. 暖通空调，2010，40(4)：40－48

[18] 刘朝贤. 对现行加压送风防烟方案泄压问题的分析与探讨[J]. 暖通空调，2010，40(9)：63－73

[19] 刘朝贤. 防烟楼梯间及其前室(包括合用前室)只对着火层前室加压防烟的探讨[J]. 四川制冷，1998(3)：1－4

[20] 刘朝贤. 防烟楼梯间及其前室(包括合用前室)两种加压防烟方案的可靠性探讨[J]. 四川制冷，1998(1)：1－6

[21] 刘朝贤. 多叶排烟口/多叶加压送风口气密性标准如何应用的探讨[J]. 暖通空调，2011，41(11)：86－91

[22] 刘朝贤. 对高层建筑加压送风防烟章节几个主要问题的分析与修改意见[J]. 制冷与空调，2011，25(6)：531－540

[23] 刘朝贤. 对防烟楼梯间及其合用前室分别加压送风防烟方案的流体网络分析[J]. 暖通空调，2011，41(1)：64－70

[24] 刘朝贤. 加压送风系统关闭风口漏风量计算的方法[J]. 暖通空调，2012，42(4)：35－46

[25] 刘朝贤. 对《建筑设计防火规范》流速法计算模型的理解与分析[C]//2013 年第十五届西南地区暖通热能动力及空调制冷学术年会论文集，2013：40－47

[26] 刘朝贤. 对现行国家建筑外门窗气密性指标不能采用单位面积渗透量表述的论证[J]. 制冷与空调，2014，28(4)：504－507

[27] 刘朝贤. 建筑物外门窗气密性能标准如何应用的研究[J]. 制冷与空调，2014，28(4)：415－421

[28] 刘朝贤. 防烟楼梯间及其前室加压、防烟系统火灾疏散时开启门数量的探讨[J]. 制冷与空调，1998，12(2)：6－9

[29] 公安部上海消防研究所，上海市消防局. DGJ 08－88—2006 建筑防排烟技术规程[S]. 上海：上海新闻出版社，2006

[30] 中华人民共和国公安部. GB 50016—2006 建筑设计防火规范[S]. 北京：中国计划出版社，2006

[31] 赵国凌. 防排烟工程[M]. 天津：天津科技翻译出版公司，1991

[32] 蒋永琨. 高层建筑消防设计手册[M]. 上海：同济大学出版社，1995

[33] 蒋永琨. 高层建筑防火设计手册[M]. 北京：中国建筑工业出版社，2000

[34] 中国建筑科学研究院，中国建筑业协会建筑节能专业委员会. GB 50189—2005 公共建筑节能设计标准[S]. 北京：中国建筑工业出版社，2005

[35] 中国建筑科学研究院. JGJ 134—2010 夏热冬冷地区居住建筑节能设计标准[S]. 北京：中国建筑工业出版社，2010

[36] 公安部天津消防科学研究所. GA 93—2004 防火门闭门器[S]，2004

[37] 中国建筑科学研究院. GB/T 7106—2008 建筑外门窗气密、水密、抗风压性能分级及检测方法[S]. 北京：中国标准出版社，2008

[38] 公安部天津消防研究所. GB 15930—2007 建筑通风和排烟系统用防火阀门[S]，2007

[39] 中国建筑科学研究院建筑物理研究所. GB/T 15225—1994 建筑幕墙物理性能分级[S]，1994

[40] 刘朝贤. 加压送风有关问题的探讨[J]. 制冷与空调，1998，12(4)：1－11

（影印自《暖通空调》2015 年第 45 卷第 11 期 29－34 页）

文章编号：1671-6612（2016）02-115-05

论《再论当量流通面积流量分配法在加压送风量计算中的应用》的谋略

刘朝贤

（中国建筑西南设计研究院有限公司　成都　610081）

【摘　要】　《再论当量流通面积流量分配法在加压送风量计算中的应用》（以下简称《当量法的应用》）前半段是按气流流动规律推导出来的并联气流量分配原则。要将这一原则应用于加压送风量的计算，在解决前室或合用前室的机械加压送风防烟设施和内走道的机械排烟防排烟方案的前提下，要将二者构筑成无缝对接的一体化防排烟系统靠的就是谋略。

【关键词】　当量流通面积；流量分配；加压送风量计算

中图分类号　TU834　　文献标识码　A

Discussion on the Strategy of <Re-discussion on Application of Flow Distribution Method of Equivalent Circulation Area to Calculation of Pressurized Air Supply>

Liu Chaoxian

(China Southwest Architectural Design & Research Institute Co., Ltd, Chengdu, 610081)

【Abstract】 The first part of Re-discussion on application of flow distribution method of equivalent circulation area to calculation of pressurized air supply> (hereinafter referred to as <Application of equivalent method>) is the principle of parallel gas flow distribution which is derived from the law of air flow. It is the strategy that can apply this principle to the calculation of pressurized air supply, and under the premise of solving the smoke control plan of mechanical pressurized air supply and smoke control facilities in atria or combined atria and mechanical smoke exhaust in inner aisle, it is also the strategy that can make the two into an seamless integrated smoke prevention and control system.

【Keywords】 Equivalent circulation area; flow distribution method; calculation of pressurized air volume

0　引言

谋略：构筑内走道压力 P_Z=0Pa 的人工无限空间；激活、节制同时开启门数量“n”的作用；过程控制。

所谓谋略，是指计谋与策略。“当量流通面积流量分配法在加压送风量计算中的应用”分为两部分，前半部分当量流通面积流量分配法是在解决了前室或合用前室的机械加压送风防烟设施和内走道的机械排烟设施的一体化防排烟方案的前提下应用气流流动规律，推导出并联气流流量的分配原则——各并联气流流路的流量与其当量流通面积成正比。但是，要将这一规律应用于高层建筑加压送风量的计算，难度是很大的，例如首先是集中反映在内走道上的背压问题。因为从着火房间窜入内走道的烟气量，烟气温度都是变化的、动态的，内走道的背压是波动的，以前室或合用前室通过防火门 M_1 用于抵御烟气入侵的加压空气，受其制约也是波动的，是无法计算的。不依靠“谋略”，“当量法”用于加压送风量的计算只能是句空话。

1　谋略的提出与实施

1.1　构建内走道压力 P_Z=0Pa 的“人工室外无限空

通讯作者：刘朝贤（1934.1-），男，大学，教授级高级工程师，硕士生导师，享受国务院政府特殊津贴专家

收稿日期：2015-11-06

间”的谋略

从着火房间窜入内走道的烟气量，《高层建筑设计防火规范》（以下简称《高规》）第 8.4.2.1 条规定：“单台风机的排烟量（$L_{烟}$）不应小于 7200 m³/h。”第 8.3.2 条条文说明（P_{199}）开门时，门洞断面风速：V=0.7～1.2m/s 以抵御烟气入侵的风量 L_{m1k}，假设当防火门 A_{m1k}=3.2m² 时，最小风量 L_{m1k}=0.7m/s×3.2m²×3600s=8064m³/h，进入内走道的加压空气与烟气量之和 $L=L_{烟}+L_{m1k}$=7200+8064=15264m³/h。

（1）《高规》规定的排烟风机的风量只有 7200m³/h，而且排烟风机的风量是固定不变的。

（2）从着火房间窜入内走道的烟气量和烟气温度等都是随时间变化的、动态的。

因为内走道是有限空间，内走道产生背压也是动态的，但是内走道的排烟风机的风量是固定不变的，烟气量和温度都是动态的、变化的，内走道的背压也是动态的波动的。因此抵御烟气入侵的风量 L_{m1k} 是变化不确定的。当量流通面积和空气、烟气泄露量都是无法进行计算的。

（3）已知 L_{m1k}，是“当量法”用于加压送风量计算的先决条件，L_{m1k} 的不确定性使“当量法”用于加压送风量计算成为不可能。

为此提出构建一个内走道压力 P_Z=0Pa 的“人工室外无限空间”，这样就能解决以下难题。

（1）使防火门 M_1 开启时通过的加压空气量 $L_{Am1k}=A_{m1k}\times V$ 与其余各路气流都有共同的起点（正压间）和共同的汇合点 $P_W=P_Z$=0Pa 的室外无限空间。

满足了并联气流的条件和应用“当量法”的理论基础，可完成“当量法”所需要完成的各项任务。

（2）内走道 P_Z=0Pa，表明内走道没有背压：①为抵御烟气入侵的加压空气 L_{Am1k} 消除了“气流瓶颈”，L_{Am1k} 可以连续流动；②从着火房间窜入内走道的烟气能适时排除，构筑成了加压送风与机械排烟无缝对接的一体化防、排烟系统，疏、堵并用，从可靠性上起到了双保险作用。

（3）$L_P=L_{Am1k}+L_{烟\max}$ 是常温空气与较高温度烟气的混合气体，从而降低了排烟风机入口温度，延缓风机入口温度到达 280℃的风机关闭时间，为逃生人员安全疏散赢得了更多的宝贵时间。

（4）抵御烟气入侵的加压空气是 $L_{Am1k}=A_{m1k}\cdot V$（m³/s），因式中 A_{m1k} 是防火门 M_1 开启时的流通面积（m²），V 是防火门 M_1 开启时门洞处要求的风速，V=0.7～1.2（m/s），皆为已知值。

有了 L_{Am1k} 气流的畅通，防烟楼梯间无烟就有了保证，有了并联气流 L_{Am1k} 已知的数据，就可根据第 2.1[3]节中式（2-10）$L_i=\dfrac{L_{Ad1}}{A_{d1}}\times A_{di}$ 和式（2-11）$L_z=\dfrac{L_{Ad1}}{A_{d1}}\times A_z$ 求得其余各路并联气流 L_{Adi} 及整个加压送风系统的流量 L_z。

$L_{Amlk}=A_{mlk}\cdot V$（m³/s）是实实在在的，不是“流速法”中虚构的 n、F、v，所以 L_{Amlk} 既是防烟系统可靠性的标志又是“当量法”的理论支柱。

这一谋略，对“当量法”起到了起死回生的功效。

1.2　加压部位由防烟楼梯移至前室或合用前室的谋略

火灾疏散过程中，防烟楼梯间首层对外的疏散外门 $M_{w底}$ 开启门的概率很高，基本处于常开状态，对加压空气，因为这里没有背压直接流入室外，从这里泄露的无效风量是很大的，按流体力学理论计算当 $M_{w底}$=3.2m²。

（1）按《高规》8.3.7.1 规定：防烟楼梯间为 40Pa～50Pa，按压差法从楼梯间底层直接对外的疏散外门 M_w 流失的风量：

$L_y=0.827A_{Mw底}\times\Delta P^{1/2}\times3600=0.827\times3.2\times$（40～50）$^{1/2}\times3600$=60254～67366m³/h

从设计角度这样大的无效加压送风量是不能接受的。

（2）按《建规》的规定，是对流速法乘上背压系数 a 的倒数即以增大加压送风量来解决的，这里避开流速法本身的问题不谈，计算式为：

$$L_v=\frac{n\cdot F\cdot V\ (1+b)}{a}\times3600\ (\mathrm{m^3/h})$$

假设 N=32 层，n=3 取 V=0.7m/s，b=0.2 取 a=0.6，代入上式得：

L_v=48384（m³/h）

1）首先是背压系数的取值，取 a=0.6 是没有根据的[1-3]。

2）加大风量后，这些风量流向何方？风量是如何分配的？是否流向我们所希望的流路不得而知，做法本身是盲目的。

研究表明[1-3]，背压是把双刃剑，当“剑”指有效气流流路时，应采取措施降低背压，甚至消除背压，当“剑”指无效气流流路时，应设法强化它，没有背压要制造背压。

如果我们将加压部位由防烟楼梯间移至前室或合用前室，会使原有无效加压气流流路上的 $M_{w底}$ 由没有背压增加了一道串联的门洞 A_{m2k}，减少了当量流通面积，增大了气流阻力，降低了无效加压空气的泄漏量。同时使抵御烟气入侵的有效气流流路上减少了一道串联的门洞 A_{m2k}，增大了当量流通面积，减少了气流阻力，增大了有效加压空气的流量，起到了双刃剑的作用。

1.3 摆脱同时开启防火门数量“n”制约的谋略

同时开启防火门数量，有 3 种不同的数据。

（1）现行规范规定对“n”的取值方法

实际只是根据文献的建议，在国外数据的基数上取值。

当 N=1～15，取 n=1；当 N=16～30，取 n=2；当 N=31～50，取 n=3；将 N 减 1，参考上述推荐方法在 n 上加 1。

现行规范变成：当 N<20 层时，取 n=2；当 N≥20 时，取 n=3。

谈不上有什么理论根据。

实际上，国内外许多学者在同时开启门数量“n”上，争论了几十年，但并未触及“n”的内涵。连同时开启门数量“n”的物理意义都不明确；谁与谁同时或哪个门和哪个门同时不明确；它们的开启与哪些因素有关不明确，即开门的机理不明确，连“n”的确切“量纲”是什么都不清楚。

现行《高规》自 1995 年修订至今已执行了二十年，从设计角度对规范必须严格执行，实际那只是出于无奈。

（2）理论计算值

研究表明，同时开启门的数量与系统负担层数，每层疏散人员数、防火门疏散特性、允许疏散时间和要求的安全保证率等五个因素有关。它属概率值，可出现在任一层。其内涵从数值上可用水平方向 M_1、M_2 同时开启的层数 N_2，垂直方向与 M_1 相同位置的 M_1 同时开启的层数 $N_{1.1}$ 和垂直方向与 M_2 相同位置的 M_2 同时开启的层数 $N_{1.2}$ 表述，$N_{1.1}=N_{1.2}$，$N_2<N_{1.1}$（或 $N_{1.2}$），理论计算值光是 N_2 都远比现行规范规定的“n”值大。从理论上，对“n”的认知已向前迈进了一大步。

（3）实际火灾发生之前防火门同时开启的底数 $n_{实}$

因为以上两种同时开启门数量，都是在所有防火门都具有自行关闭功能的前提条件下算得或假设的。如果火灾发生之前这些常闭型防火门就有许多防火门的另部件损坏不具备自行关闭功能，或者其他原因，常闭型防火门已经开启，这时的“$n_{实}$”又是怎样的状况呢？为此笔者于 2007 年开始对全国已建成投入使用的许多工程进行了调查，现摘录其中十一幢高层建筑，共检查 1061 个常闭型防火门。其中不能自行关闭，出于常开状态的为 1007.5 个，占总防火门总数的 94.9%（具体工程名称和详细情况已于 2011 年 12 月 20 日上报给了四川省公安厅）其主要原因一是物业管理对损坏的防火门及其零部件未及时修复，二是有关人员的消防意识淡薄，只图自己一时方便，将防火门推至死点，甚至在防火门下塞上木块、石块等使常闭型防火门处于常开状态。此外，我于 2015 年 9 月 10 日～14 日对成都市建成刚使用两年多的中国科学院四川转化医学研究医院的常闭型防火门的情况进行了调查，情况如下：每层 6 个常闭型防火门，23 层共计防火门 138 个，除 4 个防火门外其余 134 个都处于常开状态，占整个防火门的 97.1%。2015 年 10 月 18 日对成都市成华区上东一号的丽景苑住宅调查，18 层 90%都是常开的。

从以上的分析中看出：同时开启门数量“n”是防排烟工程中真正难以确定的参数，因为它涉及的不确定因素太多，不单是技术层面上的，还涉及到物业管理，人的消防意识等等方面的问题。

假如系统负担次数 N=32 层，A_{m1k}=3.2m^2，实际有 50%的常闭型防火门处于常开状态，按《高规》流速法计算的加压送风量：$L=n\cdot F\cdot V$=32 层×50%×3.2m^2×(0.7～1.2m/s)×3600s=129024(m^3/h)～221184(m^3/h)。

避开“流速法”本身的问题，如此大的风量显然是不可行的。

现行规范的加压送风量计算是受开启门数量“n”左右的，我们应设法去“制约它”，让它起不了太大的作用。研究表明，只有将加压部位由防烟楼梯移至前室或合用前室，同时改变加压送风量计算方法，才能解决，这就是谋略。这是因为：

1）加压部位为防烟楼梯间，“激活”了同时开启门数量 n。2）现行规范是将内走道视为室外无限空间的，实际上由于建筑节能的需要，规范规定房间内走道上的门 A_{zfg} 和房间外窗 A_{fcg} 都是关闭的，从内走道流经房间到达室外的气流流路的当量流通面积（$Z_{非}\sim W$）=0.0049m^{2}很小，存在气流瓶颈所致。特此作如下计算以资佐证。假设条件同前，系统负担层数 N=32 层，防火门开启时 $A_{m1k}=A_{m2k}=$ 1.6m×2.0m=3.2m^2。火灾时，$M_{w底k}=M_{w顶k}=A_{m1k}=$ 3.2m^2，$M_{w顶g}$=0.0276m^2。按火灾时实际所有常闭型防火门 A_{m1k}、A_{m2k}100%都处于常开状态，即同时开启门数量 $n=N$=32 层，向着火层前室加压送风，内走道机械排烟，以内走道压力 P_Z=0Pa 控制排风量，按“再论当量流通面积流量分配法在加压送风量计算中的应用”计算加压送风量。

前室加压送风，内走道机械排烟系统空气流动网络图如下。

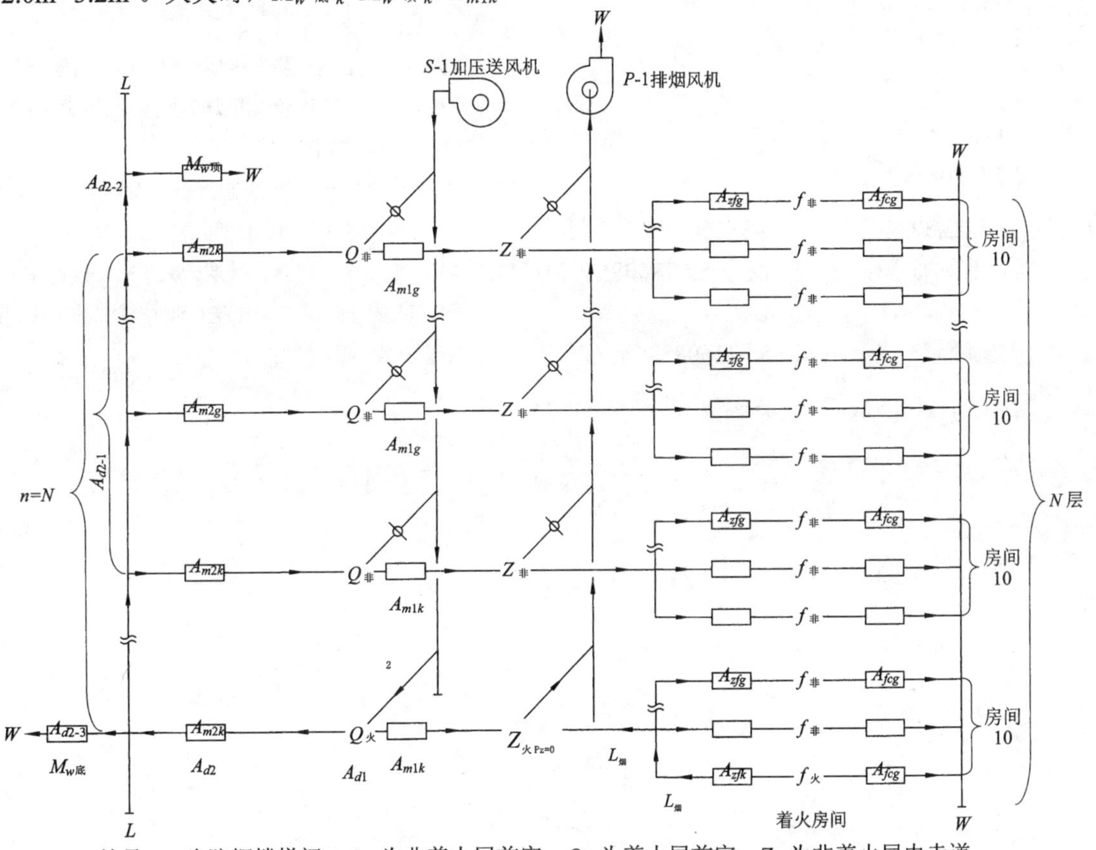

符号：L 为防烟楼梯间；$Q_{非}$为非着火层前室；$Q_{火}$为着火层前室；$Z_{非}$为非着火层内走道；$f_{火}$为着火房间；$f_{非}$为非着火房间；S–1 为加压送风机；P–1 为排烟风机。

图 1　前室加压送风内走道机械排烟系统空气流动网络图

Fig.1　Air flow network diagram of system of pressurized supply air in atria or combined atria and mechanical smoke exhaust in inner aisle

送入前室的加压送风量从整体上分成两路：

一路：为抵御烟气入侵的有效风量 L_{Ad1}。

$L_{Ad1}=A_{d1}\cdot V$（V=0.7～1.2m/s，取 V=1.0m/s）

L_{Ad1}=3.2×1.0=3.2m^3/s=11520m^3/h

另一路：向左流动为无效风量 L_{Ad2}，其当量流通面积 A_{d2}，先由 A_{m2k} 与下游三个分支 A_{d2-1}、A_{d2-2}、A_{d2-3} 并联后形成 $\sum_{i=1}^{3} A_{d2-i}$ 再串联，流入室外。

由内走道经房间门缝 A_{zfg} 再经外窗缝 A_{fcg} 的流通面积：

$$(Z_{非}\sim W)=10\times\left(\frac{1}{A_{zfg}{}^2}+\frac{1}{A_{fcg}{}^2}\right)^{-1/2}$$

$$=10\times\left(\frac{1}{0.018^2}+\frac{1}{0.00049^2}\right)^{-1/2}=0.0049(\text{m}^2)$$

由图 1：

$$A_{d2\text{-}1} = (n\text{-}1)\times\left(\frac{1}{A_{m2k}{}^2}+\frac{1}{A_{m1k}{}^2}+\frac{1}{(Z_{\text{非}}\sim W)^2}\right)^{-1/2}$$

$$= 31\times\left[\frac{1}{3.2^2}+\frac{1}{3.2^2}+\frac{1}{0.0049^2}\right]^{-1/2}$$

$$= 0.1519(\text{m}^2)$$

$A_{d2\text{-}2}$=0.0276（m^2）

$A_{d2\text{-}3}$=3.2（m^2）

$\sum_{i=1}^{3} A_{d2\text{-}i}$=3.3795（$\text{m}^2$）

$$A_{d2} = \left[\frac{1}{A_{m2k}{}^2}+\frac{1}{3.3795^2}\right]^{-1/2}$$

$$= 2.323608599(\text{m}^2)$$

$L_{Ad2}=A_{d2}\times V$=2.323608599m^3/s=8365m^3/h

总的当量流通面积：$A_z=A_{d1}+A_{d2}$=5.523608599（m^2）

总加压送风量：$L_Z=A_Z\times V$=5.523608599m^3/s=19885m^3/h

加压送风有效利用率 $e=(L_{Ad1}/L_Z)\times100\%=58\%$

所有其他条件相同，仅按同时开启门数 n=3。计算得出的总风量 L_Z=19874m^3/h，总风量只增大11m^3/h，不到总风量的 0.06%。(即不大于万分之六)

说明将加压部位由防烟楼梯间移至前室对于“节制”同时开启门数量的谋略是非常有效和成功的。

参考文献：

[1] 刘朝贤.高层建筑防、排烟研究（1）：压差法与流速法不能用于高层建筑加压送风量计算的探讨[J].暖通空调,2015,45(9):16-20.

[2] 刘朝贤.高层建筑防、排烟研究（2）：对高层建筑加压送风系统划分的研究[J].暖通空调,2015,45(10):64-67.

[3] 刘朝贤.高层建筑防、排烟研究（3）：再论《当量流通面积流量分配法在加压送风量计算中的应用》[J].暖通空调,2015,45(11):29-34.

（影印自《制冷与空调》2016 年第 30 卷第 2 期 115－119 页）

文章编号：1671-6612（2016）02-136-06

高层建筑加压送风量控制表的研究

刘朝贤

（中国建筑西南设计研究院有限公司　成都　610081）

【摘　要】 根据“再论当量流通面积流量分配法在加压送风量计算中的应用”（以下简称“当量法的应用”）对各类不同情况下的加压送风量进行计算，构建了一个比较完整的加压送风量数据库。通过分析，找出了加压送风量的变化规律。对任何工程，只要已知防火门的规格和加压送风系统的负担层数，不必进行辅助的计算就能很方便的查到所需的加压送风量，大大地节省了时间，打开了加压送风量计算的方便之门。

【关键词】 当量法；加压送风量；防火门规格；系统负担层数；数据库

中图分类号　TU834　　文献标识码　A

The Investigation of Control Table of Pressurized Supply Air Volume for High Rise Buildings

Liu Chaoxian

(ChinaSouthwestArchitecturalDesign&ResearchInstituteCo., Ltd, Chengdu, 610081)

【Abstract】 According to Re-discussion on application of flow distributionmethod of equivalent circulation area tocalculation of pressurized air supply (Hereinafter referred to as The application of equivalent method), this paper calculates the pressurized supply air volume in various situations and builds a relatively complete database of pressurized supply air volume.We found out the variation of pressurized supply air volume under analyzing,for any project, we can find the pressurized supply air volume comfortably as long as the specification of fire-proof door and the burden floors of pressurized supply air system are known, and don't need auxiliary calculate, it is greatly saving time and open theconvenient door of calculation for pressurized supply air.

【Keywords】 equivalent method; pressurized supply air volume; the specification of fire-proof door; burden floors of system; database

0　概述

高层建筑加压送风量的计算必须依据“当量法”才能完成，仅仅是计算模型的公式就达22个，参数不下20个，这给加压送风量的计算带来很大工作量。但是，不论问题多么复杂，都有它的共性，总有起决定作用的因素。因此，笔者先根据诸多因素构建了高层建筑加压送风量的数据库，然后进行分析，找出其规律性，最终找到了对高层建筑加压送风量起决定作用的因素就是防火门的面积与系统负担层数。

1　高层建筑加压送风量“数据库”的建立

数据库是根据“当量法的应用”完成的。

1.1　数据库的参数

按四种系统负担层数 N=32、19、15、8 层和三种不同防火门规格 1.6m×2.0m、1.2m×2.0m、1.0m×2.0m。共计 12 种类型（防火门 M_1 与 M_2 规格相同）有关参数列于表 1。

1.2　数据库的数值计算

根据“当量法”的计算模型，式（1）～（22）[3]按图 1 前室或合用前室机械加压送风内走道机械排烟系统空气流动网络图，及 3.2 节[3]中范例示范计算的方法代入本文表 1 中的参数，就可以得 12 中类型的加压送风量数值，构建成一个完整的数据库。现将数据库的数值列于表 2。

通讯作者：刘朝贤（1934.1-），男，大学，教授级高级工程师，硕士生导师，享受国务院政府特殊津贴专家

收稿日期：2015-11-06

表 1　参数表

Table 1　Parameters table

系统负担层数 N	32	19	15	8
同时开启门数量 n	3	2	2	2
平均层高（m）	3.3	3.3	3.3	3.3
建筑总高（m）	105.6	62.7	49.5	27.4
防火门规格	1	1.6m×2.0m	关闭	A_{m1g}=0.0276m^2
			开启	A_{m1k}=3.2m^2
	2	1.2m×2.0m	关闭	A_{m1g}=0.0252m^2
			开启	A_{m1k}=2.4m^2
	3	1.0m×2.0m	关闭	A_{m1g}=0.0180m^2
			开启	A_{m1k}=2.0m^2
内走道	总长的 1/2（m）			23.4
	宽度（m）			2.1
	两边房间门		关闭	A_{zfg}=0.018m^2
			开启	A_{zfk}=1.0×2.0=2.0m^2
房间外窗	推拉窗		规格	1.5m×1.5m
			窗缝长	7.5m
	按 GB/T7107-2002 的 4 级折算		缝宽	Φ=6.534×10^{-5}m
			缝隙面积	A_{fcg}=0.00049m^2

注：向合用前室机械加压送风、内走道机械排烟与向前室机械加压送风、内走道机械排烟二者的区别在于仅在着火层合用前室内多了一道电梯门缝 A_{Dm}=0.06m 与电梯井顶部排气孔 A_{Dp}=0.01m^2 的串联通路面积 $A_{Dm-Dp}=\left(\frac{1}{0.06^2}+\frac{1}{0.01^2}\right)^{-1/2}=0.051449575\,\text{m}^2$。加压送风量只增大 0.9%～1.5%，基本可以忽略。因取 V=1.0m/s，比最小风速 0.7m/s 增大了 42.85%。因此可不考虑合用前室风量的增加。

表 2　数据库的数值汇总表

Table 2　Summary table of database values

序号	范例编号	当量流通面积（m^2）						加压气流量（m^3/s）		正压力（Pa）	加压送风有效利用率（%）
		A_{m1k}	A_{d1}	A_{d2}	A_z	$A_{d2\text{-}i}$		$L_{A_{d1}}$	L_z	$P_Q=1.42v^2$	$L_{A_{d1}}/L_z$
1	1（N=32 层）n=3	3.2	3.2	2.32062	5.52062	$A_{d2\text{-}1}$	0.0098	3.2	5.520619 19874（m^3/h）	1.42	57.96
						$A_{d2\text{-}2}$	0.13782				
						$A_{d2\text{-}3}$	0.0276				
						$A_{d2\text{-}4}$	3.2				
2		2.4	2.4	1.754719	4.154719	$A_{d2\text{-}1}$	0.0098	2.4	4.154719 14957（m^3/h）	1.42	57.77
						$A_{d2\text{-}2}$	0.13701				
						$A_{d2\text{-}3}$	0.0252				
						$A_{d2\text{-}4}$	2.4				
3		2.0	2.0	1.467651	3.467651	$A_{d2\text{-}1}$	0.0098	2.0	3.467651 12484（m^3/h）	1.42	57.68
						$A_{d2\text{-}2}$	0.13261				
						$A_{d2\text{-}3}$	0.0180				
						$A_{d2\text{-}4}$	2.0				

续表 2　数据库的数值汇总表

Table 2　Summary table of database values

序号	范例编号	当量流通面积（m^2）						加压气流量(m^3/s)		正压力（Pa）$P_Q=1.42v^2$	加压送风有效利用率（%）$L_{A_{d1}}/L_z$
		A_{m1k}	A_{d1}	A_{d2}	A_z	$A_{d2\text{-}i}$		$L_{A_{d1}}$	L_z		
4	2（N=19 层）n=2	3.2	3.2	2.30175	5.50175	$A_{d2\text{-}1}$ $A_{d2\text{-}2}$ $A_{d2\text{-}3}$ $A_{d2\text{-}4}$	0.0049 0.080792 0.0276 3.2	3.2	5.50175 19806 (m^3/h)	1.42	58.16
5		2.4	2.4	1.734779	4.134779	$A_{d2\text{-}1}$ $A_{d2\text{-}2}$ $A_{d2\text{-}3}$ $A_{d2\text{-}4}$	0.0049 0.08039 0.0252 2.4	2.4	4.134779 14885 (m^3/h)	1.42	58.04
6		2.0	2.0	1.448486	3.448486	$A_{d2\text{-}1}$ $A_{d2\text{-}2}$ $A_{d2\text{-}3}$ $A_{d2\text{-}4}$	0.0049 0.07774 0.0180 2.0	2.0	3.448486 12415 (m^3/h)	1.42	58.00
7	3（N=15 层）n=2	3.2	3.2	2.29535	5.49535	$A_{d2\text{-}1}$ $A_{d2\text{-}2}$ $A_{d2\text{-}3}$ $A_{d2\text{-}4}$	0.0049 0.06178 0.0276 3.2	3.2	5.49535 19783 (m^3/h)	1.42	58.24
8		2.4	2.4	1.728506	4.128506	$A_{d2\text{-}1}$ $A_{d2\text{-}2}$ $A_{d2\text{-}3}$ $A_{d2\text{-}4}$	0.0049 0.06142 0.0252 2.4	2.4	4.128506 14863 (m^3/h)	1.42	58.13
9		2.0	2.0	1.44322	3.44322	$A_{d2\text{-}1}$ $A_{d2\text{-}2}$ $A_{d2\text{-}3}$ $A_{d2\text{-}4}$	0.0049 0.05945 0.0180 2.0	2.0	3.44322 12396 (m^3/h)	1.42	58.09
10	4（N=8 层）n=2	3.2	3.2	2.284008	5.484008	$A_{d2\text{-}1}$ $A_{d2\text{-}2}$ $A_{d2\text{-}3}$ $A_{d2\text{-}4}$	0.0049 0.028515 0.0276 3.2	3.2	5.484008 19742 (m^3/h)	1.42	58.35
11		2.4	2.4	1.717348	4.117348	$A_{d2\text{-}1}$ $A_{d2\text{-}2}$ $A_{d2\text{-}3}$ $A_{d2\text{-}4}$	0.0049 0.028348 0.0252 2.4	2.4	4.117348 14822 (m^3/h)	1.42	58.29
12		2.0	2.0	1.431679	3.431679	$A_{d2\text{-}1}$ $A_{d2\text{-}2}$ $A_{d2\text{-}3}$ $A_{d2\text{-}4}$	0.0049 0.027437 0.0180 2.0	2.0	3.431679 12354 (m^3/h)	1.42	58.28

1.3　分析

（1）从表 2 数据中看出：按“当量法”计算构建的加压送风量数据库，加压送风有效利用率都很高，最低为 57.68%，最高为 58.35%。

（2）从表 3 可看出：当防火门规格面积不变时，加压送风总量 L_z 与系统负担层数 N 关系不大，而与防火门面积 A_{m1k} 关系极大。

当 A_{m1k} 不变，A_{m1k}=3.2m^2 时，系统负担层数由 32 层降到 19 层，总风量下降 0.44%；由 32 层降到 15 层总风量只下降 0.56%；由 32 层降到 8 层总风量只下降 0.76%。

当 A_{m1k}=2.4m^2 时，系统负担层数由 32 层降到 19 层，总风量只下降 0.48%；由 32 层降到 15 层，总风量只下降 0.63%；由 32 层降到 8 层，总风量只下降 0.90%。

当 A_{m1k}=2.0m^2 时，系统负担层数从 32 层降至 19 层，总风量只下降 0.55%，当系统负担层数由 32 层降至 15 层，总风量只下降 0.70%；由 32 层降到 8 层总风量只下降 1.04%。

（3）将表 2 综合成表 4。

表 3　系统负担层数 N 对加压送风量 L_z 的影响

Table 3　The effect of the burden floors of system (N)on pressurized supply air volume(L_z)

A_{m1k}（m^2）	N（层）	加压送风量 L_z（m^3/h）	风量百分比（%）	风量下降百分比（%）
3.2	32	19894	100	——
	19	19806	99.56	0.44
	15	19783	99.44	0.56
	8	19742	99.24	0.76
2.4	32	14957	100	——
	19	14885	99.52	0.48
	15	14863	99.37	0.63
	8	14822	99.1	0.9
2.0	32	12484	100	——
	19	12415	99.45	0.55
	15	12396	99.30	0.70
	8	12354	98.96	1.04

表 4　前室防火门面积 A_{m1k} 对加压送风量 L_z 的影响

Table 4　The effect of area ofthe fire-proof door in atria (A_{m1k}) on pressurized supply air volume (L_z)

N（层）	A_{m1k}（m^2）	加压送风量 L_z（m^3/h）	风量百分比（%）	风量下降百分比（%）
32	3.2（100%）	19894	100	——
	2.4（75%）	14957	75.18	24.82
	2.0（62.5%）	12484	62.75	37.25
19	3.2（100%）	19806	100	——
	2.4（75%）	14885	75.15	24.85
	2.0（62.5%）	12415	62.68	37.32
15	3.2（100%）	19783	100	——
	2.4（75%）	14863	75.13	24.87
	2.0（62.5%）	12396	62.66	37.34
8	3.2（100%）	19742	100	——
	2.4（75%）	14822	75.08	24.92
	2.0（62.5%）	12354	62.58	37.42

由表 4 可看出：当系统负担层数 N 不变时，防火门规格变小，总加压送风量下降很快。防火门面积由 3.2m^2 降到 2.4m^2 再降到 2.0m^2，加压送风量下降的百分比与防火门面积 A_{m1k} 下降百分比几

乎相同。

（1）N=32 层时，A_{m1k} 由 3.2m^2 降到 2.4m^2，面积下降为 75%，加压送风量下降为 3.2m^2 时的 75.18%。A_{m1k} 由 3.2m^2 降到 2.0m^2，面积下降为 62.5%，加压送风量下降为 3.2m^2 的 62.75%。

（2）N=19 层时，A_{m1k} 由 3.2m^2 降到 2.4m^2，面积下降为 75%，加压送风量下降为 3.2m^2 时的 75.15%。A_{m1k} 由 3.2m^2 降到 2.0m^2，面积下降为 62.5%，加压送风量下降为 3.2m^2 的 62.68%。

（3）N=15 层时，A_{m1k} 由 3.2m^2 降到 2.4m^2，面积下降为 75%，加压送风量下降为 3.2m^2 时的 75.13%。A_{m1k} 由 3.2m^2 降到 2.0m^2，面积下降为 62.5%，加压送风量下降为 3.2m^2 的 62.66%。

（4）N=8 层时，A_{m1k} 由 3.2m^2 降到 2.4m^2，面积下降为 75%，加压送风量下降为 3.2m^2 时的 75.08%。A_{m1k} 由 3.2m^2 降到 2.0m^2，面积下降为 62.5%，加压送风量下降为 3.2m^2 的 62.58%。

因此，建筑物在布局是，应控制防火门的规格，减少不必要的浪费，提高经济性。

1.4 结论

（1）由表 2 数据中得出：

1）当防火门 A_{m1k}=3.2m^2 时，系统负担层数 N 由 32 层减少至 8 层，其加压送风量 L_z 由 19894m^3/h 降至 19742m^3/h，加压送风量绝对值只下降 152m^3/h，相对值只下降 0.76%（<1%）。

建议当防火门 A_{m1k}=3.2m^2 时，系统负担层数 32～8 层的加压送风系统的加压送风量都取 $L_{z3.2}$=20000m^3/h。

2）当防火门 A_{m1k}=2.4m^2 时，系统负担层数 N 由 32 层减少至 8 层，其加压送风量 L_z 由 14957m^3/h 降至 14822m^3/h，加压送风量绝对值只下降 135m^3/h，相对值只下降 0.90%（<1%）。

建议当防火门 A_{m1k}=2.4m^2 时，系统负担层数 32～8 层的加压送风系统的加压送风量都取 $L_{z2.4}$=15000m^3/h。

3）当防火门 A_{m1k}=2.0m^2 时，系统负担层数 N 由 32 层减少至 8 层，其加压送风量 L_z 由 12484m^3/h 降至 12354m^3/h，加压送风量绝对值只下降 130m^3/h，相对值只下降 1.04%（≈1%）。

建议当防火门 A_{m1k}=2.0m^2 时，系统负担层数 32～8 层的加压送风系统的加压送风量都取 $L_{z2.0}$=12500m^3/h。

（2）由于防火门不一定正好是数据库中的 3 种标准规格，当防火门 A_{m1k}、A_{m2k} 的规格在如下区间内时，其加压送风量按下表 5 进行修正（计算中是假设 A_{m2k}=A_{m1k}，当二者不相等时取 A_{m1k} 的值）。

表 5 修正值

Table 5 Correction values

防火门面积 A_{m1k} 区间	N=32～8 层，加压送风量 L_z（m^3/h）	修正后的风量 L_{zi}（m^3/h）
A_{m1k3}>3.2m^2	$L_{z3.2}$=20000	$L_{z3}=20000\times\frac{A_{m1k3}}{3.2}$
3.2m^2>A_{m1k2}>2.4m^2	$L_{z2.4}$=15000	$L_{z2}=15000\times\frac{A_{m1k2}}{2.4}$
2.4m^2>A_{m1k1}>2.0m^2	$L_{z2.0}$=12500	$L_{z1}=12500\times\frac{A_{m1k1}}{2.0}$

（3）在表 1 参数中，同时开启门的数量“n”是按现行规范的规定：当 N＜20 层时取 n=2，当 N≥20 层时，取 n=3。而这一规定的前提条件是所有常闭型防火门，在火灾发生之前都处于常闭状态，而且每个防火门都具有自行关闭功能的假设，实际上由于物业管理的维修保障体系和高层建筑内的业主、服务人员和外来人员的安全意识等多方面的原因。如防火门零部件损坏未及时修复；业主、服务人员等只图自己一时方便，在防火门下面塞上硬石块、木块等使常闭型防火门处于常开状态。笔者调查表明：90%以上的常闭型防火门处于常开状态的不在少数，笔者在《论“当流量通面积流量分配分配法在加压送风量计算中的应用”的谋略》一文中提出的谋略，消除了“激活”n 的条件和“节制”n 的措施……。即使所有常闭型防火门 100%都处于常开，即 n=N，采用“当量法”的计算都是有效的。

1.5 附录

（1）空气流通网络图见下图 1。

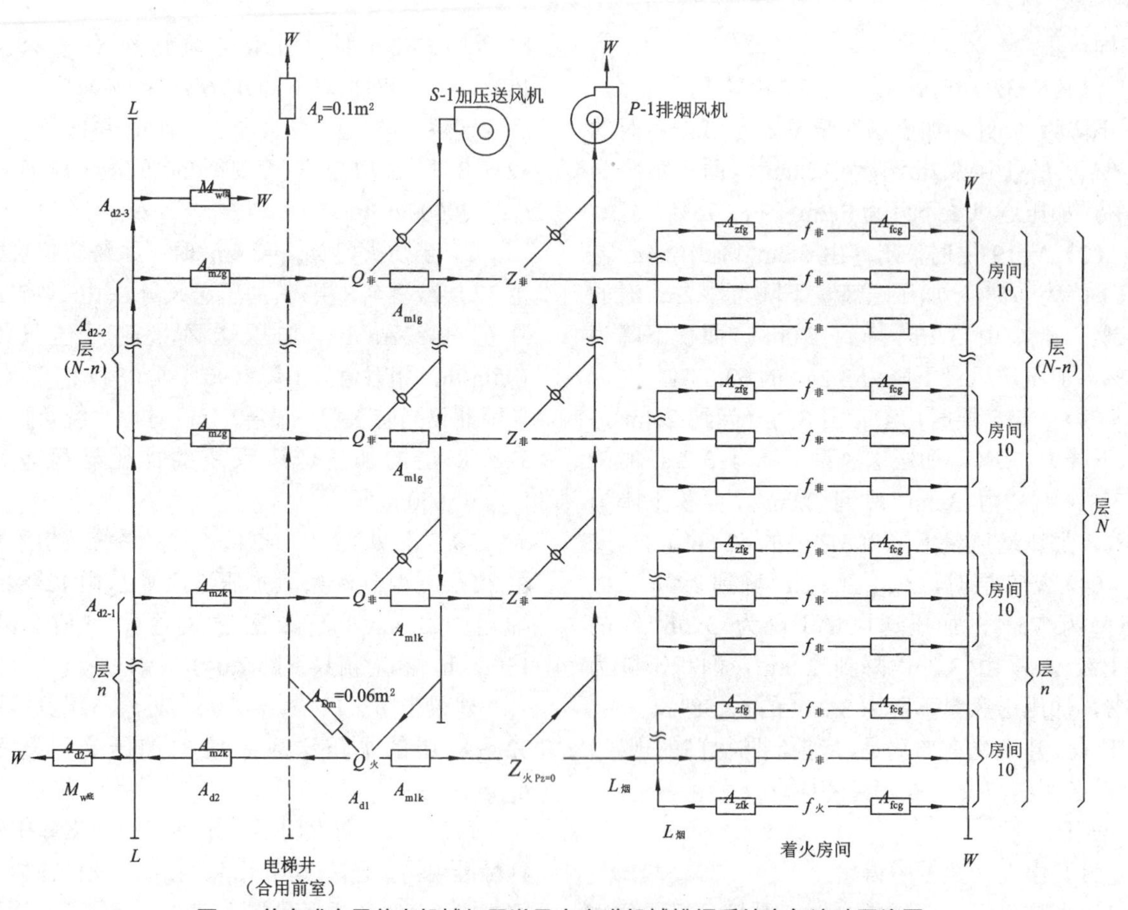

图 1　前室或合用前室机械加压送风内走道机械排烟系统空气流动网络图

Fig.1　Air flow network diagram of system of pressurized supply air in atria or combined atria and mechanical smoke exhaust in inner aisle

（2）范例示范计算

N=8 层，“n”=2 层，($z_{非}$-W) 为气流从非着火层内走道上每个房间门缝 A_{zfg}=0.018m^2 与外窗缝 A_{fcg}=0.00049m^2，串联后再与 10 个房间并联到达室外的当量流通面积：

$$(z_{非}\sim W)=10\times\left(\frac{1}{A^2_{zfg}}+\frac{1}{A^2_{fcg}}\right)^{-1/2}\approx 0.0049\ (\text{m}^2)$$

A_{d1}=A_{m1k}=2.0m^2（P_z=0Pa），A_{d2} 共 4 支分支：$A_{d2\text{-}1}$、$A_{d2\text{-}2}$、$A_{d2\text{-}3}$、$A_{d2\text{-}4}$ 并联后与 A_{m2k} 串联：

$$A_{d2-1}=(n-1)\left[\frac{1}{A^2_{m2k}}+\frac{1}{A^2_{m1k}}+\frac{1}{(z_{非}\sim W)^2}\right]^{-1/2}$$

$$=(2\text{-}1)\times\left[\frac{1}{2.0^2}+\frac{1}{2.0^2}+\frac{1}{0.0049^2}\right]^{-1/2}$$

$$=0.0049\ (\text{m}^2)$$

$$A_{d2-2}=(N-n)\left[\frac{1}{A^2_{m2g}}+\frac{1}{A^2_{m1g}}+\frac{1}{(z_{非}\sim W)^2}\right]^{-1/2}$$

$$=(8\text{-}2)\times\left[\frac{1}{0.018^2}+\frac{1}{0.018^2}+\frac{1}{0.0049^2}\right]^{-1/2}$$

$$=0.027437\ (\text{m}^2)$$

$A_{d2\text{-}3}$=0.018m^2

$A_{d2\text{-}4}$=2.0m^2

$$\sum_{i=1}^{4}A_{d2-i}=2.050337\ \text{m}^2$$

$$A_{d2}=\left[\frac{1}{A^2_{m2k}}+\frac{2}{2.050337^2}\right]^{-1/2}=1.431679\ (\text{m}^2)$$

A_z=A_{d1}+A_{d2}=2.0+1.431679=3.431679（m^2）

根据《高规》规定开门时门洞处风速 v=0.7～1.2m/s，建议取 v=1.0m/s。L_z=1.0m/s×3.431679m^2=3.431679m^3/s=12354m^3/h，见范例计算汇总表。

（下转第 148 页）

（上接第141页）

参考文献：

[1] 刘朝贤.高层建筑防、排烟研究（1）：压差法与流速法不能用于高层建筑加压送风量计算的探讨[J].暖通空调,2015,45(9):16-20.

[2] 刘朝贤.高层建筑防、排烟研究（2）：对高层建筑加压送风送风系统划分的研究[J].暖通空调,2015,45(10):64-67.

[3] 刘朝贤.高层建筑防、排烟研究（3）：再论（当量流通面积流量分配法在加压送风量计算中的应用）[J].暖通空调,2015,45(11):29-34.

（影印自《制冷与空调》2016 年第 30 期第 2 卷 136－141，148 页）

附录一

对最新版规范的分析

文章编号：1671-6612（2018）05-483-11

对《建筑防烟排烟系统技术标准》、《规范》等有关问题的分析

刘朝贤

（中国建筑西南设计研究院有限公司　成都　610041）

【摘　要】 根据中华人民共和国公安部郭铁男主编的《中国消防手册》第三卷第三篇《建筑防火设计》提供的火灾统计资料：“火灾中被烟气直接熏死的人数为火灾中总死亡人数的3/4”。说明执行了防排烟设计规范仍然保证不了火灾时的安全疏散。这与笔者40年来对防排烟方面的理论研究结论不谋而合。据此对新旧规范作了分析。

【关键词】 同时开启门的数量 N_1(‘n’)；激活；节制；当量法；谋略

中图分类号 TU834　　**文献标识码** A

Analysis of the Technical Standards for Building Smoke Control Systems and Specifications

Liu Chaoxian

(China Southwest Architectural Design and Research Institute Co., Ltd, Chengdu, 610041)

【Abstract】 According to the fire statistics provided by the third chapter of "building fire design", volume 3 of the fire protection handbook of China, edited by guo tienan, ministry of public security of the People's Republic of China, "the number of people directly fumigated by smoke in a fire is 3/4 of the total number of deaths in a fire. It shows that the implementation of smoke control design specifications still cannot guarantee the safe evacuation in fire. This is consistent with the author's 40 years of theoretical research on smoke control and exhaust. The new and old specifications are analyzed accordingly.

【Keywords】 simultaneously open the number of doors N_1 (‘n’); activation; moderation; equivalence method; strategy

0　概述

本文对《建筑防烟排烟系统技术标准》GB51251-2017（以下简称《标准》）、《高层民用建筑设计防火规范》GB50045-95（2005年版）（以下简称《高规》）、以及上海市工程建设规范《建筑防排烟技术规程》DGJ08-88-2006、J10035-2006（以下简称《上海规》）等规范从四个方面进行了分析，充分说明它们要实现高层建筑火灾时防烟楼梯间无烟，保证逃生人员的安全疏散还是办不到的。现按以下四个方面进行分析。

1　“理念上”存在的问题

简单地说是“以静制动”，即以静态的理念去应对动态的火灾实际，其不匹配的是注定要失败的。

1.1　火灾过程中的烟气量、温度、压力、成分都是变化的、动态的，而排烟风机的风量是固定的 7200m^3/h，（有按 13000m^3/h）

以《标准》中表3.4.2-3防烟方案（与《高规》8.3.2条中表8.3.2-1类同）内走道设机械排烟系统为例。

（1）通过防烟楼梯间与前室之间的防火门 M_1 进入内走道抵御烟气入侵的风量 Lm_1；

通讯作者：刘朝贤（1934.1-），男，大学，教授级高级工程师，硕士生导师，享受国务院政府特殊津贴专家

收稿日期：2018-09-01

L_{m1}=（0.7～1.2）m/s×A_{m1}×3600s

当 A_{m1} 按标准型防火门 A_{m1}=1.6m×2.0m=3.2m^{2}时：

L_{m1}=8064m^3/h～13824m^3/h

（2）进入内走道的烟气量 $L_{烟动}$，是变化的动态的。

（3）从内走道排走的烟气量为 $L_{排}$=7200m^3/h（有的按 13000m^3/n）

总的进入量：$L_{进}$=L_{m1}+$L_{烟动}$=（8064m^3/h～13824m^3/h）+$L_{烟动}$

总的排除量：$L_{排}$=7200m^3/h（有的按 13000m^3/h）

进入量与排出量怎么能取得平衡呢？失败是必然的。

1.2 设计疏散门开启的楼层数量"N_1"的问题

现实中数据有三种：

（1）《标准》3.4.6 条中规定：只与高度有关 N_1=1～3（与《高规》称防火门同时开启的层数"n"类同，当建筑层数 N<20 层时，取"n"=2，当 N≥20 层时，取"n"=3。即"n"=2～3）。

N_1 只与建筑高度有关。"n"只与建筑层数有关，实际是一回事，是几十年前陈旧的概念。表明只有 N_1 不大于 3 才有胜算。

（2）理论计算值。研究表明[x]：同时开启门数量是个概率值，与五个因素有关，要用三组数据才能表述；即水平方向 M_1 与 M_2 同时开启的层数 N_2，垂直方向与 M_1 相同位置的 M_1 同时开启的层数 $N_{1.1}$，垂直方向与 M_2 相同位置的 M_2 同时开启的层数 $N_{1.2}$，研究表明：N_2>>3，$N_{1.1}$=$N_{1.2}$>N_2。

（3）高层建筑火灾发生时实际的防火门同时开启的层数 $n_{实}$。

随着防火门距施工验收的时间而发生变化，一般都是变大。以下是笔者自 2006 年以来对全国部分已建成正在使用中的高层建筑常闭型防火门所进行的调查，实际的常闭型防火门处于开启状态或不能自行关闭的数量，比规范中规定的数量大得多，用 $n_{实}$表示，被调查的城市有南京、无锡、杭州、合肥、重庆、宜宾、成都……等。受篇幅所限，仅将成都市的部分统计数据列于表 1。

表 1 $n_{实}$统计表

Table 1 n_{real} statistics

小区编号	高层建筑编号	常闭型防火门总数（个）	防火门处于常开（个）（$n_{实}$）所占百分数（%）	拉杆总数、损坏数（个）所占百分数（%）	顺序器总数，损坏数（%）所占百分数（%）	备注
A（金牛区）	1#	136	总 134.5 98.9%	总 203 损 8 4%	总 67 损 38 占 56.7%	33 层
	2#	136	总 130.5 96%	总 176 损 79 45%	总 40 损 39 占 98%	30 层
	3#	139	总 136.5 98%	总 182 损 84 46.2%	总 43 损 42 占 98%	30 层
B（东珠市）	1 单元	65	总 63 97%	总 107 损 6 5.6%	总 42 损 8 占 19%	跃层式地上 18 层地下 2 层为汽车库首层架空每层 6 户
	2 单元	66	总 64 97%	总 104 损 4 3.8%	总 42 损 17 占 40%	
	3 单元	62	总 60 97%	总 102 损 9 8.3%	总 40 损 3 占 8%	
	4 单元	61	总 58 95%	总 101 损 9 9.0%	总 40 损 7 占 18%	
	5 单元	60	总 59 98%	总 99 损 5 5%	总 39 损 14 占 36%	
C（东大街）	高层商住楼	134	总 121 90%	—	—	34 层底层商场 2～34 层为住宅每层 6 户

从上表中看出，防火门处于常开的 $n_{实}$最小的为防火门总数的 90%，最大为 98.9%，因此《标准》3.4.6 条按设计疏散门开启的楼层数量 N_1=1～3（《高规》按同时开启的层数"n"=2～3）计算得到的加压送风量数量，只是杯水车薪。

这又是火灾疏散过程中被烟气直接熏死的人数达到总死亡人数"3/4"的原因。

$n_{实}$数值如此大原因何在？这是由于：

我国高层建筑的发展速度太快，是世界各国无法比拟的，管理跟不上。

①对高层建筑物业管理中消防责任人员的培训的重视不够。物业管理人员对常闭型防火门的部

件损坏不及时修复。

②对入住高层建筑的住户和服务人员的消防知识宣传不到位。

住户及服务人员只图自己一时方便将常闭型防火门推至死点，甚至在防火门下面塞上木块，木块使其失去自行关闭功能。

而出现实际防火门同时开启的数量 $n_{实}$都在防火门总数的90%以上。已远远超出《标准》中 N_I=1～3的范围，防排烟系统失效是在预料之中的。

1.3　将加压送风量的理论计算模型压差法与流速法是否适用于高层建筑的问题，交由火灾实验塔楼的测试数值为判定依据存在的问题

火灾的发展和人员的疏散过程是动态的，实测时完全模拟这种动态过程是难以办到的。

（1）逃生人员从房间经内走道、合用前室向防烟楼梯间疏散，不断地将防火门推开，出现防火门 M_2、M_1 同时开启的层数“n”，研究表明[6]：“n”是个概率值，其内涵可用三个同时来描述：一个是水平方向的防火门 M_2 与 M_1 同时开启的层数 N_2(类同规范中指的“N_1”)，另外两个中的一个是 M_1 垂直方向上、下对应的 M_1 同时开启的层数 $N_{1\text{-}1}$，其余一个是 M_2 垂直方向上、下对应的 M_2 同时开启的层数 $N_{1.2}$。N_2、$N_{1.1}$、$N_{1.2}$ 数值的大小与每层的疏散人数、系统负担层数、每疏散一人或防火门开关一次所耗的时间 τ_p、允许疏散时间（300～420s）以及安全保证率的大小（一般≥99%）等五个因素有关。因为实测数据时，是难以形成真实的火灾时同时开启防火门数量 N_2、$N_{1.1}$、$N_{1.2}$ 的动态条件的，因此，“实测数据”是不真实的。

（2）测试时，摸拟防火门 M_1，或防火门 M_2 的启闭，假设将防火门从 0° 推到 70° 的时间为 T_1，防火门从 70° -0° 关闭的时间为 T_2，如果防火门在 70° 停顿的时间为 0s，则防火门开关一次的时间为 $T=T_1+T_2$，这里存在三种情况：$T_1=T_2$、$T_1>T_2$ 和 $T_1<T_2$，三种情况下防火门加权平均开度或面积是不同的，如果防火门在 70° 停顿的时间不是 0s，则更为复杂。实体火灾实测时，要想模拟火灾时这种真实的动态的状态是难以办到的。

（3）实体火灾试验的开、关门方式与真正逃生人员开、关门是不一致的。《高层建筑楼梯间正压送风机械排烟技术研究》课题的研究报告中实体火灾试验实测时的开关门方式，从研究报告 P29 照片 3 看出：2#防火门是双扇，试验时，是人站在防火门中间左右手同时各推一扇门按要求来、回开与关的。这与火灾时逃生人员那种十万火急心态，会以最快的速度只推开一扇防火门而迅速逃离是不一样的。

因此，实测时的条件既难以实现火灾过程中那些动态条件。

（4）此外实验塔楼的设计和施工方面的问题也会影响测试数据真实性的。

1）实验塔楼的安全出口数只有一个，不符合《高规》第 6.1.1 条规定。安全疏散规律会发生变化。

2）防烟楼梯间底层外门的净宽不符合《高层》第 6.1.9 条表 6.1.9 中的规定：“首层疏散外门的净宽按旅馆建筑不应小于 1.20m。而实际只有 1.044m，会影响疏散规律。

3）实验塔楼各层房间的外门，外窗的气密性标准较差，既影响起火房间压力大小，又影响烟气泄漏量的大小，影响测试数据的真实性。塔楼 1995 年建成，当时设计依据的外门窗气密性标准比 GB/T7106-2008 低得多。早年建成的火灾实验塔楼也不可能与时俱进达到现在标准的状态。“实测数据”本身不过硬，也就没有条件评价别人。而且压差法与流速法二者从理论上都超越了空气流动规律的底线不适用于高层建筑加压送风量计算，费了很大的篇幅去比较数字大小已没有意义。

4）技术规范条文的支点是技术规律，经不起推敲的数据要慎用。

①《标准》3.1.2 条规定：“建筑高度大于 50m 的公共建筑、工业建筑和建筑高度大于 100m 的居住建筑，其防烟楼梯间、独立前室，合用前室、共用前室及消防电梯前室应采用机械加压送风系统”。

3.1.3 条规定:“建筑高度小于 50m 的公共建筑、工业建筑和建筑高度小于 100m 的居住建筑”其防烟楼梯间、独立前室、合用前室、共用前室及消防电梯前室应采用自然通风系统，当不能设置自然通风系统时，应采用机械加压送风系统”。

②分析：

● 避开条文的正确与否以上两条都提到 50m 和 100m，其来源何在？这里为何将公共建筑定位为 50m，居住建筑定位为 100m？

查证到《上海规》[3]第 3.1.3 条是这样解释的。“对居住建筑放宽防烟要求的理由，是由于居住建筑中居民对建筑物的疏散通道比较熟悉。”熟悉与不熟悉就导致高度定位相差“50m”。根据何在?火灾疏散时都是靠疏散标识指引的，而且还存在着居住建筑中老、弱、妇、幼较多，行动不便，动作慢；老人记忆力差，火灾时易慌乱等因素。而公共建筑中多为身强体壮的人，动作快。这些又该如何“折算”呢?这样的解释是难以服众的。”

● 公共建筑 50m 又是根据什么呢?

估计是照抄赵国凌编著的《防楼烟工程》P99 中的那段话而来。“根据气象资料统计，就全国范围来说，平均的气象标准风速为 2.4m/s，与此相应采用一面外窗自然排烟的极限高度 H_{ih}；约为 50m 左右。”这也许就是 50m 的来源。以上讨论的都是具有一面外窗的着火房间的自然排烟的极限高度，一下就将它导在防烟楼梯间头上成了名副其实的张冠李戴，因为防烟楼梯间是不存在自然排烟极限高度的。

● 50m 以下的公共建筑、工业建筑和 100m 以下的居住建筑存在自然排烟的安全区段吗?

实际上这个安全区是不存在的。原因如下：

热压作用时建筑物防烟楼梯间存在一个压力为 0Pa 的中和界，冬季只有中和界以上的压力为正，能自然排烟，中和界以下的压力为负，不能自然排烟；夏季则相反。热压作用下，能否自然排烟是以中和界分界的。

风压单独作用时，只有背风面能自然排烟，迎风面不能自然排烟，从平面上是以通过外窗中心点的法线左右两边对称的与法线夹角 75° 分界的，即风压系数 K=0，±75° 两条线所夹的 K>0 的平面为迎风面；相对应的那个面，风压系数 K<0，为背风面。背风面与迎风面在平面上是以风压系数 K=0 分界的。

因为烟气从着火房间窜出后，经过内走道、前室冷却、掺混，温度下降，缺乏与室外风力抗衡的能力，整个建筑的迎风面，从下至上都不能自然排烟，因此也不存在 50m 以下或 100m 以下能自然排烟的“安全区”。

当风压与热压共同作用时，如冬季既有热压又有风压时，背风面由于风压、热压的共同作用，会使防烟楼梯间的中和界位置下移，对自然排烟有利；而迎风面则由于风压、热压的共同作用，会使防烟楼梯间的中和界位置向上移，对自然排烟不利。但仍然是中和界以上才能自然排烟。夏季则相反。由此可见，《标准》第 3.1.3 条（《高规》第 8.2.1 条）50m 或 100m 以下防烟楼梯间采用自然排烟防烟的“安全区”是不存在的[9-16]。

1.4 小结

（1）堵截烟气入侵的最佳加压部位为前室或合用前室，而不是防烟楼梯间。

（2）两种防烟设施甄别结果是自然排烟防烟设施不靠谱应被淘汰，应采用只向前室或合用前室机械加压送风防烟设施，这才符合“以人为本”的防排烟宗旨。

（3）高层建筑加压送风防烟方案应由 3.4.2 条中表 3.4.2-1～4 以及《高规》原有的 4 种排烟方案变为 1 种，即只向前室或合用前室部位的机械加压送风防烟方案。

（4）防烟和排烟是紧密相关、不可分割的一个整体，二者缺一不可。本文针对防烟设施进行了讨论，而对于排烟设施，《标准》4.1.1 条及《高规》第 8.1.2 条也是将自然排烟设施与机械排烟设施并列，要求前者优先采用，起了与防烟设施同样的误导作用。需要排烟的部位有两处：一处是着火房间，应按布局采取相关措施，另一处是内走道，只能采用机械排烟。

（5）《标准》与《高规》要求优先采用可开启外窗自然排烟防烟设施，其问题是显而易见的。一是混淆了着火房间的自然排烟与疏散通道的自然排烟的概念。着火房间高温烟气的烟囱效应在自然排烟外窗上缘有抵御室外风压的能力，烟气能从可开启外窗上排出。而疏散通道的烟气是经过冷却掺混后的烟气，其温度下降不大于 180℃，在外窗上缘缺乏与迎面风力抗衡的能力，烟气排不出去，通常文献中提到的自然排烟都是指着火房间的自然排烟，如文献[25]中图 3-10-2（a）、(b)，文献[26]中图 13-2，文献[27]中图 2-16 都是如此。只有《高规》、《建规》及《标准》将自然排烟防烟设施设在疏散通道，甚至设在防烟楼梯间。二是思维逻辑上的矛盾。为了安全疏散，必须保证楼梯间无烟，顾名思义称其为防烟楼梯间。在本无烟气的防烟楼梯间，开设可开启外窗自然排烟，烟从何处来?这是自相矛盾的表述。后来《标准》改为“自然通风”

都是不靠谱的。

要特别提到的是，《高规》在自然排烟章节提出的一些措施和一些图示是不可靠的[11-17]：

①《高规》第 8.1.1 条和 8.1.2 条条文说明中指出："利用建筑的阳台、凹廊或在外墙上设置便于开启的外窗或排烟窗进行无组织的自然排烟，如图 17（a）～（d）"。这些图示认为烟气到达前室、阳台、凹廊就相当于到达了室外，没有考虑到火灾发生在防烟楼梯间中和界负压区时对烟气的吸引作用，烟气会进入防烟楼梯间。

图（a），（b）中，当室外风向处于防烟楼梯间外窗的背风面、火灾发生在防烟楼梯间的中和界以下的负压区时，从内走道进入前室的烟气会由中和界以下的负压区吸入防烟楼梯间，造成防烟楼梯间有烟；风向位于迎风面时更严重。

图（c）中，当火灾发生在防烟楼梯间中和界以下的负压区时，烟气从走道进入凹廊，无论是无风还是风向正对凹廊的迎风面，到达凹廊的烟气都会由中和界以下的负压区吸入防烟楼梯间。

图（d）中，当火灾发生在防烟楼梯间中和界以下的负压区时，无论是室外无风还是风向正对阳台的迎风面，到达阳台的烟气都会由中和界以下的负压区吸入防烟楼梯间。

②《高规》第 8.2.3 条的条文说明指出："....从自然排烟的烟气流动的理论分析，当前室利用敞开的阳台凹廊或前室内有两个不同朝向有可开启的外窗时，其排烟效果受风力、风向、热压的因素影响较小，能达到排烟的目的。因此本条规定，前室如利用阳台、凹廊或前室内有不同朝向的可开启外窗自然排烟时（如《高规》P194 图 18（a）、（b）），该楼梯间可不设防烟设施。"

这两个图示都认为烟气到达有多个朝向外窗的合用前室后，烟气就可从外窗排出，但没有考虑到火灾发生在防烟楼梯间中和界以下负压区时，负压区的吸力会将已到达合用前室的烟气吸入防烟楼梯间。因此图 18（a）、（b）也是不安全的。

2 机械加压送风系统划分存在的问题

2.1 系统划分

根据《标准》3.4.2 条表 3.4.2-1 至表 3.4.2-4 共划分为 4 种防烟方案（与《高规》的划分方式相同，但加压送风量大得多，最大的为《高规》的 2.4 倍，最小的 1.13 倍）。

表 2 《标准》与《高规》防烟方案对照表

Table 2 Comparison of smoke prevention schemes between "standards" and "high regulations"

表 3.4.2-1	消防电梯前室加压送风的计算风量	对应《高规》表 8.3.2-3
表 3.4.2-2	楼梯间自然通风，独立前室、合用前室加压送风的计算风量	对应《高规》表 8.3.2-4
表 3.4.2-3	前室不送风，封闭楼梯间、防烟楼梯间加压送风的计算风量	对应《高规》表 8.3.2-1
表 3.4.2-4	防烟楼梯间及合用前室分别加压送风的计算风量	对应《高规》表 8.3.2-2

注：换一个人编写只是编号更换一下，突出编写人。

2.2 分析

四种机械加压送风系统方案都是不妥当的。

（1）所有向防烟楼梯间的加压送风都是属加压部位不当，如表 3.4.2-3、表 3.4.2-4（与《高规》8.3.2 条对应的表 8.3.2-1、8.3.2-2），因防烟楼梯间是个气密性极差，四通八达的高耸空间，火灾疏散过程中首层直接对外的疏散外门 $M_{W底}$基本处于常开状态，还有通向屋面层的 $M_{W顶}$开启的频率也不小。向这里加压绝大部分加压空气，成为无效气流从这里漏失；此外，向这里加压激活了同时开启门数量"*n*"（现行《标准》叫 N_1）。

因为现行加压送风量计算是受 N_1"(*n*)"制约的，对加压送风量不利。

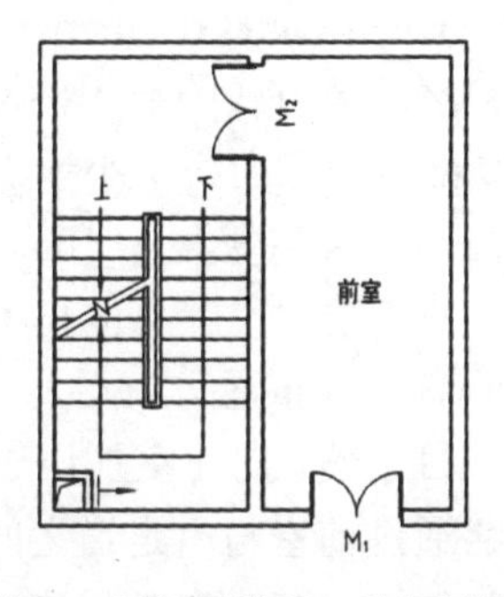

图 1 前室不送风，封闭楼梯间、防烟楼梯间加压送风

Fig.1 The front room does not send wind, closed staircase and smoke prevention staircase pressurized air supply

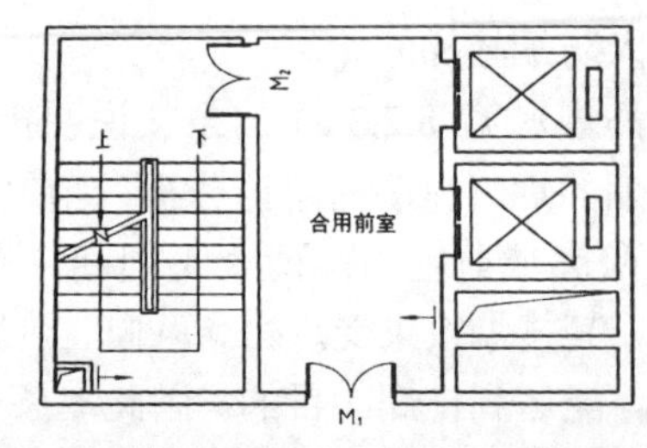

图 2　防烟楼梯间及合用前室分别加压送风

Fig.2　Pressurized air supply for smoke proof staircase and combined front room respectively

如表 3.4.2-3，见图 1；也包括表 3.4.2-4，见图 2。而且分别加压属多点送风，空气流向是不确定的，只有用流体网络分析，才能确定气流流向，分别加压的目的，是想提高其可靠性，起到双保险的作用，实际上，从可靠性框图分析，两个系统是一种相互依存的关系，它的总可靠度是两个系统可靠度的乘积，其总的可靠度不是提高而是降低，事与愿违。由此可见只向防烟楼梯间加压和分别加压都是不妥当的。

（2）表 3.4.2-2 楼梯间自然通风，独立前室、合用前室加压送风量的计算风量（类同《高规》第 8.3.2 条中的表 8.3.2-4 防烟方案）见图 3 存在的问题，此防烟方案按《标准》3.2.1 条规定。

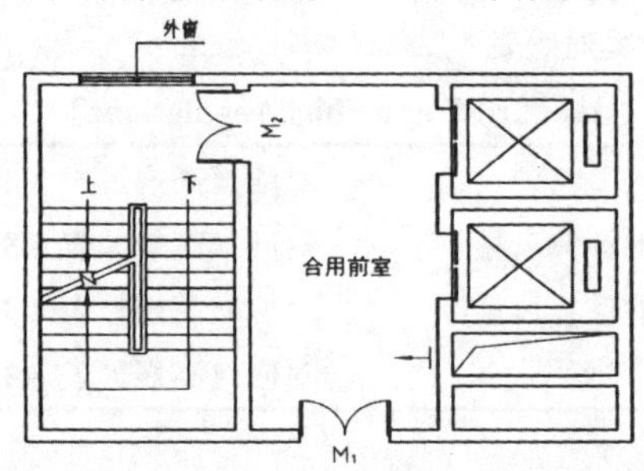

图 3　楼梯间自然通风，独立前室、合用前室加压送风

Fig.3　Staircase natural ventilation, independent anteroom and combined front room pressurized air supply

“采用自然通风方式的封闭楼梯间、防烟楼梯间、应在最高部位设置面积不小于 1.0m² 的可开启外窗或开口；当建筑高度大于 10m 时，尚应在楼梯间的外墙上每 5 层内设置总面积不小于 2.0m² 可开启外窗或开口，且布置间隔不大于 3 层。”

此方案一目了然，向前室加压送风，气流会分为两路，一路通过前室与内走道之间的防火门 M_1 用于抵御烟气入侵——为有效气流。另一路通过前室与防烟楼梯间之间的防火门 M_2 向防烟楼梯间流动，绝大部分流向室外成为无效气流，现在你增大防烟楼梯间直接对外的流通面积（按 15 层计算，开启面积为 0.4m²/层×15 层=6.0m²，加上最高部位的 1.0m²，共计为 7.0m²）显然增大了无效气流的流通面积，使无效气流泄漏量增大，一看就知道是不合理的，是明显的低级错误。

（3）表 3.4.2-1 消防电梯前室加压送风（即《高规》第 8.3.2 条中的表 8.3.2-3 防烟方案）存在的问题见图 4。

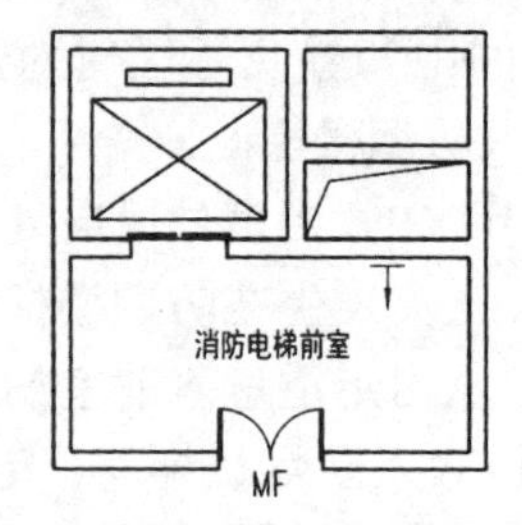

图 4　消防电梯前室加压送风

Fig.4　Pressurized air supply in front chamber of fire elevator

根据 3.4.2 条规定：表 3.4.2-1 消防电梯前室加压送风量的计算风量。

表 3　消防电梯前室加压送风的计算风量

Table 3　Calculation air volume of pressurized air supply in front chamber of fire elevator

系统负担高度 h（m）	加压送风量（m³/h）
24＜h＜50	36900～41500
50＜h＜100	42100～51200

1）《标准》中表 3.4.2-1 消防电梯独用前室不是疏散通道，只是供消防队员运送消防器材和火灾过程中的伤病员用的，只有一个防火门 *MF*，只在火灾层（或下一层、上一层）和地面层停靠，而且上下各层都是不连通的，与防烟楼梯间风量计算中同时开启门数量“N_1”无关（或《高规》的“n”无关），也与系统负担高度 h（m）无关。

2）即使采用《标准》中的机械加压送风系统，由于前室空气泄漏面积小，加压送风系统一启动，必然超压，因此表 3.4.2-1 是不能使用的。

因为只要加压送风系统一启动，前室内的泄流面积太小，前室内产生的正压力为 P_Q 升高，门就推不开。见图 4，作如下计算以资佐证。

①假设：

● 系统负担高度 h=50m（按 16 层计）按表 3.4.2-1 加压送风量 L_Q=36900m³/h。

● 防火门 MF 为标准规格，即 1.6m×2.0m=3.2m² 双扇门，开启时：

A_{MFK}=3.2m²，关闭时门缝 A_{MFg}=（1.6×2+20×3）×0.003=9.2×0.003=0.0276m²。

● 电梯门缝为 0.06m²，与电梯竖井排气孔 0.1m² 串联后的当量流通面积 $A_{d门}$=0.051449575m²。

● 总泄漏面积 $A=A_{MFg}+A_{d门}$=0.079049575m²。

②前室内的正压力 ΔP_Q 按下式计算：

$L_Q=0.827\cdot A\cdot \Delta P_Q^{1/2}\cdot 3600$

$\Delta P_Q=(L_Q/0.827A\cdot 3600)^2=(36900/0.827\times 0.079049575\times 3600)^2=24583\text{Pa}$

③推开 0.8m×2.0m 一扇门的推力 N：

$N\times(0.8-0.06)=\Delta P_Q\times 0.8\times 2.0\times 0.8/2+25$

$N=(\Delta P_Q\times 0.8\times 2.0\times 0.8/2+25)/(0.8-0.06)=21294\text{N}=2173\text{kg}$ 力

显然不可能将防火门推开的，方案是不可行的。

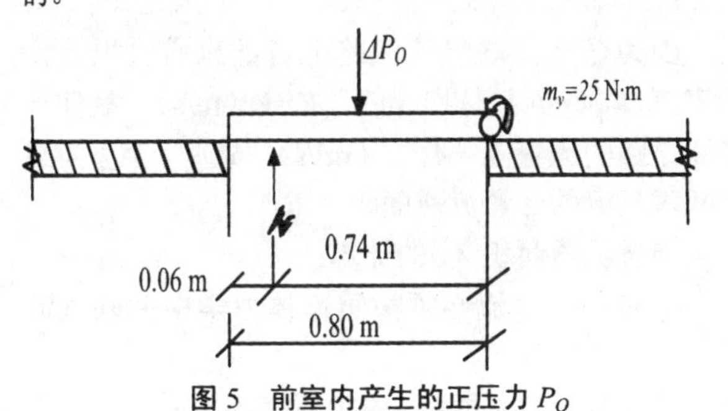

图 5　前室内产生的正压力 P_Q

Fig.5　Positive pressure generated in the anterior chamber P_Q

3　排烟系统划分存在的问题

为了节省篇幅，这里省略规范的提法。只谈分析得到的正面的结论。

需要排烟的部位只有两处：一处是内走道或回廊，另一处是需要排烟的着火房间。

3.1　内走道

内走道不能采用可开启外窗自然排烟。

（1）因为窜入内走道的烟气温度是经过冷却掺混后≯180℃的低温烟气，在可开启外窗上缘无法与外窗迎面风力相抗衡，烟气是排不出去的。

（2）即使在室外风速很小的地区，或者具有多个朝向可开启外窗的条件下，烟气能排得出去，但因为内走道属有限空间，窜入内走道的烟气会产生背压，使加压空气通过前室与内走道之间的防火门 M_1，抵御烟气入侵的气流【L_{M1}=（0.7～1.2m/s）×A_{M1}】难以通过，而且由于火灾过程中的烟气压力、温度、烟气量、烟气成分等等都是变化的、动态的，使通过防火门 M_1 的加压空气量 L_{M1}，也是动态的、无法计算的量，使现行加压送风量的计算方法无法应对，即使新的“当量流通面积流量分配法”都无能为力，从谋略的角度只能选择机械排烟法。

3.2　需要排烟的房间应按房间的布局条件分别采用排烟设施

（1）对具有一面外墙的房间，在该地点自然排烟极限高度 H_j 以下的房间，可采用自然排烟，H_j 高度以上只能采用机械排烟；

（2）对具有多个朝向可开启外窗的房间，自然排烟的高度不受限制[5]；

（3）对没有外墙的房间只能采用机械排烟。

4　加压送风量计算方法的问题

4.1　规范的发展变化过程

《高规》、《建规》规定：加压送风量的计算值取压差法与流速法二者中之大值，再与风量控制表比较取二者中之大值。

分析：

（1）除了压差法违背了气流串联流动规律，流速法违背了气流连续性流动规律外；

（2）将开门工况与关门工况视为独立存在的工况的理念问题。

因为火灾疏散过程中总有一部分防火门是开启，另一部分防火门是关门的，由同时开启门数量“n”的定义就可明白。

《上海规》、《标准》等确认火灾疏散过程中总有一部分防火门开启另一部分防火门是关闭的，是向前迈进了一步，但对加压送风量的计算，仍未跳出压差法与流速法的误区以及最佳加压部位选择的误区。

对防烟楼梯间的加压送风量 L_L 是取压差法 L_Y 与流速法 L_V 计算风量之和。

$$L_L=L_Y+L_V \quad (1)$$

对前室的加压送风量 L_Q 取流速法 L_V 与未开启的常闭送风阀的漏风总量 L_3（m³/s）之和。

$$L_Q=L_V+L_3 \quad (2)$$

式中，L_Y 与 L_V 为压差法与流速法的表达式见

《高规》GB50045-95（2005P198或（5)、(6)）解释从略，L_3为关闭风口漏风量，m^3/s。

$L_3=0.083A_F \cdot N_3$　　（3）

式（3）见《上海规》P20（5.1.1-4)；

式中，0.083为阀门单位面积的漏风量，m^3/s，m^3；A_F为每个送风阀门总面积，m^2；N_3为漏风阀门的数量（应取前室系统负担层数—1笔者注）。

分析问题在于：

（1）防烟系统划分不妥当

这里是既向防烟楼梯间加压又向前室加压，很显然是加压部位不合理，抵御烟气入侵防烟楼梯间的最佳加压部位，是前室或合用前室，也只需在前室或合用前室这一处加压送风。这里又增加了一处向防烟楼梯间加压送风，想起到双保险的效果，实则事与愿违！从网络图上一看就明白属多点送风，从这两个点送入的风量其流向是不确定的，只能通过流体网络分析才能确定。研究表明[15]：火灾疏散过程中，分别加压的加压气流，除了送入防烟楼梯间的加压空气全部从防烟楼梯直接对外的无效气流通道漏失外，送入前室或合用前室中的一部分加压空气也通过防烟楼梯间的无效气流通道流至室外。规范中所谓的防烟楼梯间的压力大于前室或合用前室，是一种违背气流流动规律的臆想！

（2）将不适用于高层建筑加压送风量计算的压差法与流速法搬上了计算式。

因压差法只适用于简单的直流式系统，用于极为复杂的高层建筑加压送风系统违背了串联气流流动的基本规律。流速流法违背了气流连续性流动基本规律。M_1、M_2同时开启“n”层只能说明能通至内走道，内走道不是室外无限空间$n \cdot F \cdot V$是不可能连续流动的。

（3）抛开压差法与流速法宏观上不适用于高层建筑加压送风量计算之外，从微观上两种方法中的参数都是无法确定的。

因为火灾疏散过程中是一部分防火门开启，另一部分防火门关闭，这时压差法中的压力差ΔP、关闭的门缝面积A是无法确定的。同样流速法中的同时开启的门的数量“n”是多少？《标准》中N_1是多少？还是按几十年前老一套$N<20$层时，取“n”=2，$N \geq 20$层时，取“n”=3（《标准》中N_1=1～3）那只能是自欺欺人。即使防火门M_1、M_2同时开启“n”层，N_1层气流只能通至内走道，内走道不是室外无限空间，从内走道到达室外无限空间，气流通路的流通面积如何计算都是无法解决的。只能以新的计算方法取而代之。

为此，根据流体力学理论提出了“当量流通面积流量分配法”。

因为加压送风气流送入正压间后，加压空气总是从高压空间向低压空间流动，不论分成了多少路并联气流，每路气流不论经过了多少道门、窗孔洞或门、窗缝隙，不论气流是串了又并或是并了又串，最终汇合点都是室外P_W=0Pa的无限空间，可以整理为许多路具有共同起点和共同终点的并联气流，这些并联气流中的任何一路都是从起点到终点，每经过一道门、窗洞或门窗缝隙有一次压降ΔP_i(Pa)，但每路并联气流的总压降都是相等的，即任何一路并联$\sum_{1}^{n} \Delta P_i = \Delta P\,(\mathrm{Pa})$，各路并联气流的流量$L_i$（$m^3/s$）与其当量流通面积$A_{di}$（$m^2$）成正比。

因为任一并联气流流路上当量流通面积计算的流速V_i（m/s）是相等的，$V_i=V$（m/s），故任一并联通路的流量$L_i=A_{di} \cdot V$（m^3/s），式中，A_{di}为某路并联气流的当量流通面积（m^2）。

当量流通面积A_{di}的计算：

①对并联气流必须按照流体力学中并联气流面积的公式计算。

并联气流的总面积A_{di}为所有各并联气流分部面积$a_1+a_2......a_n$之和。

$$A_{di} = a_1 + a_2 + \cdots a_n \quad (\mathrm{m}^2)$$

②对串联气流$a_1+a_2......a_n$的当量流通面积A_{di}。

$$A_{di} = \frac{1}{\left(1/a_1^2 + 1/a_2^2 + \cdots + 1/a_n^2\right)^{1/2}} \quad (\mathrm{m}^2)$$

4.2 范例计算

运用新的“当量流通面积流量分配法”并采用多项谋略举措，对即使所有防火门都同时开启，都能确保安全疏散，用此范例，以资佐证。

（1）假设系统负担层数为32层，只向前室或合用前室加压送风内走道设机械排烟系统，排烟风量$L_P=L_{M1K}+L_{烟气\max}$。

以内走道压力P_Z=0Pa为控制点控制L_P。

按同时开启门数量“n”=100%N，计算网络图如图6所示。

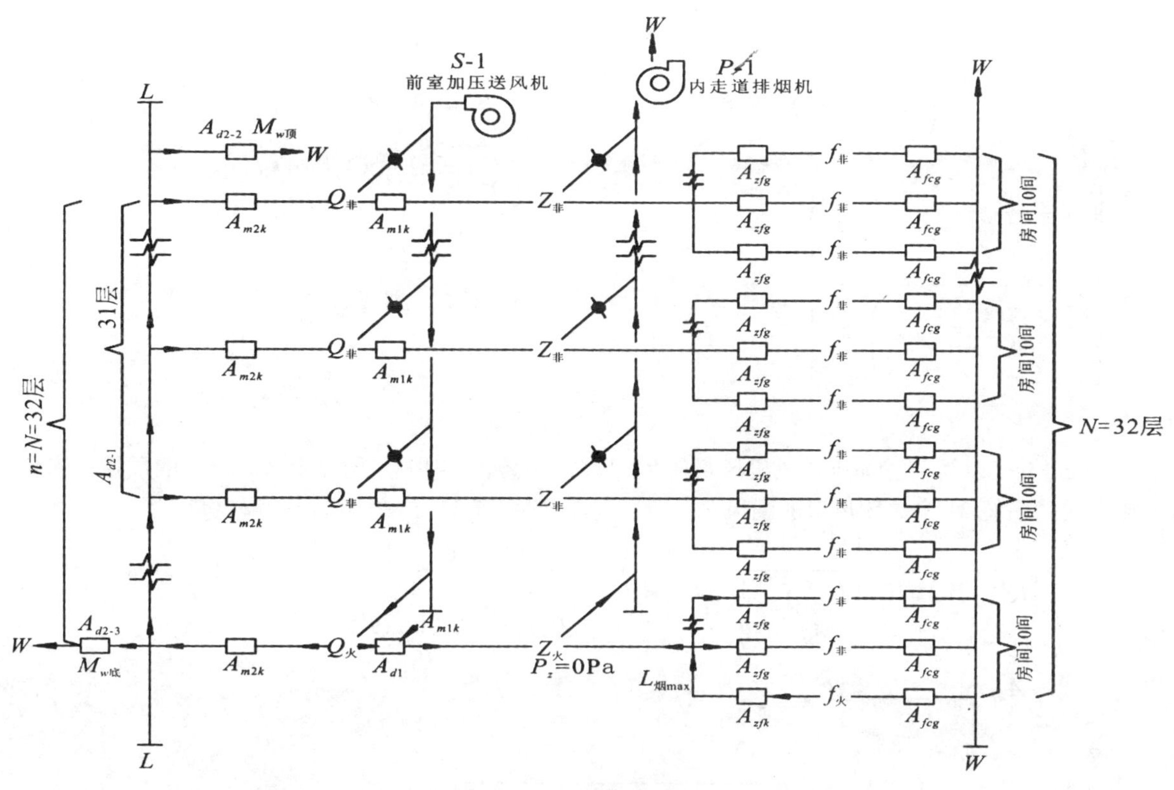

图 6 计算网络图

Fig.6 Network diagram

符号：L 为防烟楼梯间；$Q_{非}$为非着火层前室；$Q_{火}$为着火层前室；$Z_{非}$为非着火层内走道；$f_{火}$为着火房间；$f_{非}$为非着火房间；S-1 为前室加压送风机；P-1 为排烟风机。

范例着火房间为旅馆客房，尺寸为 6.9m×3.9m，其排出的烟气量按 $6h^{-1}$ 计。

烟气量 $L_{烟\ max}=3.9m\times6.9m\times60m^3/(h\cdot m^2)=1615m^3/h=0.449m^3/s$

设 $A_{m1k}=A_{m2k}=M_{w底}=M_{w顶}$。按四种规格的防火门计算：

$1.6m\times2.0m=3.2m^2$

$1.2m\times2.0m=2.4m^2$

$1.0m\times2.0m=2.0m^2$

$0.8m\times2.0m=1.6m^2$

（2）对四种规格防火门的气流流路按“当量流通面积流量分配法”的计算数据以及风量计算结果均列于表 4。

表 4 气流流路及风量计算表

Table 4 Airflow path and air volume calculation table

四种防火门规格 (m^2)	气流流路						风量			内走道最大排烟量 L_p (m^3/s)
	A_{d2-1} (m^2)	A_{d2-2} (m^2)	A_{d2-3} (m^2)	$A_{d2-1}+A_{d2-2}+A_{d2-3}$ (m^2)	A_{d2} (m^2)	A_{d1} (m^2)	L_{Ad1} (m^3/s)	L_{Ad2} (m^3/s)	L_{s-1} (m^3/s)	
1.6×2.0=3.2	3.2	0.151899643	3.2	6.551899643	2.875375372	3.2	3.2	2.8754	6.0754	3.649
1.2×2.0=2.4	2.4	0.151899366	2.4	4.951899366	2.159711504	2.4	2.4	2.1597	4.5597	2.849
1.0×2.0=2.0	2.0	0.151899088	2.0	4.151899088	1.801568626	2.1	2.0	1.8016	3.8016	2.449
0.8×2.0=1.6	1.6	0.151898575	1.6	3.351898575	1.4439311066	1.6	1.6	1.4439	3.0439	2.049

其中，$A_{d2-2} = 31\times\left[\dfrac{1}{\left(1/A_{MIK}^{2}+1/0.0049^{2}\right)}\right]$

$$A_{d2} = \left[\frac{1}{\left(1/A_{MIK}^{2}+\left(\sum_{1}^{3}A_{d2-i}\right)^{2}\right)^{1/2}}\right]$$

$$A_{d1} = A_{M1K}$$

$$L_{Ad1} = A_{d1}\times 1.0\,\text{m/s}$$

$$L_{Ad2} = A_{d2}\times 1.0\,\text{m/s}$$

$$L_{s-1} = L_{Ad-1} + L_{Ad-2}$$

$$L_P = L_{Ad1} + L_{烟\max}$$

注：①表4中 L_{s-1} 为前室加压送风机风量未包括前室加压送风系统31个关闭风口的漏风量；②表4中内走道排烟风机 P-1的风量也未包括排烟系统31个关闭风口的漏风量。

$$\left(Z_{非}\sim W\right)=10\times\left[\frac{1}{\left(\frac{1}{A_{zfg}^{2}}+\frac{1}{A_{fcg}^{2}}\right)^{1/2}}\right]=10\times\left[\frac{1}{\left(\frac{1}{0.018^{2}}+\frac{1}{0.00049^{2}}\right)^{1/2}}\right]=0.0049m^{2}$$

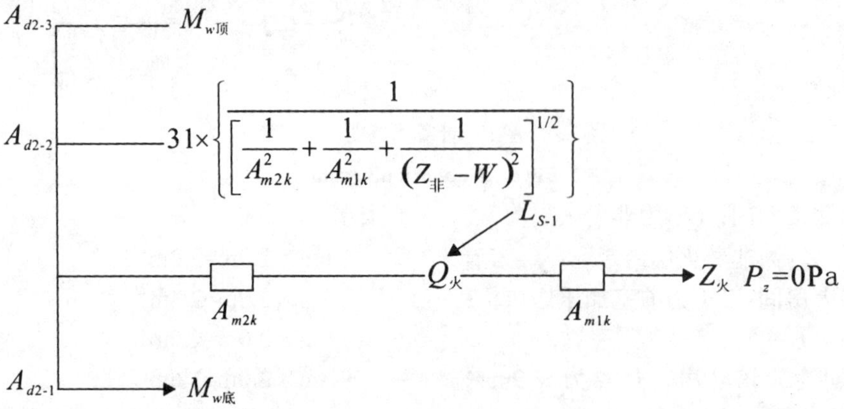

A_{d2-3} —— $M_{w顶}$

A_{d2-2} —— $31\times\left\{\dfrac{1}{\left[\dfrac{1}{A_{m2k}^{2}}+\dfrac{1}{A_{m1k}^{2}}+\dfrac{1}{(Z_{非}-W)^{2}}\right]^{1/2}}\right\}$

L_{S-1} → $Q_{火}$

—— A_{m2k} —— $Q_{火}$ —— A_{m1k} → $Z_{火}$ P_z=0Pa

A_{d2-1} → $M_{w底}$

$$L_{Ad2}=1.0(\text{m/s})\times A_{d2}\,,\quad L_{Ad1}=1.0(\text{m/s})\times A_{d1}=1.0(\text{m/s})\times A_{m1k}$$

（3）小结

从表4中看出随防火门面积的减少，前室加压送风系统 L_{s-1} 的风量和内走道排烟系统 L_P 的风量相应减小，见表5。

表5　随防火门面积的减少，各量的变化表

Table 5　With the decrease of the area of fire doors, the change table of each volume

防火门		L_{S-1}		L_P		备注
面积（m²）	（%）	（m³/h）	（%）	（m³/h）	（%）	
3.2	100	24313.5	100	13136.4	100	
2.4	75	16415.0	67.5	10256.4	78.1	
2.0	62.5	13686.0	56.3	8816.4	67.1	
1.6	50	10958.0	45.1	7376.4	56.2	

从表5中数据看出，前室加压送风量 L_{S-1}，和内走道排烟 L_P 都随防火门面积的减少而减少；L_{S-1}

减少的速度更快，从经济性角度应尽量缩小防火门的尺寸。

上表的数据是按最不利情况下即所有常闭型防火门100%都开启算得的，是绝对安全的。是采取各种谋略措施和全新的加压送风量计算方法等的成果。

本文对西南交通大学谢永亮老师的协作表示感谢。

参考文献：

[1] 刘朝贤.加压送风有关问题的探讨[J].制冷与空调,1998,(4):1-11.

[2] 刘朝贤.对高层建筑房间自然排烟极限高度的探讨[J].制冷与空调,2007,(4):56-60.

[3] 刘朝贤.对高层建筑防烟楼梯间自然排烟的可行性探讨[J].制冷与空调,2007,21(增刊):83-92.

[4] 刘朝贤.对《高层民用建筑设计防火规范》第8.2.3条的解析与商榷[J].制冷与空调,2007,21(增刊):110-113.

[5] 刘朝贤.高层建筑房间开启外窗朝向数量对自然排烟可靠性的影响[J].制冷与空调,2007,21(增刊):1-4.

[6] 刘朝贤.对加压送风防烟中同时开启门数量的理解与分析[J].暖通空调,2008,38(2):70-74.

[7] 刘朝贤.对自然排烟防烟“自然条件”的可靠性分析[J].暖通空调,2008,38(10):53-61.

[8] 刘朝贤.对《高层民用建筑设计防火规范》中自然排烟条文规定的理解与分析[J].制冷与空调,2008,22(6):1-6.

[9] 刘朝贤.“当量流通面积流量分配法”在加压送风量计算中的应用[J].暖通空调,2009,39(8):102-108.

[10] 刘朝贤.《高层民用建筑设计防火规范》第6、8两章矛盾性质及解决方案的探讨[J].暖通空调,2009,39(12):49-52.

[11] 刘朝贤.对高层建筑加压送风优化防烟方案“论据链”的分析与探讨[J].暖通空调,2010,40(4):40-48.

[12] 刘朝贤.对现行加压送风防烟方案泄压问题的分析与探讨[J].暖通空调,2010,40(9):63-73.

[13] 刘朝贤.多叶排烟口/多叶加压送风口气密性标准如何应用的探讨[J].暖通空调,2011,41(11):86-91.

[14] 刘朝贤.对高层建筑加压送风防烟章节几个主要问题的分析与修改意见[J].制冷与空调,2011,25(6):531-540.

[15] 刘朝贤.对防烟楼梯间及其合用前室分别加压送风防烟方案的流体网络分析[J].暖通空调,2011,41(1):64-70.

[16] 刘朝贤.加压送风系统关闭风口漏风量计算的方法[J].暖通空调,2012,42(4):35-46.

[17] 刘朝贤.对《建筑设计防火规范》流速法计算模型的理解与分析[C].2013年第十五届西南地区暖通热能动力及空调制冷学术年会论文集,2013:40-47.

[18] 刘朝贤.对现行国家建筑外门窗气密性指标不能采用单位面积渗透量表述的论证[J].制冷与空调,2014,28(4):504-507.

[19] 刘朝贤. 建筑物外门窗气密性能标准如何应用的研究[J].制冷与空调,2014,28(4):415-421.

[20] 刘朝贤.高层建筑防排烟研究（1）：压差法和流速法不宜用于高层建筑加压送风量计算[J].暖通空调,2015,45(9):16-20.

[21] 刘朝贤.高层建筑防排烟研究（2）：对高层建筑加压送风系统划分的研究[J].暖通空调,2015,45(10):64-67.85.

[22] 刘朝贤.高层建筑防排烟研究（3）：再论当量流通面积流量分配法在加压送风量计算中的应用[J].暖通空调,2015,45,(11):29-34.

[23] 刘朝贤.论《再论当量流通面积流量分配法在加压送风量计算中的应用》的谋略[J].制冷与空调,2016,(2):115-119.

[24] 刘朝贤.高层建筑加压送风量控制表的研究[J].制冷与空调,2016,(2):136-141.

[25] 郭铁男.中国消防手册第三篇建筑防火设计[S].上海:上海科学技术出版社,2016.

[26] 蒋永琨.高层建筑防火设计手册[M].北京:中国建筑工业出版社,2006.

[27] 赵国凌.防排烟工程[M].天津:天津科技翻译出版公司,1991.

（影印自《制冷与空调》2018年10月第32卷第5期483—493页，略有修改）

文章编号：1671-6612（2019）02-119-04

论“防排烟规范主体”与安全疏散设施、策略之间的辩证关系

刘朝贤

（中国建筑西南设计研究院有限公司　成都　610041）

【摘　要】将高层建筑火灾时人与烟气的博弈，比作一盘棋局，规范主体是“棋手”，所有设施、方法等都是“棋子”，棋局的胜负体现棋手的水平。

【关键词】防烟；排烟；部位；设施；谋略

中图分类号　TU834　　文献标识码　A

On the Dialectical Relation between The Subject of Smoke Control and Exhaust Standards and Safe Evacuation Facilities and Strategies

Liu Chaoxian

(China Southwest Architectural Design and Research Institute Co., Ltd, Chengdu, 610041)

【Abstract】 The game between people and smoke in high-rise building fire is compared to a chess game. The main body of regulation is "chess player". All facilities and methods are "chess pieces". The winning or losing of chess game reflects the level of chess player.

【Keywords】 smoke control; smoke exhaust; location; facilities; strategy

0　概述

火灾发生过程中，防排烟规范标准与烟气的博弈，犹如一盘棋局。

规范主体为“棋手”，所有防烟设施、排烟设施和方法策略都是“棋子”，“棋子”本身没有好坏之分，但“棋子”存在资格问题，如机械加压送风防烟、机械排烟、可开启外窗自然排烟或自然通风设施等都是有资格的“棋子”。压差法、流速法不是棋子，因压差法在高层建筑中违背了串联气流流动的基本规律，流速法违背了气流连续性流动的基本原则，都没有资格成为“棋子”，而“当量流通面积流量分配法”完全符合气流流动规律已成为合格的“棋子”。

一盘棋的胜负，取决于“棋手”的“运筹帷幄”和“棋手”对每颗“棋子”的功能、适应条件并能结合建筑布局作出正确决策，才能成为好的“棋手”。

1　火灾过程中“棋手”的运作

受篇幅所限，现举出防烟与排烟方面的案例分析于下。

1.1　防烟方面

1）《标准》[3]第 3.4.2 条中表 3.4.2-3 是前室不送风、封闭楼梯间、防烟楼梯间加压送风。与《高规》[1]第 8.3.2 条中表 8.3.2-1 防烟方案类同。

（1）解读：棋局中是“棋手”将“棋子”机械加压送风置于防烟楼梯间这个部位，增大防烟楼梯间内的压力$\triangle P_L$以抵御烟气的入侵。

（2）分析：由于防烟楼梯间是个气密性极差的高茸空间，火灾疏散过程中半数以上（每个防火

作者（通讯作者）简介：刘朝贤（1934.1-），男，大学，教授级高级工程师，硕士生导师，享受国务院政府特殊津贴专家

收稿日期：2018-12-10

分区按两个安全出入口计）的人要通过防烟楼梯间首层直接对外的安全出口 $M_{W底}$或屋面层的安全出口 $M_{W顶}$疏散，其开启的频率很高，有时处于常开状态。

根据《标准》3.4.4 条第 2 款规定：

“楼梯间与走道之间的压差应为 40Pa～50Pa”。

假设 $M_{W底}=M_{W顶}$均为标准规格的防火门：1.6m×2.0m=3.2m^2，其漏风量 $L_L=0.827A\times\triangle P^{1/2}\times3600m^3/h$。

一个防火门开启时，其漏风量为 60254m^3/h～67366m^3/h。

两个防火门同时开启时，其漏风量为 120508m^3/h～134732m^3/h。

而《标准》3.4.2 条表 3.4.2-3 中当 $h\leqslant100m$ 时的加压送风量为 $L=45800m^3/h$，漏风量远大于送风量，是抵御不了烟气入侵的。

此外，向防烟楼梯间加压，激活了同时开启门数量《标准》中的 N_1（同《高规》中的“n”）对加压送风量计算很不利，显然方案是不可行的，是“棋手”选择加压部位错误所至。如果“棋手”将加压部位改为只向前室或合用前室，加压楼梯间不送风，可靠性、经济性完全两样。

因为从流体力学的理论一眼就看出：将加压部位由防烟楼梯间向内移至前室或合用前室。

①使 $M_{W底}$、$M_{W顶}$直通室外的门洞上增加了一道串联门洞 M_{2k}，减小了无效气流通路的面积，可降低无效气流流量，而在抵御烟气入侵的有效气流通路上减少了一道串联的门洞 M_{2k}或门缝 M_{2g} 增大了有效气流通路面积，对抵御烟气入侵有利。

②节制了《标准》中的 N_1（或《高规》中的“n”）这都是“棋手”运作的失误造成的失败。

2）《标准》3.4.2 条表 3.4.2-4 防烟楼梯间及独立前室，合用前室分别加压送风（与《高规》8.3.2 条中表 8.3.2-2 防烟方案类同）。

（1）解读：棋局中是“棋手”将一枚“棋子”机械加压送风置于防烟楼梯间，又将相同的一枚“棋子”置于独立前室合用前室，对二者采用分别加压的防烟方式，以抵御烟气的入侵。

（2）分析：从流体力学空气流动理论分析，分别加压属多点送风，空气流向是不确定的，只能用流体网络分析，才能确定气流流向。“棋手”认为分别加压，气流都是往内走道方向流动的，那只是一种臆想。研究表明[6]：除了送入防烟楼梯间的风量全部从防烟楼梯间直接对外的疏散外门流失成为无效气流外，送入前室或合用前室中的一部分风量也通过防烟楼梯间从疏散外门流失。

规范规定分别加压，是想达到防烟楼梯间的压力 P_L 大于合用前室的压力 P_Q，都是办不到的。直接对外的疏散外门 $M_{W底}$、$M_{W顶}$都是往疏散方向开启的，防烟楼梯间内压力是升不上去的。

分别加压是想提高系统的可靠性，实际上，从可靠性框图分析，分别加压的两个系统是一种相互依存的关系，它的总可靠度是两个系统可靠度的乘积，其可靠度不是提高而是降低，事与愿违。由此可见分别加压是不正确的，是不可行的。

3）《标准》3.4.2 条表 3.4.2-1 消防电梯前室加压送风（与《高规》8.3.2 条中表 8.3.2-3 类同）。

（1）解读：棋局中是“棋手”将“棋子”机械加压送风置于消防电梯间前室，增大消防电梯间前室内的压力，以抵御烟气的入侵。

（2）分析：消防电梯前室是消防电梯的独用前室，不是疏散通道是只供消防队员运送消防器材和火灾过程中少数伤病员专用的专用电梯，只有一个防火门 M_F，只在火灾层的下一层或上一层和地面层停靠，与同时开启门数量“N_1”无关（或与《高规》“n”无关），与系统负担负数或高度 h（m）也没有关系，这里将它与疏散通道上的作法完全一样是不靠谱的。

因为独用前室内的缝隙面积很小，只要加压送风系统一启动防火门 M_F 就打不开了，是不能使用的。

4）《标准》3.4.2 条表 3.4.2-2 楼梯间自然通风，独立前室、合用前室加压送风，3.3.11 条规定：靠外墙的防烟楼梯间，尚应在外墙上每 5 层设置总面积不小于 2m^2 的固定窗。（与《高规》8.3.2 条中表 8.3.2-4 类同，表 8.3.2-4 表头中规定：防烟楼梯间采用自然排烟，前室或合用前室不具备自然条件的送风量。8.2.2.2 条规定与《标准》3.3.11 规定相同）。

（1）解读：棋局中是“棋手”将“棋子”机械加压送风置于独立前室，合用前室，增大独立前室，合用前室内的压力，以抵御烟气的入侵。将可开启外窗自然排烟这颗“棋子”置于防烟楼梯间。

根据《标准》4.1.1 条……应优先采用自然排烟系统。故在内走道设自然排烟外窗 $A_{zCK}=1.0m^2$，

假设系统负担层数 N=15 层按表 3.4.2-2 加压送风量为 44700m^3/h。

（2）分析：

①空气流动网络图如图 1 所示。

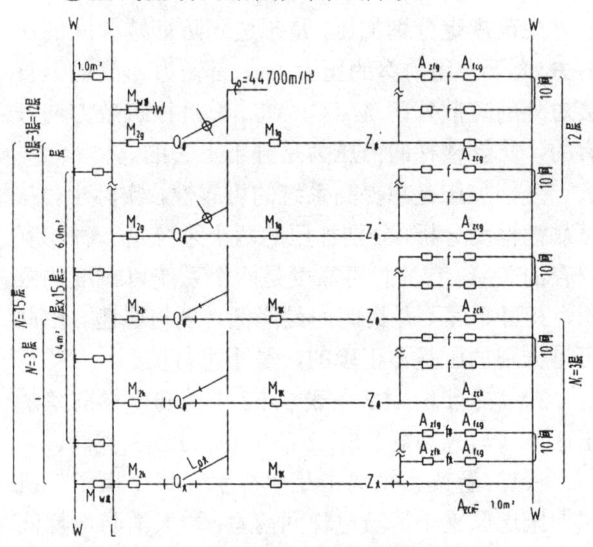

图 1　空气流动网络图

Fig.1　Air flow network diagram

L—防烟楼梯间；$Q_火$—着火层前室；$Q_非$—非着火层前室；$Z_火$—着火层内走道；W—室外；$Z_非$—非着火层内走道；$f_火$—着火房间；$f_非$—非着火房间；f—着火层以外房间

防火门开启面积：$M_{1k}=M_{2k}=M_{W底}=M_{W顶}$=1.6m×2m=3.2m^2

防火门关闭面积：$M_{1g}=M_{2g}$=0.0276m^2

内走道房间开启面积：A_{zfk}=1.0m×2.0m=2.0m^2

关闭时缝隙面积：A_{zfg}=0.018m^2

房间外窗关闭时面积：A_{fcg}=0.00049m^2

内走道外窗开启面积：A_{zck}=1.0m^2

内走道外窗缝隙面积：A_{zcg}=0.00045m^2

②各通路面积：

《标准》3.3.11 条规定：防烟楼梯间外墙上每 5 层设置有总面积不小于 2.0m^2 的固定窗 15 层共计为 0.4m^2/层×15 层=6m^2；

《标准》3.2.1 条规定：……防烟楼梯间最高部位设置面积不小于 1.0m^2 开口；

防烟楼梯间直通室外的疏散出口 $M_{W底}+M_{W顶}$=3.2m^2×2=6.4m^2。

③《标准》3.4.6 条中规定：设计疏散门开启的楼层数 N_1（《高规》称"n"=3）。

④总风量 L_Q 分配到火灾层前室 $Q_火$的风量，为计算方便先不计关闭风口的漏风量，$L_{Q火}$=44700m^3/h÷N_1=14900m^3/h，如果验算着火层 M_{1K} 处抵御烟气入侵的风速 v_{m1k} ＜0.7m/s，方案就是不可靠的。

$L_{Q火}$分为两路：一路通过 M_{2K}，流向开口面积很大的防烟楼梯间，另一路通过 M_{1K}→$Z_{火\sim W}$。

$$Z_{火\sim W}=A_{ZCK}+9\left(\frac{1}{A_{zfg}^2}+\frac{1}{A_{fcg}^2}\right)^{-1/2}$$

$$=1.0+9\left(\frac{1}{0.018^2}+\frac{1}{0.00049^2}\right)^{-1/2}=1.004408367\mathrm{m}$$

串联后：

$$M_{1K}\to Z_{火\sim W}=\left(\frac{1}{M_{1K}^2}+\frac{1}{Z_{火\sim W}}\right)^{-1/2}$$

$$=\left(\frac{1}{3.2^2}+\frac{1}{1.004408367^2}\right)^{-1/2}=0.95470715\mathrm{m}^2$$

楼梯间对外开口面积：

A_L=6.0+1.0+3.2×2=13.4m^2

与 M_{1K} 串联后

$$A_d=\frac{3.2\times13.4}{(3.2^2+13.4^2)^{1/2}}=3.112480739\mathrm{m}^2$$

根据当量流通面积流量分配法，流向 M_{1K} 和 M_{2K} 的流量分配及流速：

$$v_{m1k}=14900\mathrm{m}^3/\mathrm{h}\times\frac{0.95470715}{3.112480739+0.95470715}$$

$$\times\frac{1}{M_{1K}}\times\frac{1}{3600\mathrm{s}}=0.303605565\mathrm{m/s}<0.7\mathrm{m/s}$$

故无法抵御烟气入侵。

说明"棋手"将"棋子"机械加压送风设施置于独立前室、合用前室。在楼梯间采用自然通风的方式是不成立的。

1.2　排烟方面

1.2.1　排烟部位

根据《标准》4.1.3 条 2 款：周围场所应按现行国家标准《建筑设计防火规范》GB50016—2014（以下简称《建规》）中的规定设置排烟设施。而《建规》8.5.2 条、8.5.3 条中规定，需要排烟的部位归纳起来有两处：

（1）内走道：

①在《建规》8.5.2 条第 4 款规定：高度大于 32m 的高层厂房（仓库）内长度大于 20m 的疏散走道，

其他厂房（仓库）内长度大于40m的疏散走道；

②在《建规》8.5.3条第5款规定：建筑内长度大于20m的内走道。

（2）着火房间：

①在《建规》8.5.2条第1.2.3款的房间；

②在《建规》8.5.3条第1.2.3.4款的房间；

③在《建规》8.5.4条的房间；

1.2.2 排烟方案

根据《标准》中4.1.1条规定：建筑排烟系统的设计应根据建筑的使用性质、平面布局等因素，优先采用自然排烟系统。

（1）内走道采用可开启外窗自然排烟。

①解读：棋局中“棋手”将“棋子”可开启外窗自然排烟置于内走道排除由着火房间窜入内走道的烟气。

②分析：由于从着火房间窜入内走道的烟气是经过换热冷却，掺混后温度≯180℃的低温烟气，其热压作用在可开启外窗上缘产生向外喷出的速度小，无力与外窗迎面风力相抗衡，烟气是排不出去的，即使采取两个对开方向的外窗，或者对室外风速很小的地域，或某个时段烟气可以排得出去。但因为内走道属于有限空间，烟气进入内走道后背压升高，会阻碍加压空气通过前室或合用前室与内走道之间的防火门M_1用于抵御烟气入侵的气流L_{M1}通过，且使其成为动态的无法计算的量，会使所有加压送风量的计算方法都无法适应，这是个谋略问题，只能采用机械排烟设施。“棋手”采用的“棋子”是不妥当的。

（2）着火房间优先采用可开启外窗自然排烟的问题。

解读：棋局中“棋手”对所有着火房间都采用可开启外窗自然排烟这颗“棋子”优先的提法不科学。所谓优先，是两种方案都成立才有自然排烟优先之说。如果只有其中某一种方案就不存在优先的问题。

①对只有一个朝向外墙的着火房间，只有自然排烟极限高度H_{jh}（m）以下的房间才能自然排烟，H_{jh}以上的房间只能采用机械排烟，别无选择。

②对有多个朝向外墙的着火房间[8]，任何高度的房间都可自然排烟，不存在优先之说。

2 总结

规范主体——“棋手”就是火灾前线的总指挥，指挥官只有对自己部下的每一个兵——“棋子”的长处、短处、优点、缺点能干什么、不能干什么了如指掌，才能用兵如神，战无不胜。

（1）机械加压送风防烟这颗“棋子”只能用于前室或合用前室，绝不能用于防烟楼梯间。

（2）可开启外窗自然排烟这颗“棋子”只能用于烟气温度很高，具有外窗的着火房间，不能用于疏散通道更不能用于防烟楼梯间。

①着火房间只有一面外窗时，只有自然排烟极限高度H_{jh}（m）以下能自然排烟[7]。

②着火房间具有多个朝向可开启外窗时，任何高度都可采用开启外窗自然排烟[8]。

（3）防排烟系统只有一种：即向前室或合用前室的机械加压送风与内走道机械排烟相接合的一体化防排烟系统。

（4）“棋手”的水平高低，就是规范《标准》的好坏的唯一衡量标准。

（5）棋局的失败是“棋手”的失败，也是规范《标准》的失败。

2001—2005年《中国消防手册》统计的资料表明全国共发生火灾120万起，造成12268人死亡，有3/4的人系吸入有毒、有害烟气直接导致死亡的，平均每年熏死1841人。防排烟规范的宗旨是确保火灾时的安全疏散，规范的宗旨没有实现，这些无辜的亡灵该向谁问责？值得深思！

参考文献：

[1] GB50045—95[2005年版],高层民用建筑设计防火规范[S].北京:中国计划出版社,2005.

[2] GB50016—2014,建筑设计防火规范[S].北京:中国计划出版社,2014.

[3] GB51251—2017,建筑防烟排烟系统技术标准[S].北京:中国计划出版社,2017.

[4] DGJ08—88—2006(J10035—2006),建筑防排烟技术规程[S].上海:上海新闻市出版局,2006.

[5] 郭铁男.中国消防手册 第三卷 第三篇 建筑防火设计[M].上海:上海科学技术出版社,2006.

[6] 刘朝贤.对防烟楼梯间及其合用前室加压送风防烟方案的流体网络分析[J].暖通空调,2011,41(1):64-70.

[7] 刘朝贤.对自然排烟极限高度的探讨[J].制冷与空调,2007,(4):56-60.

[8] 刘朝贤.高层建筑房建开启外窗朝向数量对自然排烟可靠性的影响[J].制冷与空调.

（影印自《制冷与空调》2019年4月第33卷第2期119－122页）

文章编号：1671-6612（2019）03-232-03

对现行《建筑防烟排烟系统技术标准》与《防排烟论文汇编》二者疏散安全效果的比较

刘朝贤

（中国建筑西南设计研究院有限公司　成都　610041）

【摘　要】 从理论上、谋略上、保证安全疏散的效果上，对现行《建筑防烟排烟系统技术标准》与《防排烟论文汇编》二者进行了全面比较，结论明确。

【关键词】 防烟排烟一体化；加压部位；效果；当量流通面积

中图分类号　TU834　　文献标识码　A

Comparisons of Evacuation Safety Effects between Current <Technical Standards for Building Smoke Control and Exhaust Systems> and <Compilation of Thesis on Smoke Control and Exhaust>

Liu Chaoxian

(China Southwest Architectural Design and Research Institute Co., Ltd, Chengdu, 610041)

【Abstract】 In terms of theory, strategy and effect of ensuring safe evacuation, this paper makes a comprehensive comparison between the current <Technical Standards for Building Smoke Control and Exhaust System> and <Compilation of Thesis on Smoke Control and Exhaust>, and the conclusion is clear.

【Keywords】 Integration of smoke control and smoke exhaust; Pressure position; Effect; Equivalent circulation area

0　概述

现行《建筑防烟排烟系统技术标准》GB51251—2017（以下简称《标准》）。

防排烟论文汇编，包括 24 篇论文，其中 1～21 篇是有关防排烟系统技术理论方面的专题论文，22～24 篇是防排烟系统谋略与对策，构建成完整的防排烟系统，简称《论文汇编》[1-25]。

《论文汇编》的总体构思是将现行防排烟技术中普遍存在和质疑的几十个理论技术问题作了专题研究，将成果直接用于解决悬而未决的难题。这 24 篇论文构成了完整体系。

由于这 24 篇论文的第一篇是 1998 年初完成的，第 24 篇论文是 2016 年初完成的，共历年 18 年，而且这些论文分别发表在北京的《暖通空调》和四川省的《制冷与空调》两种不同的刊物上，要找齐实非易事，这也是决心完成汇编的原因。

1　《标准》与《论文汇编》的防排烟效果比较

现将《标准》与《论文汇编》的防排烟效果作了比较，内容见下表 1。

2　总结

总体来说，《标准》存在的问题，除了理论上、理念上、思维逻辑上的问题外，最基本的防烟、排烟方案、加压送风量、排烟量的计算、加压部位、排烟部位的选择等等都是被 3.1.1、3.1.2、3.1.3 和 4.1.1 条等搅了局。

火灾时的安全疏散是一场人与烟气博弈的硬仗，如借鉴“孙子兵法”应对战争的某些谋略会

通讯作者：刘朝贤（1934.1-），男，大学，教授级高级工程师，硕士生导师，享受国务院政府特殊津贴专家

收稿日期：2018-12-10

如虎添翼，《标准》既不是虎也没有翼。

表 1　防排烟效果比较

Table 1　Comparison of smoke control and exhaust effects

《标准》			《论文汇编》		
项目	内容	效果评价	项目	内容	效果评价
防烟	表 3.4.2-1～4 共四种防烟方案	都是不妥当的，也是无效的[25]。	防烟	只向着火层前室或合用前室一层加压，送风量 L_{in}=1m/s×A_{m1}	摆脱了同时开启门数量 N_1 的制约，即使所有防火门都损坏 N_1=N 都能应对，简单可靠。
排烟	第 4.1.3 条 3 款 2)：回廊应设排烟设施且第 4.1.1 条规定：…应优先采用自然排烟	因窜入内走道的烟气是经过冷却掺混后≯180℃的低温烟气，无力与外窗迎面风力抵衡，是排不出去的。	排烟	只需在内走道设机械排烟系统	效果取决于以下防排烟一体化系统及谋略。
系统的连接防烟与排烟	防烟与排烟是各自为政的	送入加压部位的风量各不相同，进去内走道的有加压送风量 L_{in} 和烟气量 $L_{烟变}$，却只有固定风量 7200m^3/h 的排烟风机。防烟与排烟系统无法匹配，失败成必然。	系统的连接防烟与排烟	将防烟与排烟构建成无缝对接的一体化系统。进入内走道是两股气流 L_{in}，$L_{烟变}$	排风量 L_P=L_{in}+$L_{烟变}$，由于 $L_{烟变}$ 是变化的、动态的，必须以内走道压力 p_z=0Pa 为控制点来控制变风量系统 L_P。p_z=0Pa 是人工室外无限空间，既解决了背压又为“当量流通面积流量分配法”的计算提供了理论支撑。
加压送风量的计算	第 3.4.5 条规定：对楼梯间：L_j=L_1+L_2 对前室：L_s=L_1+L_3 其中：L_1=A_k×v×N_1 L_2=0.827×A×$\triangle p^{1/2}$×1.25×N_2 L_3=0.083×A_f×N_3	L_j、L_s 都是不妥当的，因为 L_1 是流速法，即使 N_1 层 M_1、M_2 同时开启，没有构成完整的气流通路，违背了气流连续性原则。L_2 是压差法，违背了串、并联气流流动规律。L_3 是关闭风口漏风口的计算，式中参数 0.083 是风口两侧压差为 20Pa 的漏风量数据，怎么能认定每个风口两侧都是 20Pa 呢？完全是想当然！	加压送风量的计算	采用的是自主研发的：“当量流通面积流量分配法”	完全符合流体力学的基本规律和原则，效果好。

2.1　疏散通道的防排烟方案问题

（1）防烟方案

仍导用许多年前防烟与排烟各自为政的防烟方案与排烟方案。如 3.4 节中的表 3.4.2-1～4 四种防烟方案。很显然四种防烟方案与《高规》类同，研究表明[25]四种防烟方案都是无效的。

（2）排烟方案

第 4 节中的 4.1.1 条规定：“…优先采用自然排烟系统”。第 4.1.3 条第 3 款回廊排烟设施的设置应符合下列规定：其中 2）当周围场所任一房间未设置排烟设施时，回廊应设置排烟设施。总体来说：是回廊（即内走道，笔者注）应设自然排烟设施。

很显然，这是不靠谱的，因为窜入内走道的烟气是经过冷却掺混后温度≯180℃的烟气，在可开启外窗上缘，热压作用产生向外喷出的速度小，无力与外窗迎面风力相抗衡，烟气是排不出去的，即使风速很小的时候或地区烟气可向外排出，由于内走道属有限空间，烟气进入内走道会产生背压，阻碍加压空气通过防火门 M_1 抵御烟气入侵的 $L_{M_1}=(0.7\times1.2)\mathrm{m/s}\times A_{m_1}$ 通过，从谋略角度在内走道不能采用可开启外窗只能采用机械排烟系统。

2.2　防烟与排烟连接的问题

防烟与排烟是两个缺一不可、不可分割的两部分，必须将其构建成无缝对接一体化的体系，才能起到火灾时阻止烟气进入防烟楼梯间，在前室或合用前室加压送风使前室或合用前室与内走道之间的防火门洞处保持 0.7～1.2m/s 的风速抵御烟气入侵，加压送风量 $L_{M_1}=(0.7\times1.2)\mathrm{m/s}\times A_{m_1}$。在内走道设机械排烟系统，既排除着火房间窜入内走道的烟气 $L_{烟变}$，又排走 M_1 处加压送风抵御烟气入侵的风量 L_{M_1}。

2.3　加压送风量的计算

《标准》中涉及向楼梯间和前室两个部位的加压送风，而且其中对楼梯间用了流速法 $L_1=A_k\times v\times N_1$ 和压差法 $L_2=0.827\times A\times\Delta p^{1/2}\times1.25\times N_2$，对前室用了流速法和关闭风口漏风量的计算式 $L_3=0.083\times A_f\times N_3$。流速法和压差法都不能用于高层建筑的加压送风，流速法违背了气流连续性原则，压差法违背了并联串联气流流动规律。漏风量计算式中的参数 0.083 也是妥当的。

参考文献：

[1] 刘朝贤.加压送风有关问题的探讨[J].制冷与空调,1998,(4):1-11.

[2] 刘朝贤.对高层建筑房间自然排烟极限高度的探讨[J].制冷与空调,2007,(4):56-60.

[3] 刘朝贤.对高层建筑防烟楼梯间自然排烟的可行性探讨[J].制冷与空调,2007,21(增刊):83-92.

[4] 刘朝贤.对《高层民用建筑设计防火规范》第 8.2.3 条的解析与商榷[J]. 制冷与空调,2007,21(增刊):110-113.

[5] 刘朝贤.高层建筑房间开启外窗朝向数量对自然排烟可靠性的影响[J].制冷与空调,2007,21(增刊):1-4.

[6] 刘朝贤.对加压送风防烟中同时开启门数量的理解与分析[J].暖通空调,2008,38(2):70-74.

[7] 刘朝贤.对自然排烟防烟“自然条件”的可靠性分析[J].暖通空调,2008,38(10):53-61.

[8] 刘朝贤.对《高层民用建筑设计防火规范》中自然排烟条文规定的理解与分析[J].制冷与空调,2008,22(6):1-6.

[9] 刘朝贤.“当量流通面积流量分配法”在加压送风量计算中的应用[J].暖通空调,2009,39(8):102-108.

[10] 刘朝贤.《高层民用建筑设计防火规范》第 6、8 两章矛盾性质及解决方案的探讨[J].暖通空调,2009,39(12):49-52.

[11] 刘朝贤.对高层建筑加压送风优化防烟方案“论据链”的分析与探讨[J].暖通空调,2010,40(4):40-48.

[12] 刘朝贤.对现行加压送风防烟方案泄压问题的分析与探讨[J].暖通空调,2010,40(9):63-73.

[13] 刘朝贤.多叶排烟口/多叶加压送风口气密性标准如何应用的探讨[J].暖通空调,2011,41(11):86-91.

[14] 刘朝贤.对高层建筑加压送风防烟章节几个主要问题的分析与修改意见[J].制冷与空调,2011,25(6):531-540.

[15] 刘朝贤.对防烟楼梯间及其合用前室分别加压送风防烟方案的流体网络分析[J].暖通空调,2011,41(1):64-70.

[16] 刘朝贤.加压送风系统关闭风口漏风量计算的方法[J].暖通空调,2012,42(4):35-46.

[17] 刘朝贤.对《建筑设计防火规范》流速法计算模型的理解与分析[C].2013 年第十五届西南地区暖通热能动力及空调制冷学术年会论文集,2013:40-47.

[18] 刘朝贤.对现行国家建筑外门窗气密性指标不能采用单位面积渗透量表述的论证[J].制冷与空调,2014,28(4):504-507.

[19] 刘朝贤.建筑物外门窗气密性能标准如何应用的研究[J].制冷与空调,2014,28(4):415-421.

[20] 刘朝贤.高层建筑防排烟研究（1）：压差法和流速法不宜用于高层建筑加压送风量计算[J].暖通空调,2015,45(9):16-20.

[21] 刘朝贤.高层建筑防排烟研究（2）：对高层建筑加压送风系统划分的研究[J].暖通空调,2015,45(10):64-67,85.

[22] 刘朝贤.高层建筑防排烟研究（3）：再论当量流通面积流量分配法在加压送风量计算中的应用[J].暖通空调,2015,45,(11):29-34.

[23] 刘朝贤.论《再论当量流通面积流量分配法在加压送风量计算中的应用》的谋略[J].制冷与空调,2016,(2):115-119.

[24] 刘朝贤.高层建筑加压送风量控制表的研究[J].制冷与空调,2016,(2):136-141.

[25] 刘朝贤.对《建筑防烟排放系统技术标准》、《规范》等有关问题的分析[J].制冷与空调,2018,(5):483-493.

（影印自《制冷与空调》2019 年 6 月第 33 卷第 3 期 232－234 页）

附录二

错误更正

P002　左侧倒数第13行："前四种"更正为"前三种"；
右侧倒数第10行："三启风口"更正为"三层风口"。

P004　右侧倒数第13行："加工防烟方案"更正为"加压防烟方案"。

P008　公式（3）："B_2"更正为"B^2"；
右侧倒数第15行："$\sqrt{A_1^2 \times A_2^2}$"更正为"$\sqrt{A_1^2 + A_2^2}$"。

P009　左侧倒数第6、7、16行，右侧第3、10、13、20行："关门力矩"更正为"开启力矩"；
右侧倒数第2行："P=0"更正为"$P_L=0$"；
表-4第3行第4、5列："691.893"更正为"691.839"；
表-4第3行第6列："1383.786"更正为"1383.678"；
表-4注1："$f=0.03m^3$"更正为"$f=0.03\ m^2$"。

P010　左侧第4行、右侧第2行："关门力矩"更正为"开启力矩"。

P012　左侧倒数2行："WL及自然排烟窗口上缘极限高度HL的计算"更正为"W_L及自然排烟窗口上缘极限高度H_L的计算"；
右侧第5行：更正为$h_2=\frac{h_c(T_P+T_W)^{1/3}}{(T_P+T_W)^{1/3}+1}$。

P013　公式（2）：更正为"$H_L=\left(\frac{W_L}{\varphi W_O}\right)^{\frac{1}{3}}\cdot H_O$"；
图1："中性界"更正为"中和界"，图中标示h_1应为窗下缘到中和界高度。

P017　摘要第10行："冬、复季"更正为"冬、夏季"。

P018　左侧倒数第17行："0.5/s"更正为"0.5m/s"。

P019　公式（1）第2行："$C_{ff}\frac{V_O^2}{T_W}$"更正为"$C_f\frac{V_O^2}{T_W}$"。

P021　表2第4列倒数第6行："但新中和国以下"更正为"但新中和界以下"。

P028　右侧倒数第9行："来自西北方向"更正为"来自东北方向"。

P029　左侧第6行："机械加压道风系统"更正为"机械加压送风系统"。

P031　摘要第5行："自然排烟极限高很小"更正为"自然排烟极限高度很小"。

P033　表2第4列第7行："相邻"更正为"三边"。

P051　右侧第18行："$\Delta\rho$的差别大"更正为"$\Delta\rho$的差特别大"；
右侧第21行："平方式"更正为"平方"。

P053　左侧第15行：增加"内走道只能采用机械排烟，否则加压送风量计算就成为死结。"；
右侧第9行："$H_L=(\frac{W_L}{\varphi W_o})^3\times H_o$"更正为"$H_L=\left(\frac{W_L}{\varphi W_o}\right)^{\frac{1}{3}}\times H_o$"。

P054　左侧倒数第5行："因为他即"更正为"因为他既"；
右侧倒数第17行："中庭、内走道、前室等"更正为"内走道、前室等"；
右侧倒数第11行：删除"，包括内走道和中庭等都是如此"。

P066　左侧第1行："A_{zcg}[3]和串联的更小的窗缝A_{zfg}[3]"更正为"A_{zfg}[3]和串联的更小的窗缝A_{zcg}[3]"；
表1第3列第3行："防烟楼梯间及其合用前室"更正为"防烟楼梯间及其前室"；
表1第3列第7行："前室加压，对合用前室加压"更正为"对前室合用前室加压"。

P071　续表公式（3-12）："$1.42\left(\frac{L_{d1}}{A_Z}\right)^2$"更正为"$1.42\left(\frac{L_{d1}}{A_{d1}}\right)^2$"。

P080　表1"方案编号4（表8.3.2-3）"第4列：数字全部更正为"1"；
表1"方案编号4（表8.3.2-3）"第5列：全部删除；
表1第6列第6行：更正为"不属疏散通道"。

P089　右侧第10行："防烟系统风口漏风量"更正为"防烟系统关闭风口漏风量"。

P091　表 1 表头第 1 列：增加“标准名称”。

P095　右侧倒数第 20 行：“矛盾是显而不见的”更正为“矛盾是显而易见的”。

P096　左侧第 10 行：“不是防烟楼梯”更正为“不是防烟楼梯间”。

P097　右侧倒数第 20 行：“受简幅所限”更正为“受篇幅所限”。

P098　左侧倒数第 9 行：“专用的疏散通成了烟道”更正为“专用的疏散通道成了烟道”。

P101　右侧倒数第 19 行：“位于低层的”更正为“位于底层的”。

P105　表 1“备注”倒数第 1 行：增加“只选着火前室”。

P113　图 1：“$l'=3.3$m”更改为“$l'=5.0$m”。

P124　表 1“注”：“$N>20$”更正为“$N\geqslant 20$”。

P125　左侧倒数第 16 行：“从走道”更正为“当走道”。

P126　公式（1）：更正为“$L_{直}=F\cdot V$（m^3/s）”；

公式（5）：“$A_{di}<V$”更正为“$A_{di}<F$”。

P128　右侧倒数第 2 行：“《征求意见》”更正为“《征求意见稿》”；

右侧倒数第 13 行：“3.2”更正为“2.2”。

P139　右侧第 8 行：“数学”更正为“数字”。

P164　表 1“注”：“$A_{Dp}=0.01m^2$”更正为“$A_{Dp}=0.1m^2$”；“$A_{Dm-Dp}=(\frac{1}{0.06^2}+\frac{1}{0.01^2})^{-1/2}=0.051449575\ m^2$”

更正为“$A_{Dm-Dp}=\left(\frac{1}{0.06^2}+\frac{1}{0.1^2}\right)^{-1/2}=0.051449575\ m^2$”。

P171　右侧倒数第 10 行：“其不匹配”更正为“是不匹配”。